高等职业教育公共基础课系列教材

计算机等级考试指导书
（二级办公软件高级应用技术）

主　　编： 严志嘉

副 主 编： 李向东　白云晖　朱四清　田文雅　方永华　单天德　肖若辉

编写人员： 徐利华　郦丽华　刘清华　宋国顺　吴清盛　章新斌　杨　烨　童宝军　叶　梦

主　　审： 吴　坚

電子工業出版社

Publishing House of Electronics Industry

北京 • BEIJING

内 容 简 介

本书是依据2020年浙江省高校计算机等级考试（二级办公软件高级应用技术）的要求编写的，基于Windows 10 + Office 2019平台，主要内容包括计算机基础理论、Word文档编辑、Excel电子表格综合应用和PowerPoint演示文稿综合应用等。书中收录了大量的练习题，不仅能帮助读者顺利通过高校计算机等级考试，也能作为办公软件高级操作技巧的学习训练手册。

本书可作为计算机等级考试（二级办公软件高级应用技术）的参考书，也可作为成人及职业院校计算机基础课程的综合实训教材。

图书在版编目（CIP）数据

计算机等级考试指导书：二级办公软件高级应用技术 / 严志嘉主编. —北京：电子工业出版社，2021.3
ISBN 978-7-121-40649-2

Ⅰ. ①计…　Ⅱ. ①严…　Ⅲ. ①办公自动化—应用软件—高等学校—教材　Ⅳ. ①TP317.1

中国版本图书馆 CIP 数据核字（2021）第 034541 号

责任编辑：贺志洪
印　　刷：北京盛通数码印刷有限公司
装　　订：北京盛通数码印刷有限公司
出版发行：电子工业出版社
　　　　　北京市海淀区万寿路 173 信箱　邮编 100036
开　　本：787×1092　1/16　印张：17　字数：435.2 千字
版　　次：2021 年 3 月第 1 版
印　　次：2025 年 2 月第 15 次印刷
定　　价：44.00 元

凡所购买电子工业出版社图书有缺损问题，请向购买书店调换。若书店售缺，请与本社发行部联系，联系及邮购电话：（010）88254888，88258888。

质量投诉请发邮件至 zlts@phei.com.cn，盗版侵权举报请发邮件至 dbqq@phei.com.cn。

本书咨询联系方式：（010）88254609，hzh@phei.com.cn。

前　言

本书是依据办公软件的基本操作和常用技巧，结合高校计算机等级考试（二级办公软件的高级应用）的最新要求进行编写的。全书基于 MS Office 2019 软件环境，共分 4 章。第 1 章为 Office 基础，主要内容包括 Word、Excel 和 PowerPoint 的基础知识，Office 中的公共组件及宏的概念与应用等。第 2 章为 Word 2019 高级应用，主要内容包括 Word 文档结构、样式应用、编号与项目符号、文档修订、邮件合并等。第 3 章为 Excel 2019 高级应用，主要包括 Excel 常用函数的应用、数组公式、条件格式、高级筛选、数据透视表及图表绘制等。第 4 章为 PowerPoint 2019 高级应用，主要内容有 PowerPoint 模板与版式应用、母版设置、幻灯片中编号与日期等基本格式设置、动画设置与幻灯片切换、幻灯片放映方式及应用等。以上所有内容均以操作习题的方式呈现，每一个要求都附有详细的操作步骤，三类操作题相对独立，读者可根据实际需求选择学习。

参与本书编写的都是来自教学一线并长期从事计算机基础教学的教师。其中第 1 章由李向东、严志嘉老师编写，第 2 章由徐利华、郦丽华、朱四清、单天德、杨烨、童宝军老师编写，第 3 章由刘清华、宋国顺、田文雅、方永华老师编写，第 4 章由章新斌、吴清盛、白云晖、肖若辉、叶梦老师编写，全书由严志嘉老师负责审稿、统稿和定稿。

本书在编写过程中得到了杭州开元书局和浙江育英职业技术学院信息技术分院的大力支持。本书提供练习素材和操作视频，可在智慧职教慕课学院网站进行学习，网址为：https：//mooc.icve.com.cn，注册为网站用户后，搜索课程名称“互联网应用基础”或“计算机基础”即可找到课程“互联网应用基础（计算机基础）”，开课学校为浙江育英职业技术学院，加入课程进行学习、素材下载和练习。

限于编者的水平及计算机技术的快速发展，书中的错误在所难免，如有错误或不妥之处，恳请广大读者给予批评指正。

编　者

2021 年 1 月

前　言

本书是依据办公软件的基本操作和应用技巧，结合高校计算机等级考试（二级办公软件高级应用）的最新要求进行编写的。全书基于MS Office 2019软件环境，共分4章。第1章为Office基础，主要内容包括Word、Excel和PowerPoint的基础知识，Office中的公共组件及宏的概念与应用等。第2章为Word 2019高级应用，主要内容包括Word文档结构、样式应用、[illegible]第3章为Excel 2019高级应用，主要内容包括Excel [illegible]

[illegible]

目　录

第1章　Office基础

知识要点

1. 了解Word运行环境、视窗元素，掌握Word页面设置、Word样式设置、Word域的设置和Word文档修订和批注。

2. 掌握Excel工作表的使用、Excel单元格的使用、Excel函数和公式的使用、Excel数据分析和Excel外部数据导入与导出。

3. 掌握PowerPoint设计与配色方案的使用、PowerPoint幻灯片动画设置、PowerPoint幻灯片放映和PowerPoint演示文稿输出。

4. 了解公共组件的作用，能应用公共组件进行文档保护。

5. 了解宏的基本概念，掌握公共组件中宏的使用。

1.1　Word运行环境与页面设置

1.1.1　单选题

（1）关于导航窗格，以下表述中错误的是（　　）。

A. 能够浏览文档中的标题

B. 能够浏览文档中的各个页面

C. 能够浏览文档中的关键文字和词

D. 能够浏览文档中的脚注、尾注、题注等

（2）可以折叠和展开文档标题并进行标题级别设置和升降级的视图方式是（　　）。

A. 页面视图　　B. 大纲视图　　C. 草稿视图　　D. Web版式视图

（3）主控文档的创建和编辑操作可以在（　　）中进行。

A. 页面视图　　B. 大纲视图　　C. 草稿视图　　D. Web版式视图

（4）能够呈现页面实际打印效果的视图方式是（　　）。

A. 页面视图　　B. 大纲视图　　C. 草稿视图　　D. Web版式视图

（5）可以查看文档页面的页眉和页脚的视图方式有（　　）。

A. 页面视图和草稿视图　　B. 页面视图和大纲视图

C. 页面视图和阅读版式视图　　D. 页面视图和Web版式视图

（6）以下哪一个选项卡不是Word的标准选项卡（　　）。

A. 审阅　B. 图表工具　C. 开发工具　D. 加载项

（7）我们常用的打印纸张 A3 和 A4 的大小关系是（　　）

A. A3 是 A4 的一半　B. A3 是 A4 的一倍

C. A4 是 A3 的四分之一　D. A4 是 A3 的一倍

（8）插入硬回车的快捷键是（　　）。

A. Ctrl+Enter　B. Alt+Enter　C. Shift+Enter　D. Enter

（9）插入软回车的快捷键是（　　）。

A. Ctrl+Enter　B. Alt+Enter　C. Shift+Enter　D. Enter

（10）Word 中的手动换行符是通过（　　）产生的。

A. 插入分页符　B. 插入分节符

C. 键入 Enter　D. 按 Shift+Enter 组合键

（11）一个 Word 文档共有 5 页内容，其中第 1 页的文字采用垂直竖排，第 2 页的文字有行号，第 3 页的文字段落前有项目符号，第 4 页的文字段落首字下沉，第 5 页有页面边框，最优的处理方法是（　　）。

A. 插入 5 个硬分页　B. 插入 4 个“下一页”的节

C. 插入 3 个“下一页”的节　D. 插入 5 个“下一页”的节

（12）在同一个页面中，如果希望页面上半部分为一栏，后半部分为两栏，应插入的分隔符号为（　　）。

A. 分页符　B. 分栏符

C. 分节符（连续）　D. 分节符（奇数页）

（13）在文档中插入“奇数页”分节符，就是（　　）。

A. 将分节符之前的内容定位在下一页，并将这页的页码修改为奇数页

B. 将分节符之前的内容定位在下一个奇数页上，如果遇到偶数页就跳空跨过

C. 将分节符之后的内容定位在下一页，并将这页的页码修改为奇数页

D. 将分节符之后的内容定位在下一个奇数页上，如果遇到偶数页就跳空跨过

（14）若文档被分为多个节，并在“页面设置”对话框的“版式”选项卡中将页眉和页脚设置为奇偶页不同，则以下关于页眉和页脚说法中正确的是（　　）。

A. 文档中所有奇偶页的页眉必然都不相同

B. 文档中所有奇偶页的页眉可以都不相同

C. 每个节的奇数页页眉和偶数页页眉必然不相同

D. 每个节的奇数页页眉和偶数页页眉可以不相同

（15）如果想让不同页面具有不同的页面背景图片（不遮挡页眉和页脚的信息），可以通过（　　）。

A. 先插入节并取消节与节的关联关系，然后设置不同节的页面背景

B. 先插入节并取消节与节的关联关系，然后在页眉或页脚区中插入图片并设置浮于文字之上

C. 先插入节并取消节与节的关联关系，然后在版心正文区中插入图片并设置衬于文字之下

D. 先插入节并取消节与节的关联关系，然后在页眉或页脚区中插入图片并设置衬于文字之下

（16）关于 Word 的页码设置，以下表述中错误的是（　　）。

A. 页码可以被插入到页眉和页脚区域

B. 页码可以被插入到左右页边距

C. 如果希望首页和其他页页码不同，必须设置“首页不同”

D. 可以自定义页码并添加到构建基块管理器中的页码库中

（17）页面的页眉信息区域是指（　　）。

A. 页眉设置值的区域

B. 页面的上边距的区域

C. 页面的上边距减去页眉设置值的区域

D. 页面的上边距加上页眉设置值的区域

（18）在书籍杂志的排版中，为了将页边距根据页面的内侧、外侧进行设置，可将页面设置为（　　）。

A. 对称页边距　　B. 拼页　　C. 书籍折页　　D. 反向书籍折页

1.1.2　判断题

（1）“下一页”分节符与硬分页的效果相同。（　　）

（2）Word 的查找替换功能不但可以替换文字信息，还可以替换特殊格式符号，诸如分页符、分节符、制表符、软回车等。（　　）

（3）Word 的屏幕截图功能可以将任何最小化后收藏到任务栏的程序屏幕视图等插入到文档中。（　　）

（4）标题导航窗格中的内容是可以直接编辑和修改的。（　　）

（5）不进行任何文档的页面设置也同样可以排版和编辑文档。（　　）

（6）草稿视图与页面视图的唯一区别是不显示文档中的图片。（　　）

（7）插入一个分栏符能够将页面分为两栏。（　　）

（8）呈现为一条单点虚线的自然分页符只有在大纲视图中才可以看到。（　　）

（9）当设置了文档页面的页眉页脚的奇偶不同和首页不同后，可以在草稿视图中查看系统自动插入的分节符。（　　）

（10）导航窗格必须搭配页面视图、草稿视图、大纲视图、Web 版式视图和阅读版式视图方式一起使用，而不能单独使用。（　　）

（11）导航窗格主要应用于长文档的编辑浏览。（　　）

（12）对文档区域的分栏只能进行等分分隔处理，无法自定义每个栏的宽度。（　　）

（13）为页面中的文字行添加行号与通过段落编号列表处理的效果一样。（　　）

（14）分栏的栏宽和间隙都可以自定义调整。（　　）

（15）分栏也是一种分节。（　　）

（16）分页符、分节符等编辑标记只能在草稿视图中查看。（　　）

（17）根据栏宽和间距，可以设置文档区域 1 到 $N(N>1)$栏的分栏效果。（　　）

（18）可以根据页边或者文字为基准来设置和调整与页面边框的距离。（　　）

（19）栏与栏之间可以添加分隔线。（　　）

（20）如果不需要输出打印，那么页面纸张的大小可以自定义为任何的大小。（　　）

（21）如果采用“拼页”的编辑方式，当第一页的文字是垂直排版的时，那么打印输出的结果是第一页会排在一页纸张的右边，而左边是编辑顺序的第二页。（ ）

（22）如果采用“书籍折页”的编辑方式，假设文档只有4页内容，当第4页的文字是垂直排版的时，那么打印输出的结果是第4页会排在一页纸张的右边，而左边是编辑顺序的第一页。（ ）

（23）如果通过搜索关键字导航，那么当文档中匹配的关键字太多时，导航窗格就不会显示搜索结果。（ ）

（24）如果文档中的标题没有套用大纲级别或者是样式标题，那么就无法通过页面导航窗格来定位页面。（ ）

（25）如果选择“对称页边距”的形式来编辑页面，那么打印输出时相邻两页会按对称边距打印在一页纸张上。（ ）

（26）如果选择“拼页”的形式编辑页面，那么打印输出的页面顺序与编辑顺序永远相同。（ ）

（27）如果要在标题导航窗格中显示导航信息，那么文档就必须有单独行存在的大字号标题文字。（ ）

（28）如需使用导航窗格对文档进行标题导航，必须预先为标题文字设定大纲级别。（ ）

（29）软分页和硬分页都可以根据需要随时插入。（ ）

（30）软回车和硬回车都可以通过查找和替换功能删除。（ ）

（31）设置页码格式和在指定位置插入页码是两个独立的操作，要分开进行。（ ）

（32）虽然文档的页码可以设置为多种格式类型，但是页码必须由系统生成，因为页码实际上是一种域值的呈现。（ ）

（33）通过页面布局的页面背景为页面设置的页面背景填充图片，依赖于图片本身的实际大小并且无法调节。（ ）

（34）图片被裁剪后，被裁剪的部分仍作为图片文件的一部分被保存在文档中。（ ）

（35）为文档的标题设置1到9级的大纲级别，可以在大纲视图中进行，数字越大级别越高。（ ）

（36）文档的页眉和页脚不是每篇文档都必须设置的。（ ）

（37）文档的页面边框受到节区域的限制，而文字或段落边框没有这个限制。（ ）

（38）文档页面的主题及主题元素（颜色、字体和效果）都可以自定义并保存，以供后续使用。（ ）

（39）无论当前纸张的方向是横向还是纵向，当将文字的方向设置为垂直时，系统会自动改变纸张的方向。（ ）

（40）无论是草稿视图还是大纲视图都只显示文字信息，所以浏览和翻页的加载速度都非常快，适合对文本信息进行编辑处理。（ ）

（41）相邻节与节之间的页眉或页脚的关联关系是可以分开设置的，也就是页眉可以有关联，但页脚可以没有关联。（ ）

（42）相邻节与节之间的页眉和页脚的关联关系是可以选择或者取消的。（ ）

（43）页眉和页脚区的信息空间是固定的，不可以逾越。（ ）

（44）页眉和页脚区只能输入文本信息。（ ）

（45）页面版心的文字排版方向有可能会影响“拼页”和“书籍折页”的编辑顺序。（ ）

（46）页面的版心区域与页眉和页脚区域是绝对隔离的，彼此不可相互挤占。（　　）

（47）页面的版心包括页眉和页脚的文档区域。（　　）

（48）页面的背景可以填充渐变色、图片、图案或纹理，但是页面背景不受节区域的限制。（　　）

（49）页面的水印既可以是文字也可以是图片，都可以自定义。（　　）

（50）页面的页码必须放置在页脚的位置。（　　）

（51）页面的页码可以通过键盘直接输入。（　　）

（52）页面的左边距不包括装订线的部分。（　　）

（53）页面的左右边距也就是文档段落的左右缩进。（　　）

（54）页面稿纸的行列数可以任意自定义。（　　）

（55）页面中的文字行列数是可以任意自定义的。（　　）

（56）有时在页眉中的文字下方会出现一条横线，但是这条横线是无法删除的。（　　）

（57）阅读版式视图只能以全屏方式显示。（　　）

（58）在Word文档的三个层次中，用户在编辑文档时使用的是文本层，插入的嵌入型图片也可位于文本层。（　　）

（59）在草稿视图中，分节符和自然分页符不受“显示/隐藏编辑标记”的限制，始终处于显示状态。（　　）

（60）在插入子文档之前，对主控文档的页面设置会自然呈现在后来插入的子文档的页面中。（　　）

（61）在大纲视图中，用户无法观察文档的段落格式和自然分页的情况。（　　）

（62）在稿纸设置中，不但可以设置稿纸的方格行列数，还可以直接指定页眉和页脚的内容。（　　）

（63）在各个视图方式下能否显示文档格式标志，是可以自定义设置的。（　　）

（64）在文字行的尾端按回车键，可以实现分段的效果，分段主要用于设置以段落为单位的段落格式。（　　）

（65）在页面设置过程中，若下边距为2cm，页脚区为0.5cm，则版心底部距离页面底部的实际距离为2.5cm。（　　）

（66）在页面设置过程中，若左边距为3cm，装订线为0.5cm，则版心左边距离页面左边沿的实际距离为3.5cm。（　　）

（67）在主控文档中插入子文档之前，必须先插入节来隔断子文档区域。（　　）

（68）只能对已经插入节的区域进行分栏处理。（　　）

（69）只需双击文档版心正文区就可以退出页眉和页脚的编辑状态。（　　）

（70）只有在页面视图中才能调整页面的显示比例。（　　）

（71）纸张的型号尺寸是源于纸张系列最大号纸张的面积值，每沿着长度方向对折一次就得到小一号的纸张型号。（　　）

（72）主控文档比较适合长文档或者多人合作的文档编辑合成处理。（　　）

（73）主控文档与常规的普通文档的区别是它与其包含的子文档有特别的连接关系。（　　）

（74）主控文档与其中包含的子文档既可以保持一种彼此存储独立的连接关系，也可以将子文档嵌入其中并存储为同一个文档。（　　）

（75）主控文档中的子文档既可以折叠为几行超链接，也可以展开为长文档并自动生成整个文档的目录。（　　）

1.2　Word 样式设置与修订

1.2.1　单选题

（1）以下（　　）是可被包含在文档模板中的元素：①样式；②快捷键；③页面设置信息；④宏方案项；⑤工具栏。

A. ①②④⑤　　B. ①②③④　　C. ①③④⑤　　D. ①②③④⑤

（2）以下哪一项不是目录对话框中的内容（　　）。

A. 打印预览与 Web 预览　　B. 制表符前导符号下拉列表

C. 样式下拉列表　　D. 显示级别选项框

（3）下列关于目录的说法中，正确的是（　　）。

A. 当新增了一些内容使页码发生变化时，生成的目录不会随之改变，需要手动更改

B. 目录生成后，有时目录文字下会有灰色底纹，打印时会被打印出来

C. 如果要把某一级目录文字字号改为“小三”，需要一一手动修改

D. Word 的目录提取是基于大纲级别和段落样式的。

（4）Word 插入题注时，如需加入章节号，如“图 1-1”，无须进行的操作是（　　）。

A. 将章节的标题套用固定样式　　B. 将章节的标题应用多级列表

C. 将章节起始位置应用自动编号　　D. 自定义题注样式为“图”

（5）以下关于 Word 目录的描述中，说法正确的是（　　）。

A. 默认建立的目录开启了超链接功能，只需要按下 Shift 键，同时在目录上单击鼠标左键，就可以跳转到目录对应的文档位置

B. 应用“引用”选项卡→“目录”→“插入目录”命令，可以快速自动地为各种形式的文档生成目录

C. 当章、节标题发生变化时，按 F9 功能键可以自动更新生成的目录

D. 如果要更改目录样式，需要在文档模板中一并进行更改设置

（6）在 Word 中建立索引，先通过标记索引项，再在被索引内容旁插入域代码形式的索引项，随后再根据索引项所在的页码生成索引。与索引类似，以下哪种目录，不是通过标记引用项所在位置生成目录的（　　）。

A. 目录　　B. 书目　　C. 图表目录　　D. 引文目录

（7）关于大纲级别和内置样式的对应关系，以下说法中正确的是（　　）。

A. 如果文字套用内置样式“正文”，则一定在大纲视图中显示为“正文文本”

B. 如果文字在大纲视图中显示为“正文文本”，则一定对应样式为“正文”

C. 如果文字的大纲级别为 1 级，则被套用样式“标题 1”

D. 以上说法都不正确

（8）如果要将某个新建样式应用到文档中，以下哪种方法无法完成样式的应用（　　）。

A. 使用快速样式库或样式任务窗格直接应用

B. 使用查找和替换功能替换样式

C. 使用格式刷复制样式

D. 使用 Ctrl+W 快捷键重复应用样式

（9）关于题注的说明，以下说法中错误的是（　　）。

A. 题注由标签及编号组成

B. 题注主要针对文字、表格、图片和图形混合编排的大型文稿

C. 题注设定在对象的上下两边，为对象添加带编号的注释说明

D. 题注本质上与脚注和尾注是没有区别的

（10）无法为以下哪一种文档注释方式创建交叉引用（　　）。

A. 引文　　B. 书签　　C. 公式　　D. 脚注

（11）关于交叉引用，以下说法中正确的是（　　）。

A. 在书籍、期刊、论文正文中用于标识引用来源的文字称为交叉引用

B. 交叉引用是在创建文档时参考或引用的文献列表，通常位于文档的末尾

C. 交叉引用设定在对象的上下两边，为对象添加带编号的注释说明

D. 为文档内容添加的注释内容设置引用说明，以保证注释与文字对应关系的引用关系称为交叉引用。

（12）在 Word 新建段落样式时，可以设置字体、段落、编号等多项样式属性，以下不属于样式属性的是（　　）。

A. 制表位　　B. 语言　　C. 文本框　　D. 快捷键

（13）通过设置内置标题样式，以下哪个功能无法实现（　　）。

A. 自动生成题注编号　　B. 自动生成脚注编号

C. 自动显示文档结构　　D. 自动生成目录

（14）Word 中运用文档的（　　）功能，可以进行建立批注、标记修订、跟踪修订标记等操作，提高文档编辑效率。

A. 审阅　　B. 插入　　C. 查找　　D. 新建

（15）关于 Word 修订，下列哪项是错误的（　　）。

A. 在 Word 中可以突出显示修订

B. 不同修订者的修订会用不同颜色显示

C. 所有修订都用同一种比较鲜明的颜色显示

D. 在 Word 中可以针对某一修订进行接受或拒绝修订

1.2.2　判断题

（1）“管理样式”功能是样式的总指挥站，使用该功能可以控制快速样式库和样式任务窗格的样式显示内容，创建、修改和删除样式。（　　）

（2）按一次 Tab 键右移一个制表位，按一次 Delete 键左移一个制表位。（　　）

（3）目录和索引分别定位了文档中标题和关键词所在的页码，便于阅读和查找。（　　）

（4）如需对 Word 中的某个样式进行修改，可单击“插入”选项卡中的“更改样式”按钮。

（　　）

（5）删除样式时，在快速样式库和样式任务窗格中删除都是一样的，没有区别。（　　）

（6）题注是针对标题的注释。（　　）

（7）位于每节或者文档结尾，用于对文档某些特定字符、专有名词或术语进行注解的注释，就是脚注。（　　）

（8）文字和段落样式的分类，根据创建主题的不同分为：内置样式和自定义样式。（　　）

（9）样式的优先级可以在新建样式时自行设置。（　　）

（10）一般论文中，图片和图形的题注在其下方，表格的题注在其上方。（　　）

（11）应用样式时可以使用格式刷功能进行复制和粘贴。（　　）

（12）与页码设置一样，脚注也支持节操作，可以为注释引用标记在每节中重新编号。（　　）

（13）在“表格属性”对话框中，将“表格”选项卡中的“对齐方式”改为“居中”，则整个表格位于页面中央。（　　）

（14）在编号所在页面下面的解释是脚注，在章节结尾或全文末尾处的解释是尾注。（　　）

（15）中国的引文样式标准是ISO690。（　　）

（16）Word 提供了自动逐条定位批注的功能。（　　）

（17）Word 文档中不能一次性地删除所有批注。（　　）

（18）Word 中可以一次性地删除所有批注。（　　）

（19）打印时，在 Word 文档中插入的批注将与文档内容一起被打印出来，无法隐藏。（　　）

（20）拒绝修订的功能等同于撤销操作。（　　）

（21）批注和修订标记的颜色只能是红色。（　　）

（22）批注会对文档本身进行修改。（　　）

（23）批注仅是审阅者为文档的一部分内容所做的注释，并不对文档本身进行修改。（　　）

（24）批注是间接显示在文档中的信息，是对文章的建议和意见。（　　）

（25）批注是文档的一部分，批注框内的内容可直接用于文档。（　　）

（26）嵌入式批注就是把批注内容放在批注内容的后面。（　　）

（27）如果有多人参与批注或修订操作，只能显示所有审阅者的批注和修订，而不能进行选择性显示。（　　）

（28）审阅者添加的修订只能接受，不能拒绝。（　　）

（29）审阅者在添加批注时，不能更改显示在批注框内的用户名。（　　）

（30）通过打印设置中的“打印标记”选项，可以设置文档中的修订标记是否被打印出来。（　　）

（31）文档右侧的批注框只用于显示批注。（　　）

（32）修订是直接对文章进行的更改，并以批注的形式显示，不仅能看出哪些地方修改了，还可以选择接受或者不接受修改。（　　）

（33）一篇 Word 文档只能由一个审阅者进行批注和修订。（　　）

（34）隐藏修订不会从文档中删除现有的修订或批注。（　　）

（35）在审阅时，对于文档中的所有修订标记只能全部接受或全部拒绝。（　　）

1.3　Word 域的设置

1.3.1　单选题

（1）在 Word 中，域信息由域的代码符号和字符两种形式显示。执行（　　）命令，这两种形式可以相互转换。

A. 更新域　　B. 切换域代码　　C. 编辑域　　D. 插入域

（2）在 Word 中，按照用途可以将域分为（　　）类。

A. 6　　B. 7　　C. 8　　D. 9

（3）切换域代码和域结果的快捷键是（　　）。

A. F9　　B. Ctrl+F9　　C. Shift+F9　　D. Alt+F9

（4）（　　）域用于依序为文档中的章节、表、图及其他页面元素编号。

A. StyleRef　　B. TOC　　C. Seq　　D. PageRef

（5）TOC 域属于以下哪一类（　　）。

A. 等式和公式　　B. 索引和目录　　C. 文档自动化　　D. 日期和时间

（6）每年的元旦，某信息公司要发大量的内容相同的信，只是信中的称呼不一样，为了不做重复的编辑工作、提高效率，可用以下哪种功能实现（　　）。

A. 邮件合并　　B. 书签　　C. 信封和选项卡　　D. 复制

（7）（　　）是特殊的指令，在域中可引发特定的操作。

A. 域名　　B. 域参数　　C. 域代码　　D. 域开关

1.3.2　判断题

（1）“等式和公式”属于域的一个类别。（　　）

（2）“邮件合并”不是域的一个类别。（　　）

（3）Word 允许嵌套使用域。（　　）

（4）可以通过插入域代码的方法在文档中插入页码，具体方法是先输入花括号“{”，再输入“page”，最后输入花括号“}”即可。选中域代码后按下 Shift+F9 组合键，即可显示为当前页的页码。（　　）

（5）目录生成后会独占一页，正文内容会自动从下一页开始。（　　）

（6）如果要在更新域时保留原格式，只要将域代码中的“*MERGEFORMAT”删除即可。（　　）

（7）文档的任何位置都可以通过运用 TC 域标记为目录项后建立目录。（　　）

（8）域代码不区分英文大小写。（　　）

（9）域代码中的域参数是必选项，不能省略。（　　）

（10）域代码中的域名是关键字，不可省略。（　　）

（11）域结果的格式不能改变。（　　）

（12）域就像一段程序代码，文档中显示的内容是域代码运行的结果。（　　）

（13）域可以被锁定，以断开与信息源的链接并转换为不会改变的永久内容。（　　）

（14）域是不能被更新的。（　　）

（15）域是文档中可能发生变化的数据或邮件合并文档中套用信封、标签的占位符。（　　）

（16）域特征字符可以直接输入。（　　）

（17）域有两种显示方式：域代码和域结果。（　　）

（18）域最大的特点就是域内容可以根据文档的改动或其他有关因素的变化而自动更新。（　　）

（19）在插入页码、制作目录时都用到了域。（　　）

（20）在插入页码时，页码的范围只能从 1 开始。（　　）

（21）在键盘输入域代码后，必须更新域才能显示域结果。（　　）

1.4　Excel 工作表及数据导入

1.4.1　单选题

（1）默认情况下，每个工作簿包含（　　）个工作表。

A. 1　　B. 2　　C. 3　　D. 4

（2）连续选择相邻工作表时，应该按住（　　）键。

A. Enter　　B. Alt　　C. Shift　　D. Ctrl

（3）要在 Excel 工作簿中同时选择多个不相邻的工作表，可以在按住（　　）键的同时依次单击各个工作表的标签。

A. Shift　　B. Alt　　C. Ctrl　　D. Capslock

（4）关于 Excel 表格，下面说法中不正确的是（　　）。

A. 表格的第一行为列标题（称字段名）

B. 表格中不能有空列

C. 表格与其他数据间至少留有空行或空列

D. 为了清晰，表格总是把第一行作为列标题，而把第二行空出来

（5）以下关于打印说法中错误的是（　　）。

A. 打印内容可以是整张工作表　　B. 可以将内容打印到文件

C. 可以一次性打印多份　　D. 不可以打印整个工作簿

（6）Excel 的主要功能不包括（　　）。

A. 大型表格制作功能　　B. 图表功能

C. 数据库管理功能　　D. 网络通信功能

（7）Excel 文档包括（　　）。

A. 工作表　　B. 工作簿　　C. 编辑区域　　D. 以上都是

（8）在 Excel 中，在（　　）选项卡可进行工作簿视图方式的切换。

A. 开始　　B. 页面布局　　C. 审阅　　D. 视图

（9）将 Excel 表格的首行或者首列固定不动的功能是（　　）。

A. 锁定　　B. 保护工作表　　C. 冻结窗格　　D. 不知道

（10）在 Excel 中套用表格格式后，会出现（　　）选项卡。

A. 图片工具　　B. 表格工具　　C. 绘图工具　　D. 其他工具

（11）Excel 中打印工作簿时，下面的（　　）表述是错误的。

A. 一次可以打印整个工作簿

B. 一次可以打印一个工作簿中的一个或多个工作表

C. 在一个工作表中可以只打印某一页

D. 不能只打印一个工作表中的一个区域位置

（12）在 Excel 中，下面不是获取外部数据的方法的是（　　）。

A. 现有连接　　B. 来自网站　　C. 来自 Access　　D. 来自 Word

1.4.2 判断题

（1）Excel 可以通过 Excel 选项自定义选项卡和自定义快速访问工具栏。（　　）

（2）Excel 中只能用“套用表格格式”设置表格样式，不能设置单个单元格样式。（　　）

（3）要将最近使用的工作簿固定到列表，可打开“最近所用文件”，单击想固定的工作簿右边对应的按钮即可。（　　）

（4）在 Excel 中，除可创建空白工作簿外，还可以下载多种 office.com 中的模板。（　　）

（5）在 Excel 中，除在“视图”功能可以进行显示比例调整外，还可以在工作簿右下角的状态栏中拖动缩放滑块进行快速设置。（　　）

（6）在 Excel 中，后台“保存自动恢复信息的时间间隔”默认为 10 分钟。（　　）

（7）在 Excel 中，只能设置表格的边框，不能设置单元格边框。（　　）

（8）在 Excel 中，只要应用了一种表格格式，就不能对表格格式做更改和清除。（　　）

（9）在 Excel 中套用表格格式后，可在“表格样式选项”中选取“汇总行”显示汇总行，但不能在汇总行中进行数据类别的选择和显示。（　　）

1.5 Excel 单元格的使用

1.5.1 单选题

（1）以下哪种方式可在 Excel 中输入文本类型的数字"0001"（　　）。

A. "0001"　　B. '0001　　C. \\0001　　D. \\\\0001

（2）以下哪种方式可在 Excel 中输入数值"−6"（　　）。

A. "6　　B. −6　　C. \\6　　D. \\\\6

（3）将 Excel 工作表中单元格 E8 的公式“＝$A3+B4”移至 G8，应变为（　　）。

A. $A3+B4　　B. $A3+D4　　C. $C3+B4　　D. $C3+D4

（4）假设在某工作表 A1 单元格存储的公式中含有$B1，将其复制到 C2 单元格后，公式中的$B1 将变为（　　）。

A. $D2　　B. $D1　　C. $B2　　D. $B1

（5）将单元格 A3 中的公式“=$A1+A$2”复制到单元格 B4 中，则单元格 B4 中的公式为（　　）。

A. “=$A2+B$2”　　B. “=$A2+B$1”　　C. “=$A1+B$2”　　D. “=$A1+B$1”

（6）在 Excel 的工作表中，每个单元格都有其固定的地址，如“A5”表示（　　）。

A. “A”代表“A”列，“5”代表第 5 行

B. “A”代表“A”行，“5”代表第 5 列

C. “A5”代表单元格的数据

D. 以上都不是

（7）在 Excel 的某个单元格中输入“(123)”，则该单元格中的内容为（　　）。

A. −123　　B. "123"　　C. "(123)"　　D. 123

（8）在 Excel 中使用填充柄对包含数字的区域复制时，应按住（　　）键。

A. Alt　　B. Ctrl　　C. Shift　　D. Tab

（9）在 Excel 中，对于 D5 单元格，其绝对单元格表示方法为（　　）。

A. D5　　B. D$5　　C. $D$5　　D. $D5

（10）在 Excel 中，在打印学生成绩单时，对不及格的成绩用醒目的方式表示（如用红色表示等），当要处理大量的学生成绩时，利用（　　）命令最为方便。

A. 查找　　B. 条件格式　　C. 数据筛选　　D. 定位

（11）在 Excel 中要录入身份证号，数字分类应选择（　　）格式。

A. 常规　　B. 数值　　C. 科学计数　　D. 文本

（12）以下不属于 Excel 中数字分类的是（　　）。

A. 常规　　B. 货币　　C. 文本　　D. 条形码

（13）在 Excel 中，利用填充柄可以将数据复制到相邻单元格中，若选择含有数值的左右相邻的两个单元格，左键拖动填充柄，则数据将以（　　）填充。

A. 等差数列　　B. 等比数列　　C. 左单元格数值　　D. 右单元格数值

（14）在 Excel 中要想设置行高、列宽，应选用（　　）选项卡中的“格式”命令。

A. 开始　　B. 插入　　C. 页面布局　　D. 视图

（15）如何快速地将一个数据表格的行、列交换：（　　）。

A. 利用复制、粘贴命令

B. 利用剪切、粘贴命令

C. 使用鼠标拖动的方法实现

D. 使用“复制”命令，然后使用“选择性粘贴”，再选中“转置”，确定即可

（16）Excel 中，单元格下拉列表框的设置可以通过使用（　　）命令来完成。

A. 名称管理器　　B. 数据有效性（数据验证）

C. 公式审核　　D. 模拟分析

（17）下列关于 Excel 打印与预览操作的说法中，正确的是（　　）。

A. 输入数据时是在表格中进行的，打印时肯定有表格线
B. 尽管输入数据时是在表格中进行的，但如果不特意进行设置，那么打印时将不会有表格线
C. 可在“页面设置”对话框中选择“工作表”选项卡，然后单击“网格线”前面的“□”使“√”消失，这样打印时会有表格线
D. 除了在“页面设置”中进行设置可以打印表格线外，再没有其他方式可以打印出表格线了

（18）设置数据按颜色分组的方法（　　）。
A. 条件格式-设置颜色
B. 条件格式-设置分类的条件-设置颜色
C. 条件格式-新建规则
D. 条件格式-设置颜色-设置分类的条件

（19）数据条的渐变填充是通过（　　）实现的。
A. 条件格式-数据条-渐变填充　　B. 条件格式-渐变填充
C. 格式-设置单元格格式　　D. 条件格式-数据条

（20）Excel 用条件格式设置隔行不同颜色的方法是（　　）。
A. 条件格式-填充色　　B. 条件格式-新建规则
C. 条件格式-数据分类　　D. 格式-设置单元格式

（21）设置 Excel 单元格颜色以便突出显示的方法是（　　）。
A. 条件格式-突出显示　　B. 条件格式-突出设置单元格格式
C. 条件格式-突出显示单元格规则　　D. 条件格式-突出显示单元格

（22）随着内容的变化实现会变色的单元格的方法是（　　）。
A. 条件格式-项目选取规则　　B. 条件格式-新建规则
C. 条件格式-变色　　D. 格式-设置单元格格式

（23）在 Excel 中，如果某个单元格中的公式为“=$A1”，这里的$A1 属于（　　）引用。
A. 相对　　B. 绝对
C. 列相对行绝对的混合　　D. 列绝对行相对的混合

（24）在 Excel 中，单元格地址有 3 种引用方式，它们是相对引用、绝对引用和（　　）。
A. 相互引用　　B. 混合引用　　C. 简单引用　　D. 复杂引用

（25）在 Excel 表格的单元格中出现一连串的“#######”符号，则表示（　　）。
A. 需重新输入数据　　B. 需删去该单元格
C. 需调整单元格的宽度　　D. 需删去这些符号

（26）在 Excel 中复制公式时，为使公式中的（　　），必须使用绝对地址（引用）。
A. 引用不随新位置而变化　　B. 单元格地址随新位置而变化
C. 引用随新位置而变化　　D. 引用大小随新位置而变化

（27）Excel 中，在单元格中输入负数时，两种可使用的表示负数的方法是（　　）。
A. 在负数前加一个减号或用圆括号　　B. 斜杠（/）或反斜杠（\\）
C. 斜杠（/）或连接符（-）　　D. 反斜杠（\\）或连接符（-）

（28）自定义序列可以通过（　　）来建立。
A. 执行“开始”→“格式”菜单命令

B. 执行“数据”→“筛选”菜单命令

C. 执行“开始”→“排序和筛选”→“自定义排序”→“次序”→“自定义序列”命令

D. 执行“数据”→“创建组”菜单命令

1.5.2 判断题

（1）Excel 中不能进行超链接设置。（　　）

（2）Excel 使用的是从公元 0 年开始的日期系统。（　　）

（3）Excel 中三维引用的运算符是“!”。（　　）

（4）通过数据验证的设置，可对数据的输入值进行校验。（　　）

（5）运用“条件格式”中的“项目选取规划”，可自动显示学生成绩中某列前 10 名内单元格的格式。（　　）

（6）在 Excel 中，当我们插入图片、剪贴画、屏幕截图后，选项卡就会出现“图片工具—格式”选项卡，打开“图片工具”选项卡则面板做相应的设置。（　　）

（7）在 Excel 中只能插入和删除行、列，但不能插入和删除单元格。（　　）

（8）在 Excel 中只要运用了套用表格格式，就不能消除表格格式，把表格转为原始的普通表格。（　　）

（9）在 Excel 中，符号“&”是文本运算符。（　　）

（10）在 Excel 中输入分数时，需在输入的分数前加上一个“0”和一个空格。（　　）

（11）在 Excel 中只能清除单元格中的内容，不能清除单元格中的格式。（　　）

1.6 Excel 函数和公式的使用

1.6.1 单选题

（1）在表格中，如需运算的空格恰好位于表格的底部，需将该空格以上的内容累加，可通过插入（　　）公式实现。

A. =ADD(BELOW)　　B. =ADD(ABOVE)

C. =SUM(BELOW)　　D. =SUM(ABOVE)

（2）在 Excel 中，当公式中出现被零除的现象时，产生的错误值是（　　）。

A. #DIV/0!　　B. #N/A!　　C. #NUM!　　D. #VALUE!

（3）公式=VALUE("12")+SQRT(9)的运算结果是（　　）。

A. #NAME?　　B. #VALUE?　　C. 15　　D. 21

（4）以下 Excel 运算符中优先级最高的是（　　）。

A. ：　　B. ，　　C. *　　D. +

（5）Excel 一维水平数组中的元素用（　　）分开。

A. ;　　B. \　　C. ，　　D. \\

（6）Excel 一维垂直数组中的元素用（　　）分开。

A. \　　B. \\　　C. ，　　D. ;

（7）在 Excel 中，使用公式输入数据，一般在公式前需要加（　　）。

A. =　　B. #　　C. '　　D. "

（8）公式=INT(−123.12)的运算结果是（　　）。

A. 123　　B. −124　　C. 124　　D. −123

（9）公式=INT(123)的运算结果是（　　）。

A. 123　　B. 124　　C. 123.1　　D. 123

（10）在单元格 A1 中输入字符“XYZ”，在单元格 B1 中输入“100”（均不含引号），在单元格 C1 中输入函数“=IF(AND(A1="XYZ",B1<100),B1+10,B1-10)”，则 C1 单元格中的结果为（　　）。

A. 80　　B. 90　　C. 100　　D. 110

（11）在 Excel 中，计算 A1～B5、D1～E5 这 20 个单元格中数据的平均值，并填入 A6 单元格中，则 A6 单元格中应输入（　　）。

A. =AVERAGE(A1,B5,D1,E5)　　B. =AVERAGE(A1:B5,D1:E5)

C. =AVERAGE(A1:B5:D1:E5)　　D. =AVERAGE(A1,B5:D1,E5)

（12）返回参数组中非空值单元格数目的函数是（　　）。

A. COUNT　　B. COUNTBLANK　　C. COUNTIF　　D. COUNTA

（13）下列函数中，（　　）函数不需要参数。

A. DATE　　B. DAY　　C. TODAY　　D. TIME

（14）统计某数据库中记录字段满足某指定条件的非空单元格数用（　　）。

A. DCOUNTA　　B. DCOUNT　　C. DAVERAGE　　D. DSUM

（15）求取某数据库区域满足某指定条件数据的平均值用（　　）。

A. DGETA　　B. DCOUNT　　C. DAVERAGE　　D. DSUM

（16）Excel 中完整地输入数组公式表达式之后，应按（　　）。

A. Enter　　B. Shift+Enter

C. Ctrl+Shift+Enter　　D. Ctrl+Enter

（17）将数字向上舍入到最接近的偶数的函数是（　　）。

A. EVEN　　B. ODD　　C. ROUND　　D. TRUNC

（18）计算贷款指定期数应付的利息额应使用（　　）函数。

A. FV　　B. PV　　C. IPMT　　D. PMT

（19）要取出某时间值的分钟数要用（　　）函数。

A. HOUR　　B. MINUTE　　C. SECOND　　D. TIME

（20）在 Excel 中，求最大值的函数是（　　）。

A. IF　　B. COUNT　　C. MIN　　D. MAX

（21）将数字向下取整为最接近整数的函数是（　　）。

A. INT　　B. TRUNC　　C. ROUND　　D. TRIM

（22）计算物品的线性折旧费应使用（　　）函数。

A. IPMT　　B. SLN　　C. PV　　D. FV

（23）计算贷款指定期数应付的利息额应该使用（　　）函数。

A. IPMT　　B. SLN　　C. PV　　D. FV

（24）在 Excel 中，使用函数 LEFT(A1,4)等价于（　　）。

A. LEFT(4,A1)　　B. MID(A1,4)　　C. MID(A1,1,4)　　D. MID(A1,4,1)

（25）A2 单元格存储了“8913821”，要使用函数将“8913821”这一号码升级为“88913821”，应该使用（　　）。

A. MID(A2,2,0,8)　　B. REPLACE(A2,2,0,8)

C. GETMID(A2,2,0,8)　　D. EXTRACTMID(A2,2,0,8)

（26）B1 单元格存储了数据“20150825”，要取出当前月应该使用（　　）。

A. MID(B1,5,2)　　B. REPLACE(B1,5,2)

C. GETMID(B1,5,2)　　D. EXTRACTMID(B1,5,2)

（27）将数字向上舍入到最接近的奇数的函数是（　　）。

A. ROUND　　B. TRUNC　　C. EVEN　　D. ODD

（28）将数字截尾取整的函数是（　　）。

A. TRUNC　　B. INT　　C. ROUND　　D. CEILING

（29）VLOOKUP 的第 3 个参数的含义是（　　）。

A. 查找值　　B. 查找范围　　C. 查找列数　　D. 匹配

（30）VLOOKUP 的第 1 个参数的含义是（　　）。

A. 查找值　　B. 查找范围　　C. 查找列　　D. 匹配

（31）VLOOKUP 的第 2 个参数的含义是（　　）。

A. 查找值　　B. 查找范围　　C. 查找列数　　D. 匹配

（32）VLOOKUP 函数从一个数组或表格的（　　）中查找含有特定值的字段，再返回同一列中某一指定单元格中的值。

A. 第一行　　B. 最末行　　C. 最左列　　D. 最右列

（33）在 Excel 单元格中输入的数据有两种类型：一种是常量，可以是数值或文字；另一种是以“＝”开头的（　　）。

A. 公式　　B. 批注　　C. 数字　　D. 字母

（34）Excel 中的 PMT 函数用于（　　）。

A. 基于固定利率及等额分期付款方式，返回贷款的每期付款额

B. 等额分期付款方式，返回贷款的每期付款额

C. 基于固定利率，返回贷款的每期付款额

D. 计算贷款的每期付款额

（35）VLOOKUP 的第 4 个参数 false 表示（　　）。

A. 匹配　　B. 精确匹配　　C. 模糊匹配　　D. 不符合

（36）函数 AVERAGE(A1:B5)相当于（　　）。

A. 求（A1:B5）区域的最小值　　B. 求（A1:B5）区域的平均值

C. 求（A1:B5）区域的最大值　　D. 求（A1:B5）区域的总和

（37）SUMIF 的第 1 个参数是（　　）。

A. 条件区域　　B. 指定的条件

C. 需要求和的区域　　D. 其他

（38）SUMIF 的第 2 个参数是（　　）。

A. 条件区域　　B. 指定的条件
C. 需要求和的区域　　D. 其他

（39）SUMIF 的第 3 个参数是（　　）。
A. 条件区域　　B. 指定的条件
C. 需要求和的区域　　D. 其他

（40）公式=RIGHT(LEFT("中国农业银行",4),2)的运算结果是（　　）。
A. 中国　　B. 农业　　C. 银行　　D. 农

（41）公式=LEFT("中国农业银行",2)的运算结果是（　　）。
A. 中国　　B. 农业　　C. 银行　　D. 中

（42）公式 =RIGHT("中国农业银行",2)的运算结果（　　）。
A. 中国　　B. 农业　　C. 银行　　D. 行

（43）公式 =LEFT(RIGHT("中国农业银行",4),2)的运算结果是（　　）。
A. 中国　　B. 农业　　C. 银行　　D. 农

（44）公式 = REPLACE("中国农业银行",3,1,"兴"）的运算结果是（　　）。
A. 中国银行　　B. 中国农业银行　　C. 中国兴业银行　　D. 中国农业

1.6.2　判断题

（1）COUNTBLANK 函数用于统计某区域中空单元格的数目。（　　）
（2）COUNT 函数用于计算区域中单元格的个数。（　　）
（3）Excel 的同一个数组常量中不可以使用不同类型的值。（　　）
（4）Excel 中 HLOOKUP 函数的参数 lookup_value 不可以是数值。（　　）
（5）Excel 中 HLOOKUP 函数是在表格或区域的第一行搜索特定的值。（　　）
（6）Excel 中 RAND 函数在工作表中计算一次结果后就固定下来了。（　　）
（7）Excel 中 VLOOKUP 函数的最后一个参数是 false 表示最近似匹配。（　　）
（8）Excel 中的数据库函数的参数个数均为 4 个。（　　）
（9）Excel 中的数据库函数都以字母 D 开头。（　　）
（10）Excel 数组常量中的值可以是常量和公式。（　　）
（11）Excel 中数组区域的单元格可以单独编辑。（　　）
（12）FV 函数用来计算固定利率等额还款的某投资的未来值。（　　）
（13）HLOOKUP 函数用于在表格或区域的第一行中搜寻特定值。（　　）
（14）HOUR 函数可以返回小时数值。（　　）
（15）IPMT、PMT、FV 函数用到利率的参数对于是否为固定利率无所谓。（　　）
（16）IS 类函数属于统计函数。（　　）
（17）MEDIAN 函数返回给定数值集合的平均值。（　　）
（18）MID 函数和 MOD 函数的返回值都是字符。（　　）
（19）MID 函数可以实现从文本指定位置取出指定个数的字符。（　　）
（20）MOD 函数得到的是商。（　　）
（21）ROUND 函数返回指定小数位数的四舍五入数值，第二个参数只能是正整数。（　　）
（22）ROUND 函数是向上取整函数。（　　）

（23）SUMIF 函数和 COUNTIF 函数一样有两个参数。（　　）

（24）YEAR(NOW())可以返回当前的年份。（　　）

（25）YEAR 函数可以取出系统当前的时间。（　　）

（26）如果只是在旧字符中添加几个新字符，那么不可以用 REPLACE 函数实现。（　　）

（27）如需编辑公式，可单击“插入”选项卡中的“*fx*”图标启动公式编辑器（　　）

（28）使用 COUNT 函数可返回指定文本包含字符的个数。（　　）

（29）使用 DAVERAGE 函数可计算列表或数据库的列中指定条件的数值的平均值。（　　）

（30）使用 DGET 函数可以从列表或数据库的列中提取符合指定条件的单个值。（　　）

（31）所有的函数都必须填写参数。（　　）

（32）要提取某数据区域满足某条件的且唯一存在的记录用 DGET 函数。（　　）

（33）用 IPMT 函数计算某个月的贷款利息时，要将利率转换为月利率。（　　）

（34）在 Excel 工作表中对选定区域求和和求平均时，对文字、逻辑值或空白的单元格将忽略不计。（　　）

（35）在 Excel 中，数组常量不得含有不同长度的行或列。（　　）

（36）在 Excel 中，数组常量可以分为一维数组和二维数组。（　　）

1.7　Excel 数据分析

1.7.1　单选题

（1）在 Excel 中，对数据表进行排序时，在“排序”对话框中能够指定的排序关键字的个数限制为（　　）。

A. 1 个　　B. 2 个　　C. 3 个　　D. 任意个

（2）使用记录单增加记录时，当输完一个记录的数据后，（　　）便可再次出现一个空白记录单以便继续增加记录。

A. 单击“关闭”按钮　　B. 单击“下一条”按钮

C. 按↑键　　D. 按↓键或按回车键或单击“新建”按钮

（3）记录单是属于（　　）的命令。

A. “插入”选项卡下　　B. “数据”选项卡下

C. “视图”选项卡下　　D. 不在功能区中

（4）在 Excel 中创建图表时，首先要打开（　　），然后在“图表”组中操作。

A. “开始”选项卡　　B. “插入”选项卡

C. “公式”选项卡　　D. “数据”选项卡

（5）在 Excel 中，（　　）可将选定的图表删除。

A. 使用“文件”选项卡下的命令　　B. 按 Delete 键

C. 使用“数据”选项卡下的命令　　D. 使用“图表”选项卡下的命令

（6）数据透视表在“插入”选项卡的（　　）组中。

A. 插图　　B. 文本　　C. 表格　　D. 符号

（7）Excel 图表是动态的，当在图表中修改了数据系列的值时，与图表相关的工作表中的数据（　　）。

A. 出现错误值　　B. 不变　　C. 自动修改　　D. 用特殊颜色显示

（8）在记录单的右上角显示“3/30”，其意义是（　　）。

A. 当前记录单仅允许 30 个用户访问　　B. 当前记录是第 30 号记录

C. 当前记录是第 3 号记录　　D. 您是访问当前记录单的第 3 个用户

（9）在 Excel 的高级筛选中，条件区域中写在同一行的条件的关系是（　　）。

A. 或关系　　B. 与关系　　C. 非关系　　D. 异或关系

（10）在 Excel 的高级筛选中，条件区域中不同行的条件的关系是（　　）。

A. 或关系　　B. 与关系　　C. 非关系　　D. 异或关系

（11）在 Excel 的工作表中建立的数据表，通常把每一行称为一个（　　）。

A. 记录　　B. 二维表　　C. 属性　　D. 关键字

（12）在 Excel 的电子工作表中建立的数据表，通常把每一列称为一个（　　）。

A. 记录　　B. 二维表　　C. 属性　　D. 关键字

（13）使用 Excel 的自动筛选功能，是将（　　）。

A. 满足条件的记录显示出来，而删除不满足条件的数据

B. 不满足条件的记录暂时隐藏起来，只显示满足条件的数据

C. 不满足条件的数据用另外一个工作表保存起来

D. 将满足条件的数据突出显示

（14）在 Excel 中，如果我们只需要数据列表中记录的一部分时，可以使用 Excel 提供的（　　）。

A. 排序　　B. 自动筛选　　C. 分类汇总　　D. 以上全部

（15）在 Excel 中，若需要将工作表中某列上大于某个值的记录挑选出来，应执行“数据”选项卡中的（　　）。

A.“排序”命令　　B.“筛选”命令

C.“分类汇总”命令　　D.“合并计算”命令

（16）在 Excel 的图表中，水平 X 轴通常作为（　　）。

A. 排序轴　　B. 分类轴　　C. 数值轴　　D. 时间轴

（17）下面关于 Excel 区域定义的论述中不正确的是（　　）。

A. 区域可由同一行连续多个单元格组成

B. 区域可由同一列连续多个单元格组成

C. 区域可由单一单元格组成

D. 区域可由不连续的单元格组成

（18）在一工作表中筛选出某项的正确操作方法是（　　）。

A. 鼠标单击数据表外的任一单元格，执行“数据”→“筛选”→“自动筛选”命令，鼠标单击想查找列的向下箭头，从下拉菜单中选择筛选项

B. 鼠标单击数据表中的任一单元格，执行“数据”→“筛选”→“自动筛选”命令，鼠标单击想查找列的向下箭头，从下拉菜单中选择筛选项

C. 执行“编辑”→“查找”命令，在打开的“查找”对话框的“查找内容”框中输入要查找的项，单击“关闭”按钮。

D. 执行“编辑”→“查找”命令，在打开的“查找”对话框的“查找内容”框中输入要查找的项，单击“查找下一个”按钮。

（19）在 Excel 中创建一个图表时，第一步要（　　）。

A. 选择图表的形式　　B. 选择图表的类型
C. 选择图表存放的位置　　D. 选定创建图表的数据区域

（20）在一个表格中，为了查看满足部分条件的数据内容，最有效的方法是（　　）。

A. 选中相应的单元格　　B. 采用数据透视表工具
C. 采用数据筛选工具　　D. 通过宏来实现

（21）在 Excel 中，下面对于自定义自动筛选说法中不正确的是（　　）。

A. 在“自定义自动筛选”对话框中可以使用通配符
B. 可以对已经完成自定义自动筛选的数据记录再进行自定义自动筛选
C. 在“自定义自动筛选”对话框中可以同时使用“与”和“或”选项
D. 当前数据列表中的数据只有先执行了“自动筛选”命令后，才能使用自定义自动筛选方式

（22）Excel 的筛选功能包括（　　）和高级筛选。

A. 直接筛选　　B. 自动筛选　　C. 简单筛选　　D. 间接筛选

（23）在 Excel 中建立图表时，有很多图表类型可供选择，能够很好地表现一段时期内数据变化趋势的图表类型是（　　）。

A. 柱形图　　B. 折线图　　C. 饼图　　D. XY 散点图

（24）在 Excel 中，下面关于“筛选”的叙述中正确的是（　　）。

A. 自动筛选和高级筛选都可以将结果筛选至另外的区域中
B. 执行高级筛选前必须在另外的区域中给出筛选条件
C. 自动筛选的条件只能有一个，高级筛选的条件可以有多个
D. 如果所选条件出现在多列中，并且条件间存在与的关系，必须使用高级筛选

（25）关于筛选，下面叙述中正确的是（　　）。

A. 自动筛选可以同时显示数据区域和筛选结果
B. 高级筛选可以进行更复杂条件的筛选
C. 高级筛选不需要建立条件区域
D. 自动筛选可将筛选结果放在指定区域

（26）Excel 可以把工作表转换成 Web 页面所需的（　　）格式。

A. HTML　　B. TXT　　C. BAT　　D. EXE

（27）在 Excel 中，对数据表做分类汇总前，先要（　　）。

A. 按分类列排序　　B. 选中　　C. 筛选　　D. 按任意列排序

（28）在 Excel 中，在进行自动分类汇总之前必须（　　）。

A. 对数据清单进行索引
B. 选中数据清单
C. 必须对数据清单按要进行分类汇总的列进行排序
D. 数据清单的第一行中必须有列标记

（29）关于分类汇总，下面叙述中正确的是（　　）。

A. 分类汇总前首先应按分类字段值对记录进行排序

B. 分类汇总可以按多个字段分类

C. 只能对数值型字段分类

D. 汇总方式只能求和

（30）下列各选项中，对分类汇总的描述错误的是（　　）。

A. 分类汇总前需要排序数据

B. 汇总方式主要包括求和、最大值、最小值等

C. 分类汇总结果必须与原数据位于同一个工作表中

D. 不能隐藏分类汇总数据

（31）一个工作表各列数据均含标题，要对所有列数据进行排序，用户应选取的排序区域是（　　）。

A. 含标题的所有数据区　　B. 含标题的任一列数据

C. 不含标题的所有数据区　　D. 不含标题的任一列数据

（32）下列关于筛选的叙述中，错误的是（　　）。

A. 筛选可以将符合条件的数据显示出来

B. 筛选功能会改变原始工作表的数据结构与内容

C. 可以自定义筛选的条件

D. 可以设置多个字段的筛选条件

（33）为了实现多字段的分类汇总，Excel 提供的工具是（　　）。

A. 数据地图　　B. 数据列表　　C. 数据分析　　D. 数据透视表

（34）在 Excel 中，下面关于分类汇总的说法中正确的是（　　）。

A. 下一次分类汇总总要替换上一次分类汇总

B. 分类汇总可以嵌套

C. 只能设置一项汇总

D. 分类汇总不能被删除

（35）在 Excel 中，假定存在一个职工简表，要对职工工资按职称属性进行分类汇总，则在分类汇总前必须进行数据排序，所选择的关键字为（　　）。

A. 性别　　B. 职工号　　C. 工资　　D. 职称

（36）下面有关表格排序的说法中正确的是（　　）。

A. 只有数字类型可以作为排序的依据　　B. 只有日期类型可以作为排序的依据

C. 笔画和拼音不能作为排序的依据　　D. 排序规则有升序和降序

（37）在 Excel 中，对工作表中的数据排序后，要使数据恢复原来的次序，方法是（　　）。

A. 执行“开始”选项卡下的“撤销排序”命令

B. “排序”对话框中单击“删除条件”按钮

C. 单击快速访问工具栏中的“撤销”命令

D. “排序”对话框中选择“降序”

（38）某单位要统计各科室人员工资情况，按工资从高到低排序，若工资相同，以工龄降序排列，则以下做法中正确的是（　　）。

A. 主要关键字为“科室”，次要关键字为“工资”，第二个次要关键字为“工龄”

B. 主要关键字为“工资”，次要关键字为“工龄”，第二个次要关键字为“科室”

C. 主要关键字为“工龄”，次要关键字为“工资”，第二个次要关键字为“科室”

D. 主要关键字为“科室”，次要关键字为“工龄”，第二个次要关键字为“工资”

（39）在 Excel 中，进行分类汇总前，首先必须对数据表中的某个列标题（即属性名，又称字段名）进行（　　）。

A. 自动筛选　　B. 高级筛选　　C. 排序　　D. 查找

（40）在 Excel 中按某个字段排序时，其中出现的空白单元格将排在（　　）。

A.最前面

B. 最后面

C. 不一定，要看排序方式是升序还是降序

D. 以上都错

1.7.2 判断题

（1）Excel 工作表的数量可根据工作需要做适当增加或减少，并可以进行重命名、设置标签颜色等相应的操作。（　　）

（2）Excel 中使用分类汇总，必须先对数据区域进行排序。（　　）

（3）不带分隔符的文本文件导入 Excel 中时无法分列。（　　）

（4）不同字段之间进行“或”运算的条件是必须使用高级筛选。（　　）

（5）单击“数据”选项卡→“获取外部数据”→“自文本”，可以把数据导入工作表中。（　　）

（6）当原始数据发生变化后，只需单击“更新数据”按钮，数据透视表就会自动更新数据。（　　）

（7）对一张已经排好序的 Excel 表格，可以直接执行分类汇总操作。（　　）

（8）分类汇总只能按一个字段分类。（　　）

（9）高级筛选不需要建立条件区，只需要指定数据区域就可以。（　　）

（10）高级筛选可以对某一字段设定多个（2 个或 2 个以上）条件。（　　）

（11）高级筛选可以将筛选结果放在指定的区域。（　　）

（12）高级筛选可以快速将满足条件的记录显示到指定区域。（　　）

（13）排序时如果有多个关键字段，则所有关键字段必须选用相同的排序趋势（递增/递减）。（　　）

（14）取消“汇总结果显示在数据下方”选项后，将不再显示汇总结果。（　　）

（15）如果所选条件出现在多列中，并且条件间有“与”的关系，必须使用高级筛选。（　　）

（16）使用记录单可以快速地在指定位置插入一条记录。（　　）

（17）数据透视表中的字段是不能进行修改的。（　　）

（18）数据透视图就是将数据透视表以图表的形式显示出来。（　　）

（19）修改了图表数据源单元格的数据，图表会自动跟着刷新。（　　）

（20）一旦分类汇总完成，就无法恢复到数据区域的初始状态了。（　　）

（21）再次执行“分类汇总”命令时，一定会替换前一次的汇总结果。（　　）

（22）在 Excel 中设置“页眉和页脚”，只能通过“插入”选项卡来插入页眉和页脚，没有其他的操作方法。（ ）

（23）在 Excel 表格中是无法执行分类汇总操作的。（ ）

（24）在 Excel 工作表中建立数据透视图时，数据系列只能是数值。（ ）

（25）在 Excel 中，不排序就无法正确执行分类汇总操作。（ ）

（26）在 Excel 中，分类汇总的数据折叠层次最多是 8 层。（ ）

（27）在 Excel 中，工作表和表格是同一个概念。（ ）

（28）在 Excel 中，迷你图可以显示一系列数值的变化趋势，并突出显示最值。（ ）

（29）在 Excel 中，可以根据字体颜色来排序。（ ）

（30）在 Excel 中，切片器只能用于数据透视表中。（ ）

（31）在 Excel 中，如果某列的数据类型不一致，则排序结果就会有问题。（ ）

（32）在 Excel 中创建数据透视表时，可以从外部（如 DBF、MDB 等数据库文件）获取源数据。（ ）

（33）在 Excel 中既可以按行排序，也可以按列排序。（ ）

（34）在 Excel 中可以更改工作表的名称和位置。（ ）

（35）在 Excel 中可以进行嵌套分类汇总。（ ）

（36）在创建数据透视表时，“行标签”中的字段对应的数据将各占透视表的一行。（ ）

（37）在创建数据透视表时，“行标签”中的字段只能有一个。（ ）

（38）在创建数据透视表时，“列标签”中的字段对应的数据将各占透视表的一列。（ ）

（39）在创建数据透视表时，“数值”中的字段指明的是进行汇总的字段名称及汇总方式。（ ）

（40）在创建数据透视图的同时自动创建数据透视表。（ ）

（41）在排序“选项”中可以指定关键字段按字母排序或按笔画排序。（ ）

（42）只有每列数据都有标题的工作表才能够使用记录单功能。（ ）

（43）自定义自动筛选可以一次性地对某一字段设定多个（2 个或 2 个以上）条件。（ ）

（44）自动筛选的条件只能有一个，高级筛选的条件可以有多个。（ ）

（45）自动筛选和高级筛选都可以将结果筛选至另外的区域中。（ ）

（46）自动筛选可以快速地将满足条件的记录显示到指定区域。（ ）

（47）自动筛选只能筛选满足“与”关系的条件的记录。（ ）

（48）做数据筛选前必须先建立一个条件区域。（ ）

1.8 PowerPoint 幻灯片设计

1.8.1 单选题

（1）PowerPoint 中，下列说法中错误的是（ ）。

A. 可以动态显示文本和对象　　B. 可以更改动画对象的出现顺序

C. 图表中的元素不可以设置动画效果　　D. 可以设置幻灯片的切换效果

（2）幻灯片中占位符的作用是（　　）。

A. 表示文本长度　　B. 限制插入对象的数量

C. 表示图形大小　　D. 为文本、图形预留位置

（3）下面哪个视图中，不可以编辑、修改幻灯片（　　）。

A. 浏览　　B. 普通　　C. 大纲　　D. 备注页

（4）下列对象中，不可以设置链接的是（　　）。

A. 文本上　　B. 背景上　　C. 图形上　　D. 剪贴图上

（5）改变演示文稿外观可以通过（　　）来实现。

A. 修改主题　　B. 修改母版　　C. 修改背景样式　　D. 以上三个都对

（6）幻灯片的主题不包括（　　）。

A. 主题动画　　B. 主题颜色　　C. 主题效果　　D. 主题字体

（7）如果希望在演示过程中终止幻灯片的演示，则随时可按的终止键是（　　）。

A. Delete　　B. Ctrl+E　　C. Shift+C　　D. Esc

（8）幻灯片放映过程中，单击鼠标右键，选择“指针选项”中的“荧光笔”，在讲解过程中可以进行写和画，其结果是（　　）。

A. 对幻灯片进行了修改

B. 对幻灯片没有进行修改

C. 写和画的内容留在幻灯片上，下次放映还会显示出来

D. 写和画的内容可以保存起来，以便下次放映时显示出来

（9）可以用拖动的方法改变幻灯片的顺序的是（　　）。

A. 幻灯片视图　　B. 备注页视图

C. 幻灯片浏览视图　　D. 幻灯片放映

1.8.2　判断题

（1）在幻灯片中，可以对文字进行三维效果设置。（　　）

（2）演示文稿的背景色最好采用统一的颜色。（　　）

（3）在 PowerPoint 中，旋转工具能旋转文本和图形对象。（　　）

（4）在幻灯片母版设置中，幻灯片母版可以起到统一标题内容作用。（　　）

（5）在幻灯片母版中进行设置，可以起到统一整个幻灯片风格的作用。（　　）

（6）在幻灯片中，超链接的颜色设置是不能改变的。（　　）

1.9　公共组件中的文档保护

1.9.1　单选题

（1）Office 提供的对文件的保护包括（　　）。

A. 防打开　　B. 防修改　　C. 防丢失　　D. 以上都是

（2）Word 文档的编辑限制包括（　　）。

A. 格式设置限制　　B. 编辑限制　　C. 权限保护　　D. 以上都是

（3）如果 Word 文档中有一段文字不允许别人修改，可以通过（　　）。

A. 格式设置限制　　B. 编辑限制

C. 设置文件修改密码　　D. 以上都是

（4）防止文件丢失的方法有（　　）。

A. 自动备份　　B. 自动保存　　C. 另存一份　　D. 以上都是

1.9.2 判断题

（1）Excel 保护工作簿中，分为结构和窗口两个选项。（　　）

（2）Excel 保护工作簿中，可以保护工作表和锁定指定的单元格的内容。（　　）

（3）Excel 中提供了保护工作表、保护工作簿和保护特定工作区域的功能。（　　）

（4）Word 文档有两种密码：一种是打开密码，另一种是文档保护密码。（　　）

（5）PowerPoint 文档保护可以采取加密方式和文件类型转换方式。（　　）

（6）PowerPoint 文档保护可以对文件的内容进行加密，只要在“文件”选项卡的“信息”选项中进行设置。（　　）

（7）Word 保护文档的编辑限制分修订、批注、填写窗体、不允许任何修改（只读）四种。（　　）

（8）Word 文档保护的格式设置限制的对话框中有“全部”“推荐的样式”“无”三个按钮。（　　）

（9）Word 文档的窗体保护可以分为分节保护和窗体域保护。（　　）

（10）Word 文档的格式可以限制对选定的样式进行格式设置。（　　）

（11）按人员限制可以将权限分为用户账户限制和文档的权限。（　　）

（12）标记为最终状态可以将文档设为只读模式。（　　）

（13）可以通过“按人员限制权限”给“密友”赋予读取或修改的权限，其他人想要操作只能先请求权限。（　　）

（14）可以通过“加密文档”给文档加个密码，只有拥有密码的用户才能打开。（　　）

（15）如果对一个工作表进行保护，并锁定单元格的内容之后，想要重新编辑，得先取消保护。（　　）

（16）如果对一个工作表进行保护，并锁定单元格内容之后，用户只能选定单元格，不能进行其他操作。（　　）

（17）若要使格式设置限制或者编辑限制生效，必须启动强制保护。（　　）

（18）若要使格式设置限制或者编辑限制生效，不一定要启动强制保护。（　　）

（19）添加数字签名也是目前比较流行的一种文档保护功能。（　　）

（20）文件安全性设置可以防打开、防修改、防丢失。（　　）

（21）用密码进行加密时，如果忘记设置的密码了，就无法使用此文档。（　　）

（22）在保存 Office 文件时，可以设置打开或修改文件的密码。（　　）

（23）在受保护的视图下打开的文档，所有人都不能编辑。（　　）

1.10　公共组件中宏的使用

1.10.1　单选题

（1）宏代码也是用程序设计语言编写的，与其最接近的高级语言是（　　）。

A. Delphi　　B. Visual Basic　　C. C#　　D. Java

（2）宏病毒的特点是（　　）。

A. 传播快、制作和变种方便、破坏性大和兼容性差

B. 传播快、制作和变种方便、破坏性大和兼容性好

C. 传播快、传染性强、破坏性大和兼容性好

D. 以上都是

（3）宏可以实现的功能不包括（　　）。

A. 自动执行一串操作或重复操作

B. 自动执行杀毒操作

C. 创建定制的命令

D. 创建自定义的按钮和插件

1.10.2　判断题

（1）dotx 格式为启用宏的模板格式，而 dotm 格式无法启用宏。（　　）

（2）Office 的所有组件都可以通过录制宏来记录一组操作。（　　）

（3）Office 中的宏很容易潜入病毒，即宏病毒。（　　）

（4）宏是一段程序代码，可以用任何一种高级语言编写宏代码。（　　）

（5）可以用 VBA 编写宏代码。（　　）

（6）在 Office 的所有组件中，用来编辑宏代码的开发工具选项卡并不在功能区，需要特别设置。（　　）

试题参考答案

1.1.1　单选题

1	2	3	4	5	6	7	8	9	10
D	B	B	A	C	C	B	D	C	D
11	12	13	14	15	16	17	18		
B	B	D	D	C	B	A	A		

1.1.2 判断题

1	2	3	4	5	6	7	8	9	10
F	T	F	F	T	F	T	F	T	T
11	12	13	14	15	16	17	18	19	20
T	F	F	T	F	F	T	T	T	T
21	22	23	24	25	26	27	28	29	30
F	F	F	F	F	F	F	T	F	T
31	32	33	34	35	36	37	38	39	40
T	T	T	T	T	T	T	T	T	F
41	42	43	44	45	46	47	48	49	50
F	T	F	F	T	F	F	T	T	F
51	52	53	54	55	56	57	58	59	60
T	T	F	F	F	F	F	T	F	F
61	62	63	64	65	66	67	68	69	70
F	T	T	T	T	T	F	F	T	F
71	72	73	74	75					
T	T	T	T	T					

1.2.1 单选题

1	2	3	4	5	6	7	8	9	10
D	C	C	C	C	B	D	D	D	A
11	12	13	14	15					
D	C	C	A	C					

1.2.2 判断题

1	2	3	4	5	6	7	8	9	10
T	F	T	F	T	F	F	T	F	T
11	12	13	14	15	16	17	18	19	20
T	T	T	T	F	T	F	T	F	T
21	22	23	24	25	26	27	28	29	30
F	F	T	T	F	F	F	F	F	T
31	32	33	34	35					
F	T	F	T	F					

1.3.1 单选题

1	2	3	4	5	6	7			
B	D	C	C	B	A	D			

1.3.2 判断题

1	2	3	4	5	6	7	8	9	10
T	F	T	F	F	F	T	T	F	T
11	12	13	14	15	16	17	18	19	20
F	T	T	F	T	F	T	T	T	F
21									
T									

1.4.1 单选题

1	2	3	4	5	6	7	8	9	10
C	C	C	D	D	D	D	D	C	B
11	12								
D	B								

1.4.2 判断题

1	2	3	4	5	6	7	8	9	
T	F	T	T	T	T	F	F	F	

1.5.1 单选题

1	2	3	4	5	6	7	8	9	10
B	B	B	C	A	A	A	A	C	B
11	12	13	14	15	16	17	18	19	20
D	D	A	A	D	B	B	B	A	B
21	22	23	24	25	26	27	28		
C	B	D	B	C	A	A	C		

1.5.2 判断题

1	2	3	4	5	6	7	8	9	10
F	F	T	T	T	T	F	F	T	T
11									
F									

1.6.1 单选题

1	2	3	4	5	6	7	8	9	10
D	A	C	A	D	D	A	B	A	B

续表

11	12	13	14	15	16	17	18	19	20
B	D	C	A	C	A	A	C	B	D
21	22	23	24	25	26	27	28	29	30
A	B	A	C	B	A	D	A	C	A
31	32	33	34	35	36	37	38	39	40
B	C	A	A	B	B	A	B	C	B
41	42	43	44						
A	C	B	C						

1.6.2　判断题

1	2	3	4	5	6	7	8	9	10
T	F	F	F	F	F	F	F	T	F
11	12	13	14	15	16	17	18	19	20
F	T	T	T	F	F	F	F	T	F
21	22	23	24	25	26	27	28	29	30
T	F	F	T	F	F	T	F	T	T
31	32	33	34	35	36				
T	T	T	T	T	F				

1.7.1　单选题

1	2	3	4	5	6	7	8	9	10
D	D	D	B	B	C	C	C	B	A
11	12	13	14	15	16	17	18	19	20
A	C	B	B	B	B	C	B	D	C
21	22	23	24	25	26	27	28	29	30
B	B	B	B	B	A	A	C	A	D
31	32	33	34	35	36	37	38	39	40
A	B	D	B	D	D	C	A	C	B

1.7.2　判断题

1	2	3	4	5	6	7	8	9	10
T	T	T	T	T	T	T	T	F	T
11	12	13	14	15	16	17	18	19	20
T	T	F	F	F	T	F	T	T	F
21	22	23	24	25	26	27	28	29	30
T	F	F	F	T	T	F	T	T	F

续表

31	32	33	34	35	36	37	38	39	40
T	T	T	T	T	T	F	T	T	T
41	42	43	44	45	46	47	48		
T	T	T	F	F	F	F	T		

1.8.1 单选题

1	2	3	4	5	6	7	8	9	
C	D	A	B	D	A	D	D	C	

1.8.2 判断题

1	2	3	4	5	6				
T	T	T	F	T	F				

1.9.1 单选题

1	2	3	4	
D	D	D	D	

1.9.2 判断题

1	2	3	4	5	6	7	8	9	10
T	T	T	T	T	T	T	T	T	T
11	12	13	14	15	16	17	18	19	20
T	T	T	T	T	F	T	F	T	T
21	22	23							
T	T	T							

1.10.1 单选题

1	2	3		
B	A	B		

1.10.2 判断题

1	2	3	4	5	6				
F	T	T	F	T	T				

第 2 章　Word 2019 高级应用

知识要点

1. 了解 Word 文档结构及分节、分页的概念，掌握 Word 页面设置中纸张大小、页边距等基本操作，了解版心的概念，掌握版心的常规操作，掌握页面页脚的设置，能够结合分节、分页设置文档的页眉和页脚。

2. 理解 Word 文档中样式类型、样式基准的概念，掌握样式的创建、修改和应用。

3. 了解项目符号的作用及其与编号的区别，掌握项目符号的设置和升降级操作，能够依据需要定义新的项目符号。

4. 了解题注、脚注和尾注的作用，能够结合编号设置题注，掌握脚注和尾注的设置。

5. 了解 Word 文档中域的作用及应用场景，掌握域的插入和更新等操作。

6. 了解文档修订和批注的作用，理解审阅功能的必要性，掌握批注的新建、删除等基本操作，掌握修订的使用。

7. 了解邮件合并的作用，了解模板的作用及应用场合，掌握邮件合并的操作和模板的编辑、应用。

2.1　长文档综合题

2.1.1　浙江旅游概述

1. 题目要求

打开配套练习素材文件中“第 2 章练习\长文档综合题\2.1.1 浙江旅游概述\浙江旅游概述.docx”文件，按下列要求操作，并将结果存盘。完成后的效果见“第 2 章练习\长文档综合题\2.1.1 浙江旅游概述\浙江旅游概述效果图.PDF”文件。

（1）对正文进行排版

① 使用多级列表对章名、小节名进行自动编号，代替原始的编号，要求：

● 章号的自动编号格式为第 X 章（例：第 1 章），其中，X 采用自动排序，阿拉伯数字序号，对应级别 1，居中显示；

● 小节名自动编号格式为 X.Y，X 为章数字序号，Y 为节数字序号（例：1.1），X，Y 均为阿拉伯数字序号，对应级别 2，左对齐显示。

② 新建样式，样式名为“样式 12345”。其中，

● 字体：中文字体为“楷体”，西文字体为“Times New Roman”，字号为“小四”。

● 段落：首行缩进 2 字符，段前 0.5 行，段后 0.5 行，行距 1.5 倍；两端对齐。其余格式，默认设置。

③ 对正文中的图添加题注“图”，位于图下方，居中，要求：

● 编号为“章序号”-“图在章中的序号”（例如第 1 章中第 2 幅图，题注编号为 1-2）；

● 图的说明使用图下一行的文字，格式同编号；

● 图居中。

④ 对正文中出现“如下图所示”中的“下图”两字，使用交叉引用，改为“图 X-Y”，其中“X-Y”为图题注的编号。

⑤ 对正文中的表添加题注“表”，位于表上方，居中，要求：

● 编号为“章序号”-“表在章中的序号”（例如第 1 章中第 1 张表，题注编号为 1-1）

● 表的说明使用表上一行的文字，格式同编号；

● 表居中，表内文字不要求居中。

⑥ 对正文中出现“如下表所示”中的“下表”两字，使用交叉引用，改为“表 X-Y”，其中“X-Y”为表题注的编号。

⑦ 对正文中首次出现“西湖龙井”的地方插入脚注。添加文字“西湖龙井茶加工方法独特，有十大手法。”。

⑧将②的新建样式应用到正文中无编号的文字，不包括章名、小节名、表文字、表和图的题注、脚注。

（2）在正文前按序插入三节，使用 Word 提供的功能，自动生成如下内容。

① 第1节：目录。其中，“目录”使用样式“标题 1”，并居中；“目录”下为目录项。

② 第2节：图索引。其中，“图索引”使用样式“标题 1”，并居中；“图索引”下为图索引项。

③ 第3节：表索引。其中，“表索引”使用样式“标题 1”，并居中；“表索引”下为表索引项。

（3）使用合适的分节符，对正文进行分节。添加页脚，使用域插入页码，居中显示。要求：

① 正文前的节，页码采用“i,ii,iii,...”格式，页码连续。

② 正文中的节，页码采用“1,2,3,..”格式，页码连续。

③ 正文中每章为单独一节，页码总是从奇数开始。

④ 更新目录、图索引和表索引。

（4）添加正文的页眉。使用域，按以下要求添加内容，居中显示。其中，

① 对于奇数页，页眉中的文字为章序号 章名（例如：第 1 章　XXX）。

② 对于偶数页，页眉中的文字为节序号 节名（例如：1.1　XXX）。

2. 操作步骤

（1）对正文进行排版

① 使用多级符号对章名、小节名进行自动编号。

第1步：将光标定位在正文的第一行（第一章 浙江旅游概述），在“开始”选项卡的“段落”功能组中单击“ ”（多级列表），在弹出的列表中单击“定义新的多级列表”，如图 2-1

所示。

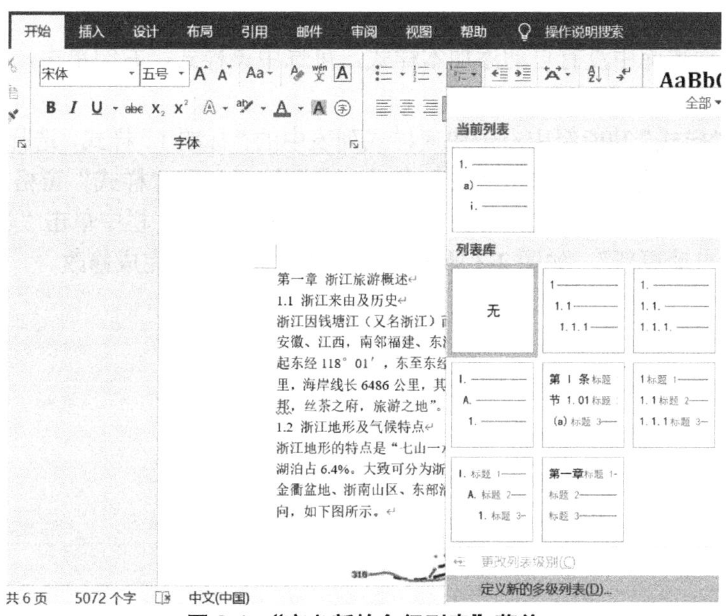

图 2-1　“定义新的多级列表”菜单

在打开的“定义新多级列表”对话框中，选择“单击要修改的级别”列表框中的“1”，在“输入编号格式”下的文本框中域标号“1”前后分别输入“第”“章”，注意不能覆盖、清除或重输默认的域标号。保持“此级别的编号样式”框中默认为阿拉伯数字“1,2,3，…”格式，“编号对齐方式”选择“居中”，单击左下角的“更多”按钮展开设置对话框，在展开的“定义多级列表”对话框右侧上方，在“将级别链接到样式”下拉框中选择“标题 1”，“要在库中显示的级别”框中选“级别 1”，如图 2-2 所示。

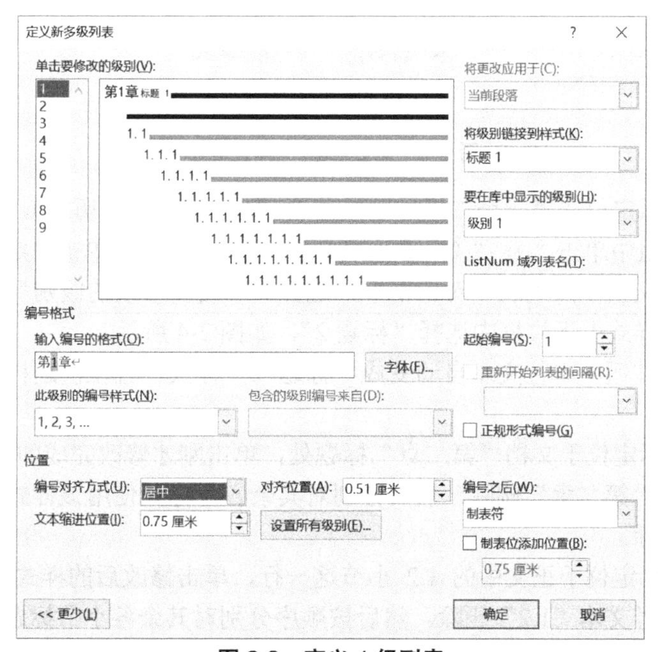

图 2-2　定义 1 级列表

单击“确定”按钮，本行文本自动变成“标题 1”样式，且快速样式库中会自动添加“标题 1”样式。

注：若快速样式库中没有自动添加本样式，可选中该样式，右键单击，选择“添加到样式库”。

第2步：在“样式”功能组中右击快速样式列表中的“标题 1”样式，选择“修改（M）…”命令（或在“样式”选项组中单击其右下角的“↘”按钮打开“样式”窗格，在样式列表中右击“标题 1”样式）。在打开的“修改样式”对话框的“格式”栏中单击“☰”（居中），并勾选右下方的“自动更新”，如图 2-3 所示。单击“确定”按钮完成修改。

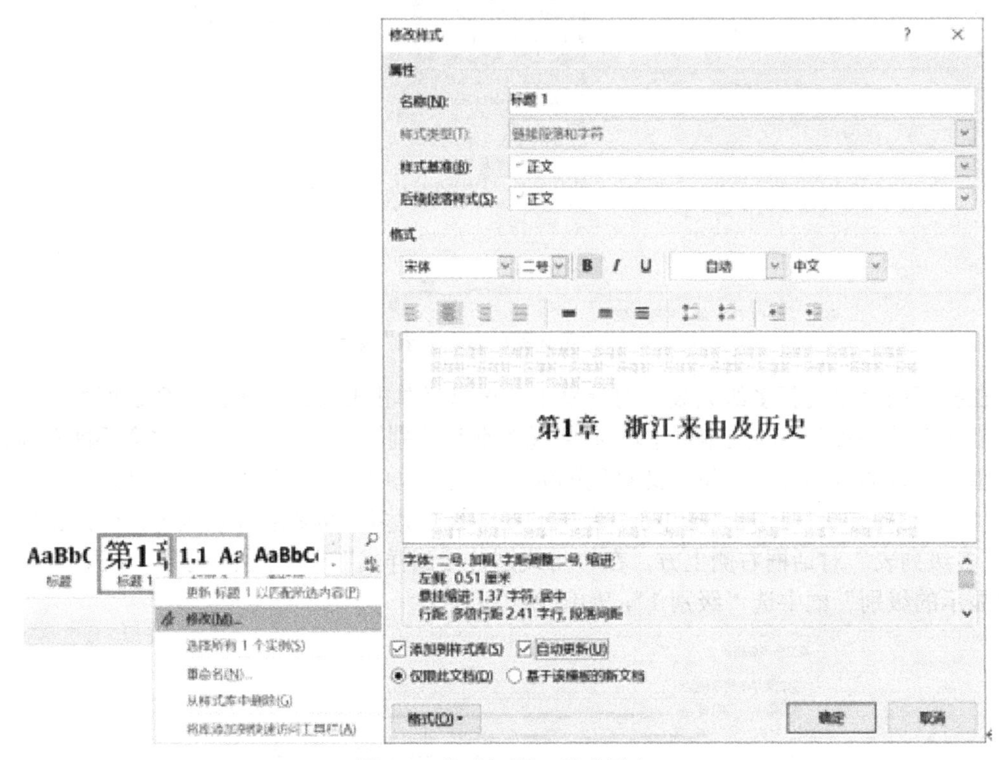

图 2-3　修改标题 1 样式居中

第3步：将光标定位在第一个二级标题段落（1.1 浙江来由及历史），在“开始”选项卡的“段落→”功能组中单击“☷”（多级列表），在弹出的列表中单击“定义新的多级列表”。

在打开的“定义新多级列表”对话框中，选择“单击要修改的级别”列表框中的“2”，在“将级别链接到样式”下拉框中选择“标题 2”，如图 2-4 所示。

单击“确定”按钮，本行文本自动变成“标题 2”样式，且在快速样式库中会自动添加“标题 2”样式。

第4步：将光标定位于文档“第二章”标题处，单击刚才修改完成的样式“标题 1”，并将标题原章号文本“第二章”删除，然后分别对其余各章标题使用该样式，并将每个标题中原来的编号文本删除。

第5步：将光标定位于正文中的 1.2 小节这一行，单击修改后的样式“标题 2”，并同样将小节标题中原编号文本“1.2”删除，然后按顺序分别对其余各小节标题使用该样式，并删除原编号文本。

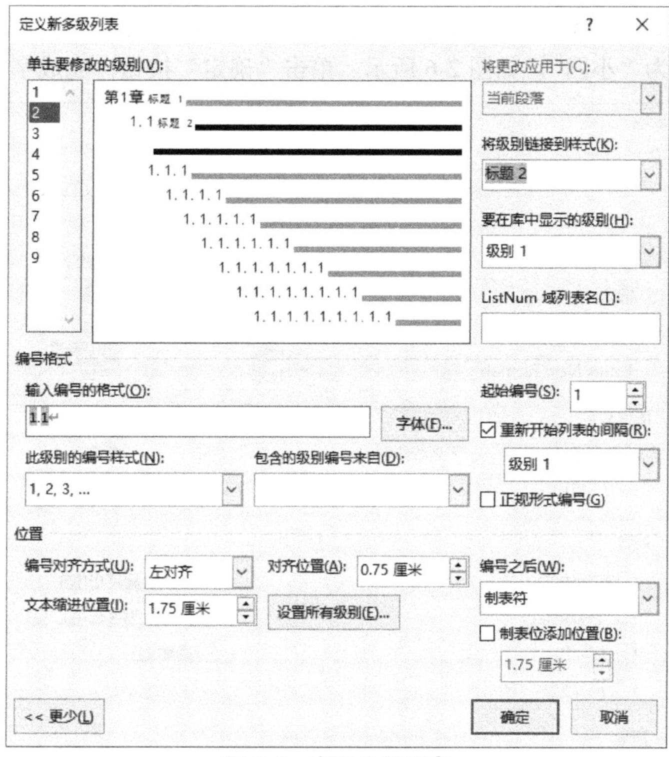

图 2-4　定义 2 级列表

② 新建样式。

第1步：单击当前未应用标题样式的正文文本，使光标保持在正文文本中，在"开始"选项卡的"样式"功能组中单击其右下角的"⧅"(样式)，打开"样式"列表，单击"新样式"按钮，弹出"根据格式设置新建样式"对话框，按题目要求将对话框中的"名称"命名为"样式 12345"，"样式基准"设为"正文"，"后续段落样式"设为"样式 12345"，单击对话框左下方"格式"按钮，在弹出的格式选项中选择"字体"，如图 2-5 所示。

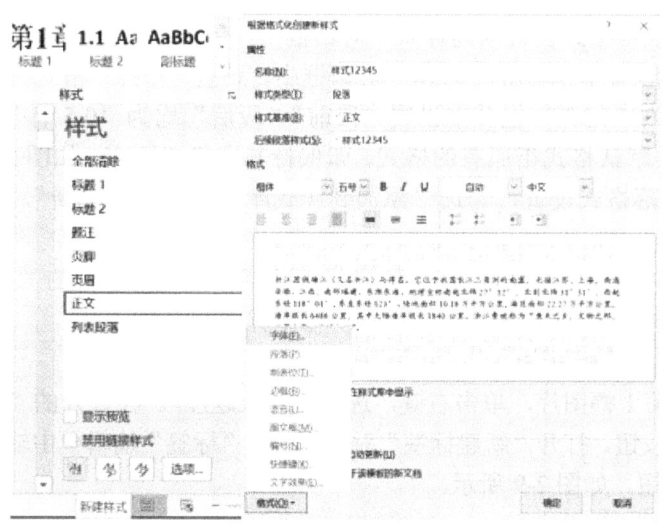

图 2-5　新建正文样式

在打开的“字体”对话框中分别设置“中文字体”为“楷体”，“西文字体”为“Times New Roman”，“字号”为“小四”，如图 2-6 所示。单击“确定”按钮，完成字体格式设置。

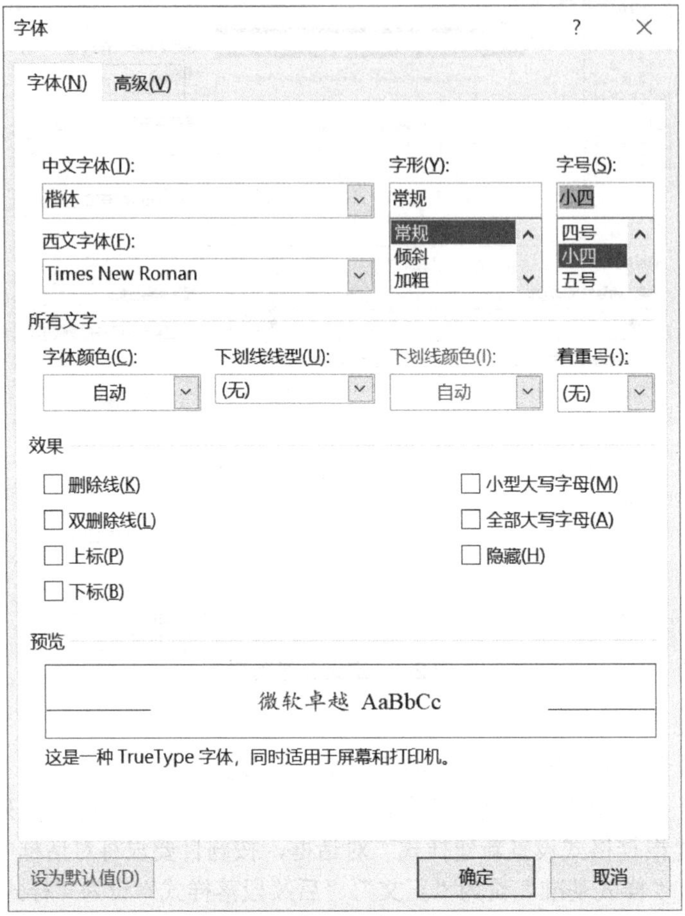

图 2-6　设置新样式字体格式

第 2 步：在“根据格式设置新建样式”对话框中，单击左下方“格式”按钮，在弹出格式选项中选择“段落”。在弹出的“段落”对话框中，设置“特殊”格式为“首行缩进”，“缩进值”为“2 字符”；“间距”栏分别设置“段前”“段后”均为“0.5 行”；选择“行距”为“1.5 倍行距”。题中默认格式指原有的格式，即保持其余格式不变，如图 2-7 所示。单击“确定”按钮，完成段落格式设置，勾选“添加到样式库”和“自动更新”，设置结果如图 2-8 所示。

注意：在回到“根据格式设置新建样式”对话框后，应勾选下部的“自动更新”，再单击“确定”按钮完成样式设置，这样便于随时统一修整样式。

③ 对正文中的图添加题注。

第 1 步：选中第 1 幅图片，单击右键，选择“插入题注”。在打开的“题注”对话框中，单击“新建标签”按钮，打开“新建标签”对话框。在“标签”编辑框中输入新标签名“图”，并单击“确定”按钮，如图 2-9 所示。

图 2-7　新样式段落格式

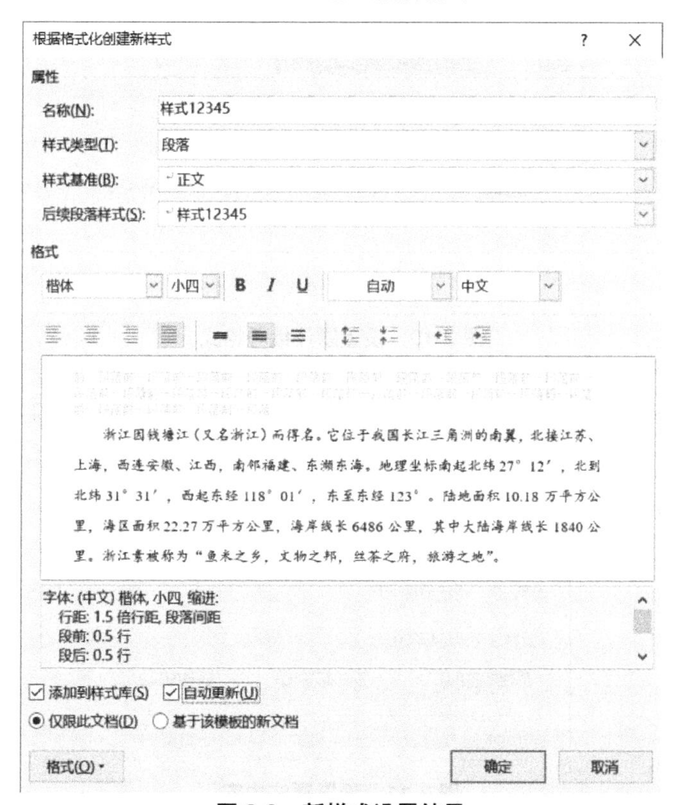

图 2-8　新样式设置结果

题注
题注(C):
图表 1
选项
新建标签
标签(L):
图
确定
取消
新建标签(N)...
删除标签(D)
编号(U)...
自动插入题注(A)...
确定
取消

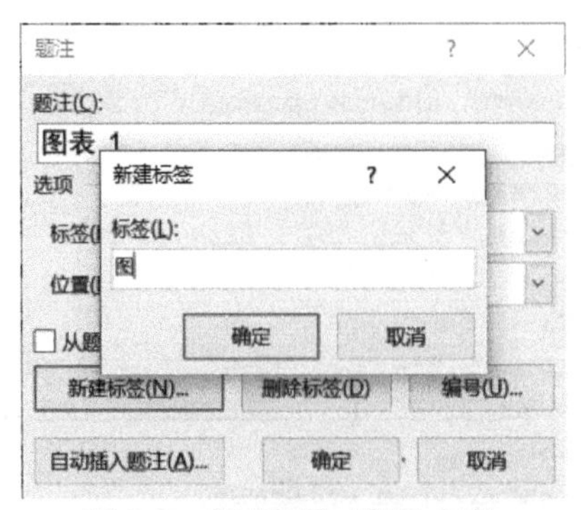

图 2-9　新建题注“图”标签

第2步：返回“题注”对话框，单击“编号”按钮。在打开的“题注编号”对话框中勾选“包含章节号”复选框，其他参数默认如图 2-10 所示。单击“确定”按钮，返回“题注”对话框，输入图名，并删除原文图片下方的图名；再单击“确定”按钮完成设置，如图 2-11 所示。

题注
题注(C):
图 1
选项
标签(L): 图
位置(P): 所选项目下方
题注编号
格式(F): 1, 2, 3, ...
包含章节号(C)
章节起始样式(P) 标题 1
使用分隔符(E): - (连字符)
示例: 图表 II-1, 表格 1-A
确定
取消
编号(U)...
取消

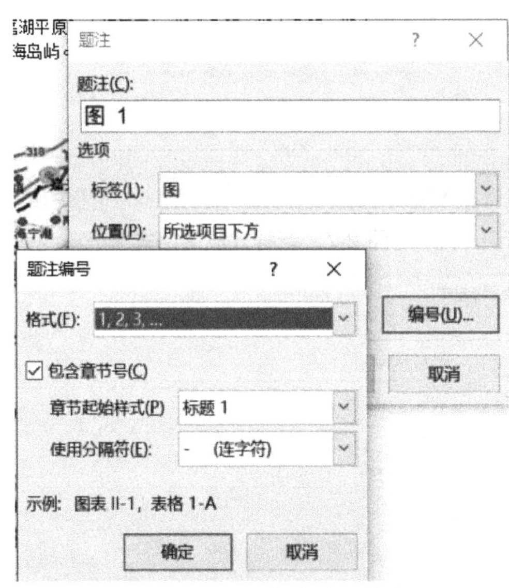

图 2-10　设置题注编号格式

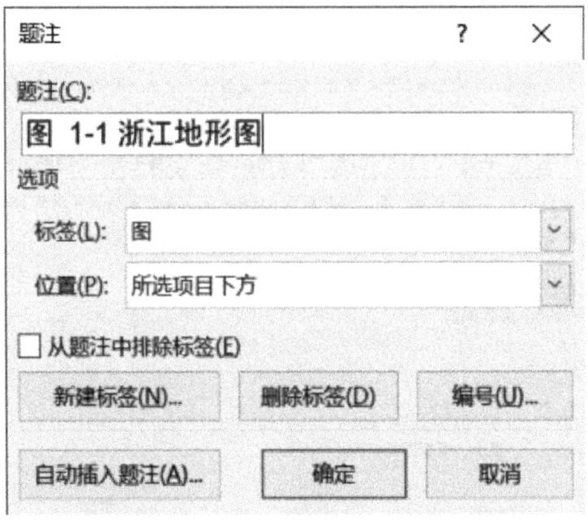

题注
题注(C):
图 1-1 浙江地形图
选项
标签(L): 图
位置(P): 所选项目下方
从题注中排除标签(E)
新建标签(N)...
删除标签(D)
编号(U)...
自动插入题注(A)...
确定
取消

图 2-11　设置题注内容

第3步：分别选择图片和题注内容，并单击“开始”选项卡的“段落”选项组中的“≡”（居中）按钮，将图和题注设置为水平居中显示。

第4步：找到第 2 幅图片，单击右键，选择“插入题注”。在打开的“题注”对话框中，“题注”栏已自动续填相应的题注编号，输入相应的图下方的图名，单击“确定”按钮即完成题注添加，分别设置图和题注内容为水平居中显示。以同样方式为其他图片添加题注。

④ 对正文中的图设置交叉引用。

第1步：选定正文中第 1 张图上方的段落文字中的“下图”两字，单击“引用”选项卡“题注”组中的“交叉引用”，如图 2-12 所示。

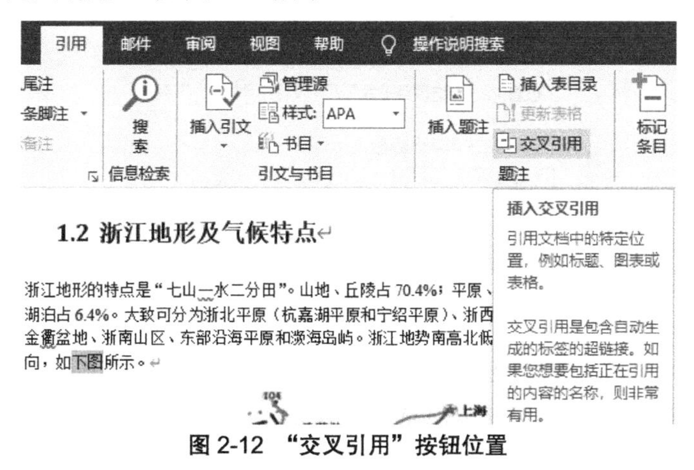

图 2-12 “交叉引用”按钮位置

第2步：在弹出的“交叉引用”对话框中，“引用类型”栏选择“图”，在“引用哪一个标题”栏中选择需要引用的题注，并在“引用内容”栏中选择“仅标签和编号”，如图 2-13 所示。然后单击“插入”按钮完成交叉引用操作。

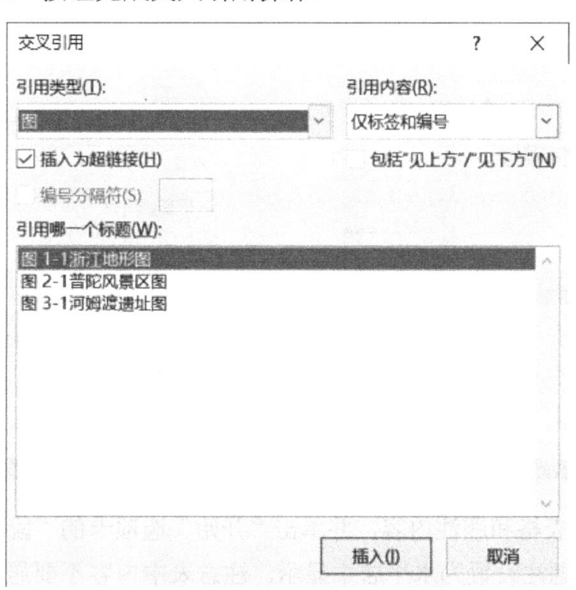

图 2-13 设置交叉引用项

第3步：继续找到正文中其他图上方相关文字“下图”，在“交叉引用”对话框中选择相应的引用内容，设置插入交叉引用，完成所有交叉引用设置。

⑤ 为正文中的表添加题注。

第1步：选中文中第1个表格，单击右键，选择“插入题注”。在打开的“题注”对话框中，单击“新建标签”，打开“新建标签”对话框。在“标签”框中输入新标签名“表”，并单击“确定”按钮，如图 2-14 所示。

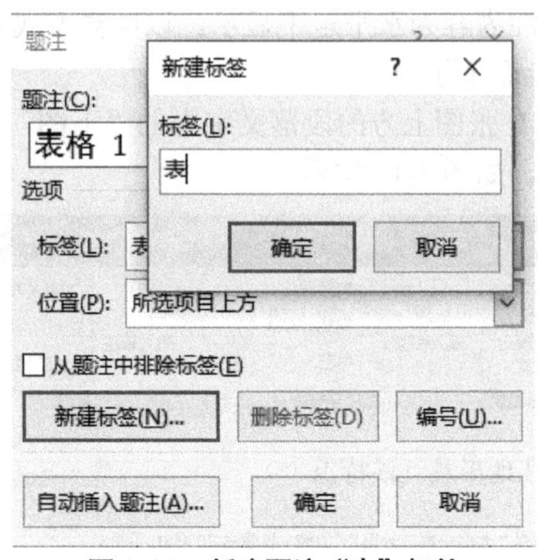

图 2-14　新建题注“表”标签

第2步：返回“题注”对话框，单击“编号”按钮。在打开的“题注编号”对话框中勾选“包含章节号”复选框，其他参数默认如图 2-15 所示，单击“确定”按钮返回“题注”对话框。输入表名，并删除原文表格上方的表名；再单击“确定”按钮完成设置，如图 2-16 所示。

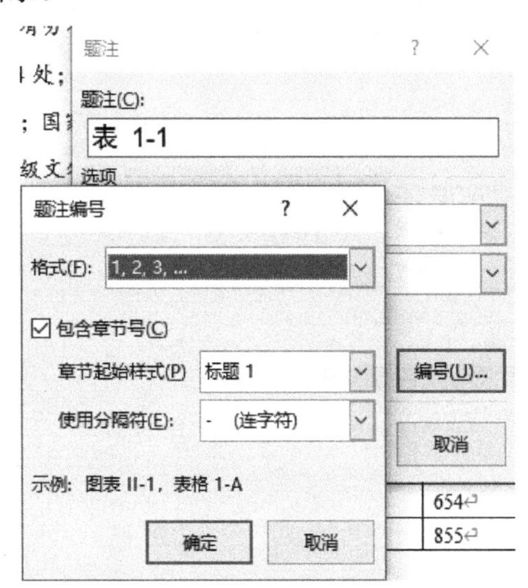

图 2-15　设置表题注编号格式

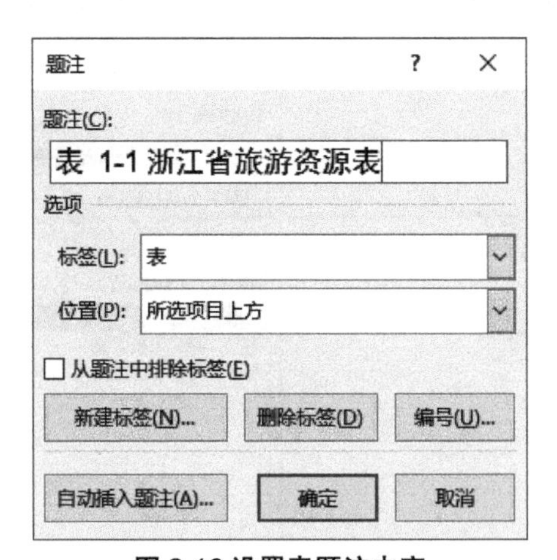

图 2-16 设置表题注内容

第3步：分别选择表格和题注内容，并单击“开始”选项卡的“段落”选项组中的“☰”（居中）按钮，将表和题注设置为水平居中显示，注意表中内容不要居中。

第4步：找到第 2 个表格，单击右键，选择“插入题注”。在打开的“题注”对话框中，“题注”栏已自动续填相应的题注编号，输入相应的表上方的表名，单击“确定”按钮即完成题注添加，分别设置表和题注内容为水平居中显示。以同样方式为其他表格添加题注。

⑥ 为表题注设置交叉引用。

第1步：选定文中第1张表格上方文字中的“下表”两字，单击“引用”选项卡“题注”组中的“交叉引用”，如图2-12所示。

第2步：在弹出“交叉引用”对话框中的“引用类型”栏选择“表”，在“引用哪一个题注”栏中选择需要引用的题注，并在“引用内容”栏中选择“仅标签和编号”，如图2-17所示。然后单击“插入”按钮完成交叉引用操作。

第3步：继续找到正文中其他表格上方相关文字“下表”，在“交叉引用”对话框中选择相应的引用内容，设置插入交叉引用，完成所有表题注交叉引用设置。

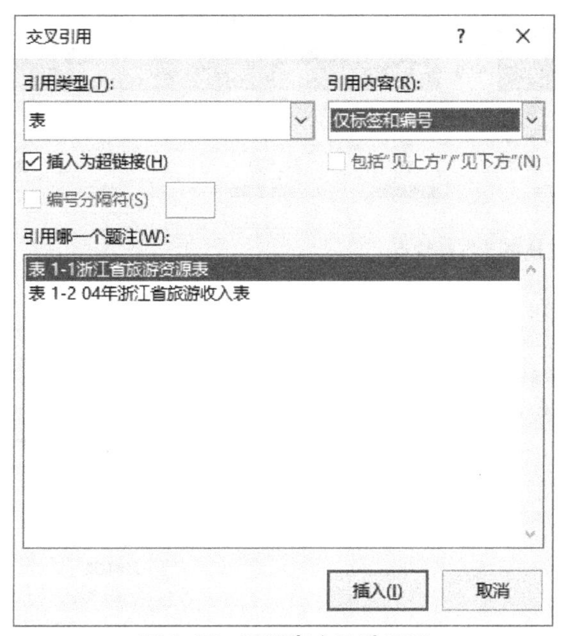

图 2-17　设置表交叉引用项

⑦ 为指定文字插入脚注。

第1步：选择“视图”选项卡，在“显示”功能区中勾选“导航窗格”，在文档编辑窗口的左侧将出现“导航”窗格，在上边的文本框中输入题目要求查找的“西湖龙井”，文档系统将标识出所有查找到的内容，选中首次出现的文字，如图2-18所示。

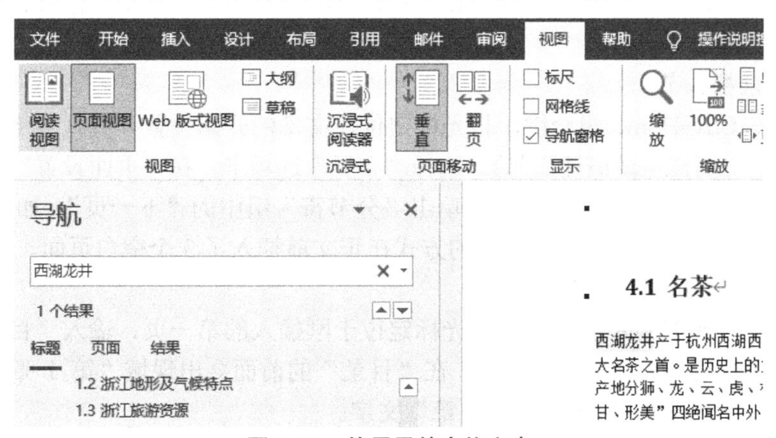

图 2-18　使用导航定位文本

第2步：按上述操作选中正文中第一次出现的“西湖龙井”文字，选择“引用”选项卡，在“脚注”功能组中单击“插入脚注”，光标将自动移到页面底端，并呈现文本填写状态，输入脚注文字内容即可。

⑧对正文内容应用新建文本样式。

第1步：把光标定位到按题目要求需要应用样式的正文中无编号段落的任意位置，在“开始”选项卡的“样式”功能组中单击其右下角的功能属性按钮“↘”。打开“样式”浮动窗格，在其中单击已定义的新样式“样式12345”，即将所定义的文本及段落格式应用到指定段落，如图2-19所示。

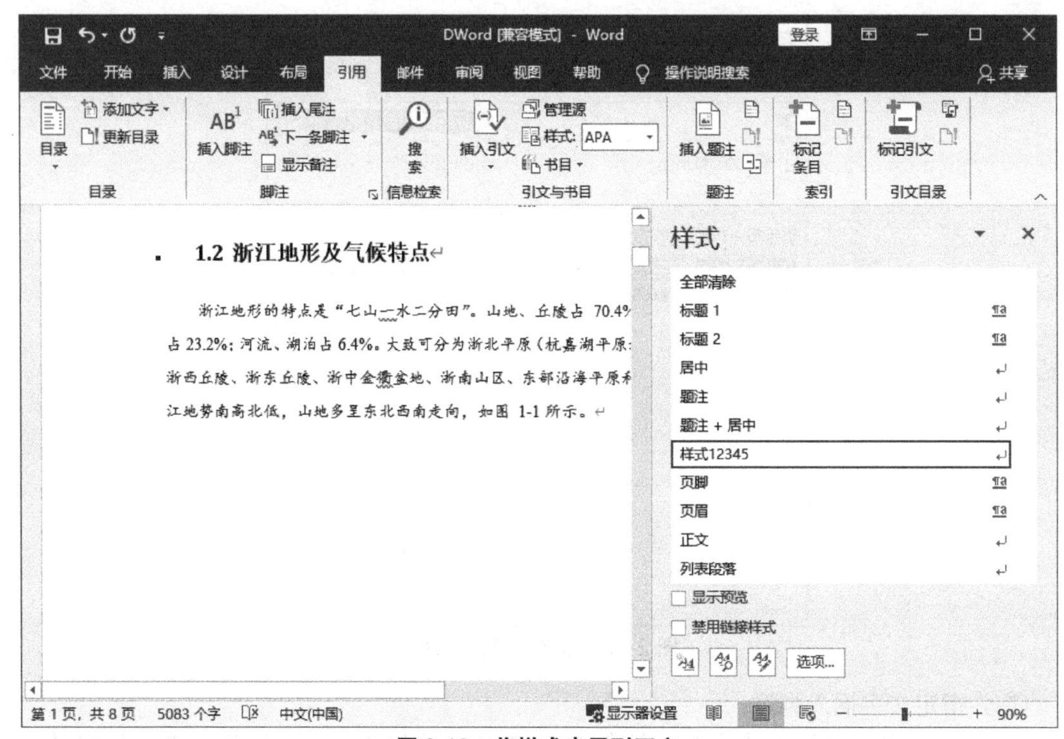

图 2-19　将样式应用到正文

第2步：对其余正文段落进行同样操作。或者按住 Ctrl 键，选中其余全部需要套用本样式的段落，单击已定义的新样式“样式12345”，一次性地对其余正文段落进行样式变换。

（2）插入目录和索引

① 在正文前插入节。

第1步：按 Ctrl+Home 组合键，将光标定位在文章的开始位置（或直接将光标定位到标题“第 1 章”后“浙江旅游概述”前）。选择“布局”选项卡，在“页面设置”功能组中单击“⊟”（分隔符）按钮，在弹出的列表中单击“分节符”组中的“下一页”，如图2-20所示。同样的动作再执行 2 次，即以分节的方式在正文前插入了 3 个空白页面。

② 目录生成。

第1步：按 Ctrl+Home 组合键，将光标定位于刚插入的第一页，输入“目录”两字，此时目录文字自动应用了“标题 1”样式，在“目录”的前面会出现域“第 1 章”字样，单击“第 1 章”文字，按 Delete 键删除“第 1 章”文字。

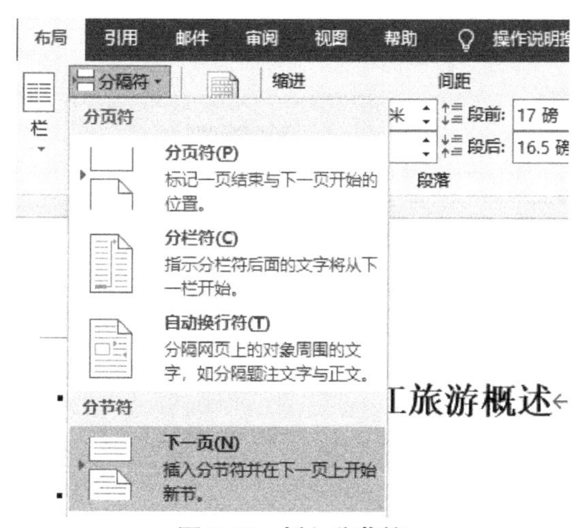

图 2-20　插入分节符

第2步：用同样的方法在第二页、第三页分别输入“图索引”“表索引”，并套用“标题 1”样式，按 Delete 键删除文字前面的编号（注意不要用退格键删除，否则会将正文章编号删除）。

第3步：将光标定位于“目录”两字的后面，单击“引用”选项卡“目录”功能组中的“目录”下边的小三角，在弹出的列表中选择“自定义目录...”命令，如图 2-21 所示。在打开的“目录”对话框中，设置目录格式，选择“目录”选项卡，保持默认“显示级别”为“3”，如图 2-22 所示，单击“确定”按钮，自动生成目录，如图 2-23 所示。

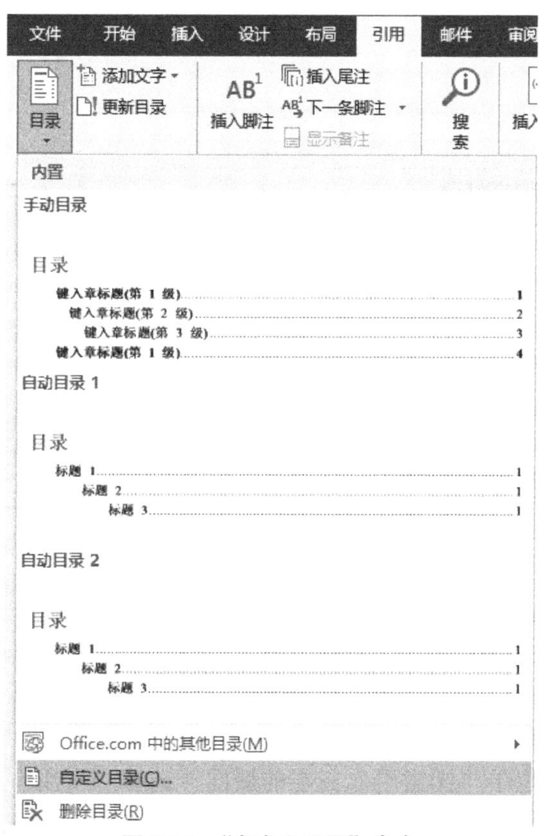

图 2-21　“自定义目录”命令

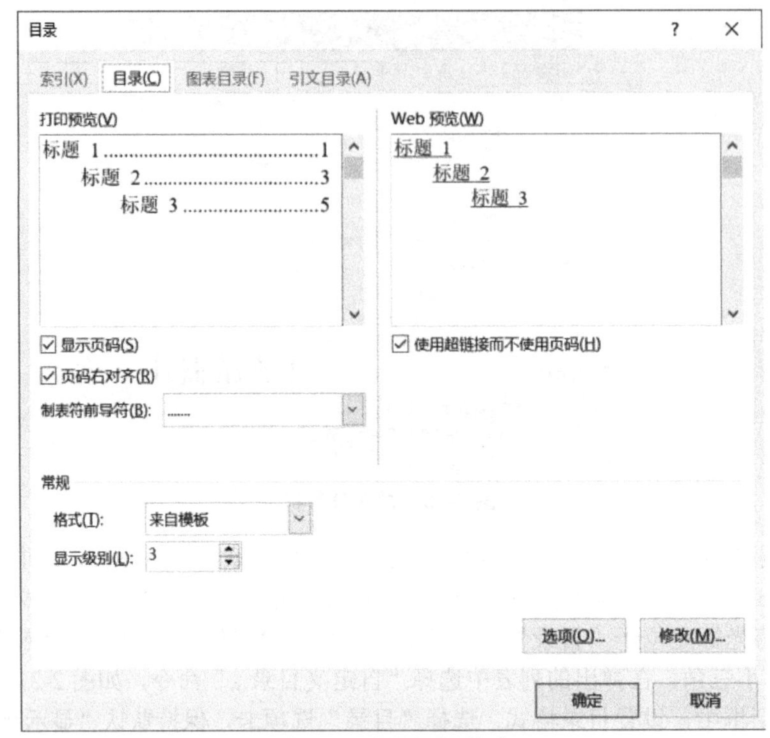

图 2-22　设置目录格式

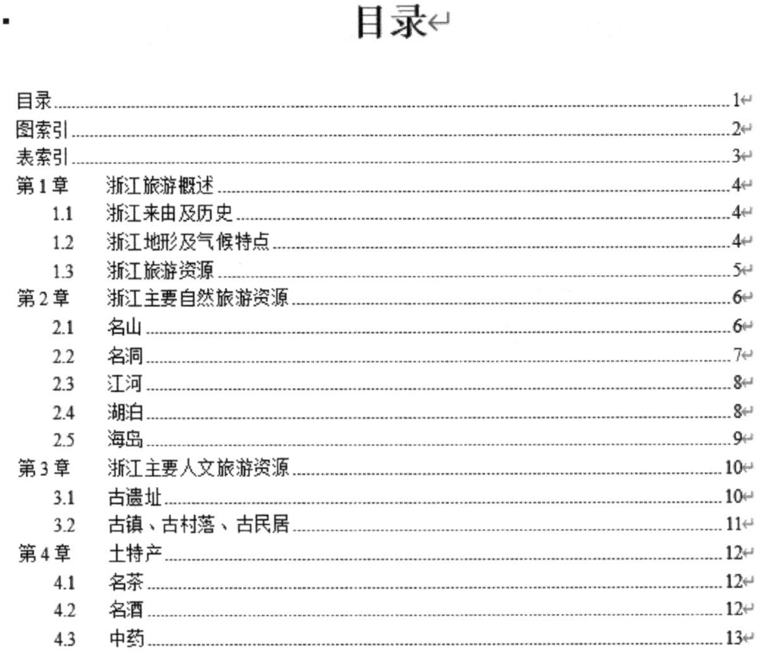

目录

目录...1
图索引...2
表索引...3
第 1 章　浙江旅游概述.......................................4
　1.1　浙江来由及历史.......................................4
　1.2　浙江地形及气候特点...................................4
　1.3　浙江旅游资源...5
第 2 章　浙江主要自然旅游资源...............................6
　2.1　名山...6
　2.2　名洞...7
　2.3　江河...8
　2.4　湖泊...8
　2.5　海岛...9
第 3 章　浙江主要人文旅游资源..............................10
　3.1　古遗址..10
　3.2　古镇、古村落、古民居................................11
第 4 章　土特产..12
　4.1　名茶..12
　4.2　名酒..12
　4.3　中药..13

图 2-23　生成目录效果

③ 插入交叉索引（图、表）。

第 1 步：将光标定位于“图索引”三字的后面，选择“引用”选项卡，在“题注”功能组中单击“插入表目录”，如图 2-24 所示。在打开的“图表目录”对话框中，选择“题注标签”为“图”，如图 2-25 所示，单击“确定”按钮即可插入图索引，效果如图 2-26 所示。

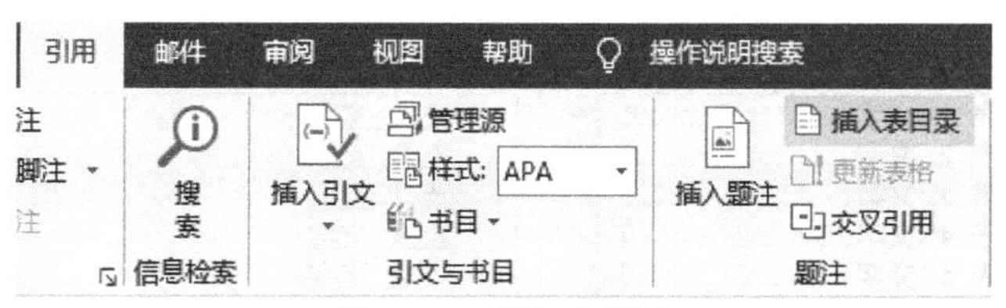

图 2-24　插入表目录

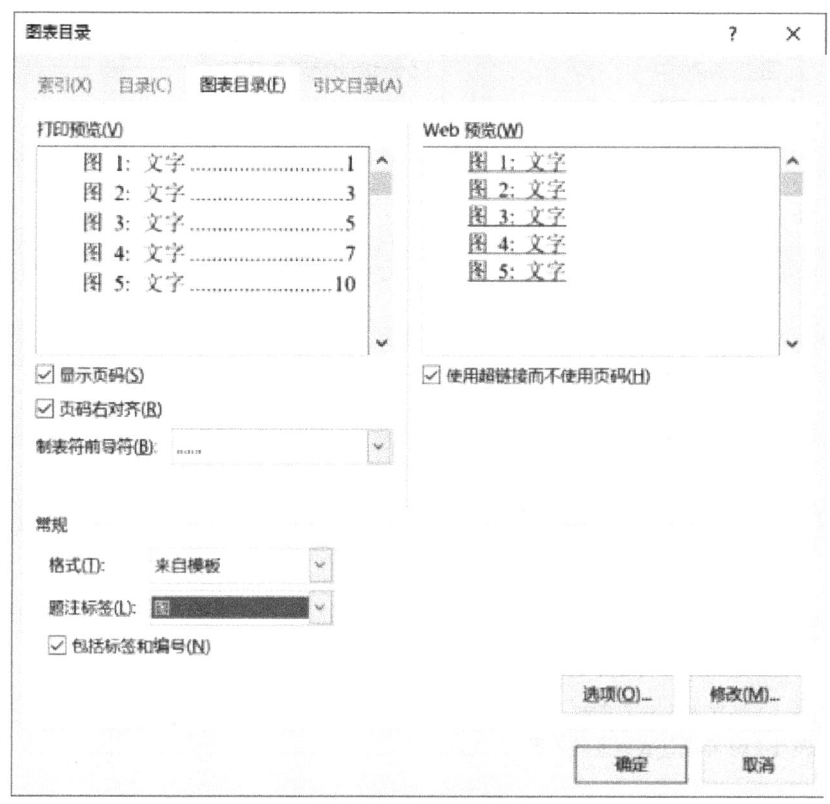

图 2-25　设置图目录

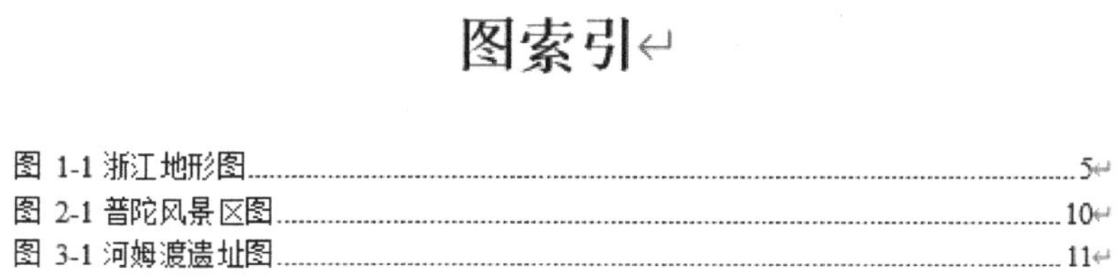

图索引

图 2-26　图目录效果

第 2 步：将光标定位于“表索引”三字的后面，选择“引用”选项卡，在“题注”功能组中单击“插入表目录”。在打开的“图表目录”对话框中，选择“题注标签”为“表”，如图 2-27 所示，单击“确定”按钮插入表索引，效果如图 2-28 所示。

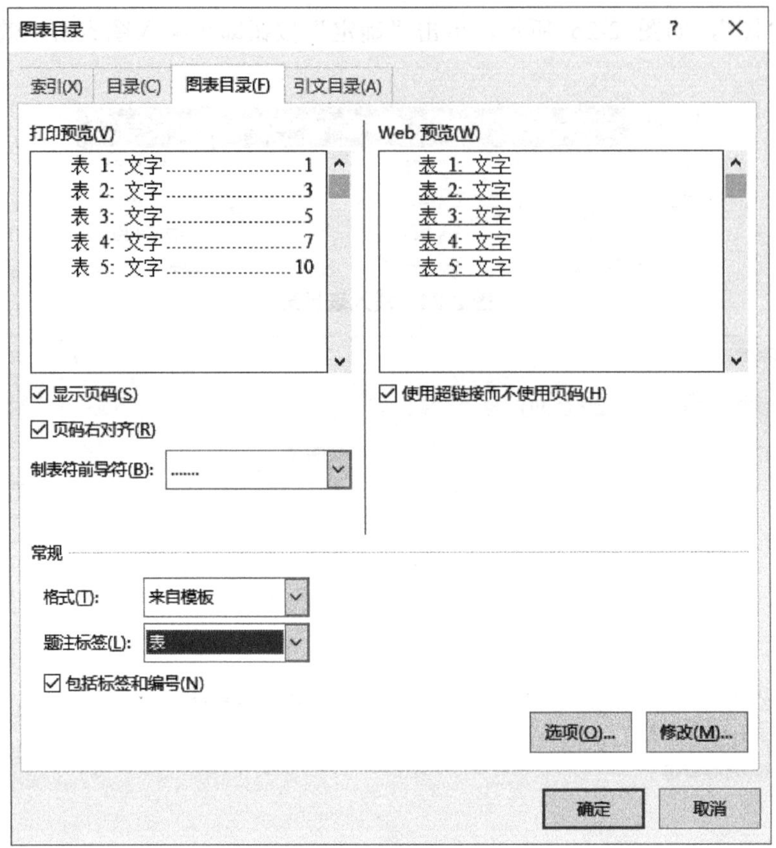

图 2-27　设置表目录

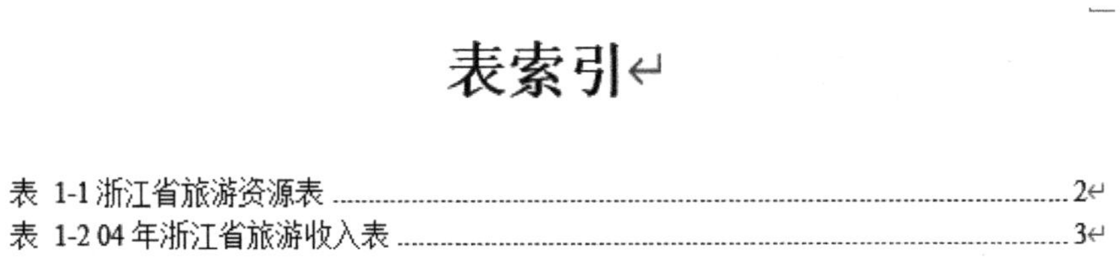

表索引↵

表 1-1 浙江省旅游资源表..2↵
表 1-2 04 年浙江省旅游收入表..3↵

图 2-28　表目录效果

（3）正文分节和使用域插入页码

① 对全文页脚插入页码。

第 1 步：在目录页的页脚处双击，将光标定位到页脚处，自动切换到“页眉和页脚工具—设计”选项卡。在“插入”组件中选择“文档部件”，在弹出的下拉菜单中选择“域”，如图 2-29 所示。

第 2 步：在弹出的对话框中，“类别”选“编号”，“域名”选“Page”（注意格式不要选任何格式，不然后面页码格式设置无效），单击“确定”按钮即在当前位置插入了页码，如图 2-30 所示。切换到“开始”选项卡，在“段落”组中设置页码水平居中显示。

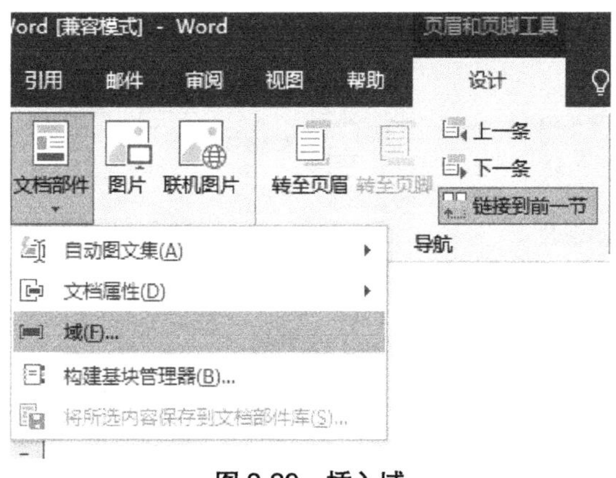

图 2-29　插入域

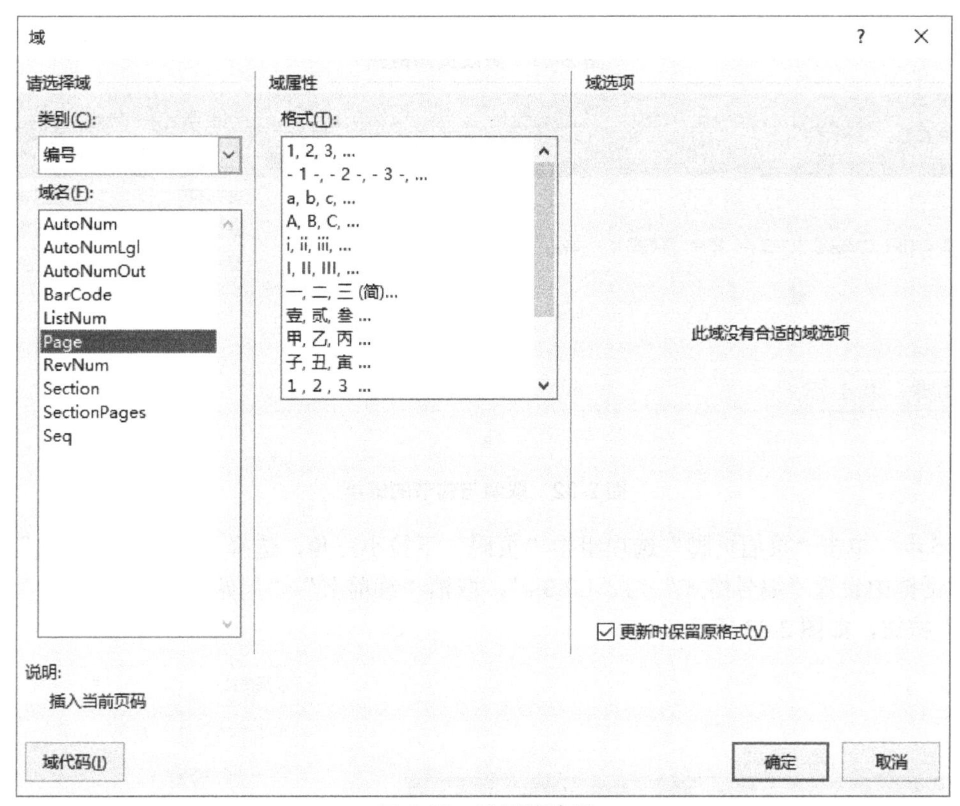

图 2-30　设置域选项

第3步：在目录页的页脚处双击，切换到“页眉和页脚工具”，选中目录页页脚“1”，在“页眉页脚”选项组中单击“页码”下小三角，在弹出的下拉菜单中选择“设置页码格式”，在弹出的对话框中设置“编号格式”为“i,ii,iii,...”，如图 2-31 所示。

第4步：将光标定位到第4节（正文第 1 章处），单击“链接到前一节”，取消页眉与前节的链接（显示页脚-第4节），如图 2-32 所示。

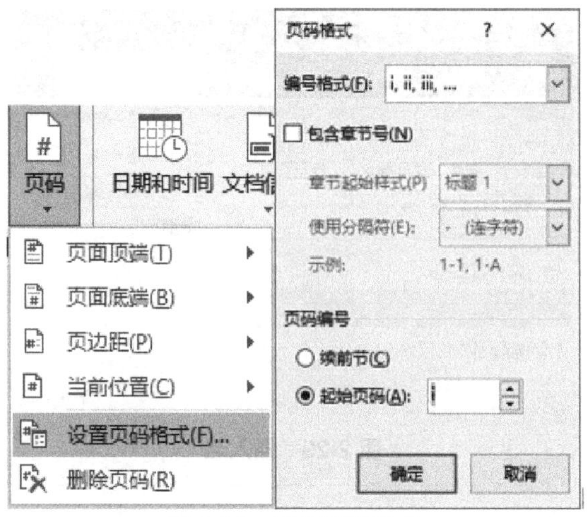

图 2-31　更改页码格式

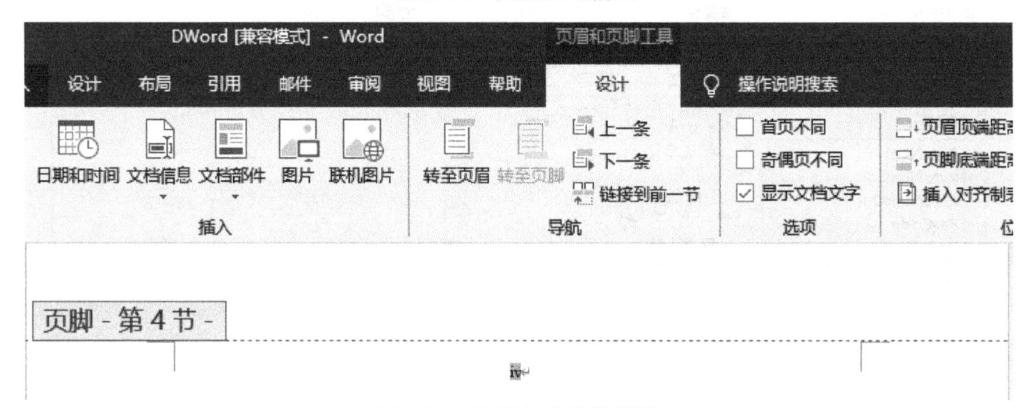

图 2-32　取消与前节的链接

第5步：单击“页眉页脚”选项组中“页码”下拉小三角，选择“设置页码格式”，在弹出的对话框中设置“编号格式”为“1,2,3...”，取消“续前节”，“起始页码”改为“1”，单击“确定”按钮，如图 2-33 所示。

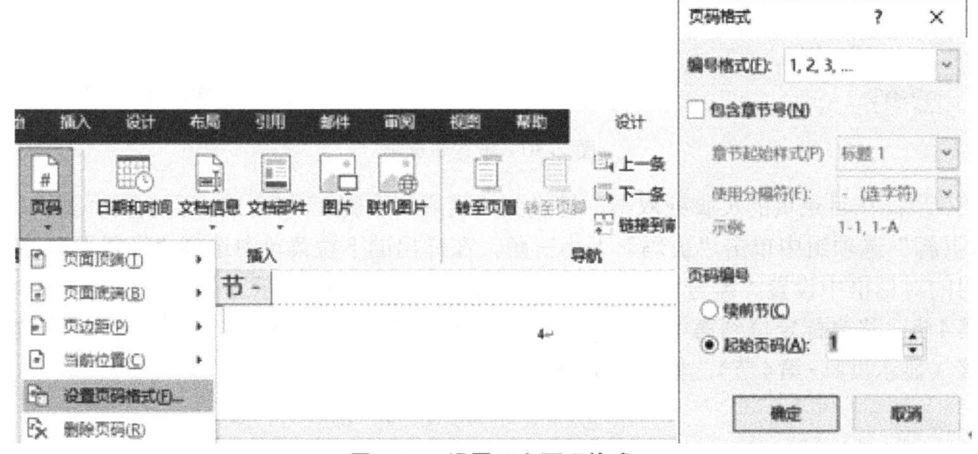

图 2-33　设置正文页码格式

② 设置正文中每章为单独一节，页码（每章）从奇数开始。

第1步：首先要设置每章单独一节，第 1 章已经做过分节了，并为奇数起始页。将光标定位到第 2 章的开头（可采用鼠标直接单击域文字“第 2 章”，或单击该三字的右侧)，单击“布局”选项卡“页面设置”功能组中“ ”（分隔符）按钮，在弹出的列表中单击“分节符”组中的“奇数页”，如图 2-34 所示，实现以分节的方式分页，且节以奇数页开始。用同样的方法对第 3 章、第 4 章的文本部分进行分节。

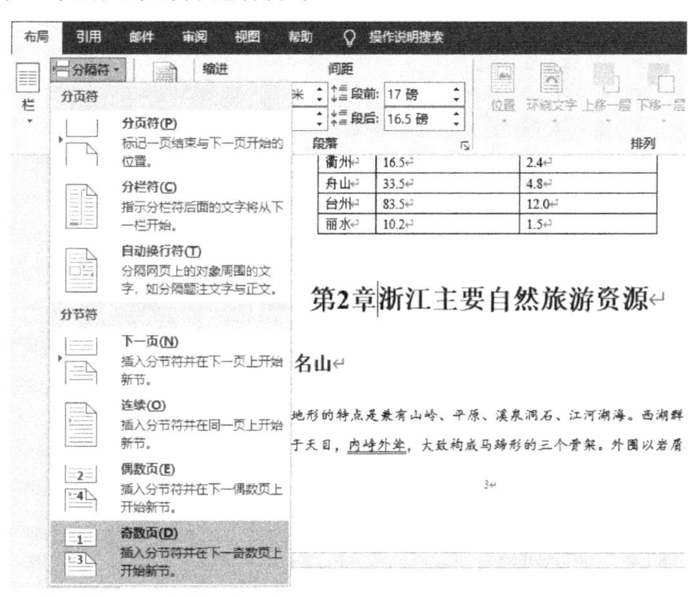

图 2-34　为正文设置每章节从奇数页开始

第2步：完成设置后需要检查页码，因为新节的页码可能自动成为各自从第 1 页开始了，应设置所有正文页码为连续页码，所以从第 2 章开始的每一节需要重新单击“链接到前一节”，将页码与第 1 章绑定，并重新设置“页码格式”，选择“续前节”，如图 2-35 所示。

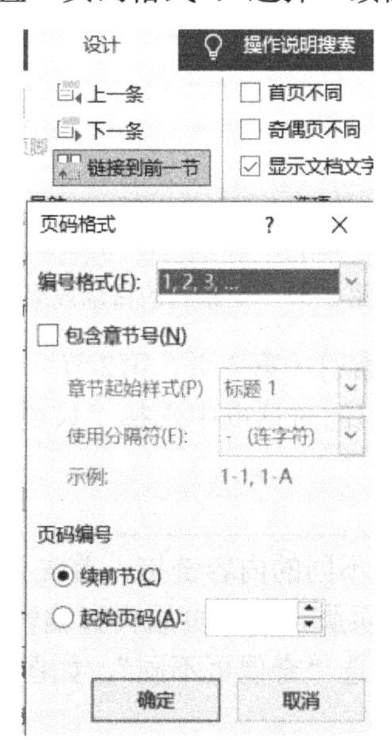

图 2-35　链接所有正文并设置页码为连续编号

（4）更新目录、图索引和表索引

第1步：回到目录页，右击目录内容，选择“更新域”，弹出“更新目录”对话框。选中“更新整个目录”，如图2-36所示，单击“确定”按钮完成更新，更新后的目录如图2-37所示。

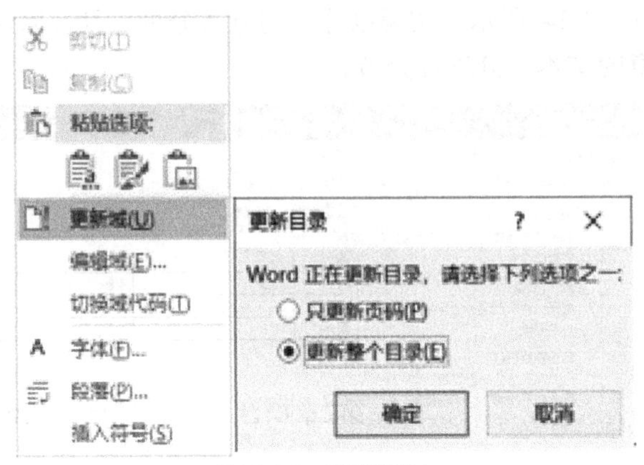

图2-36　更新目录

目录

图2-37　更新后的目录效果

第2步：将光标分别定位到图索引（第2页，第2节）、表索引目录处（第3页，第3节），单击右键，选择“更新域”，在弹出的对话框中选择“只更新页码”即可。

（5）使用域添加正文页眉内容

① 设置页面的奇偶标识。

由于要分别对奇数、偶数页做不同的内容链接，首先要对页面做奇偶标识。

第1步：双击正文“第1章”页脚，进入页眉页脚编辑状态，在当前的“页眉页脚工具”选项卡中，在“选项”功能组中勾选“奇偶页不同”，如图2-38所示。

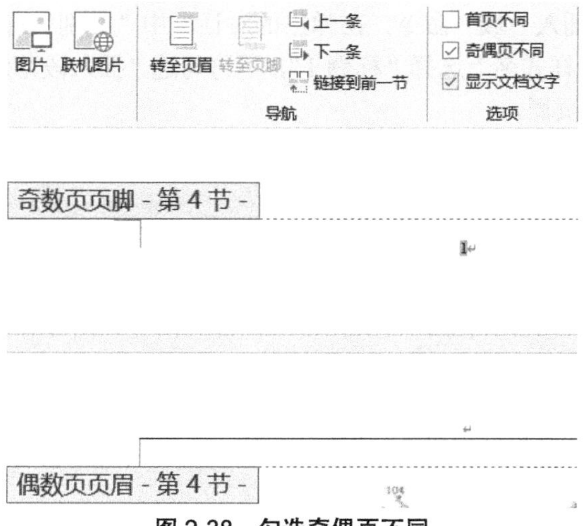

图 2-38 勾选奇偶页不同

第2步：设置“奇偶页不同”后，偶数页的页码可能需要重新插入，选择偶数页页脚（任何偶数页），按前述插入页码的方式再次插入页码（“文档部件”→“域”→“Page”），居中。注意检查修改偶数页页码格式

② 以插入域方式引入页眉。

根据题目要求，奇数页页眉中的文字为“章序号”+“章名”。

第1步：在正文第 1 章奇数页页眉处双击，切换到“页眉页脚工具—设计”选项卡，进入页眉编辑状态奇数页。在“插入”功能组中，单击“文档部件”，在弹出菜单中选择“域(F)…”。在弹出的对话框中“类别”选择“链接和引用”，“域名”选择“StyleRef”，“样式名”选择“标题 1”，“域选项”勾选“插入段落编号”，如图 2-39 所示，将章编号引用到页眉。

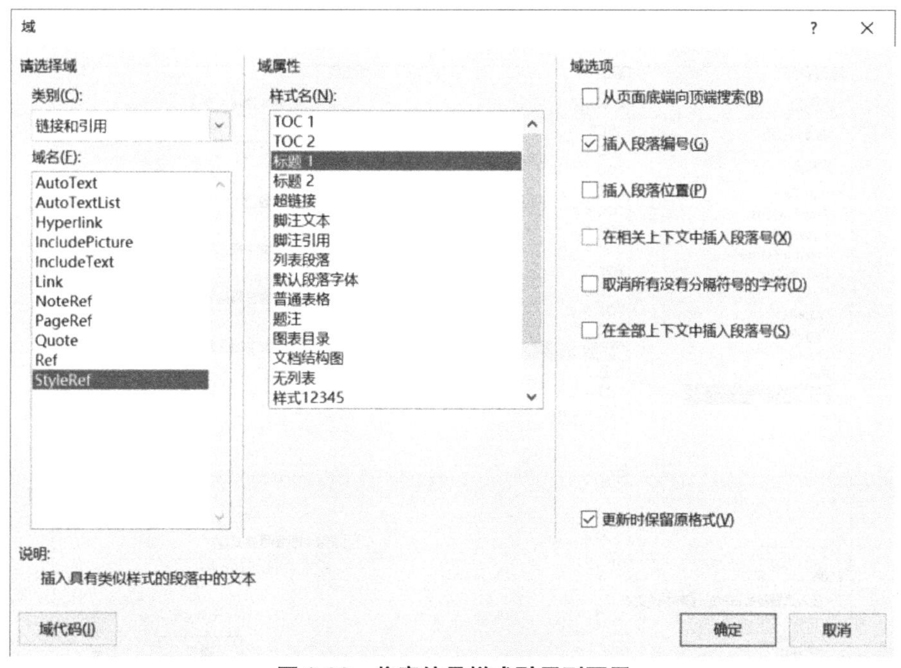

图 2-39 将章编号样式引用到页眉

第2步：再次执行插入“域”命令，在弹出的对话框中“类别”选择“链接和引用”，“域名”选择“StyleRef”，“样式名”选择“标题 1”，不再勾选“插入段落编号”，如图 2-40 所示，可将章标题名称引用到页眉。

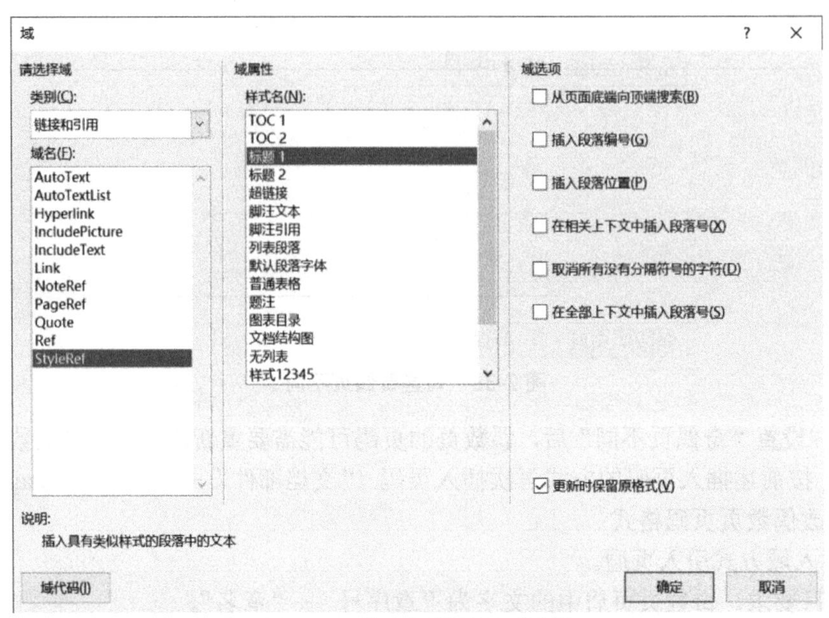

图 2-40　将章标题引用到页眉

第3步：对于偶数页页眉要求显示“节序号 节名”，选择正文任意偶数页页眉，按上述同样方法插入域。在“域”对话框中“样式名”应选择“标题 2”(节)，其余设置与上述奇数页页眉的设置完全一致。引用节编号与节标题设置如图 2-41、图 2-42 所示。

图 2-41　将节编号样式引用到页眉

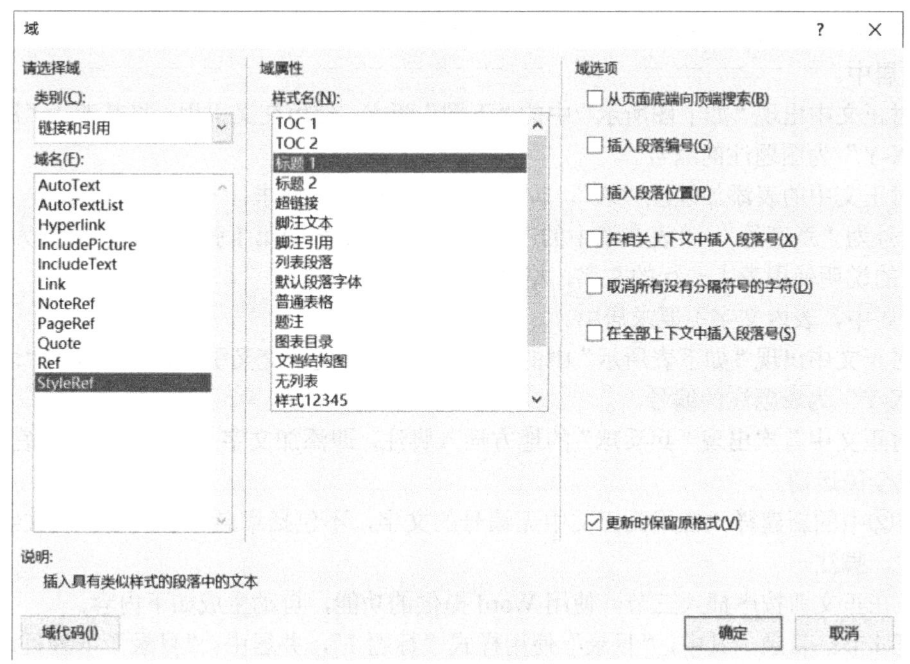

图 2-42　将节标题引用到页眉

第4步：检查确认第4节的奇偶页的页眉页脚都没有“链接到前一节”，若有，请单击“链接到前一节”按钮，取消链接，然后删除前 3 节的页眉。检查正文之后的章节奇偶页页眉页脚有没有都链接到前一节，若没有，请单击“链接到前一节”按钮，将正文的页眉页脚统一起来。

2.1.2　乒乓球

1. 题目要求

打开配套练习素材文件中“第 2 章练习\长文档综合题\2.1.2 乒乓球\2.1.2 乒乓球.docx”文件，按下列要求操作，并将结果存盘。完成后的效果见“第 2 章练习\长文档综合题\2.1.2 乒乓球\2.1.2 乒乓球效果图.PDF”文件。

（1）对正文进行排版

① 使用多级列表对章名、小节名进行自动编号，代替原始的编号，要求：

● 章号的自动编号格式为第 X 章（例：第 1 章），其中，X 采用自动排序，阿拉伯数字序号，对应级别 1，居中显示；

● 小节名自动编号格式为 X.Y，其中，X 为章数字序号，Y 为节数字序号（例：1.1），X、Y 均为阿拉伯数字序号，对应级别 2，左对齐显示。

② 新建样式，样式名为“样式 12345”。其中，

● 字体：中文字体为“楷体”，西文字体为“Times New Roman”，字号为“小四”；

● 段落：首行缩进 2 字符，段前 0.5 行，段后 0.5 行，行距 1.5 倍；两端对齐。其余格式，默认设置。

③ 对正文中的图添加题注“图”，位于图下方，居中。要求：

● 编号为“章序号”-“图在章中的序号”（例如第 1 章中第 2 幅图，题注编号为 1-2）；

- 图的说明使用图下一行的文字，格式同编号；
- 图居中。

④ 对正文中出现“如下图所示”中的“下图”两字，使用交叉引用，将其改为“图 X-Y”，其中，“X-Y”为图题注的编号。

⑤ 对正文中的表添加题注“表”，位于表上方，居中。要求：

- 编号为“章序号”-“表在章中的序号”（例如第 1 章中第 1 张表，题注编号为 1-1）；
- 表的说明使用表上一行的文字，格式同编号；
- 表居中，表内文字不要求居中。

⑥ 对正文中出现“如下表所示”中的“下表”两字，使用交叉引用，将其改为“表 X-Y”，其中，“X-Y”为表题注的编号。

⑦ 对正文中首次出现“乒乓球”的地方插入脚注，即添加文字“乒乓球起源于宫廷游戏，并发展成全民运动。”。

⑧将②中的新建样式应用到正文中无编号的文字，不包括章名、小节名、表文字、表和图的题注、脚注。

（2）在正文前按序插入三节，使用 Word 提供的功能，自动生成如下内容。

① 第1节：目录。其中，“目录”使用样式“标题 1”，并居中；“目录”下为目录项。

② 第2节：图索引。其中，“图索引”使用样式“标题 1”，并居中；“图索引”下为图索引项。

③ 第3节：表索引。其中，“表索引”使用样式“标题 1”，并居中；“表索引”下为表索引项。

（3）使用合适的分节符，对正文进行分节。添加页脚，使用域插入页码，居中显示。要求：

① 正文前的节，页码采用“i,ii,iii,...”格式，页码连续。

② 正文中的节，页码采用“1,2,3,..”格式，页码连续。

③ 正文中每章为单独一节，页码总是从奇数开始的。

④ 更新目录、图索引和表索引。

（4）添加正文的页眉。使用域，按以下要求添加内容，居中显示。其中：

① 对于奇数页，页眉中的文字为：章序号 章名（例如： 第 1 章 XXX）。

② 对于偶数页，页眉中的文字为：节序号 节名（例如： 1.1 XXX）。

2. 操作提示

除题目要求（1）—⑦对正文中首次出现“乒乓球”的地方插入脚注以外，其他操作参照“2.1.1 浙江旅游概述”。

根据要求（1）—⑦，利用“导航”窗格或“开始”选项卡中“查找”按钮 查找，找到正文中第一次出现的“乒乓球”字样，并选中它，单击“引用”选项卡中“脚注”功能组的“插入脚注”命令，然后在页面底部输入脚注文字“乒乓球起源于宫廷游戏，并发展成全民运动。”。

2.1.3 Adobe Acrobat Professional

打开配套练习素材文件中“第 2 章练习\长文档综合题\ 2.1.3Adobe Acrobat Professional\ 2.1.3Adobe Acrobat Professional.docx”文件，按下列要求操作，并将结果存盘。完成后的效果见“第 2 章练习\长文档综合题\2.1.3Adobe Acrobat Professional\2.1.3Adobe Acrobat Professional 效果图.PDF”文件。

1. 题目要求

除（1）—⑦题，其他操作要求与“2.1.1 浙江旅游概述”相同。

（1）—⑦对正文中首次出现“Adobe”的地方插入脚注，添加文字“Adobe 系统是一家总部位于美国加州圣何塞的电脑软件公司。”。

2. 操作提示

除题目要求（1）—⑦对正文中首次出现“Adobe”的地方插入脚注以外，其他操作参照“2.1.1 浙江旅游概述”。

根据要求（1）—⑦，利用“视图”选项卡“导航”窗格搜索或“开始”选项卡中“查找”按钮 查找，找到正文中第一次出现的“Adobe”字样，并选中它，单击“引用”选项卡中“脚注”功能组的“插入脚注”命令，然后在页面底部输入脚注文字“Adobe 系统是一家总部位于美国加州圣何塞的电脑软件公司。”。

2.1.4　Photoshop

打开配套练习素材文件中“第 2 章练习\长文档综合题\2.1.4 Photoshop\2.1.4 Photoshop.docx”文件，按下列要求操作，并将结果存盘。完成后的效果见“第 2 章练习\长文档综合题\2.1.4 Photoshop \2.1.4 Photoshop 效果图.PDF”文件。

1. 题目要求

除（1）—⑦题，其他操作要求与“2.1.1 浙江旅游概述”相同。

（1）—⑦对正文中首次出现“Photoshop”的地方插入脚注，添加文字“Photoshop 由 Michigan 大学的研究生 Thomas 创建。”。

2. 操作提示

除题目要求（1）—⑦对正文中首次出现“Photoshop”的地方插入脚注以外，其他操作参照“2.1.1 浙江旅游概述”。

根据要求（1）—⑦，利用“导航”窗格或“开始”选项卡中“查找”按钮 查找，找到正文中第一次出现的“Photoshop”字样，并选中它，单击“引用”选项卡中“脚注”功能组的“插入脚注”命令，然后在页面底部输入脚注文字“Photoshop 由 Michigan 大学的研究生 Thomas 创建。”。

2.1.5　Microsoft Word 2003

打开配套练习素材文件中“第 2 章练习\长文档综合题\2.1.5Microsoft Word 2003\2.1.5Microsoft Word 2003.docx”文件，按下列要求操作，并将结果存盘。完成后的效果见“第 2 章练习\长文档综合题\练习 2.1.5 Microsoft Word 2003 \2.1.5 Microsoft Word 2003 效果图.PDF”文件。

1. 题目要求

除（1）—⑦题，其他操作要求与“2.1.1 浙江旅游概述”相同。

（1）—⑦对正文中首次出现“Word”的地方插入脚注，添加文字“Word 是一种文字处理程序。”

2. 操作提示

除题目要求（1）—⑦对正文中首次出现“Word”的地方插入脚注以外，其他操作参照“2.1.1 浙江旅游概述”。

根据要求（1）—⑦，利用“导航”窗格或“开始”选项卡中“查找”按钮 查找，找到正文中第一次出现的“Word”字样，并选中它，单击“引用”选项卡中“脚注”功能组的“插入脚注”命令，然后在页面底部输入脚注文字“Word 是一种文字处理程序。”。

2.1.6 Microsoft Excel

打开配套练习素材文件中“第 2 章练习\长文档综合题\2.1.6 Microsoft Excel\2.1.6 Microsoft Excel.docx”文件，按下列要求操作，并将结果存盘。完成后的效果见“第 2 章练习\长文档综合题\2.1.6 Microsoft Excel\2.1.6 Microsoft Excel 效果图.PDF”文件。

1. 题目要求

除（1）—⑦题，其他操作要求与“2.1.1 浙江旅游概述”相同。

（1）—⑦对正文中首次出现“Excel”的地方插入脚注，添加文字“Excel 是微软 Office 的组件之一。”。

2. 操作提示

除题目要求（1）—⑦对正文中首次出现“Excel”的地方插入脚注以外，其他操作参照“2.1.1 浙江旅游概述”。

根据要求（1）—⑦，利用“导航”窗格或“开始”选项卡中“查找”按钮 查找，找到正文中第一次出现的“Excel”字样，并选中它，单击“引用”选项卡中“脚注”功能组的“插入脚注”命令，然后在页面底部输入脚注文字“Excel 是微软 Office 的组件之一。”。

2.1.7 PowerPoint

打开配套练习素材文件中“第 2 章练习\长文档综合题\2.1.7 Power Point\2.1.7 Power Point.docx”文件，按下列要求操作，并将结果存盘。完成后的效果见“第 2 章练习\长文档综合题\2.1.7Power Point\2.1.7Power Point 效果图.PDF”文件。

1. 题目要求

除（1）—⑦题，其他操作要求与“2.1.1 浙江旅游概述”相同。

（1）—⑦对正文中首次出现“PowerPoint”的地方插入脚注，添加文字“PowerPoint 是 Microsoft 公司推出的 Office 系列产品之一。”。

2. 操作提示

除题目要求（1)—⑦对正文中首次出现“PowerPoint”的地方插入脚注以外，其他操作参照“2.1.1 浙江旅游概述”。

根据要求（1)—⑦，利用“导航”窗格或“开始”选项卡中“查找”按钮 查找，找到正文中第一次出现的“PowerPoint”字样，并选中它，单击“引用”选项卡中“脚注”功能组的“插入脚注”命令，然后在页面底部输入脚注文字“PowerPoint 是 Microsoft 公司推出的 Office 系列产品之一。”。

2.1.8　Microsoft Visio

打开配套练习素材文件中“第 2 章练习\长文档综合题\2.1.8 Microsoft Visio \2.1.8 Microsoft Visio.docx”文件，按下列要求操作，并将结果存盘。完成后的效果见“第 2 章练习\长文档综合题\2.1.8 Microsoft Visio\2.1.8 Microsoft Visio 效果图.PDF”文件。

1. 题目要求

除（1)—⑦题，其他操作要求与“2.1.1 浙江旅游概述”相同。

（1)—⑦对正文中首次出现“Visio”的地方插入脚注，添加文字“Visio 可以绘制图形。”。

2. 操作提示

除题目要求（1)—⑦对正文中首次出现“Visio”的地方插入脚注以外，其他操作参照“2.1.1 浙江旅游概述”。

根据要求（1)—⑦，利用“导航”窗格或“开始”选项卡中“查找”按钮 查找，找到正文中第一次出现的“Visio”字样，并选中它，单击“引用”选项卡中“脚注”功能组的“插入脚注”命令，然后在页面底部输入脚注文字“Visio 可以绘制图形。”。

2.1.9　Java

打开配套练习素材文件中“第 2 章练习\长文档综合题\2.1.9 Java \2.1.9 Java.docx”文件，按下列要求操作，并将结果存盘。完成后的效果见“第 2 章练习\长文档综合题\2.1.9 Java\2.1.9Java 效果图.PDF”文件。

1. 题目要求

除（1)—⑦题，其他操作要求与“2.1.1 浙江旅游概述”相同。

（1)—⑦对正文中首次出现“Java”的地方插入脚注，添加文字“Java 是一种面向对象程序设计语言。”。

2. 操作提示

除题目要求（1)—⑦对正文中首次出现“Java”的地方插入脚注以外，其他操作参照“2.1.1 浙江旅游概述”。

根据要求（1)—⑦，利用“导航”窗格或“开始”选项卡中“查找”按钮 查找，找到正文中第一次出现的“Java”字样，并选中它，单击“引用”选项卡中“脚注”功能组的“插入脚注”命令，然后在页面底部输入脚注文字“Java是一种面向对象程序设计语言。”。

2.1.10　Access

打开配套练习素材文件中“第2章练习\长文档综合题\2.1.10 Access \2.1.10 Access.docx”文件，按下列要求操作，并将结果存盘。完成后的效果见“第 2 章练习\长文档综合题\2.1.10Access \2.1.10Access效果图.PDF”文件。

1. 题目要求

除（1）—⑦题，其他操作要求与“2.1.1浙江旅游概述”相同。

（1）—⑦对正文中首次出现“Access”的地方插入脚注，添加文字“Access是由微软发布的关联式数据库管理系统。”。

2. 操作提示

除题目要求（1）—⑦对正文中首次出现“Access”的地方插入脚注以外，其他操作参照“2.1.1浙江旅游概述”。

根据要求（1）—⑦，利用“导航”窗格或“开始”选项卡中“查找”按钮 查找，找到正文中第一次出现的“Access”字样，并选中它，单击“引用”选项卡中“脚注”功能组的“插入脚注”命令，然后在页面底部输入脚注文字“Access是由微软发布的关联式数据库管理系统。”。

2.1.11　北京故宫

打开配套练习素材文件中“第 2 章练习\长文档综合题\2.1.11 北京故宫 \2.1.11 北京故宫.docx”文件，按下列要求操作，并将结果存盘。完成后的效果见“第2章练习\长文档综合题\2.1.11北京故宫\2.1.11北京故宫效图.PDF”文件。

1. 题目要求

除（1）—⑦题，其他操作要求与“2.1.1浙江旅游概述”相同。

（1）—⑦对正文中首次出现“世界五大宫”的地方插入脚注，添加文字“世界五大宫：故宫、凡尔赛宫、白金汉宫、白宫、克里姆林宫。”。

2. 操作提示

除题目要求（1）—⑦对正文中首次出现“世界五大宫”的地方插入脚注以外，其他操作参照“2.1.1浙江旅游概述”。

根据要求（1）—⑦，利用“导航”窗格或“开始”选项卡中“查找”按钮 查找，找到正文中第一次出现的“世界五大宫”字样，并选中它，单击“引用”选项卡中“脚注”功能组的“插入脚注”命令，然后在页面底部输入脚注文字“世界五大宫：故宫、凡尔赛宫、白金汉宫、白宫、克里姆林宫。”。

2.1.12　中国工商银行

打开配套练习素材文件中“第 2 章练习\长文档综合题\2.1.12 中国工商银行 \2.1.12 中国

工商银行.docx”文件，按下列要求操作，并将结果存盘。完成后的效果见“第 2 章练习\长文档综合题\2.1.12 中国工商银行 \2.1.12 中国工商银行效果图.PDF”文件。

1. 题目要求

除（1）—⑦题，其他操作要求与“2.1.1 浙江旅游概述”相同。

（1）—⑦对正文中首次出现“经济人”的地方插入尾注（置于文档结尾），添加文字“此假设由约翰穆勒提出。”。

2. 操作提示

除题目要求（1）—⑦对正文中首次出现“经济人”的地方插入脚注以外，其他操作参照“2.1.1 浙江旅游概述”。

根据要求（1）—⑦，利用“导航”窗格或“开始”选项卡中“查找”按钮 查找，找到正文中第一次出现的“经济人”字样，并选中它，注意这道题的要求是插入尾注，在“引用”选项卡的“脚注”组件中选择“插入尾注”，在文档末尾尾注位置输入“此假设由约翰穆勒提出。”，如图 2-43 所示。

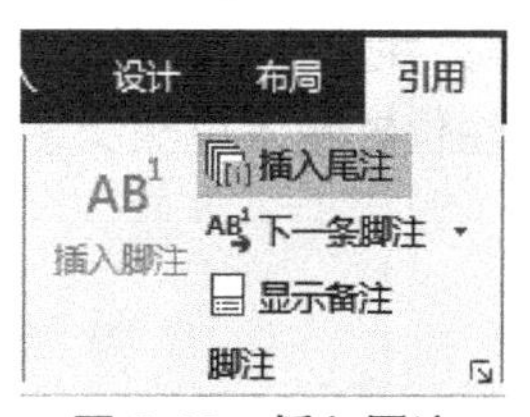

图 2-43　插入尾注

2.1.13　国际货币基金组织

打开配套练习素材文件中“第 2 章练习\长文档综合题\2.1.13 国际货币基金组织 \2.1.13 国际货币基金组织.docx”文件，按下列要求操作，并将结果存盘。完成后的效果见“第 2 章练习\长文档综合题\2.1.13 国际货币基金组织 \2.1.13 国际货币基金组织效果图.PDF”文件。

1. 题目要求

除（1）—⑦题，其他操作要求与“2.1.1 浙江旅游概述”相同。

（1）—⑦对正文中首次出现“华盛顿”的地方插入脚注，添加文字“美国首都华盛顿，全称华盛顿哥伦比亚特区。”。

2. 操作提示

除题目要求（1）—⑦对正文中首次出现“华盛顿”的地方插入脚注以外，其他操作参照“2.1.1 浙江旅游概述”。

根据要求（1）—⑦，利用“导航”窗格或“开始”选项卡中“查找”按钮 查找，找到正文中第一次出现的“华盛顿”字样，并选中它，单击“引用”选项卡中“脚注”功能组的“插入脚注”命令，然后在页面底部输入脚注文字“美国首都华盛顿，全称华盛顿哥伦比亚特区。”。

2.1.14　三清山

打开配套练习素材文件中“第 2 章练习\长文档综合题\2.1.14 三清山 \2.1.14 三清山.docx”文件，按下列要求操作，并将结果存盘。完成后的效果见“第 2 章练习\长文档综合题\2.1.14 三清山 \2.1.14 三清山效果图.PDF”文件。

1. 题目要求

除（1）—⑦题，其他操作要求与“2.1.1 浙江旅游概述”相同。

（1）—⑦对正文中首次出现“三清松”的地方插入尾注（置于文档结尾），添加文字“具有千年低头、万年弯腰的特点。”。

2. 操作提示

除题目要求（1）—⑦对正文中首次出现“三清松”的地方插入尾注以外，其他操作参照“2.1.1 浙江旅游概述”。

根据要求（1）—⑦，利用“导航”窗格或“开始”选项卡中“查找”按钮 查找 ，找到正文中第一次出现的“三清松”字样，并选中它，单击“引用”选项卡中“脚注”功能组的“插入尾注”命令，然后在文档末尾尾注位置输入尾注文字“具有千年低头、万年弯腰的特点。”。

2.1.15　太阳系

打开配套练习素材文件中“第 2 章练习\长文档综合题\2.1.15 太阳系\2.1.15 太阳系.docx”文件，按下列要求操作，并将结果存盘。完成后的效果见“第 2 章练习\长文档综合题\2.1.15 太阳系\2.1.15 太阳系效果图.PDF”文件。

1. 题目要求

除（1）—⑦题，其他操作要求与“2.1.1 浙江旅游概述”相同。

（1）—⑦对正文中首次出现“拉普拉斯”的地方插入脚注，添加文字“拉普拉斯是天体力学的主要奠基人。”。

2. 操作提示

除题目要求（1）—⑦对正文中首次出现“拉普拉斯”的地方插入脚注以外，其他操作参照“2.1.1 浙江旅游概述”。

根据要求（1）—⑦，利用“导航”窗格或“开始”选项卡中“查找”按钮 查找 ，找到正文中第一次出现的“拉普拉斯”字样，并选中它，单击“引用”选项卡中“脚注”功能组的“插入脚注”命令，然后在页面底部输入脚注文字“拉普拉斯是天体力学的主要奠基人。”。

2.1.16　泰山

打开配套练习素材文件中“第 2 章练习\长文档综合题\2.1.16 泰山\2.1.16 泰山.docx”文件，按下列要求操作，并将结果存盘。完成后的效果见“第 2 章练习\长文档综合题\2.1.16 泰山\2.1.16 泰山效果图.PDF”文件。

1. 题目要求

除（1）—⑦题，其他操作要求与“2.1.1 浙江旅游概述”相同。

（1）—⑦对正文中首次出现“诗经”的地方插入尾注（置于文档结尾），添加文字“中国最早的诗歌总集。”。

2. 操作提示

除题目要求（1）—⑦对正文中首次出现“诗经”的地方插入尾注以外，其他操作参照“2.1.1 浙江旅游概述”。

根据要求（1）—⑦，利用“导航”窗格或“开始”选项卡中“查找”按钮 查找，找到正文中第一次出现的“诗经”字样，并选中它，在“引用”选项卡，“脚注”组件中选择“插入尾注”，在文档末尾尾注位置输入“中国最早的诗歌总集。”。

2.1.17　Linux

打开配套练习素材文件中“第 2 章练习\长文档综合题\2.1.17Linux \2.1.17Linux.docx”文件，按下列要求操作，并将结果存盘。完成后的效果见“第 2 章练习\长文档综合题\2.1.17Linux\2.1.17Linux 效果图.PDF”文件。

1. 题目要求

除（1）—⑦题，其他操作要求与“2.1.1 浙江旅游概述”相同。

（1）—⑦对正文中首次出现“奔腾处理器”的地方插入脚注，添加文字“Pentium 是英特尔的第五代 x86 架构之微处理器。”。

2. 操作提示

除题目要求（1）—⑦对正文中首次出现“奔腾处理器”的地方插入脚注以外，其他操作参照“2.1.1 浙江旅游概述”。

根据要求（1）—⑦，利用“导航”窗格或“开始”选项卡中“查找”按钮 查找，找到正文中第一次出现的“奔腾处理器”字样，并选中它，单击“引用”选项卡中“脚注”功能组的“插入脚注”命令，然后在页面底部输入脚注文字“Pentium 是英特尔的第五代 x86 架构之微处理器。”。

2.1.18　奥斯卡

打开配套练习素材文件中“第 2 章练习\长文档综合题\2.1.18 奥斯卡 \2.1.18 奥斯卡.docx”文件，按下列要求操作，并将结果存盘。完成后的效果见“第 2 章练习\长文档综合题\2.1.18 奥斯卡 \2.1.18 奥斯卡效果图.PDF”文件。

1. 题目要求

除（1）—⑦题，其他操作要求与“2.1.1 浙江旅游概述”相同。

（1）—⑦对正文中首次出现“摩根”的地方插入尾注（置于文档结尾），添加文字“美国最后的金融巨头，华尔街的拿破仑。”。

2. 操作提示

除题目要求（1）—⑦对正文中首次出现“摩根”的地方插入尾注以外，其他操作参照“2.1.1 浙江旅游概述”。

根据要求（1）—⑦，利用“导航”窗格或“开始”选项卡中“查找”按钮 查找，找到正文中第一次出现的“摩根”字样，并选中它，在“引用”选项卡，“脚注”组件中选择“插入尾注”，在文档末尾尾注位置输入“美国最后的金融巨头，华尔街的拿破仑。”。

2.1.19 婺源

打开配套练习素材文件中“第 2 章练习\长文档综合题\2.1.19 婺源 \2.1.19 婺源.docx”文件，按下列要求操作，并将结果存盘。完成后的效果见“第 2 章练习\长文档综合题\2.1.19 婺源\2.1.19 婺源效果图.PDF”文件。

1. 题目要求

除（1）—⑦题，其他操作要求与“2.1.1 浙江旅游概述”相同。

（1）—⑦对正文中首次出现“黄喉噪鹛”的地方插入脚注，添加文字“全球性近危，属华盛顿公约一类保育动物。”。

2. 操作提示

除题目要求（1）—⑦对正文中首次出现“黄喉噪鹛”的地方插入脚注以外，其他操作参照“2.1.1 浙江旅游概述”。

根据要求（1）—⑦，利用“导航”窗格或“开始”选项卡中“查找”按钮 查找，找到正文中第一次出现的“黄喉噪鹛”字样，并选中它，单击“引用”选项卡中“脚注”功能组的“插入脚注”命令，然后在页面底部输入脚注文字“全球性近危，属华盛顿公约一类保育动物。”。

2.1.20 保时捷

打开配套练习素材文件中“第 2 章练习\长文档综合题\2.1.20 保时捷 \2.1.20 保时捷.docx”文件，按下列要求操作，并将结果存盘。完成后的效果见“第 2 章练习\长文档综合题\2.1.20 保时捷 \2.1.20 保时捷效果图.PDF”文件。

1. 题目要求

除（1）—⑦题，其他操作要求与“2.1.1 浙江旅游概述”相同。

（1）—⑦对正文中首次出现“四轮驱动”的地方插入尾注（置于文档结尾），添加文字“所谓四轮驱动，又称全轮驱动，是指汽车前后轮都有动力。”。

2. 操作提示

除题目要求（1）—⑦对正文中首次出现“四轮驱动”的地方插入尾注以外，其他操作参照“2.1.1 浙江旅游概述”。

根据要求（1）—⑦，利用“导航”窗格或“开始”选项卡中“查找”按钮 查找，找到正文中第一次出现的“四轮驱动”字样，并选中它，在“引用”选项卡，“脚注”组件中选择“插入尾注”，在文档末尾尾注位置输入“所谓四轮驱动，又称全轮驱动，是指汽车前后轮都有动力。”。

2.1.21　圆明园

打开配套练习素材文件中“第 2 章练习\长文档综合题\2.1.21 圆明园\2.1.21 圆明园.docx”文件，按下列要求操作，并将结果存盘。完成后的效果见“第 2 章练习\长文档综合题\2.1.21 圆明园\2.1.21 圆明园效果图.PDF”文件。

1. 题目要求

（1）对正文进行排版

① 章名使用样式“标题 1”，并居中，要求：

● 章号（例：第一章）的自动编号格式为：多级列表，第 X 章（例：第 1 章），其中 X 为自动编号；

● 注意：X 为阿拉伯数字序号。

② 小节名使用样式“标题 2”，左对齐，要求：

● 自动编号格式为多级列表，X.Y，其中，X 为章数字序号，Y 为节数字序号（例：1.1）；

● 注意：X、Y 均为阿拉伯数字序号。

③ 新建样式，样式名为“样式 12345”。其中，

● 字体：中文字体为“楷体”，西文字体为“Times New Roman”，字号为“小四”；

● 段落：首行缩进 2 字符，段前 0.5 行，段后 0.5 行，行距 1.5 倍；

● 其余格式，默认设置。

④ 对出现“1.”、“2.”…处，进行自动编号，编号格式不变。

⑤ 将（3）中的样式应用到正文中无编号的文字，要求：

● 不包括章名、小节名、表文字、表和图的题注；

● 不包括（4）中设置自动编号的文字。

⑥ 对正文中的图添加题注“图”，位于图下方，居中。要求：

● 编号为“章序号”-“图在章中的序号”（例如第 1 章中第 2 幅图，题注编号为 1-2）；

● 图的说明使用图下一行的文字，格式同编号；

● 图居中。

⑦ 对正文中出现“如下图所示”中的“下图”两字，使用交叉引用。将其改为“图 X-Y”，其中“X-Y”为图题注的编号。

⑧ 对正文中的表添加题注“表”，位于表上方，居中，要求：

● 编号为“章序号”-“表在章中的序号”，例如，第 1 章中第 1 张表，题注编号为 1-1；

● 表的说明使用表上一行的文字，格式同编号；

● 表居中，表内文字不要求居中。

⑨ 对正文中出现“如下表所示”中的“下表”两字，使用交叉引用，将其改为“表 X-Y”，其中“X-Y”为表题注的编号。

⑩ 对正文中首次出现“圆明园”的地方插入脚注，添加文字“被誉为‘一切造园艺术的

典范’和‘万园之园’。”。

（2）在正文前按序插入三节，使用 Word 提供的功能，自动生成如下内容。

① 第1节：目录。其中，“目录”使用样式“标题 1”，并居中；“目录”下为目录项。

② 第2节：图索引。其中，“图索引”使用样式“标题 1”，并居中；“图索引”下为图索引项。

③ 第3节：表索引。其中，“表索引”使用样式“标题 1”，并居中；“表索引”下为表索引项。

（3）使用合适的分节符，对正文进行分节。添加页脚，使用域插入页码，居中显示。要求：

① 正文前的节，页码采用“i，ii，iii，…”格式，页码连续。

② 正文中的节，页码采用“1，2，3，…”格式，页码连续。

③ 正文中每章为单独一节，页码总是从奇数开始。

④ 更新目录、图索引和表索引。

（4）添加正文的页眉。使用域，按以下要求添加内容，居中显示。其中：

① 对于奇数页，页眉中的文字为章序号 章名（例如：第 1 章 XXX）。

② 对于偶数页，页眉中的文字为节序号 节名（例如：1.1 XXX）。

2. 操作提示

仔细分析题目本题除了（1）—④、（1）—⑤、（1）—⑩之外，其他操作参照“2.1.1 浙江旅游概述”。

（1）—④对出现“1.”“2.”…处，进行自动编号，编号格式不变。

根据（1）—④要求，按住 Ctrl 键选择正文第 3 章中带编号的文本，如图 2-44 所示。选择“开始”选项卡中“段落”组件中的 ，在弹出的列表中编号格式选择“1.2.3.”，如图 2-45 所示。完成之后删除原有的多余的编号即可。

銮仪卫、东四旗各值房；西为户部
寺、鸿胪寺、太常寺、太仆寺、
2.正大光明殿
正大光明殿是圆明园的正殿，皇帝
观庆龙舞、大考翰詹、散馆乡试及
前面有宽大的月台，东、西配殿各
3.勤政亲贤殿
勤政亲贤殿即养心殿西暖阁前室，
间。北设宝座，南为窗，东有板墙
厦内围有木屏，与明间相隔，较大
4.九州清晏
九州清晏位于前湖北岸与正大光明
中间为奉三无私殿，最北为九州清
和”，是乾隆的寝宫；再西有清晖
馆；道光十年又在“怡情书史”附近
园殿、奉三无私殿、九州清晏殿。
5.长春仙馆
长春仙馆，建于乾隆九年，公元一
有殿门 3 间，正殿 5 间。
6.镂月开云
镂月开云原称牡丹亭，位于后湖东
位后，改称“镂月开云”，乾隆三十
7.碧桐书院
碧桐书院，建于乾隆九年，公元一

图 2-44 选中带编号文字

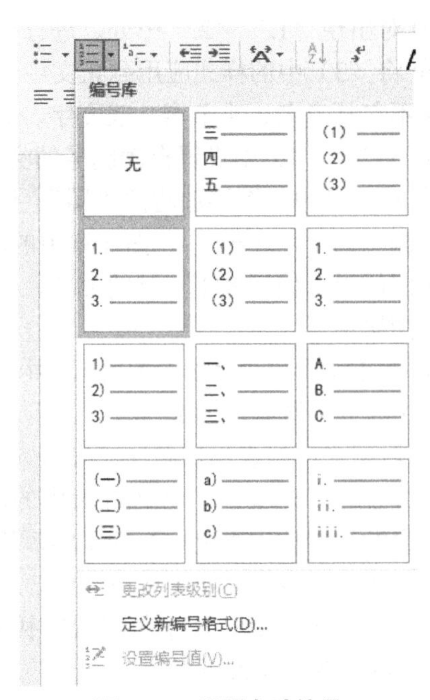

图 2-45 设置自动编号

(1)—⑤将③中的样式应用到正文中无编号的文字。

根据（1)—⑤要求，套用“样式 12345”的时候不要将自动编号的段落、章节标题、图表题注等套用本样式。

(1)—⑩对正文中首次出现“圆明园”的地方插入脚注。

根据要求（1）—⑩，利用“导航”窗格或“开始”选项卡中“查找”按钮查找，找到正文中第一次出现的“圆明园”字样，并选中它，在“引用”选项卡下“脚注”组件中选择“插入脚注”，在页面底部脚注位置输入“被誉为‘一切造园艺术的典范’和‘万园之园’。”。

2.1.22　鸟巢

打开配套练习素材文件中“第 2 章练习\长文档综合题\2.1.22 鸟巢\2.1.22 鸟巢.docx”文件，按下列要求操作，并将结果存盘。完成后的效果见“第 2 章练习\长文档综合题\2.1.22 鸟巢\2.1.22 鸟巢效果图.PDF”文件。

1. 题目要求

除（1)—⑩题，其他操作要求与“2.1.21 圆明园”相同。

(1)—⑩对正文中首次出现“鸟巢”的地方插入脚注，添加文字“鸟巢是 2008 年北京奥运会主体育场。”。

2. 操作提示

除了要求（1)—④、(1)—⑤、(1)—⑩之外，其余操作参照“2.1.1 浙江旅游概述”。

题目要求（1)—④、(1)—⑤，操作参照 2.1.21 圆明园。

题目要求（1)—⑩对正文中首次出现“鸟巢”的地方插入脚注。

根据要求（1)—⑩，利用“导航”窗格或“开始”选项卡中的“查找”按钮查找，找到正文中第一次出现的“鸟巢”字样，并选中它，在“引用”选项卡“脚注”组件中选择“插入脚注”，在页面底部脚注位置输入“鸟巢是 2008 年北京奥运会主体育场。”。

2.1.23　世界杯

打开配套练习素材文件中“第 2 章练习\长文档综合题\2.1.23 世界杯\2.1.23 世界杯.docx”文件，按下列要求操作，并将结果存盘。完成后的效果见“第 2 章练习\长文档综合题\2.1.23 世界杯\2.1.23 世界杯效果图.PDF”文件。

1. 题目要求

本题少了（1)—④，(1)—⑩自动变为（1)—⑨，除（1)—⑨题外，其他题目要求与“2.1.21 圆明园”相同。

(1)—⑨对正文中首次出现“世界杯”的地方插入脚注，添加文字“世界杯是国际性赛事。”。

2. 操作提示

除题目要求（1)—⑨对正文中首次出现“世界杯”的地方插入脚注以外，其他操作参照

“2.1.1 浙江旅游概述”。

根据要求（1)—⑨，利用“导航”窗格或“开始”选项卡中的“查找”按钮 查找，找到正文中第一次出现的“世界杯”字样，并选中它，单击“引用”选项卡下“脚注”功能组中的“插入脚注”命令，然后在页面底部输入脚注文字“世界杯是国际性赛事。”

2.1.24　道教

打开配套练习素材文件中“第 2 章练习\长文档综合题\2.1.24 道教\2.1.24 道教.docx”文件，按下列要求操作，并将结果存盘。完成后的效果见“第 2 章练习\长文档综合题\2.1.24 道教\2.1.24 道教效果图.PDF”文件。

1. 题目要求

除（1)—⑩题，其他操作要求与“2.1.21 圆明园”相同。

(1)—⑩对正文中首次出现“道教”的地方插入脚注，添加文字“道教是中国主要宗教之一。”。

2. 操作提示

除了要求（1)—④、(1)—⑤、(1)—⑩之外，其余操作参照“2.1.1 浙江旅游概述”。

题目要求（1)—④、(1)—⑤，操作参照“2.1.21 圆明园”。

题目要求（1)—⑩对正文中首次出现“道教”的地方插入脚注。

根据要求（1)—⑩，利用“导航”窗格或“开始”选项卡中的“查找”按钮 查找，找到正文中第一次出现的“道教”字样，并选中它，在“引用”选项卡下“脚注”功能组中选择“插入脚注”，在页面底部脚注位置输入“道教是中国主要宗教之一。”。

2.1.25　黄埔军校

打开配套练习素材文件中“第 2 章练习\长文档综合题\2.1.25 黄埔军校 \2.1.25 黄埔军校.docx”文件，按下列要求操作，并将结果存盘。完成后的效果见“第 2 章练习\长文档综合题\2.1.25 黄埔军校 \2.1.25 黄埔军校效果图.PDF”文件。

1. 题目要求

除（1)—⑩题，其他操作要求与“2.1.21 圆明园”相同。

(1)—⑩对正文中首次出现“黄埔军校”的地方插入脚注，添加文字“黄埔军校是孙中山先生在中国共产党和苏联的积极支持和帮助下创办的。”。

2. 操作提示

除了要求（1)—④、(1)—⑤、(1)—⑩之外，其余操作参照“2.1.1 浙江旅游概述”。

题目要求（1)—④、(1)—⑤，操作参照“2.1.21 圆明园”。

题目要求（1)—⑩对正文中首次出现“黄埔军校”的地方插入脚注。

根据要求（1)—⑩，利用“导航”窗格或“开始”选项卡中的“查找”按钮 查找，找到正文中第一次出现的“黄埔军校”字样，并选中它，在“引用”选项卡下“脚注”功能组中选择“插入脚注”，在页面底部脚注位置输入“黄埔军校是孙中山先生在中国共产党和苏联的积极支持和帮助下创办的。”。

2.2 短文档操作题

2.2.1 页面设置

1. 题目要求

在本题文件夹中，建立文档“页面设置.docx”，由三页组成。按下列要求操作，并将结果存盘。

（1）第一页中第一行内容为“中国”，样式为“标题 1”；页面垂直对齐方式为“居中”；页面方向为纵向、纸张大小为 16 开；页眉内容设置为“China”，居中显示。

（2）第二页中第一行内容为“美国”，样式为“标题 2”；页面垂直对齐方式为“顶端对齐”；页面方向为横向、纸张大小为 A4；页眉内容设置为“USA”，居中显示；对该页面添加行号，起始编号为“1”。

（3）第三页中第一行内容为“日本”，样式为“正文”；页面垂直对齐方式为“底端对齐”；页面方向为纵向、纸张大小为 B5；页眉内容设置为“Japan”，居中显示。

2. 操作步骤

第 1 步：在文件夹中新建文档并命名为“页面设置.docx”。

第 2 步：在第一页中输入“中国”，在“开始”选项卡“样式”功能组中选择“标题 1”样式。

第 3 步：在“布局”选项卡，单击“页面设置”功能组右下角小箭头，在弹出的“页面设置”对话框的“布局”选项卡中，页面“垂直对齐方式”选择“居中”，如图 2-46 所示。在“页边距”选项卡中“纸张方向”选择“纵向”。在“纸张”选项卡中“纸张大小”选择“16K”，单击“确定”按钮保存。

第 4 步：双击页眉区，居中输入“China”，关闭页眉。

第 5 步：在“布局”选项卡“页眉设置”功能组中单击“分隔符”右边向下的小箭头，在下拉列表中选择“分节符”→“下一页”，如图 2-47 所示。

第 6 步：在第二页中输入“美国”，在“开始”选项卡的“样式”功能组中选择“标题 2”样式。

第 7 步：在“布局”选项卡，单击“页面设置”选项组右下角小箭头，在弹出的“页面设置”对话框的“布局”选项卡中，页面“垂直对齐方式”选择“顶端对齐”。单击“行号”按钮。在弹出的对话框中勾选“添加行编号”，“起始编号”设为“1”，如图 2-48 所示。在“页边距”选项卡中“纸张方向”选择“横向”。“纸张”选项卡中“纸张大小”选择“A4”，单击“确定”按钮保存。

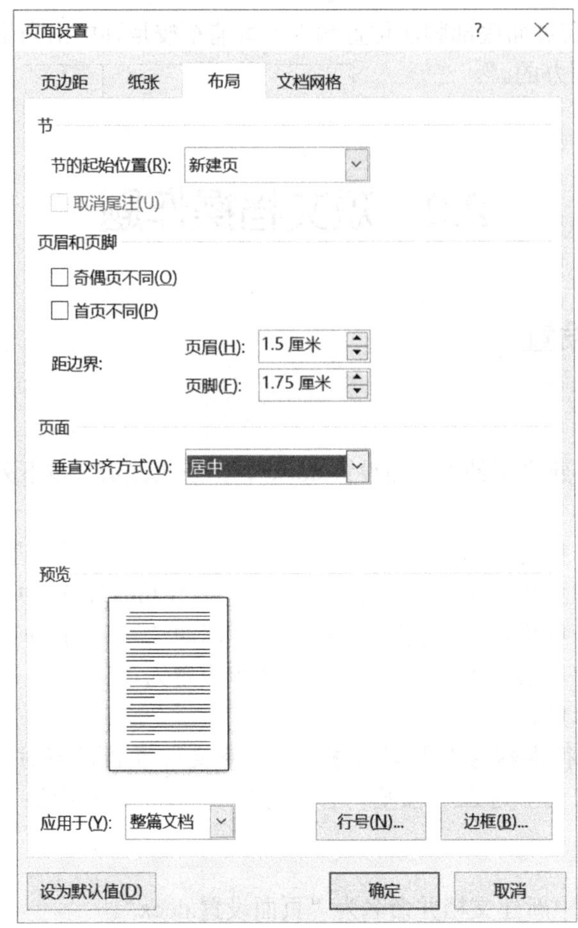

图 2-46　页面设置

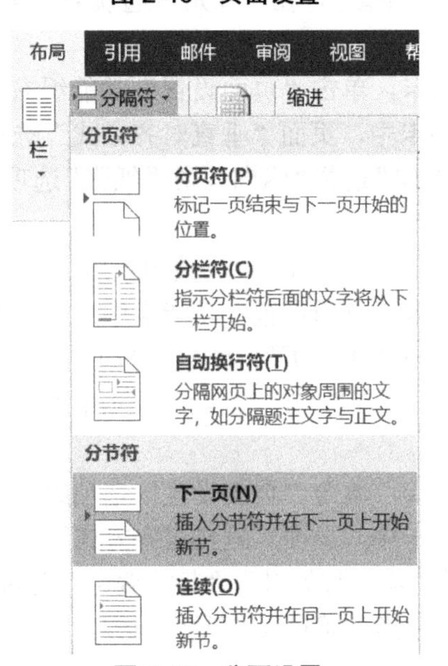

图 2-47　分页设置

第8步：双击页眉区，居中输入“USA”，关闭页眉。

第9步：同第5步，再次单击“分节符”→“下一页”。

第10步：在第三页中输入“日本”，在“开始”选项卡下“样式”功能组中选择“正文”样式。

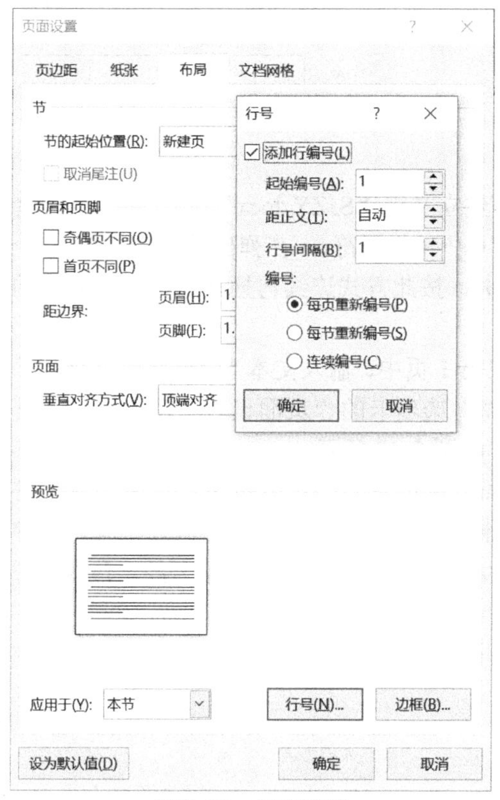

图 2-48　行号设置

第11步：同第7步，打开“页面设置”对话框，选中“布局”选项卡，页面“垂直对齐方式”选择“底端对齐”，单击“行号”按钮，在弹出的对话框中去掉“添加行号”前的√；在“页边距”选项卡中“纸张方向”选择“纵向”；在“纸张”选项卡中“纸张大小”选择“B5”，单击“确定”按钮保存。

第12步：双击页眉区，居中输入“Japan”，关闭页眉，保存文件并关闭退出。

2.2.2　邀请函

1. 题目要求

在本题文件夹中，建立文档“SJZY.docx”，设计会议邀请函。按下列要求操作，并将结果存盘。

（1）在一张 A4 纸上，正反面书籍折页打印。

（2）页面（一）和页面（四）打印在 A4 纸的同一面；页面（二）和页面（三）打印在 A4 纸的另一面。

（3）四个页面要求依次显示如下内容：

页面（一）显示“邀请函”三个字，上下左右均居中对齐显示，竖排，字体为隶书，72 号。

页面（二）显示“汇报演出定于2020年11月21日，在学生活动中心举行，敬请光临。”，文字横排。

页面（三）显示“演出安排”，文字横排，居中，应用样式“标题 1”。

页面（四）显示两行文字，行（一）为“2020年11月21日”，行（二）为“学生活动中心”，竖排，左右居中显示。

2. 操作步骤

（1）以分节方式分页

在D盘本题文件夹中建立文档“SJZY.docx”，打开该文档，单击“页面布局”选项卡下“页面设置”功能组中的“⊟”（分隔符），在弹出的列表中单击“分节符”组中的“下一页”按钮，以分节方式插入一页，按此方式连续再插入两页，完成后的文档共有4页。

（2）页面内容及格式

第1步：将光标定位在第1页中，输入文本“邀请函”，设置字体为“隶书”、字号为“72”。

第2步：在“页面布局”选项卡的“页面设置”功能组中单击“ ”（文字方向），在弹出的列表中选择“垂直”，如图2-49所示。

第3步：在“页面布局”选项卡的“页面设置”功能组中单击“ ”，打开“页面设置”对话框。在“布局”选项卡中设置页面“垂直对齐方式”为“居中”，如图2-50所示，设置竖排文字在水平方向上居中显示。在“开始”选项卡的“段落”功能组中单击“ ”（垂直居中）设置竖排文字在垂直方向上居中显示。

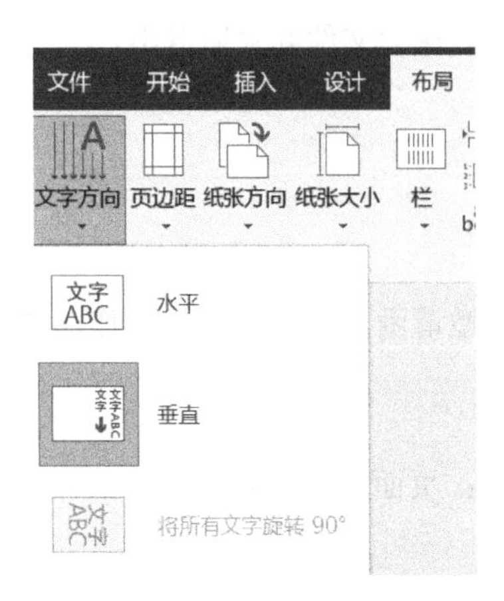

图2-49　页面布局设置

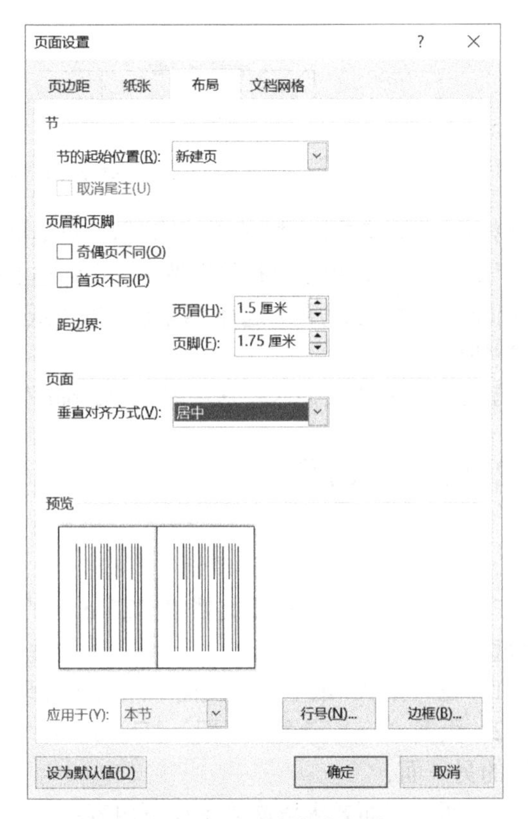

图2-50　对齐方式设置

第4步：将光标定位在第 2 页中，输入文本“汇报演出定于 2020 年 11 月 21 日，在学生活动中心举行，敬请光临。”。

第5步：将光标定位在第 3 页中，输入文字“演出安排”，在“开始”选项卡的“样式”功能组中单击“标题 1”，在“段落”功能组中单击“”（水平居中），设置文字为水平居中显示。

第6步：将光标定位在第 4 页中，输入文本“2020 年 11 月 21 日”，按回车键换行，再输入文本“学生活动中心”。选择本页文本内容，在“布局”选项卡的“页面设置”功能组中单击“”（文字方向），在弹出的列表中选择“垂直”；单击“页面设置”功能组右下角的属性按钮“”，在打开的“页面设置”对话框的“版式”选项卡中，设置页面“垂直对齐方式”为“居中”，设置竖排文字左右居中显示。在“开始”选项卡的“段落”功能组中单击“”（顶端对齐），设置竖排文字在垂直方向上顶端对齐。

（3）页面设置

在“布局”选项卡的“页面设置”功能组中设置“纸张大小”为“A4”，单击右下角的属性按钮“”，弹出“页面设置”对话框。选择“页边距”选项卡，设置“纸张方向”为“横向”，“页码范围”→“多页”设为“书籍折页”，“每册中页数”保持默认值“全部”，“应用于”设为“整篇文档”，单击“确定”按钮。页面设置及效果如图 2-51 所示。

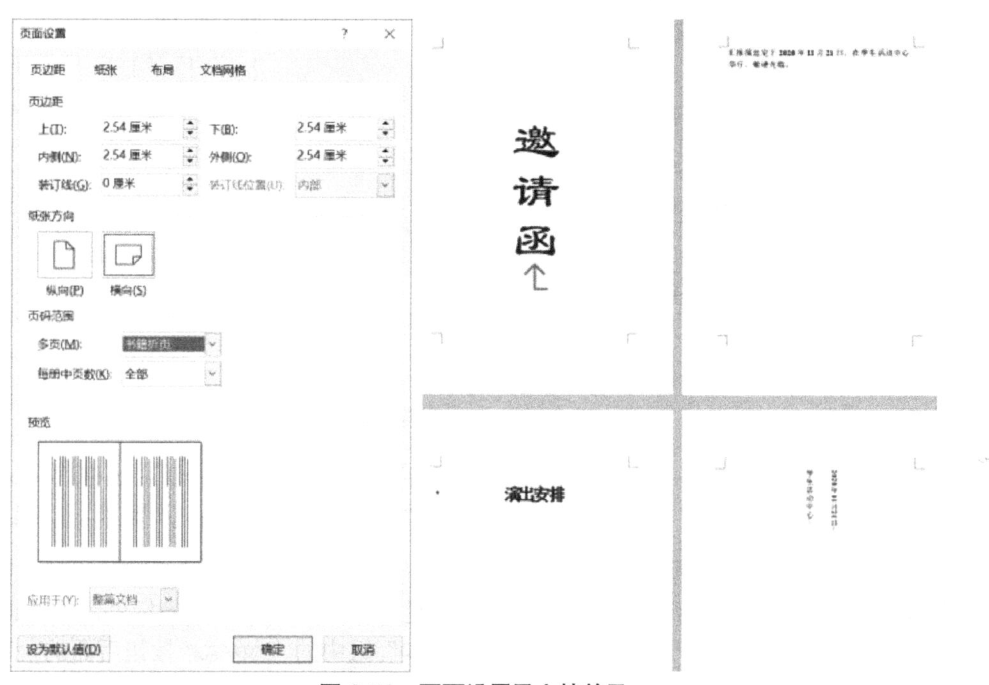

图 2-51　页面设置及文档效果

说明：“书籍折页”的设置是系统内置的印刷品版面方案，打印机打印时会自动识别页面分配，即“1-4”“2-3”等。

2.2.3　主控文档 1

1. 题目要求

在本题文件夹中，建立主控文档“Main.docx”，按序创建子文档“Sub1.docx”、“Sub2.docx”

和“Sub3.docx”。按下列要求操作，并将结果存盘。

（1）Sub1.docx 中第一行内容为“Sub^1”，第二行内容为文档创建的日期（使用域，格式不限），样式均为正文。

（2）Sub2.docx 中第一行内容为“Sub_2”，第二行内容为“è❾”，样式均为正文。

（3）Sub3.docx 中第一行内容为“办公软件高级应用”，样式为正文，将该文字设置为书签（名为 Mark）；第二行为空白行；在第三行中插入书签 Mark 标记的文本。

2. 操作步骤

第1步：在本题文件夹下，单击右键，选择“新建”→“Microsoft Word 文档”，输入文件名称“Main.docx”。

第2步：双击打开“Main.docx”文档，在文档第 1～3 行中分别输入“Sub1.docx”、“Sub2.docx”和“Sub3.docx”。

第3步：选中“Main.docx”文档中所有内容，单击“开始”选项卡下“样式”组中的 AaBl 标题 1 “标题 1”选项。

第4步：选中“Main.docx”文档中的所有内容，单击“视图”选项卡下的“大纲”视图，在“主控文档”组中单击 显示文档 按钮，再单击 创建 按钮。结果如图 2-52 所示。

图 2-52　主控文档设置

第5步：把光标停留到 Sub1.docx 下面的○的后面，输入文字“Sub1”，选中“Sub1”，单击“开始”选项卡下“样式”组中的 AaBbCcDd 正文 “正文”选项。选中“Sub1”中的 1，单击“开始”选项卡下“字体”组中的 X^2 选项。

第6步：在“Sub1.docx”第一行文本后面按回车键，产生一个新行。把光标停留到 Sub1.docx 下面的第 2 个○后面，单击“插入”选项卡下“文本”组中的 文档部件 按钮后面的 ▾ 按钮，单击 域(F)... 按钮，弹出“域”对话框。“类别”选择“日期和时间”，“域名”选择“CreateDate”，在“日期格式”中选择第一个，如图 2-53 所示。单击“域”对话框下面的 确定 按钮，关闭对话框。

第7步：把光标停留到 Sub2.docx 下面的○的后面，按回车键。在 Sub2.docx 中有两个空行，在第一行中输入“Sub2”，选中“Sub2”，单击“开始”选项卡下“样式”组中的 AaBbCcDd 正文 “正文”选项。选中“Sub2”中的“2”，单击“开始”选项卡下“字体”组中的 X_2 选项。

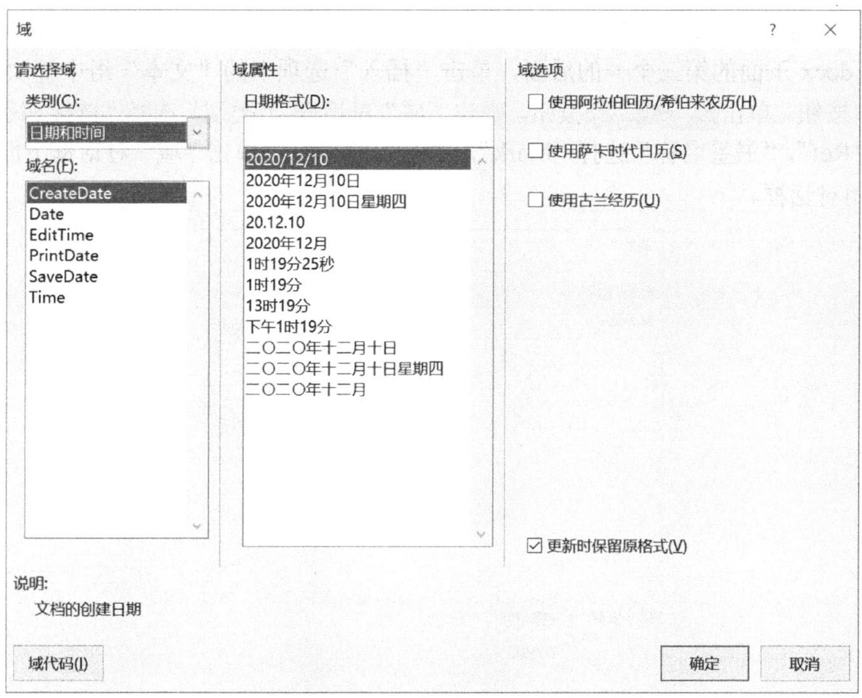

图 2-53　使用域插入时间

第 8 步：把光标停留到 Sub2.docx 下面第二行的 ○ 的后面，单击“插入”选项卡下“符号”组中的 Ω 符号选项，选择“其他符号”。在打开的“符号”对话框“符号”的“字体”中选择“(普通文本)”，“子集”选择“拉丁语-1 增补”，找到“è”，如图 2-54 所示。在“搜狗”输入法的软键盘的“数字序号”中找到“❾”，如图 2-55 所示。

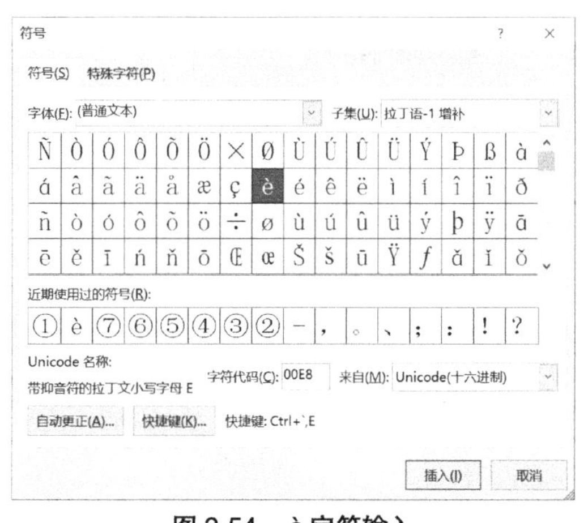

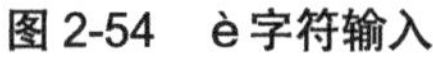
图 2-54　è 字符输入

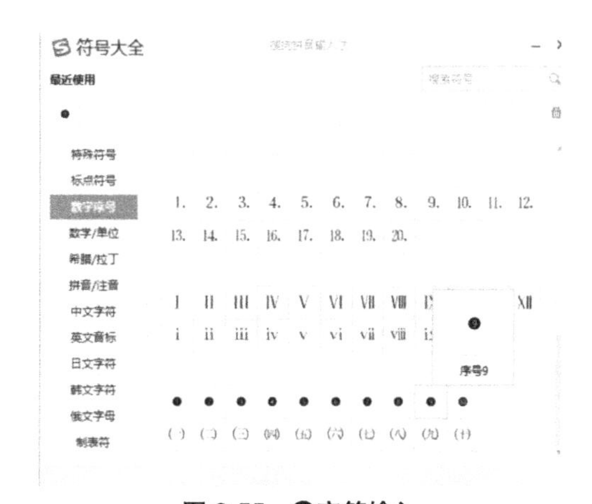

图 2-55　❾字符输入

第 9 步：把光标停留到 Sub3.docx 下面的○的后面，输入文字“办公软件高级应用”。选中“办公软件高级应用”文本，单击“开始”选项卡下“样式”组中的 AaBbCcDd 正文 “正文”选项。把光标停留到“办公软件高级应用”的“办”字的前面，单击“插入”选项卡下“链接”组中的 书签 “书签”选项，弹出“书签”对话框。在“书签名”中输入“Mark”，如图 2-56 所示。单击 添加(A) 按钮添加书签。

第10步：在“办公软件高级应用”文本的后面按回车键两次，总共产生3行。把光标停留到Sub3.docx下面的第三个○的后面，单击“插入”选项卡的“文本”组中 文档部件 按钮后面的 ▾ 按钮，单击 域(F)... 按钮，弹出“域”对话框。“类别”选择“链接和引用”，“域名”选择“Ref”，“书签名称”选择“Mark”，如图2-57所示。单击“域”对话框下面的 确定 按钮，关闭对话框。

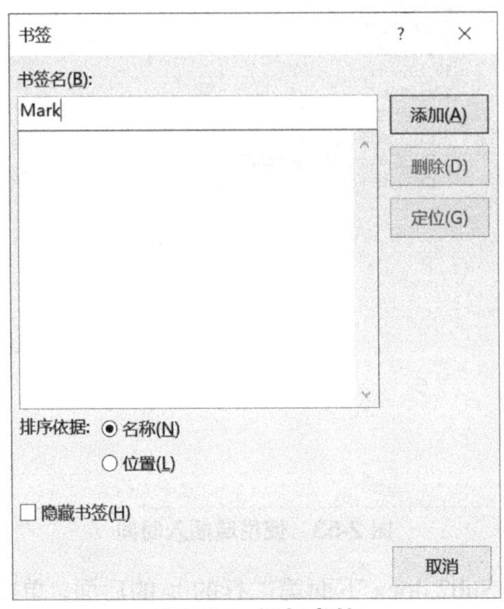

图2-56 添加书签

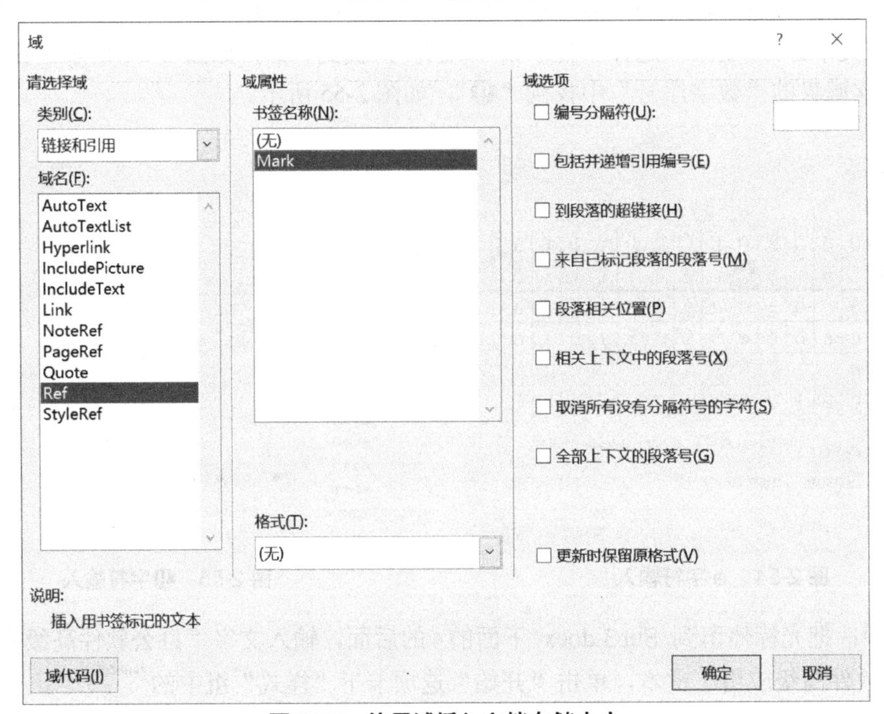

图2-57 使用域插入文档存储大小

第11步：文档“Main.docx”内容如图2-58所示。

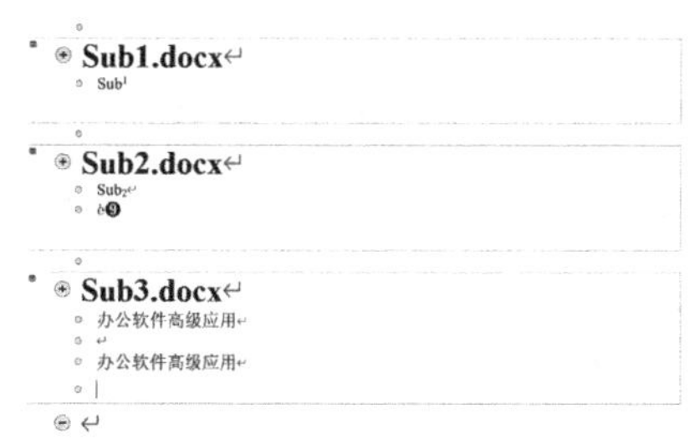

图 2-58　文档“Main.docx”内容

第 12 步：单击“Main.docx”文档左上角的按钮保存文档。

2.2.4　MyDoc

1. 题目要求

在本题文件夹中，建立文档“MyDoc.docx”。按下列要求操作，并将结果存盘。

（1）文档总共有 6 页，第 1 页和第 2 页为一节，第 3 页和第 4 页为一节，第 5 页和第 6 页为一节。

（2）每页显示内容均为三行，左右居中对齐，样式为“正文”。第一行显示：第 x 节；第二行显示：第 y 页；第三行显示：共 z 页。其中 x，y，z 是使用插入的域自动生成的，并以中文数字（壹、贰、叁）的形式显示。

（3）每页行数均设置为 40，每行 30 个字符。每行文字均添加行号，从“1”开始，每节重新编号。

2. 操作步骤

（1）以分节方式分页

在本题文件夹下，单击右键，选择“新建”→“Microsoft Word 文档”，输入文件名称“MyDoc.docx”。双击打开该文档，单击“布局”选项卡下“页面设置”功能组中的“”（分隔符），在弹出列表中单击“分节符”组中的“下一页”按钮，如图 2-59 所示。以分节的方式插入第 2 页。

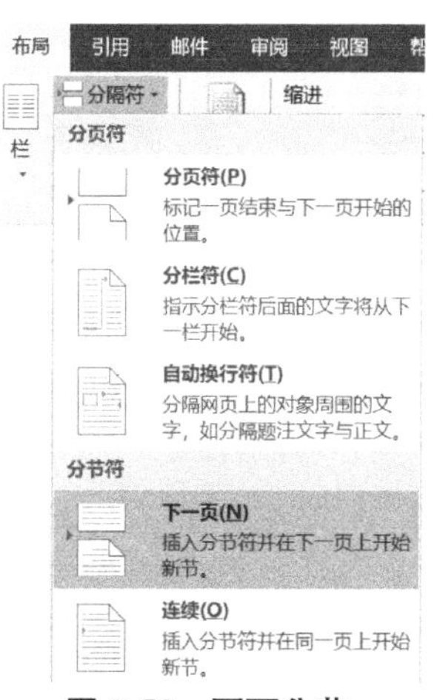

图 2-59　页面分节

（2）页面内容及格式

第1步：把光标定位到第1页，按要求在第1行中输入“第”，选择“插入”选项卡，在“文本”栏中单击“ ”（文档部件），在弹出的菜单中选择“域（F）…”。在打开的“域”对话框中，选择域的“类别”为“编号”，选择“域名”为“Section”（当前节号），域属性“格式”选择为“壹，贰，叁...”，如图2-60所示。单击“确定”按钮完成插入当前节号，接着输入文字“节”，按回车键转到下一行。

第2步：在第2行中输入“第”，按上述操作打开“域”对话框，选择域的“类别”为“编号”，选择“域名”为“Page”（当前页码），域属性“格式”选择为“壹，贰，叁...”，如图2-61所示。单击“确定”按钮完成插入当前节号，接着输入文字“页”，按回车键转到下一行。

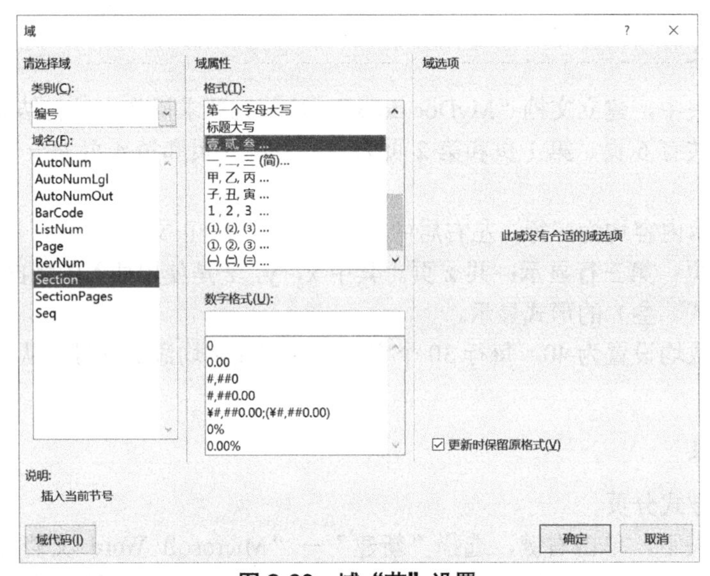

图2-60　域“节”设置

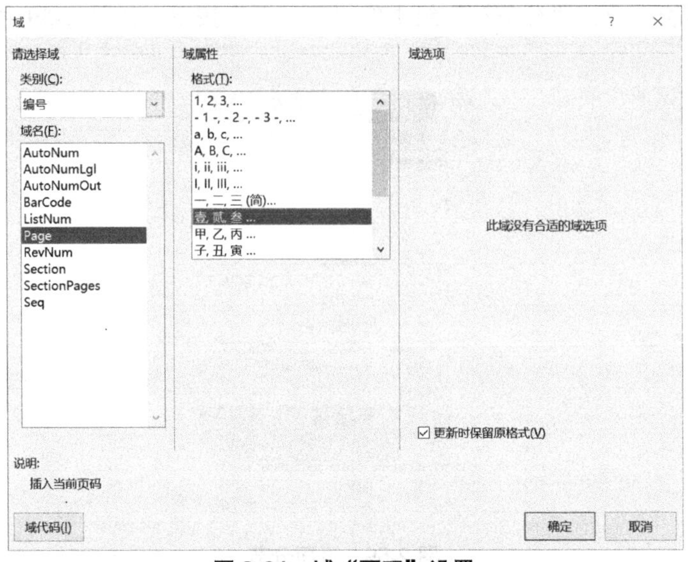

图2-61　域“页码”设置

第3步：在第 3 行中输入“共”，按上述操作打开“域”对话框。选择域的“类别”为“文档信息”，选择“域名”为“NumPages”（文档的页数），域属性“格式”选择为“壹，贰，叁...”，如图 2-62 所示，单击“确定”按钮完成插入总页数，接着输入文字“页”。

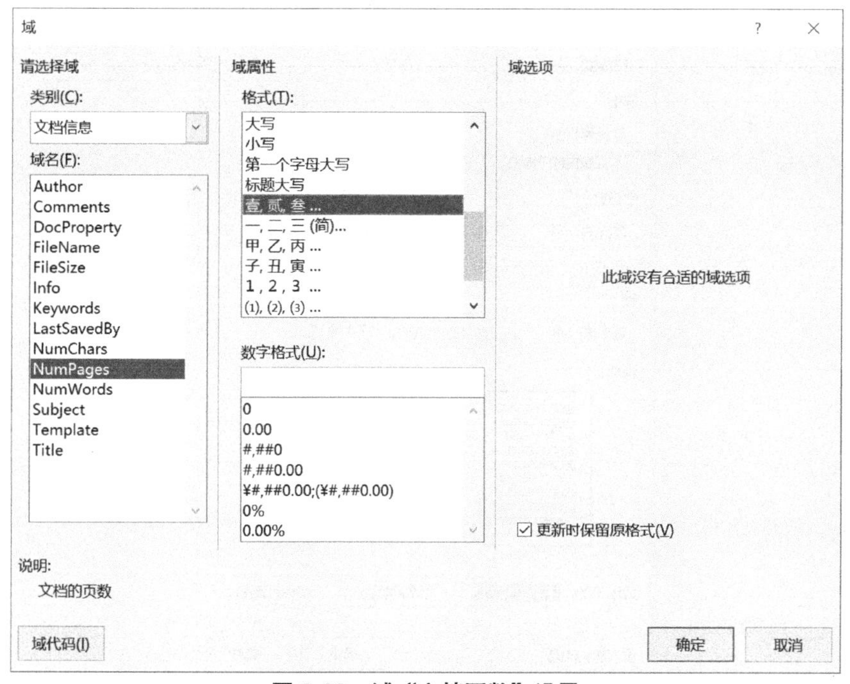

图 2-62　域“文档页数”设置

第4步：按 Ctrl+A 组合键选择已输入的全部文本内容，按 Ctrl+C 组合键复制已选文本，将光标定位在第 2 页中，按 Ctrl+V 组合键粘贴复制的文字内容，在第 2 页最后一个字的后面，按 Ctrl+Enter 组合键插入 1 页。

第5步：单击第 3 页，按 Ctrl+V 组合键粘贴复制的文字内容，将光标定位在第 3 页最后一个字的后面，按 Ctrl+Enter 组合键插入 1 页。

第6步：单击第 4 页，按 Ctrl+V 组合键粘贴复制的文字内容，将光标定位在第 4 页最后一个字的后面，按 Ctrl+Enter 组合键插入 1 页，单击“布局”选项卡下“页面设置”功能组中的“”（分隔符），在弹出的列表中单击“分节符”组中的“下一页”按钮，按 Ctrl+V 组合键粘贴复制的文字内容。

第7步：单击第 5 页，按 Ctrl+V 组合键粘贴复制的文字内容，将光标定位在第 5 页最后一个字的后面，按 Ctrl+Enter 组合键插入 1 页，按 Ctrl+V 组合键粘贴复制的文字内容。

第8步：按 Ctrl+A 组合键全选所有文字内容，按 F9 功能键对所有的域值进行更新，至此，已完成符合要求的 6 页文字内容。

第9步：选择第1节页面，单击“布局”选项卡下“页面设置”选项组右下角的属性按钮。在弹出的“页面设置”对话框中，选择“文档网络”选项卡，“网格”选择“指定行和字符网络”，在“字符数”栏的“每行”文本框中输入“30”，在“行”栏的“每页”文本框中输入“40”，如图 2-63 所示。分别选择第2节、第3节页面，按上述要求设置。

图 2-63　文档设置

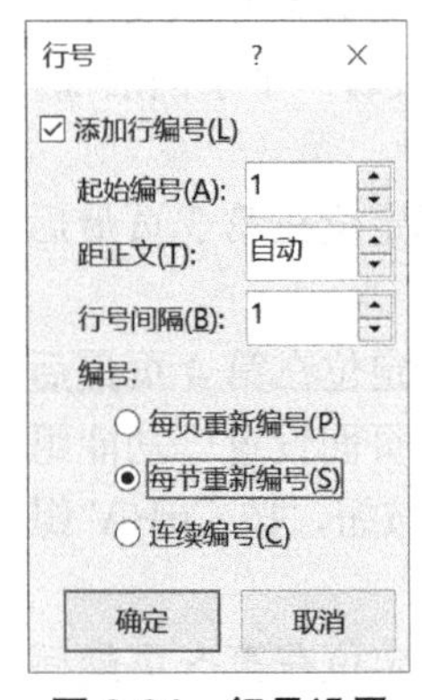

图 2-64　行号设置

第10步：在“页面设置”对话框中，选择“布局”选项卡，单击“行号”按钮，弹出“行号”对话框。勾选“添加行编号”复选框，在“编号”栏中选择“每节重新编号”，如图 2-64 所示。单击“确定”按钮回到“页面设置”对话框，设置“应用于”为“整篇文档”，单击“确定”按钮完成全部设置。

第11步：保存并关闭 MyDoc.docx 文档。

2.2.5　主控文档 2

1. 题目要求

在本题文件夹中，建立主控文档“Main.docx”，按序创建子文档“Sub1.docx”和“Sub2.docx”。按下列要求操作，并将结果存盘。

（1）Sub1.docx 中第一行内容为“办公软件高级应用”，样式为正文，将该文字设置为书签（名为 Mark）；第二行为空白行；在第三行中插入书签 Mark 标记的文本。

（2）Sub2.docx 中第一行使用域插入该文档创建时间（格式不限）；第二行使用域插入该文档的文件名称（格式不限）。

2. 操作步骤

第1步：在本题文件夹下，单击右键，选择“新建”→“Microsoft Word 文档”，输入文

件名称“Main.docx”。

第2步：双击打开“Main.docx”文档，在文档第 1～3 行中分别输入“Sub1.docx”和“Sub2.docx”。

第3步：选中“Main.docx”文档中所有内容，单击“开始”选项卡下“样式”组中的 AaBl 标题 1 “标题 1”选项。

第4步：选中“Main.docx”文档中的所有内容，单击“视图”选项卡下的“大纲”视图，在“主控文档”组中单击 显示文档 按钮，再单击 创建 按钮。结果如图 2-65 所示。

图 2-65　主控文档设置

第5步：把光标停留到 Sub1.docx 下面的○的后面，输入文字“办公软件高级应用”。选中“办公软件高级应用”文本，单击“开始”选项卡下“样式”组中的 AaBbCcDd 正文 “正文”选项。选中“办公软件高级应用”，单击“插入”选项卡下“链接”组中的 书签 “书签”选项，弹出“书签”对话框。在“书签名”中输入“Mark”，如图 2-66 所示。单击 添加(A) 按钮添加书签。

第6步：在“办公软件高级应用”文本的后面按回车键两次，新产生 2 行。把光标停留到 Sub1.docx 下面的第三个 ○ 的后面，单击“插入”选项卡的“文本”组中 文档部件 按钮后面的 ▾ 按钮，单击 域(F)... 按钮，弹出“域”对话框。“类别（C）”选择“链接和引用”，“域名”选择“Ref”，“书签名称”选择“Mark”，如图 2-67 所示。单击“域”对话框下面的 确定 按钮，关闭对话框。

第7步：把光标停留到 Sub2.docx 下面的第一个○的后面，单击“插入”选项卡的“文本”组中 文档部件 按钮后面的 ▾ 按钮，再单击 域(F)... 按钮，弹出“域”对话框。“类别”选择“日期和时间”，“域名”选择“CreateDate”，“日期格式”选择第一个，如图 2-68 所示。单击“域”对话框下面的 确定 按钮，关闭对话框。在 Sub2.docx 下面的○后面按回车键，产生第二行，单击“插入”选项卡→“文本”组中 文档部件 按钮后面的 ▾ 按钮，单击 域(F)... 按钮。弹出“域”对话框，在“类别（C）”中选择“文档信息”，在“域名”中选择“FileName”，单击“域”对话框下面的 确定 按钮，关闭对话框。

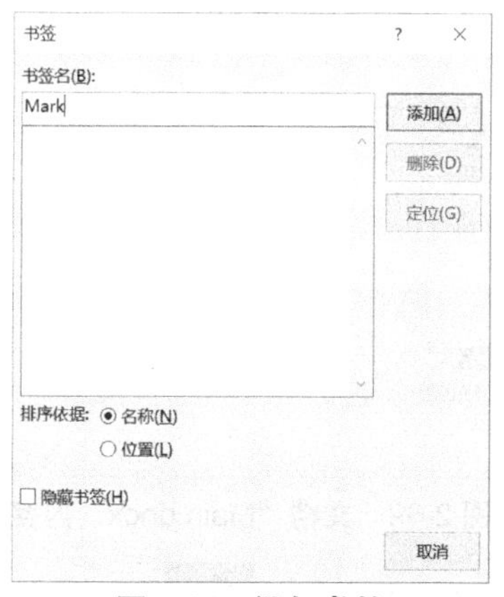

图 2-66　添加书签

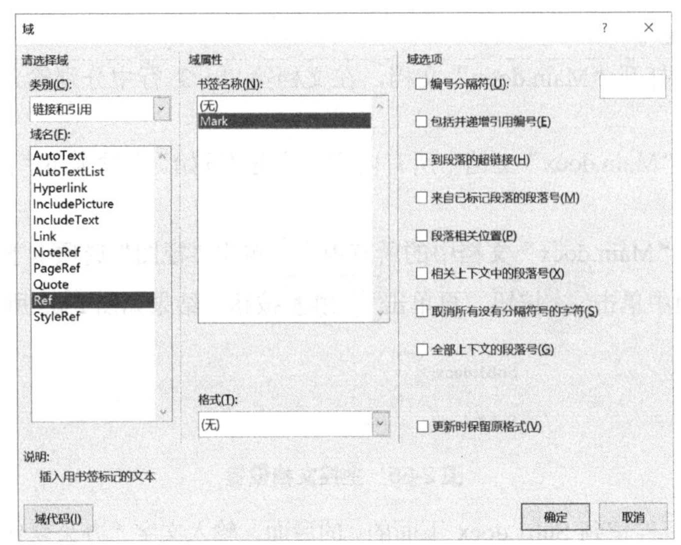

图 2-67　插入书签 Mark 标记的文本设置

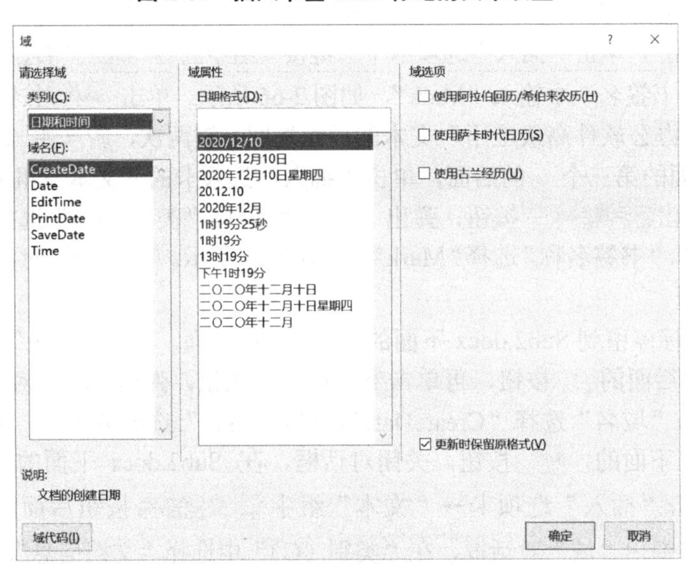

图 2-68　使用域插入时间

第 8 步：文档“Main.docx”内容如图 2-69 所示。

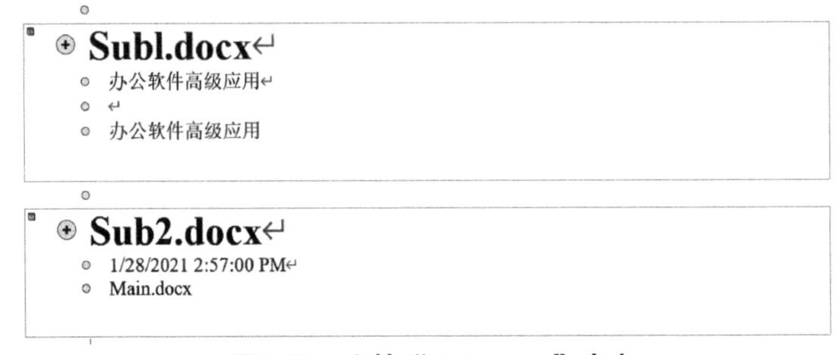

图 2-69　文档“Main.docx”内容

第 9 步：单击“Main.docx”文档左上角的按钮保存文档。

2.2.6 成绩信息

1. 题目要求

在本题文件夹中，建立成绩信息“Ks.xlsx”，如表 1 所示（注：此处表号和图号按题目中的显示）。按下列要求操作，并将结果存盘。

（1）使用邮件合并功能，建立成绩单范本文件“Ks_T.docx”，如图 1 所示。

（2）生成所有考生的成绩单“Ks.docx”。

表 1

准考证号	姓名	性别	年龄
8011400001	张三	男	22
8011400002	李四	女	18
8011400003	王五	男	21
8011400004	赵六	女	20
8011400005	吴七	女	21
8011400006	陈一	男	19

准考证号：《准考证号》

姓名	《姓名》
性别	《性别》
年龄	《年龄》

图 1

2. 操作步骤

第 1 步：在本题文件夹下，单击右键，选择“新建”→“Microsoft Excel 工作表”，输入文件名称为“Ks.xlsx”。

第 2 步：双击“Ks.xlsx”文件，打开工作簿。

第 3 步：在工作表“Sheet1”的 A1：D7 区域中输入表 2-1 中的文本内容。关闭“Ks.xlsx”文件。

表 2-1 “Ks.xlsx”文件数据表内容

准考证号	姓名	性别	年龄
8011400001	张三	男	22
8011400002	李四	女	18
8011400003	王五	男	21
8011400004	赵六	女	20
8011400005	吴七	女	21
8011400006	陈一	男	19

第 4 步：在本题文件夹下，单击右键，选择“新建”→“Microsoft Word 文档”，输入文

件名称“Ks_T.docx”。

第5步：双击“Ks_T.docx”文件，打开文档。在文档中输入如图2-70所示文本和表格。

准考证号：↵

姓名↵	↵
性别↵	↵
年龄↵	↵

图2-70 “Ks_T.docx”文件文本内容

第6步：单击“邮件”选项卡下“开始邮件合并”组中的“选择收件人”按钮边上的按钮，选择使用现有列表(E)...选项，打开“选取数据源”对话框。在本题文件夹下选择“Ks.xlsx”文件。在“选择表格”对话框中选择Sheet1$表，单击对话框底部的确定按钮，关闭“选择表格”对话框。

第7步：把光标停留到“准考证号：”的后面，单击“邮件”选项卡下“编写和插入域”组中的“插入合并域”按钮边上的按钮，选择准考证号的“合并域”选项。

第8步：把光标停留到表格“姓名”后面的第一行第二列单元格，单击“邮件”选项卡下“编写和插入域”组中的“插入合并域”按钮边上的按钮，选择“姓名”的“合并域”选项。

第9步：重复第8步，分别在对应位置设置“性别”“年龄”的合并域选项。操作结果如图2-71所示。

准考证号：«准考证号»↵

姓名↵	«姓名»↵
性别↵	«性别»↵
年龄↵	«年龄»↵

图2-71 合并域选项设置

第10步：单击“邮件”选项卡下“完成”组中的“完成合并”按钮下面的按钮，选择编辑单个文档(E)...选项，弹出“合并到新文档”对话框。选择“合并记录”中的“全部(A)”，单击对话框底部的确定按钮，关闭“合并到新文档”对话框。Word同时会生成一个信函1 [兼容模式]文档。

第11步：单击信函1 [兼容模式]文档左上角的“保存”按钮，弹出“另存为”对话框。定位到本题文件夹，“文件名”输入“Ks.docx”，“保存类型”设为“Word文档”，单击对话框底部的保存(S)按钮，关闭“另存为”对话框。

第12步：保存并关闭“Ks_T.docx”文档。

注意：如果没有“邮件”选项卡，可以先执行如下操作。

（1）打开Word文档，在页面中单击左上角的“文件”选项卡。

（2）在新页面中单击左下角的“选项”。

（3）在弹出的选项设置框中，单击“自定义功能区”。

（4）在弹出的列表中，选择“主选项卡”。

（5）在“主选项卡”中选择“邮件”。

（6）单击右侧出现的“添加”按钮，将“邮件”添加到 Word 的主选项卡中。

（7）单击“确定”按钮，关闭 Word 再重启即可发现工具栏中出现“邮件”选项卡了。

2.2.7　MyProvince

1. 题目要求

在本题文件夹中，先建立文档“MyProvince.docx”，由 6 页组成。按下列要求操作，并将结果存盘。

（1）第 1 页中第 1 行内容为“浙江”，样式为“正文”。

（2）第 2 页中第 1 行内容为“江苏”，样式为“正文”。

（3）第 3 页中第 1 行内容为“安徽”，样式为“正文”。

（4）第 4 页中第 1 行内容为“浙江”，样式为“正文”。

（5）第 5 页中第 1 行内容为“江苏”，样式为“正文”。

（6）第 6 页为空白。

（7）在文档页脚处插入“X/Y”形式的页码，其中，X 为当前页，Y 为总页数，X、Y 是阿拉伯数字，使用域自动生成，居中显示。

（8）使用自动索引方式，建立索引自动标记文件“MyIndex.docx”，其中，标记为索引项的文字 1 为“浙江”，主索引项 1 为“Zhejiang”；标记为索引项的文字 2 为“江苏”，主索引项 2 为“Jiangsu”。使用自动标记文件，在文档“MyProvince.docx”第 6 页中创建索引。

2. 操作步骤

第 1 步：在本题文件夹下，单击右键，选择“新建”→“Microsoft Word 文档”，输入文件名为“MyProvince.docx”。

第 2 步：双击打开“MyProvince.docx”，在第 1 页的第 1 行中输入内容“浙江”，选中“浙江”两字，单击“开始”选项卡下“样式”组中的 AaBbCcD 正文 “正文”选项。

第 3 步：把光标定位到第 1 页“浙江”的尾部，单击“布局”选项卡的“页面设置”组中 分隔符 按钮后面的 ▾ 按钮，单击“分页符”中的 分页符(P) 标记一页结束与下一页开始的位置。 按钮，生成文档第二个页面。

第 4 步：在第 2 页的第 1 行中输入内容“江苏”，选中“江苏”两字，单击“开始”选项卡下“样式”组中的 AaBbCcD 正文 “正文”选项。

第 5 步：把光标定位到第 2 页“江苏”的尾部，单击“布局”选项卡的“页面设置”组中 分隔符 按钮后面的 ▾ 按钮，单击“分页符”中的 分页符(P) 标记一页结束与下一页开始的位置。 按钮，生成文档第 3 个页面。选中第 1 第 2 个页面，按 Ctrl+C 组合键复制页面，将光标定位在第 3 个页面，按 Ctrl+V 组合键粘贴页面，完成第 3、第 4 个页面设置。

第 6 步：把光标定位到第 4 页“江苏”的尾部，单击“布局”选项卡的“页面设置”组中 分隔符 按钮后面的 ▾ 按钮，单击“分页符”中的 分页符(P) 标记一页结束与下一页开始的位置。 按钮，生成文档第 5 个页面。

第 7 步：在第 5 页的第 1 行中输入内容“福建”。单击“开始”选项卡的“样式”组中右

下角的 按钮，打开“样式”对话框。选择“标题 3”选项，单击右上角的× 按钮，关闭“样式”对话框。选中“福建”两字，选择“样式”组中的 AaBbCcC 标题 3 “标题 3”选项。

第 8 步：把光标定位到第 5 页“福建”的尾部，单击“布局”选项卡的“页面设置”组中 分隔符 按钮后面的 按钮，单击“分页符”中的 分页符(P) 标记一页结束与下一页开始的位置。按钮，生成文档第 6 个页面。

第 9 步：单击“插入”选项卡的“页眉和页脚”组中 页码 按钮后面的 按钮，在下拉菜单中选择 页面底端(B) 选项，再选择 X/Y 加粗显示的数字 1 页码样式。将光标移到页脚位置，将原来的页码“1/1”改为“第 1 页 共 6 页”（注意：数字 1 不能修改）。选中“第 1 页 共 6 页”文本，单击“开始”选项卡的“段落”组中的 “居中”按钮。设计结果如图 2-72 所示。

图 2-72　页码设计

第 10 步：单击“页眉和页脚工具”下“设计”选项卡的 关闭 按钮，关闭页码设置。

第 11 步：在本题文件夹下，单击右键，选择“新建”→“Microsoft Word 文档”，输入文件名为“MyIndex.docx”。

第 12 步：双击打开“MyIndex.docx”文档，单击“插入”选项卡的“表格”组中 表格 按钮下面的 按钮，插入一个“2×2 的表格”，如图 2-73 所示。

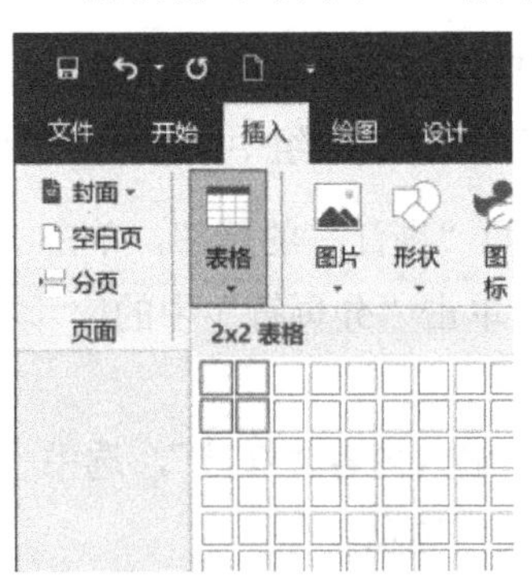

图 2-73　插入表格

第 13 步：在表格的第 1 列中分别输入“浙江”和“江苏”。将光标停留到第 1 行的第 2 列，单击“引用”选项卡的“索引”组中的 “标记条目”按钮，打开“标记索引项”对话框。在“主索引项”中输入“Zhejiang”，如图 2-74 所示，单击对话框底部的 标记(M) 按钮。把光标停留到表格第 2 行第 2 列，在“主索引项”中输入“Jiangsu”。单击对话框底部的 标记(M) 按钮。单击“标记索引项”对话框右上角的× 按钮关闭对话框。操作结果如图 2-75 所示。

标记索引项
索引
主索引项(E): Zhejiang　所属拼音项(H):
次索引项(S):　所属拼音项(G):
选项
○ 交叉引用(C): 请参阅
◉ 当前页(P)
○ 页面范围(N)
书签:
页码格式
☐ 加粗(B)
☐ 倾斜(I)
此对话框可保持打开状态，以便您标记多个索引项。
标记(M)　标记全部(A)　取消

图 2-74　标记主索引项

浙江↵	{ XE "Zhejiang" }↵
江苏↵	{ XE "Jiangsu" }↵

图 2-75　标记索引条目

第 14 步：保存并关闭“MyIndex.docx”文件。把光标停留到文档“MyProvince.docx”第六页中。单击“引用”选项卡的“索引”组中的 插入索引 按钮，打开“索引”对话框。单击右下方的 自动标记(U)... 按钮，打开“打开索引自动标记文件”对话框，选择在本题文件夹下的“MyIndex.docx”文档，如图 2-76 所示。单击下方的“打开”按钮。

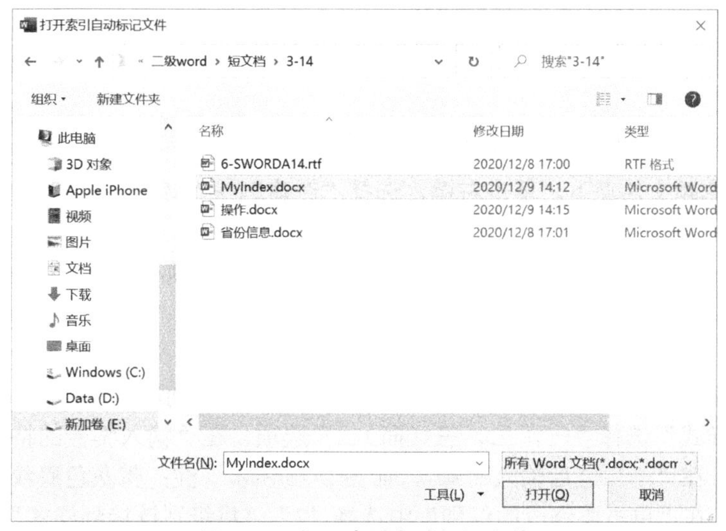

图 2-76　打开索引自动标记文件

第 15 步：完成以上步骤后，在第 1 页到第 5 页第一行看到如图 2-77 所示单行文字。

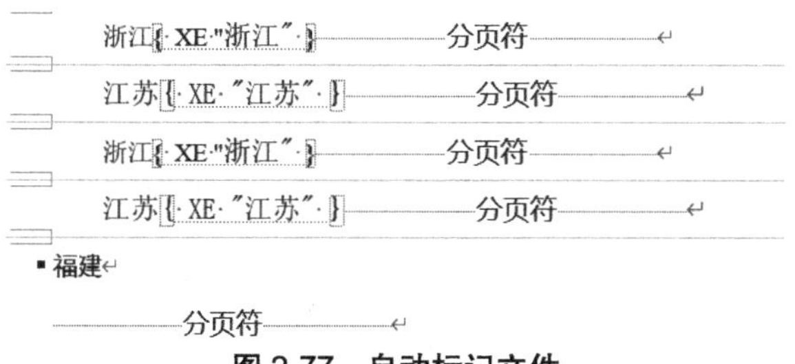

图 2-77　自动标记文件

第16步：保存并关闭“MyProvince.docx”文件。

2.2.8 MyCity

1. 题目要求

在本题文件夹中，建立文档“MyCity.docx”，由两页组成。按下列要求操作，并将结果存盘。

（1）第1页内容如下：

第1章　浙江

1.1　杭州和宁波

第2章　福建

2.1　福州和厦门

第3章　广东

3.1　广州和深圳

要求：章和节的序号为自动编号（多级列表），分别使用样式“标题1”和“标题 2”。

（2）新建样式“fujian”，使其与样式“标题1”在文字格式外观上完全一致，但不会自动添加到目录中，并应用于“第2章 福建”。

（3）在文档的第2页中自动生成目录。

（4）对“宁波”添加一条批注，内容为“海港城市”；对“广州和深圳”添加一条修订，删除“和深圳”。

2. 操作步骤

第1步：在本题文件夹下，单击右键，选择“新建”→“Microsoft Word 文档”，输入文件名为“MyCity.doc”。

第2步：双击打开“MyCity.doc”文档，在第1页中输入题目要求的内容。

第3步：选中“第一章 浙江”文本，单击“开始”选项卡“段落”功能组中的“多级列表”右边的按钮，选择“定义新的多级列表”，打开“定义新多级列表”对话框。单击底部的更多(M) >>按钮，“单击要修改的级别”选择“1”，“将级别链接到样式”选择“标题1”，“此级别的编号样式”选择“一，二，三（简）...”选项，在“输入编号的格式”中的“一”之前输入“第”，在“一”之后输入“章”，如图2-78所示（注：带灰色底纹的“一”不能自行删除或添加）。在“单击要修改的级别”中选择“2”，“将级别链接到样式”选择“标题2”，清空“输入编号的格式”下面输入框的内容，“此级别的编号样式”选择“一，二，三（简）...”选项，在“输入编号的格式”中的“一”之前输入“第”，在“一”之后输入“节”，如图2-79所示（注：带灰色底纹的“一”不能自行删除或添加）。单击“确定”按钮，返回“定义新列表样式”对话框。单击“确定”按钮关闭“定义新的列表样式”对话框。

第4步：选中“第二章 福建”，再单击“开始”选项卡“样式”功能组中的“标题 1”。选中“第三章 广东”，再单击“开始”选项卡“样式”功能组中的“标题1”。删除原来的章标志。

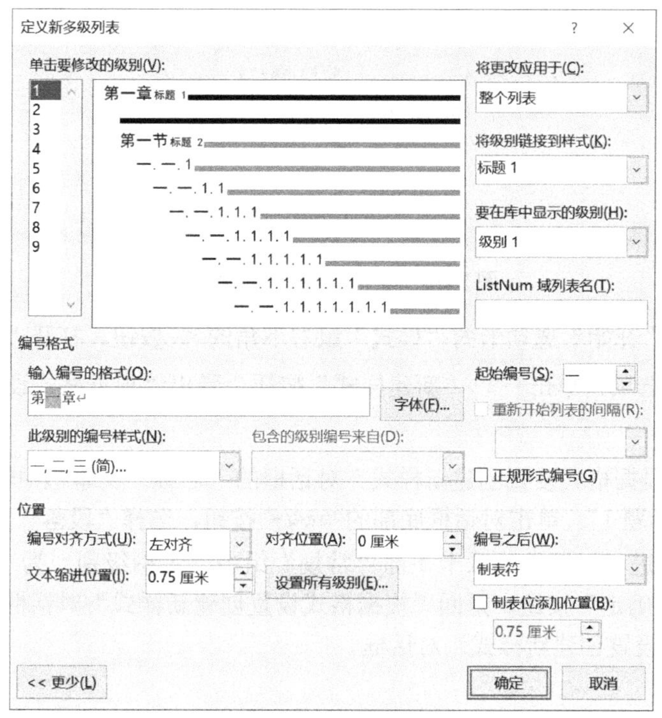

图 2-78　章列表设置

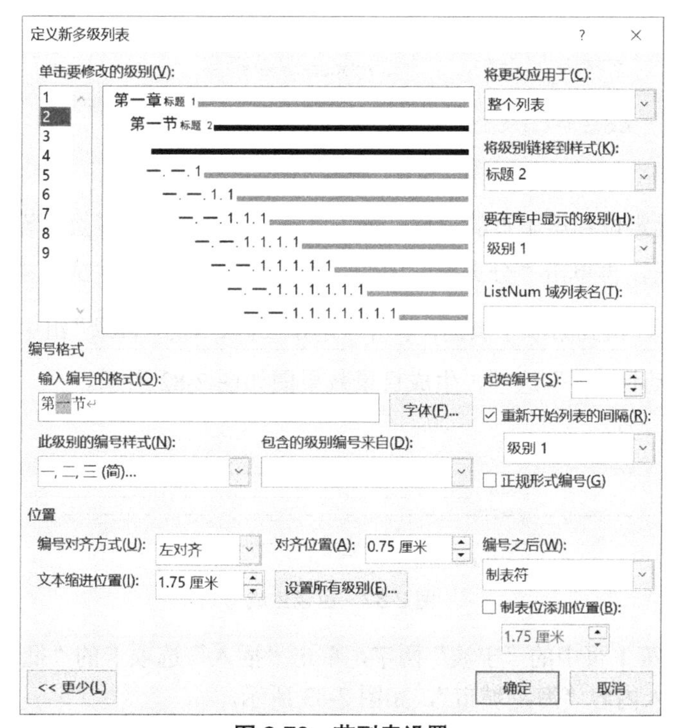

图 2-79　节列表设置

第 5 步：分别选中“第一节　杭州和宁波”“第一节　福州和厦门”“第一节　广州和深圳”，单击“开始”选项卡“样式”功能组中的“标题 2”。删除原来的节标志。效果如图 2-80 所示。

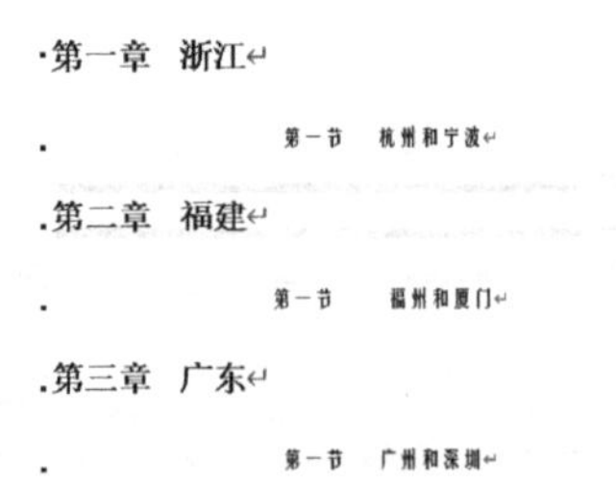

图 2-80　章节多级列表自动编号

第6步：单击“开始”选项卡的“样式”组右下角的按钮，打开“样式”对话框。选择“标题 1”选项，单击“新建样式”按钮，弹出“根据格式设置创建新样式”对话框。

第7步：在“根据格式设置创建新样式”对话框的“名称”文本框中输入“福建”，设置“样式基准”为“标题 1”。单击对话框底部的“格式(O)”按钮，选择“段落”选项，打开“段落”对话框。设置“缩进和间距”选项卡下面“常规”组中“大纲级别”为“正文文本”，如图 2-81 所示。单击“确定”按钮，返回“根据格式设置创建新样式”对话框。单击“确定”按钮关闭“根据格式设置创建新样式”对话框。

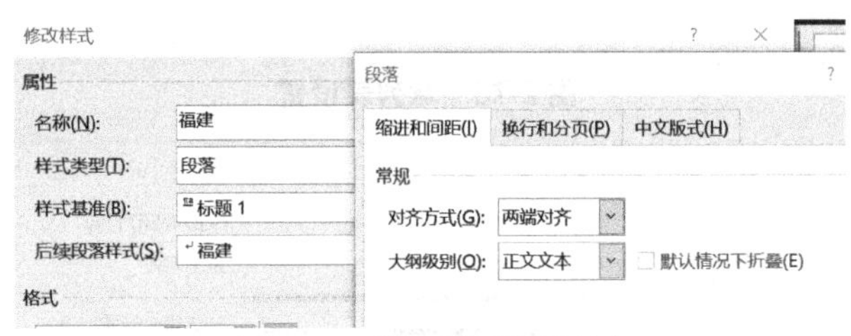

图 2-81　“福建”样式设置

第8步：把光标定位到第 1 页的页尾，单击“布局”选项卡的“页面设置”组中“分隔符”按钮后面的按钮，再单击“分页符”中的“分页符(P) 标记一页结束与下一页开始的位置。”，生成文档的第 2 个页面。

第9步：把光标停留到第 2 个页面，单击“引用”选项卡的“目录”组中“目录”按钮下面的按钮，再单击“自动目录 1”选项，生成目录效果图如图 2-82 所示。

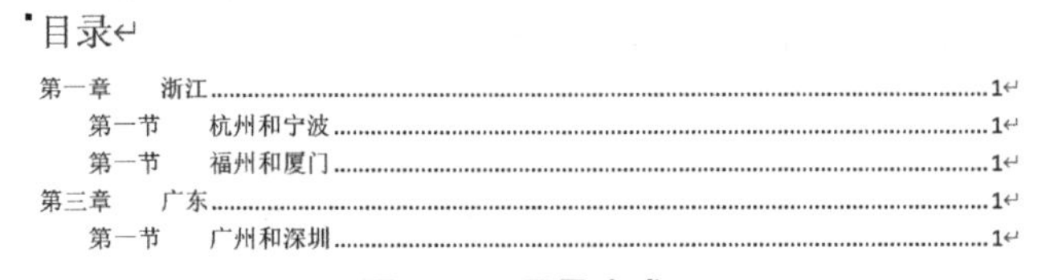

图 2-82　目录生成

第10步：选中第 1 页中的“宁波”两字，单击“插入”选项卡的“批注”组中的“批注”按钮，在批注中输入内容“海港城市”，如图 2-83 所示。

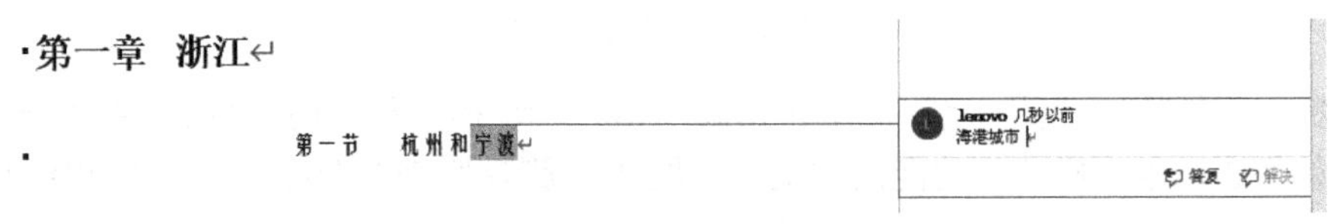

图 2-83　批注设置

第11步：选中第1页中的“广州和深圳”文字，单击“审阅”选项卡的“修订”组中的“修订”按钮，直接删除“和深圳”，如图2-84所示。

第一节　广州和深圳

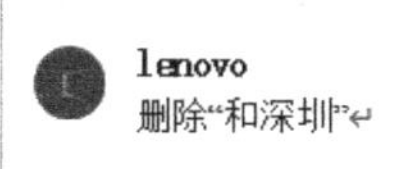

图 2-84　添加修订

第12步：保存并关闭“Mycity.docx”文件。

2.2.9　国家信息

1. 题目要求

在本题文件夹中，建立文档“国家信息.docx”，由三页组成。按下列要求操作，并将结果存盘。

（1）第1页中第1行内容为“中国”，样式为“标题1”；页面垂直对齐方式为“居中”；页面方向为纵向、纸张大小为16开；页眉内容设置为“China”，居中显示；页脚内容设置为“我的祖国”，居中显示。

（2）第2页中第1行内容为“美国”，样式为“标题2”；页面垂直对齐方式为“顶端对齐”；页面方向为横向、纸张大小为A4；页眉内容设置为“USA”，居中显示；页脚内容设置为“American”，居中显示；对该页面添加行号，起始编号为“1”。

（3）第3页中第1行内容为“日本”，样式为“正文”；页面垂直对齐方式为“底端对齐”；页面方向为纵向、纸张大小为B5；页眉内容设置为“Japan”，居中显示；页脚内容设置为“岛国”，居中显示。

2. 操作步骤

第1步：在本题文件夹下，单击右键，选择“新建”→“Microsoft Word 文档”，输入文件名称“国家信息.docx”。

第2步：双击“国家信息.docx”文件，打开文档。在文档第1页中输入内容“中国”，选中“中国”两字，单击“开始”选项卡下“样式”组中的 AaBl 标题 1 “标题1”选项。

第3步：单击“布局”选项卡下“页面设置”组右下角的按钮，打开“页面设置”对话框。在“页边距”选项卡“纸张方向”中单击“纵向”按钮，切换到“纸张”选项卡，设置“纸张大小”为“16 开”。切换到“版式”选项卡，设置“页面”组“垂直对齐方式”为“居中”，单击对话框底部的 确定 按钮关闭对话框。

第4步：单击“插入”选项卡的“页眉和页脚”组中“页眉”按钮下面的按钮，在下拉菜单中选择 编辑页眉(E) 选项。在文档页眉处输入“China”（此选项默认居中）。将使光标移到页面页脚位置，在页脚中输入“我的祖国”，选中“我的祖国”，单击“开始”选项卡“段

落”组中的“居中”按钮 。

第5步：切换到“页眉和页脚工具”的“设计”选项卡，单击 关闭 按钮关闭页面页脚设置。

第6步： 把光标定位到第1页“中国”的尾部，单击“布局”选项卡的“页面设置”组中 分隔符 按钮后面的 按钮，单击“分节符”中的“下一页”按钮，生成文档第2个页面。

第7步：在文档第2页中输入内容“美国”，选中“美国”两字，单击“开始”选项卡下“样式”组中的“标题2”选项 AaBbCcI 标题2 。

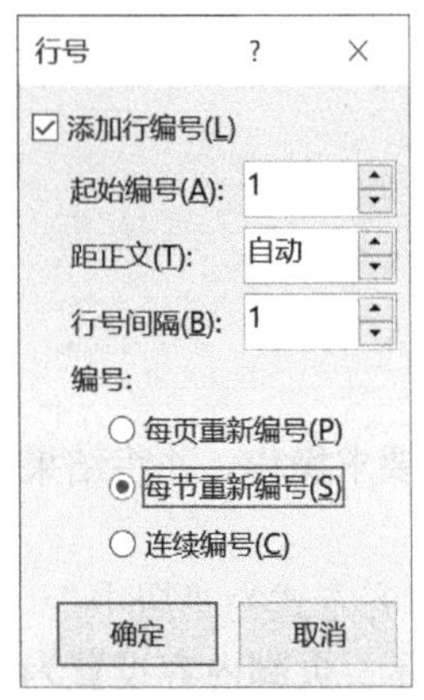

图 2-85　行号设置

第8步：把光标停留到“美国”两字的前面，单击“布局”选项卡下“页面设置”组右下角的 按钮，打开“页面设置”对话框。在“页边距”选项卡的“纸张方向”中单击“横向”按钮 ，“应用于”选择“本书”选项。切换到“纸张”选项卡，设置“纸张大小”为“A4”，切换到“版式”选项卡，设置“页面”组“垂直对齐方式”为“顶端对齐”；单击“版式”选项卡下面的 行号(N)... 按钮，弹出“行号”对话框。勾选 添加行编号(L) 前面的复选框，在“编号”中单击 每节重新编号(S) 选项，其他默认，如图2-85所示，单击对话框底部的 确定 按钮关闭“行号”对话框。单击“页面设置”对话框底部的 确定 按钮关闭对话框。

第9步：单击“插入”选项卡的“页眉和页脚”组中“页眉”按钮下面的 按钮，在下拉菜单中选择 编辑页眉(E) 选项。单击“页眉和页脚工具”的“导航”选项卡的 链接到前一节 按钮，取消页眉链接。在文档页眉处把“China”改成“USA”（此选项默认居中）。将光标移到页面页脚位置，单击“页眉和页脚工具”的“导航”选项卡的 链接到前一节 按钮，取消页脚链接，在页脚中把“我的祖国”改成“American”。单击“页眉和页脚工具”中的 关闭 按钮关闭页面页脚设置。

第10步：把光标定位到第一页“美国”的尾部，单击“布局”选项卡的“页面设置”组中 分隔符 按钮后面的 按钮，单击“分节符”中的“下一页”按钮，生成文档第3个页面。

第11步：在文档第3页中输入内容“日本”，选中“日本”两字，单击“开始”选项卡下“样式”组中的“正文”选项 AaBbCcD 正文 。

第12步：把光标停留到“日本”两字的前面，单击“布局”选项卡下“页面设置”组右下角的 按钮，打开“页面设置”对话框。在“页边距”选项卡的“纸张方向”中单击“纵向”按钮 ，“应用于”选择“本书”选项。切换到“纸张”选项卡，设置“纸张大小”为“B5”。切换到“版式”选项卡，设置“页面”组“垂直对齐方式”为“底端对齐”；单击“页面设置”对话框底部的 确定 按钮关闭对话框。

第13步：单击“插入”选项卡的“页眉和页脚”组中“页眉”按钮下面的 按钮，在下拉菜单中选择 编辑页眉(E) 选项，单击“页眉和页脚工具”的“导航”选项卡的 链接到前一节 按钮，取消页眉链接。在文档页眉处把“USA”改成“Japan”（此选项默认居中）。将光标移到页面页脚位置，单击“页眉和页脚工具”的“导航”选项卡的 链接到前一节 按钮，取消页脚链接，在页脚中把“American”改成“岛国”。单击“页眉和页脚工具”中的 关闭 按钮关闭页面页脚设置。

第14步：保存并关闭“国家信息.docx”文件。

2.2.10 考试信息 1

1. 题目要求

在本题文件夹中，建立文档“考试信息.docx”，由三页组成。按下列要求操作，并将结果存盘。

（1）第 1 页中第 1 行内容为“语文”，样式为“标题 1”；页面垂直对齐方式为“居中”；页面方向为纵向、纸张大小为 16 开；页眉内容设置为“90”，居中显示；页脚内容设置为“优秀”，居中显示。

（2）第 2 页中第 1 行内容为“数学”，样式为“标题 2”；页面垂直对齐方式为“顶端对齐”；页面方向为横向、纸张大小为 A4；页眉内容设置为“65”，居中显示；页脚内容设置为“及格”，居中显示；对该页面添加行号，起始编号为“1”。

（3）第 3 页中第 1 行内容为“英语”，样式为“正文”；页面垂直对齐方式为“底端对齐”；页面方向为纵向、纸张大小为 B5；页眉内容设置为“58”，居中显示；页脚内容设置为“不及格”，居中显示。

2. 操作提示

此题操作步骤参考“2.2.9 国家信息”的操作步骤，修改对应文本内容、页眉内容和页脚内容。

2.2.11 Example1

1. 题目要求

在本题文件夹中，先建立文档“Example.docx”，由 6 页组成。按下列要求操作，并将结果存盘。

（1）第 1 页中第 1 行内容为“浙江”，样式为“正文”。

（2）第 2 页中第 1 行内容为“江苏”，样式为“正文”。

（3）第 3 页中第 1 行内容为“浙江”，样式为“正文”。

（4）第 4 页中第 1 行内容为“江苏”，样式为“正文”。

（5）第 5 页中第 1 行内容为“安徽”，样式为“正文”。

（6）第 6 页为空白。

（7）在文档页脚处插入“X/Y”形式的页码，其中 X 为当前页，Y 为总页数，X、Y 是阿拉伯数字，使用域自动生成，居中显示。

（8）使用自动索引方式，建立索引自动标记文件“MyIndex.docx”，其中，标记为索引项的文字 1 为“浙江”，主索引项 1 为“Zhejiang”；标记为索引项的文字 2 为“江苏”，主索引项 2 为“Jiangsu”。使用自动标记文件，在文档“Example.docx”第 6 页中创建索引。

2. 操作提示

本题操作步骤参考“2.2.7MyProvince”的操作步骤。修改操作提示“第 7 步”输入内容“福建”改为“安徽”。其余操作步骤类同。

2.2.12　主控文档 3

1. 题目要求

在本题文件夹中，建立主控文档“Main.docx”，按序创建子文档“Sub1.docx”、“Sub2.docx”和“Sub3.docx”。按下列要求操作，并将结果存盘。

（1）Sub1.doc 中第 1 行内容为“Sub^1”，样式为正文。

（2）Sub2.doc 中第 1 行内容为“办公软件高级应用”，样式为正文，将该文字设置为书签（名为 Mark）；第 2 行为空白行；在第 3 行中插入书签 Mark 标记的文本。

（3）Sub3.doc 中第 1 行使用域插入该文档创建时间（格式不限）；第 2 行使用域插入该文档的存储大小（格式不限）。

2. 操作步骤

第 1 步：在本题文件夹下，单击右键，选择“新建”→“Microsoft Word 文档”，输入文件名为“Main.docx”。

第 2 步：双击打开“Main.docx”文档，在文档第 1～3 行中分别输入“Sub1.docx”、“Sub2.docx”和“Sub3.docx”。

第 3 步：选中“Main.docx”文档中所有内容，单击“开始”选项卡下“样式”组中的“标题 1”选项 AaBl 标题 1。

第 4 步：选中“Main.docx”文档中所有内容，单击“视图”选项卡下的“大纲”视图，在“主控文档”组中单击 显示文档 按钮，再单击 创建 按钮。结果如图 2-86 所示。

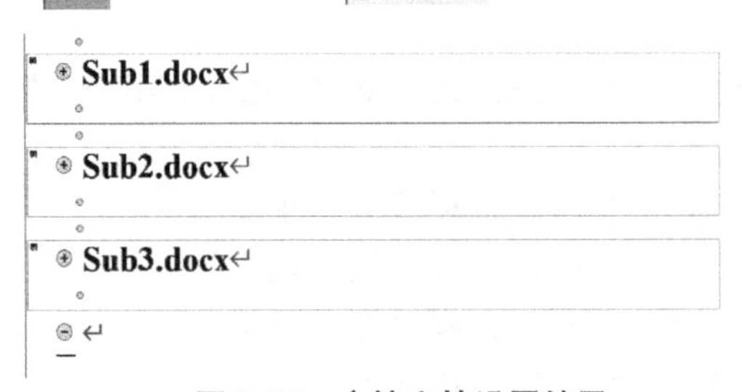

图 2-86　主控文档设置结果

第 1 步：将光标停留到 Sub1.docx 下面的 ◦ 的后面，输入文字“Sub1”，选中“Sub1”，单击“开始”选项卡下“样式”组中的“正文”选项 AaBbCcDd 正文。选中“Sub1”中的 1，单击“开始”选项卡下“字体”组中的 x^2 选项。

第 2 步：将光标停留到 Sub2.docx 下面的 ◦ 的后面，输入文字“办公软件高级应用”。选中“办公软件高级应用”文本，单击“开始”选项卡下“样式”组中的“正文”选项 AaBbCcDd 正文。把光标停留到“办公软件高级应用”的“办”字的前面，单击“插入”选项卡下“链接”组中的“书签”选项 书签，弹出“书签”对话框。在“书签名”中输入“Mark”。单击 添加(A) 按钮添加书签。

第 3 步：在“办公软件高级应用”文本的后面按回车键两次，产生 3 行。把光标停留到

Sub2.docx 下面的第三个○的后面，单击“插入”选项卡的“文本”组中 文档部件 按钮后面的 ▾ 按钮，单击 域(F)... 按钮，弹出“域”对话框。“类别”选择“链接和引用”，“域名”选择“Ref”，“书签名称”选择“Mark”。单击“域”对话框下面的 确定 按钮，关闭对话框。

第 4 步：在“Sub3.docx”第 1 行文本后面按回车键，产生一个新行。把光标停留到 Sub3.docx 下面的第 2 个○的后面，再单击“插入”选项卡的“文本”组中 文档部件 按钮后面的 ▾ 按钮，然后单击 域(F)... 按钮，弹出“域”对话框。“类别”选择“日期和时间”，“域名”选择“CreateDate”，在“日期格式”中选择第一个。单击“域”对话框下面的 确定 按钮，关闭对话框。

第 5 步：将光标停留到 Sub3.docx 下面的第 1 个○的后面，单击“插入”选项卡的“文本”组中 文档部件 按钮后面的 ▾ 按钮，再单击 域(F)... 按钮，弹出“域”对话框。“类别”选择“文档信息”，“域名”选择“FileSize”，在“数字格式（U）”中选择第一个。单击“域”对话框下面的 确定 按钮，关闭对话框。

第 6 步：单击“Main.docx”文档左上角的 🖫 按钮保存文档。

2.2.13　考试信息 2

1. 题目要求

在本题文件夹中，建立文档“考试成绩.docx”，由三页组成。按下列要求操作，并将结果存盘。

（1）第 1 页中第 1 行内容为“政治”，样式为“标题 1”；页面垂直对齐方式为“居中”；页面方向为纵向、纸张大小为 16 开；页眉内容设置为“90”，居中显示；页脚内容设置为“优秀”，居中显示。

（2）第 2 页中第 1 行内容为“化学”，样式为“标题 2”；页面垂直对齐方式为“顶端对齐”；页面方向为横向、纸张大小为 A4；页眉内容设置为“65”，居中显示；页脚内容设置为“及格”，居中显示；对该页面添加行号，起始编号为“1”。

（3）第 3 页中第 1 行内容为“地理”，样式为“正文”；页面垂直对齐方式为“底端对齐”；页面方向为纵向、纸张大小为 B5；页眉内容设置为“58”，居中显示；页脚内容设置为“不及格”，居中显示。

2. 操作提示

本题操作步骤参考“2.2.9 国家信息”的操作步骤，修改对应文本内容、页眉内容和页脚内容。

2.2.14　yu

1. 题目要求

在本题文件夹中，建立文档“yu.docx”。按下列要求操作，并将结果存盘。

（1）输入以下内容：

第一章　浙江

第一节　杭州和宁波

第二章　福建

第一节　福州和厦门

第三章　广东

第一节　广州和深圳

其中，章和节的序号采用自动编号（多级列表），分别使用样式“标题 1”和“标题 2”，并设置每章均从奇数页开始。

（2）在第一章第一节下的第 1 行中写入文字“当前日期：×年×月×日”，其中“×年×月×日”为使用插入的域自动生成，并以中文数字的形式显示。

（3）将文档的作者改为准考证号，并在第二章第一节下的第 1 行中写入文字“作者：×××”，其中“×××”为使用插入的域自动生成。

（4）在第三章第一节下的第 1 行中写入文字“总字数：×”，其中“×”为使用插入的域自动生成，并以中文数字的形式显示。

2. 操作步骤

第 1 步：在本题文件夹下，单击右键，选择“新建”→“Microsoft Word 文档”，输入文件名为“yu.docx”。

第 2 步：双击打开“yu.docx”文档，在第 1 页中输入题目要求的内容。

第 3 步：选中“第一章 浙江”文本，单击“开始”选项卡“段落”功能组中的“多级列表”右边的 按钮，选择“定义新的多级列表”，打开“定义新多级列表”对话框。单击底部的 更多(M) >> 按钮，“单击要修改的级别”选择“1”，“将级别链接到样式”选择“标题 1”，在“此级别的编号样式”下选择“一，二，三（简）...”选项，在“输入编号的格式”中的“一”之前输入“第”，在“一”之后输入“章”如图 2-87 所示（注：带灰色底纹的“一”不能自行删除或添加）。“单击要修改的级别”选择“2”，“将级别链接到样式”选择“标题 2”，清空“输入编号的格式”下面输入框中的内容，“此级别的编号样式”选择“一，二，三（简）...”选项，在“输入编号的格式”中的“一”之前输入“第”，在“一”之后输入“节”，如图 2-88 所示（注：带灰色底纹的“一”不能自行删除或添加）。单击“确定”按钮，关闭“定义新多级列表”对话框。

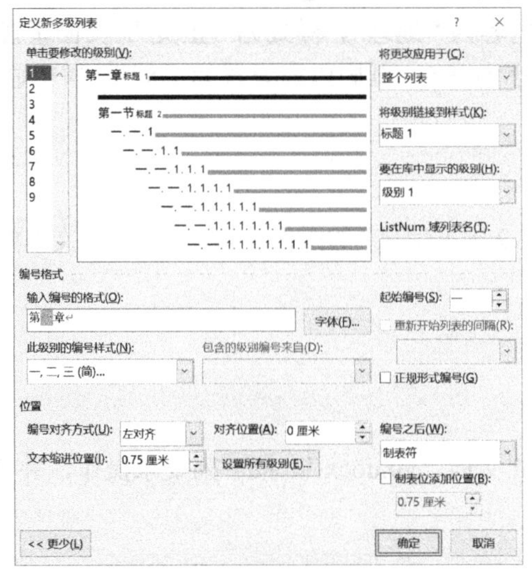

图 2-87　章列表设置

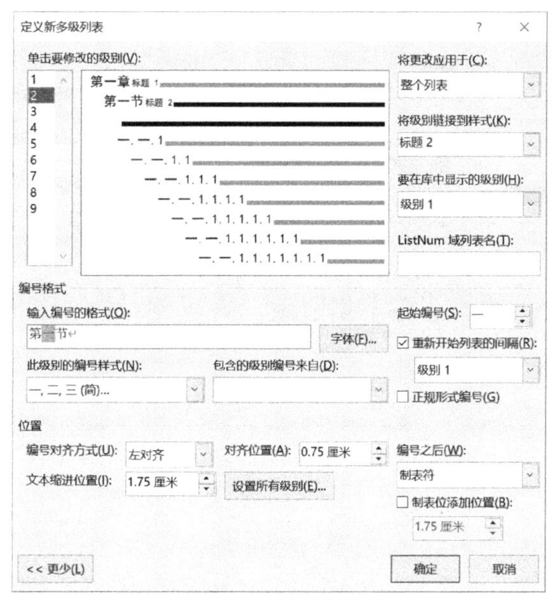

图 2-88　节列表设置

第4步：选中“第二章　福建”，再单击“开始”选项卡“样式”功能组中的“标题 1”。选中“第三章　广东”，再单击“开始”选项卡“样式”功能组中的“标题 1”，删除原来的章标志。

第5步：分别选中“第一节　杭州和宁波”“第一节　福州和厦门”“第一节　广州和深圳”，单击“开始”选项卡“样式”功能组中的“标题 2”，删除原来的节标志。效果如图 2-89 所示。

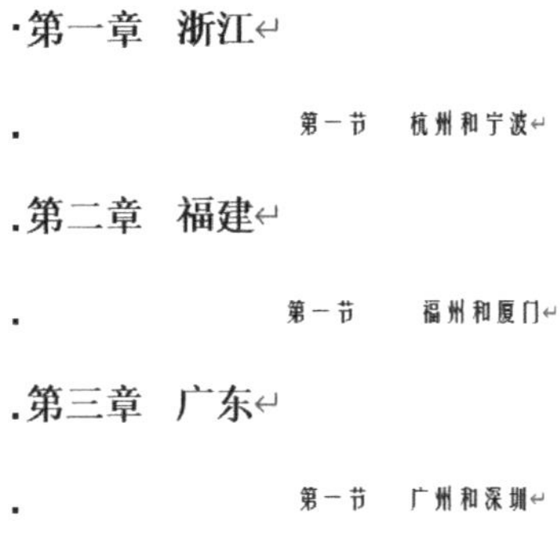

第一章　浙江

第一节　杭州和宁波

第二章　福建

第一节　福州和厦门

第三章　广东

第一节　广州和深圳

图 2-89　章节多级列表自动编号效果

第6步：选中“第二章　福建”，单击“页面布局”选项卡的“页面设置”组中“分隔符”按钮后面的“▾”按钮，再单击“分节符”中的“奇数页(D)”按钮。

第7步：选中“第三章　广东”，重复第6步操作。

第8步：在第一章第一节下的第 1 行中写入文字“当前日期:”，将光标移到冒号的后面。单击“插入”选项卡的“文本”组中“文档部件”按钮后面的“▾”按钮，再单击“域(F)...”按钮，弹出“域”对话框。“类别”选择“日期和时间”，“域名”选择“Date”，在“域属性”的“日期格式”中选择第二个，如图 2-90 所示。单击“域”对话框下面的“确定”按钮，关闭对话框。

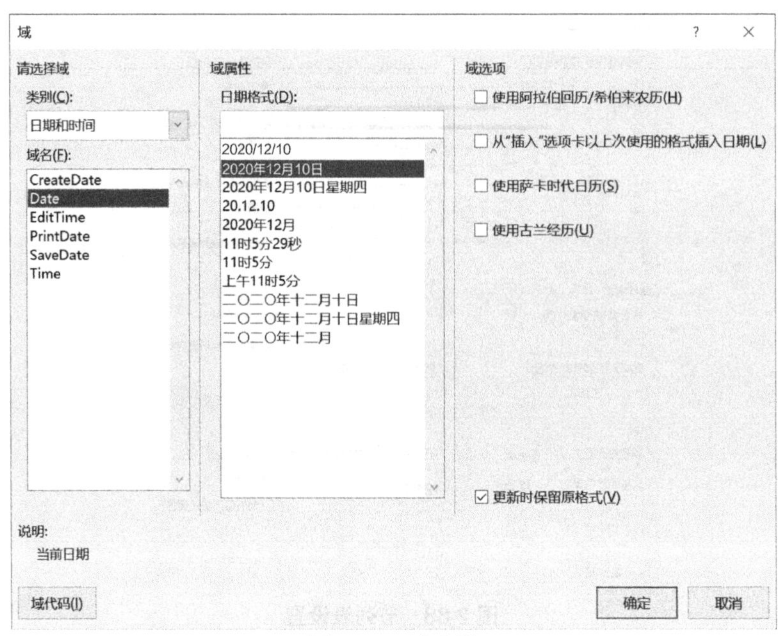

图 2-90　域设置

第9步：单击“文件”选项卡下面的“信息”选项，在右下角有“相关人员”选项，在“作者”选项中右键单击头像图标，选择 编辑属性(E) 命令，打开“编辑人员”对话框。在“输入姓名或电子邮件地址”框中输入考生的准考证号，如图 2-91 所示。单击“编辑人员”对话框下面的“确定”按钮，关闭对话框。

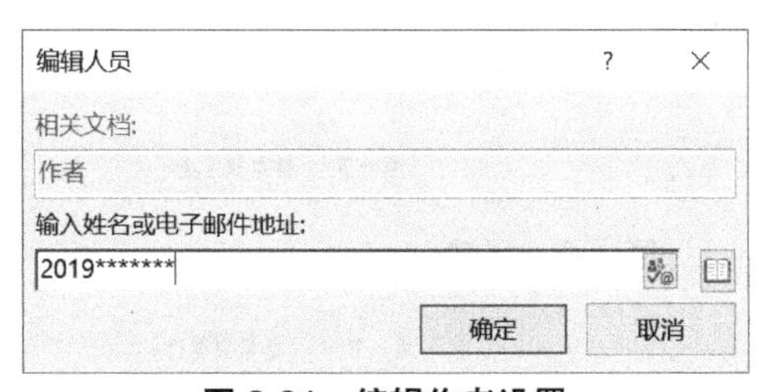

图 2-91　编辑作者设置

第10步：在第二章第一节下的第1行中写入文字“作者:”，将光标移到冒号的后面。单击“插入”选项卡的“文本”组中 文档部件 按钮后面的 ▾ 按钮，再单击 文档属性(D) 按钮，在弹出的菜单中选择 作者 选项。第3页结果如图 2-92 所示。

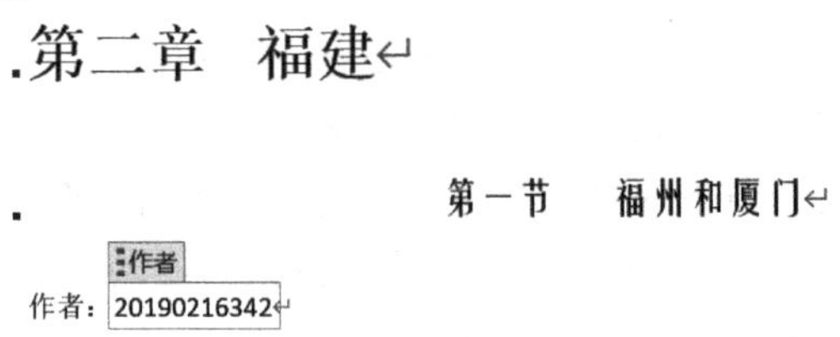

第二章　福建

第一节　福州和厦门

作者

作者：20190216342

图 2-92　作者域

第11步：在第三章第一节下的第1行中写入文字“总字数:”，将光标移到冒号的后面。单击“插入”选项卡的“文本”组中 文档部件 按钮后面的 ▾ 按钮，单击 域(F)... 按钮，弹出“域”对话框。“类别”选择“文档信息”，“域名”选择“NumWords”，“数字格式”选择“0”，如图 2-93 所示。单击“域”对话框下面的 确定 按钮，关闭对话框。

第 12 步：保存并关闭“yu.docx”文件。

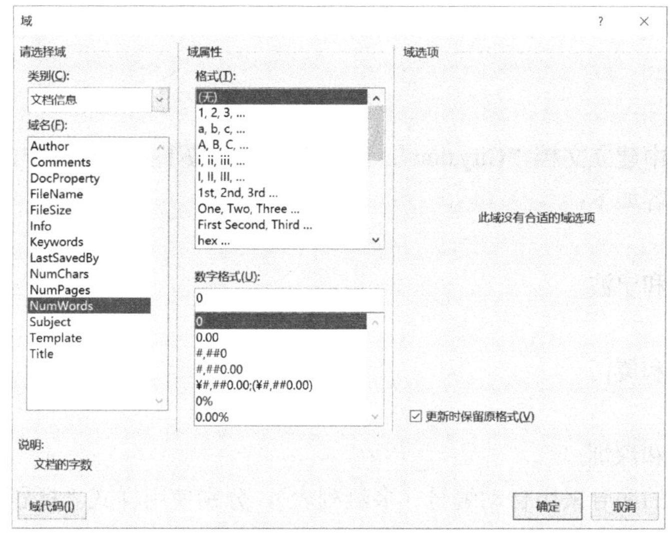

图 2-93 总字数域设置

2.2.15 成绩单

1. 题目要求

在本题文件夹中，建立成绩信息“StuCJ.xlsx”，如表 1 所示（注：此处表号按题目文件中标号）。按下列要求操作，并将结果存盘。

（1）使用邮件合并功能，建立成绩单范本文件“CJ_T.docx”，如图 1 所示（注：此处图号按题目文件中标号）。

（2）生成所有考生的成绩单“CJ.docx”。

表 1

姓名	语文	数学	英语
张三	80	91	98
李四	78	69	79
王五	87	86	76
赵六	65	97	81

姓名《同学》

语文	《语文》
数学	《数学》
英语	《英语》

图 1

2. 操作提示

本题操作步骤参考“2.2.6 成绩信息”的操作提示。注意：Ks.xlsx 数据要修改。

2.2.16 City

1. 题目要求

在本题文件夹中建立文档“City.doc”，由两页组成。按下列要求操作，并将结果存盘。

（1）第 1 页内容如下：

第一章　浙江

第一节　杭州和宁波

第二章　福建

第一节　福州和厦门

第三章　广东

第一节　广州和深圳

要求：章和节的序号采用自动编号（多级列表），分别使用样式“标题 1”和“标题 2”。

（2）新建样式“福建”，使其与样式“标题 1”在文字格式外观上完全一致，但不会自动添加到目录中，并应用于“第二章 福建”。

在文档的第 2 页中自动生成目录（注意：不修改“目录”对话框的默认设置）。

（3）对“宁波”添加一条批注，内容为“海港城市”；对“广州和深圳”添加一条修订，删除“和深圳”。

2. 操作提示

本题操作步骤参考“2.2.8MyCity”的操作步骤，修改样式名称“fujian”为“福建”。

2.2.17 主控文档 4

1. 题目要求

在本题文件夹中建立主控文档“主文档.docx”，按序创建子文档“Sub1.docx”、“Sub2.docx”和“Sub3.docx”。按下列要求操作，并将结果存盘。

（1）Sub1.docx 中第 1 行内容为“Sub^{1}”，第 2 行内容为文档创建的日期（使用域，格式不限），样式均为正文。

（2）Sub2.docx 中第 1 行内容为“Sub$_{2}$”，第 2 行内容为“è❾”，样式均为“标题 2”。

（3）Sub3.doc 中第 1 行内容为“浙江省高校计算机等级考试”，样式为正文，将该文字设置为书签（名为 Mark）；第 2 行为空白行；在第 3 行中插入书签 Mark 标记的文本。

2. 操作提示

本题操作步骤参考“2.2.3 主控文档 1”的操作提示。修改“Sub2”中的“2”为上标，样式为“标题 2”，Sub3.doc 中第 1 行内容为“浙江省高校计算机等级考试”。其他类同。

2.2.18　Example2

1. 题目要求

在本题文件夹中先建立文档“Example.docx”，由 6 页组成。按下列要求操作，并将结果存盘。

（1）第 1 页中第 1 行内容为“浙江”，样式为“正文”。

（2）第 2 页中第 1 行内容为“江苏”，样式为“正文”。

（3）第 3 页中第 1 行内容为“浙江”，样式为“正文”。

（4）第 4 页中第 1 行内容为“江苏”，样式为“正文”。

（5）第 5 页中第 1 行内容为“上海”，样式为“标题 1”。

（6）第 6 页为空白。

（7）在文档页脚处插入“X/Y”形式的页码，其中，X 为当前页，Y 为总页数，X、Y 是阿拉伯数字，使用域自动生成，居中显示。

（8）使用自动索引方式，建立索引自动标记文件“MyIndex.docx”，其中，标记为索引项的文字 1 为“浙江”，主索引项 1 为“Zhejiang”；标记为索引项的文字 2 为“江苏”，主索引项 2 为“Jiangsu”。使用自动标记文件，在文档“Example.docx”第 6 页中创建索引。

2. 操作提示

本题操作步骤参考“2.2.7MyProvince”的操作步骤。修改操作步骤第 7 步中的输入内容“福建”为“上海”，样式为“标题 1”。其余操作步骤类同。

第3章 Excel 2019高级应用

知识要点

1. 了解选择性粘贴的作用，理解普通粘贴、值粘贴、公式粘贴等的区别，能依据实际需求应用不同的粘贴方式。

2. 了解常用的Excel函数，理解从属单元格的特性，掌握查找和引用函数（HLOOKUP、VLOOKUP）、排位函数（RANK）、条件函数（IF、AND、OR、NOT）、统计函数（MAX、MIN、COUNTIF、SUMIF、COUNTBLANK）、文本函数（REPLACE）、时间与日期函数（HOUR、MINUTE、YEAR、TODAY、NOW）、数据库函数（DAVERAGE、DSUM）等的使用。

3. 了解数组公式的作用及表达方式，掌握数组公式的使用。

4. 了解条件格式中规则的类型，能依据要求设定规则并应用条件格式。

5. 理解一般筛选与高级筛选的区别，掌握高级筛选中条件区域的设置及复杂筛选条件的设计，能依据条件应用高级筛选处理指定的数据表。

6. 了解Excel提供的基本数据管理工具，了解数据透视表的应用场景和设置过程，掌握Excel数据透视表和数据透视图。

3.1 典型例题

3.1.1 公务员考试成绩表

1. 题目要求

在练习素材文件夹中，打开“第3章练习\3.1.1 公务员考试成绩表.xlsx”文件，按以下要求操作，完成后保存到指定文件夹中。

（1）在Sheet5的A1单元格中输入分数 1/3。

（2）在Sheet1中，使用条件格式将“性别”列中为“女”的单元格中字体颜色设置为红色、加粗显示。

（3）使用IF函数，对Sheet1中的“学位”列进行自动填充。要求：

① 填充的内容根据“学历”列的内容来确定（假定学生均已获得相应学位）。

② 填写内容为博士研究生—博士；硕士研究生—硕士；本科—学士；其他—无（对应学历—学位）。

（4）使用数组公式，在Sheet1中进行如下计算。

① 计算笔试成绩比例分，并将结果保存在“公务员考试成绩表”中的“笔试比例分”中。计算方法为：笔试成绩比例分=（笔试成绩/3）×60%。

② 计算面试成绩比例分，并将结果保存在“公务员考试成绩表”中的“面试比例分”中。计算方法为：面试成绩比例分=面试成绩×40%。

③ 计算总成绩，并将结果保存在“公务员考试成绩表”的“总成绩”中，计算方法为：总成绩=笔试成绩比例分+面试成绩比例分。

（5）将 Sheet1 中的“公务员考试成绩表”复制到 Sheet2 中，根据以下要求修改“公务员考试成绩表”中的数组公式，并将结果保存在 Sheet2 的相应列中。要求：修改“笔试成绩比例分”的计算，计算方法为：笔试成绩比例分=（笔试成绩/2）×60%，并将结果保存在“笔试成绩比例分”列中。

注意：

- 复制过程中，将标题项“公务员考试成绩表”连同数据一同复制；
- 复制数据表后，进行粘贴时，数据表必须顶格放置。

（6）在 Sheet2 中，使用函数，根据“总成绩”列对所有考生进行排名（如果多个数值排名相同，则返回该组数值的最佳排名）。要求：将排名结果保存在“排名”列中。

（7）将 Sheet2 中的“公务员考试成绩表”复制到 Sheet3，并对 Sheet3 进行高级筛选。要求：

- 筛选条件为：“报考单位”—一中院、“性别”—男、“学历”—硕士研究生；
- 将筛选结果保存在 Sheet3 的 A25 单元格中。

注意：

- 无须考虑是否删除或移动筛选条件；
- 复制过程中，将标题项“公务员考试成绩表”连同数据一同复制；
- 复制数据表后，进行粘贴时，数据表必须顶格放置。

（8）根据 Sheet2 中的“公务员考试成绩表”，在 Sheet4 中创建一张数据透视表。要求：

- 显示每个报考单位的人的不同学历的人数汇总情况；
- 行区域设置为“报考单位”；
- 列区域设置为“学历”；
- 数据区域设置为“学历”；
- 计数项为学历。

2. 操作步骤

（1）要求 1 操作步骤

选择 Sheet5 的 A1 单元格，依次输入“0”、空格、“1/3”，按回车键即可。或先右击 A1 单元格，选择“设置单元格格式”，打开“设置单元格格式”对话框。在“数字”选项卡中“分类”选择“分数”，即设置单元格数据类型为分数，然后再输入“1/3”。

（2）要求 2 操作步骤

第 1 步：选择 Sheet1 表，框选 E3:E18 单元格。

第 2 步：在“开始”选项卡“样式”组中单击“条件格式”，在下拉菜单中选择“突出显示单元格规则”→“文本包含”。

第 3 步：在弹出的对话框中，“为包含以下文本的单元格设置格式”框中填入“女”，然后在后面的“设置为”框中选择“自定义格式”，再在打开的对话框中，选择“字形”为“加粗”，“颜色”设为“红色”，单击“确定”按钮，如图 3-1 所示。

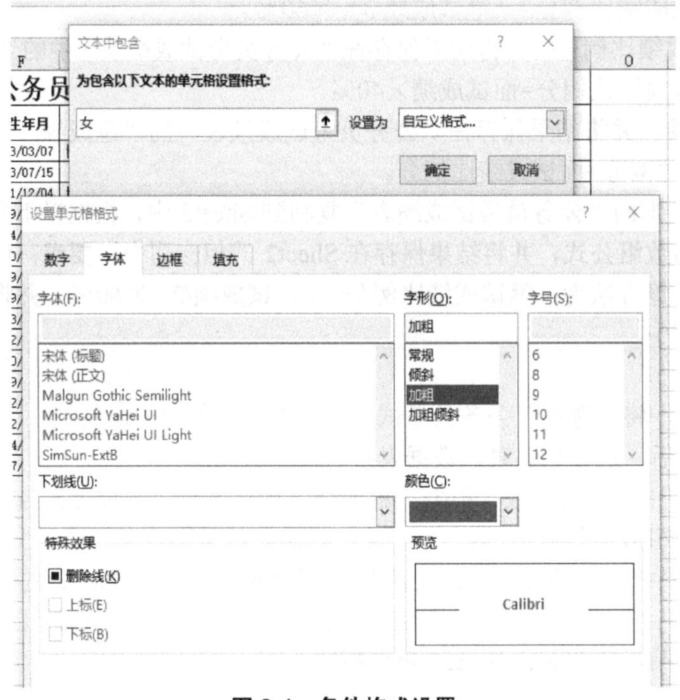

图 3-1　条件格式设置

（3）要求 3 操作步骤

第 1 步：选择 Sheet1 表，将光标定位到 H3 单元格中，在编辑栏中输入“=IF(G3="博士研究生","博士",IF(G3="硕士研究生","硕士",IF(G3="本科","学士","无")))”（说明：博士研究生学位为博士，硕士研究生学位为硕士，本科学位为学士，其他为无），按回车键确认，并将计算结果填充至相应的单元格中，如图 3-2 所示。

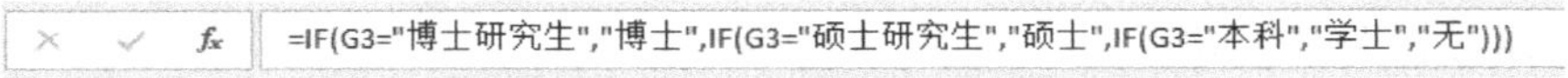

× ✓ fx =IF(G3="博士研究生","博士",IF(G3="硕士研究生","硕士",IF(G3="本科","学士","无")))

图 3-2　IF 函数公式的使用

第 2 步：双击右下角“黑点”（或选择右下角填充柄拉至单元格 H18），自动引用相同公式即可。

（4）要求 4 操作步骤

第 1 步：选择 Sheet1 工作表，框选 J3:J18 单元格，输入“=(I3:I18/3)*60%”，按 Ctrl+Shift+Enter 组合键完成数组公式操作（笔试成绩比例分），如图 3-3 所示。

第 2 步：同样选择 L3:L18 单元格，输入“=K3:K18*40%”，按 Ctrl+Shift+Enter 组合键完成面试比例分计算（面试成绩比例分）。

第 3 步：选择 M3:M18 单元格，输入“=J3:J18+L3:L18”，按 Ctrl+Shift+Enter 组合键完成总成绩计算。

（5）要求 5 操作步骤

第 1 步：选择 Sheet1 工作表，框选相关数据区域 A1：N18，按 Ctrl+C 组合键复制数据。

fx {=(I3:I18/3)*60%}

编辑栏

公务员考试成绩表

准考证号	姓名	性别	出生年月	学历	学位	笔试成绩	笔试成绩比例分	面
050008502132	董江波	女	1973/03/07	博士研究生	博士	154.00	30.80	6
050008505460	傅珊珊	男	1973/07/15	本科	学士	136.00	27.20	9
050008501144	谷金力	女	1971/12/04	博士研究生	博士	134.00	26.80	8
050008503756	何再前	女	1969/05/04	本科	学士	142.00	28.40	7
050008502813	何宗文	男	1974/08/12	大专	无	148.50	29.70	7
050008503258	胡孙权	男	1980/07/28	本科	学士	147.00	29.40	8
050008500383	黄威	男	1979/09/04	硕士研究生	硕士	134.50	26.90	7
050008502550	黄芯	男	1979/07/16	本科	学士	144.00	28.80	8
050008504650	贾丽娜	男	1973/11/04	硕士研究生	硕士	143.00	28.60	7
050008501073	简红强	男	1972/12/11	本科	学士	143.00	28.60	9
050008502309	郎怀民	男	1970/07/30	硕士研究生	硕士	134.00	26.80	8
050008501663	李小珍	男	1979/02/16	硕士研究生	硕士	153.50	30.70	9
050008504259	项文双	男	1972/10/31	硕士研究生	硕士	133.50	26.70	8
050008500508	肖凌云	男	1972/06/07	本科	学士	128.00	25.60	6
050008505099	肖伟国	男	1974/04/14	大专	无	117.50	23.50	7
050008503790	谢立红	男	1977/03/04	本科	学士	131.50	26.30	5

图 3-3　数组组合键公式

第 2 步：选择 Sheet2 工作表，将光标定位到 A1 单元格，按 Ctrl+V 组合键选择性粘贴（包括标题和公式）。

第 3 步：在 Sheet2 工作表中单击“笔试成绩比例分”列任何一个计算值单元格，在编辑栏中按要求修改数组公式，并按 Ctrl+Shift+Enter 组合键结束操作，编辑栏显示结果为“{=(I3:I18/2)*60%}”。

（6）要求 6 操作步骤

第 1 步：选择 Sheet2 工作表，将光标定位到 N3 单元格。

第 2 步：在 N3 单元格中输入函数公式“=RANK.EQ(M3,$M$3:$M$18)”（需要注意区域单元固定的需要用“$”符号），也可在“函数参数”对话框中进行设置，如图 3-4 所示。

第 3 步：双击右下角黑点（相同公式引用）即可。

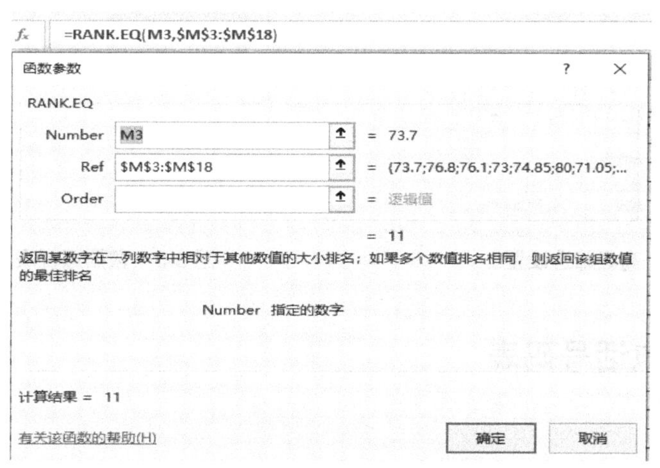

图 3-4　RANK.EQ 函数参数设置

（7）要求 7 操作步骤

第 1 步：选择 Sheet2 工作表，按 Ctrl+A 组合键全选，按 Ctrl+C 组合键复制数据。

第 2 步：选择 Sheet3 工作表，将光标定位到 A1 单元格，按 Ctrl+V 组合键选择性粘贴（包括标题和公式）。

第3步：在右边空白的单元格中输入“报考单位”“性别”“学历”，分别在上述单元格下部填入数值“一中院”“男”“硕士研究生”。

第4步：选择“数据”选项卡“排序和筛选”组中的“高级”。

第5步：在弹出的对话框中设置“列表区域”为“$A$2:$N$18”，“条件区域”为“$R$2:$T$3”，“复制到”为“Sheet3!$A$25”（注意：要选中“将筛选结果复制到其他位置”），如图3-5所示（注：选择区域后，系统会自动加上工作表的信息，即选择A25单元格后，在框中显示Sheet3！$A$25，以下情况类同，在此说明），单击“确定”按钮即可。

（8）要求8操作步骤

第1步：选择Sheet4工作表，将光标定位到A1单元格中。

第2步：在“插入”选项卡的“图表”组中，单击“数据透视图”，在下拉菜单中选择“数据透视图和数据透视表”。

第3步：在弹出的对话框中，“表/区域”框中输入“Sheet2!$A$2:$N$18”（或选择Sheet2表中的$A$2:$N$18区域），“现有工作表”下的“位置”框中选择A1单元格。

第4步：在右边“数据透视表字段”对话框的“在以下区域间拖动字段”中，“图例（系列）”下把“学历”字段拖进来，“轴（类别）”下把“报考单位”字段拖进来，“值”下把“学历”字段拖进来，如图3-6所示，然后关闭“数据透视表字段”对话框即可。

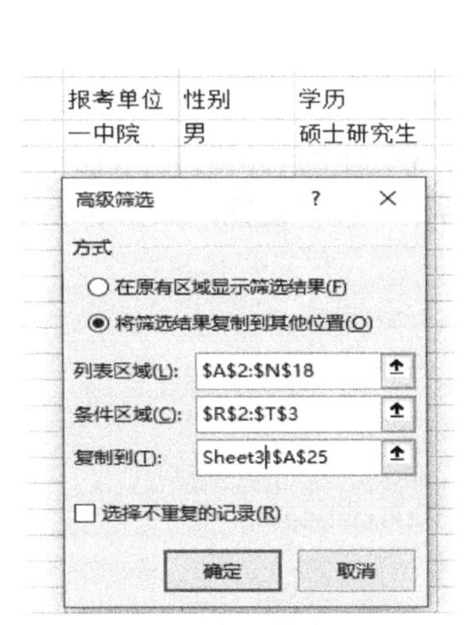

图3-5　高级筛选设置

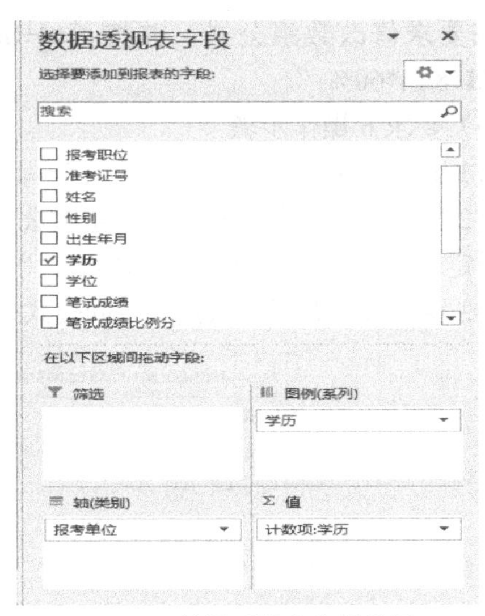

图3-6　数据透视表字段设置

3.1.2　原电话号码表

1. 题目要求

在练习素材文件夹中，打开“第3章练习\3.1.2 原电话号码表.xlsx”文件，按以下要求操作，完成后保存到指定文件夹。

（1）将Sheet5的A1单元格设置为只能录入5位数字或文本。当录入位数错误时，提示错误原因，样式为“警告”，错误信息为“只能录入5位数字或文本”。

（2）在Sheet5的B1单元格中输入公式，判断当前年份是否为闰年，结果为TRUE或

FALSE。

● 闰年定义：年数能被4整除而不能被100整除，或者能被400整除的年份。

（3）使用时间函数，对Sheet1中用户的年龄进行计算。要求：假设当前时间是“2013-5-1”，结合用户的出生年月，计算用户的年龄，并将其计算结果保存在“年龄”列当中。计算方法为两个时间年份之差。

（4）使用REPLACE函数，对Sheet1中用户的电话号码进行升级，要求：

● 对“原电话号码”列中的电话号码进行升级。升级方法是在区号（0571）的后面加上“8”，并将其计算结果保存在“升级电话号码”列的相应单元格中；

● 例如：电话号码“05716742808”升级后为“057186742808”。

（5）在Sheet1中，使用AND函数，根据“性别”及“年龄”列中的数据，判断所有用户是否为大于等于40岁的男性，并将结果保存在“是否>=40男性”列中。

● 注意：如果是，保存结果为TRUE；否则，保存结果为FALSE。

（6）根据Sheet1中的数据，对以下条件，使用统计函数进行统计。要求：

● 统计性别为“男”的用户人数，将结果填入Sheet2的B2单元格中；

● 统计年龄为“>40”岁的用户人数，将结果填入Sheet2的B3单元格中。

（7）将Sheet1中的数据复制到Sheet3中，并对Sheet3进行高级筛选。

① 要求：

● 筛选条件为“性别”—女，“所在区域”—西湖区；

● 将筛选结果保存在Sheet3的J5单元格中。

② 注意：

● 无须考虑是否删除或移动筛选条件；

● 复制数据表后，进行粘贴时，数据表必须顶格放置。

（8）根据Sheet1的结果，创建一个数据透视图，保存在Sheet4中。要求：

● 显示每个区域所拥有的用户数量；

● x坐标设置为“所在区域”；

● 计数项为“所在区域”；

● 将对应的数据透视表也保存在Sheet4中。

2. 操作步骤

（1）要求1操作步骤

第1步：选择Sheet5工作表，将光标定位到A1单元格。

第2步：在“数据”选项卡下“数据工具”组中，单击“数据验证”，在下拉菜单中选择“数据验证”。

第3步：在弹出的对话框中，设置“允许”为“文本长度”，“数据”为“等于”，“长度”为“5”，如图3-7所示。选择“出错警告”选项卡，设置“样式”为“警告”，在“错误信息”栏下输入“只能录入5位数字或文本”，单击“确定”按钮即可。

（2）要求2操作步骤

第1步：选择Sheet5工作表，将光标定位到B1单元格。

第2步：输入“=OR(AND(MOD(YEAR(TODAY()),4)=0,MOD(YEAR(TODAY()),100)>0),MOD(YEAR(TODAY()),400)=0)”，按回车键即可。

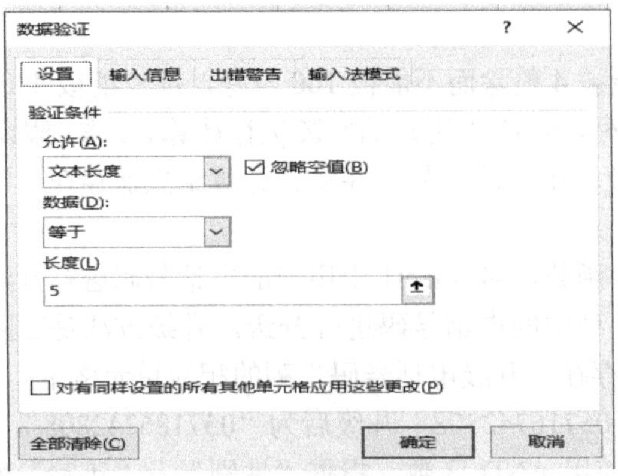

数据验证
设置　输入信息　出错警告　输入法模式
验证条件
允许(A):
文本长度　☑ 忽略空值(B)
数据(D):
等于
长度(L)
5
☐ 对有同样设置的所有其他单元格应用这些更改(P)
全部清除(C)　确定　取消

图 3-7　数据验证设置

（3）要求 3 操作步骤

第 1 步：选择 Sheet1 工作表，将光标定位到 D2 单元格。

第 2 步：在单元格中输入“=IF(5-MONTH(C2)>=0,2013-YEAR(C2),2013-YEAR(C2)-1)”，按回车键即可。

第 3 步：双击右下角黑点填充柄（相同公式应用）即可。

（4）要求 4 操作步骤

第 1 步：选择 Sheet1 工作表，将光标定位到 G2 单元格。

第 2 步：单击编辑栏上的 *fx* 按钮，调出 REPLACE 函数，在“函数参数”对话框中输入相关参数，如图 3-8 所示，单击“确定”按钮完成字符替换，完成后的公式为“=REPLACE(F2,5,1,"86")”。

第 3 步：双击 G3 单元格右下角的黑点填充柄，进行整列填充。

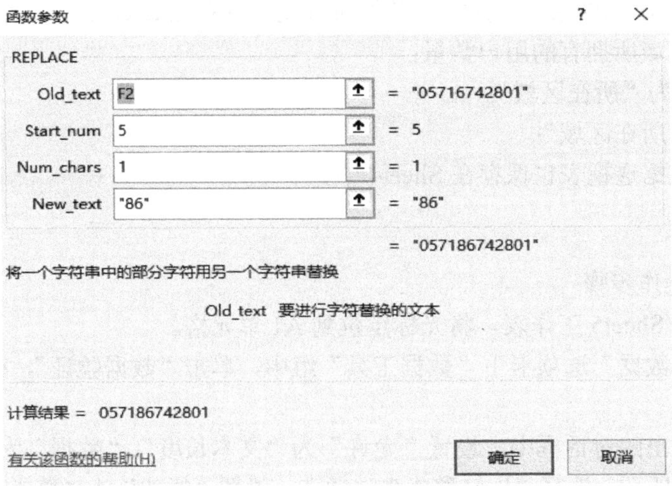

函数参数
REPLACE
Old_text　F2　= "05716742801"
Start_num　5　= 5
Num_chars　1　= 1
New_text　"86"　= "86"
= "057186742801"
将一个字符串中的部分字符用另一个字符串替换
Old_text　要进行字符替换的文本
计算结果 = 057186742801
有关该函数的帮助(H)　确定　取消

图 3-8　电话号码升级

（5）要求 5 操作步骤

第 1 步：选择 Sheet1 工作表，将光标定位到 H2 单元格。

第 2 步：通过“函数库”或“插入函数”对话框调出逻辑函数 AND，在 AND 的“函数参数”对话框中输入相关参数，如图 3-9 所示，单击“确定”按钮，完成函数操作。完成后的函数公式为“=AND(D2>=40,B2="男")”。

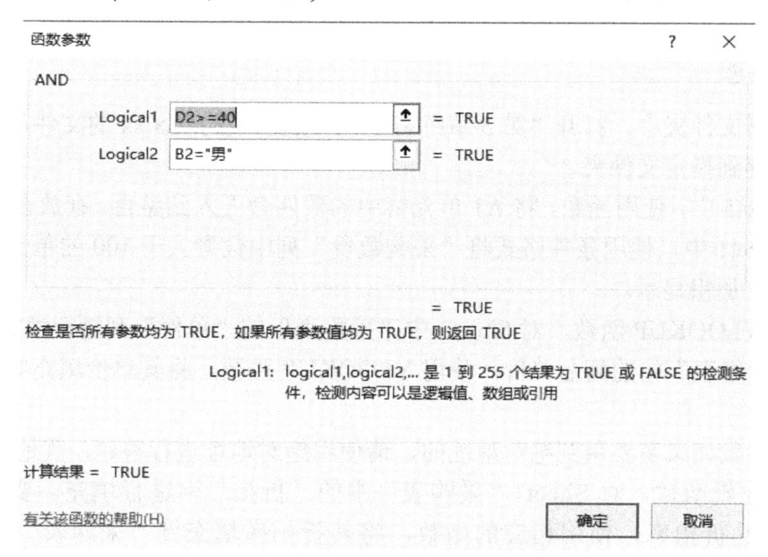

图 3-9　判断年龄大于等于 40 的男性

（6）要求 6 操作步骤

第 1 步：选择 Sheet2 工作表，将光标定位到 B2 单元格。

第 2 步：在 B2 单元格中输入公式“=COUNTIF(Sheet1!B2:B37,"男")”，按回车键即可。

第 3 步：在 B3 单元格中输入公式“=COUNTIF(Sheet1!D2:D37,">40")”，按回车键即可。

（7）要求 7 操作步骤

第 1 步：选择 Sheet1 工作表，框选相关数据区域（按 Ctrl+A 组合键全选），按 Ctrl+C 组合键复制数据。

第 2 步：选择 Sheet3 工作表，将光标定位到 A1 单元格，按 Ctrl+V 组合键选择性粘贴（数值）。

第 3 步：在右边空白的单元格中输入“性别”“所在区域”，分别在上述单元格下部填入数值“女”“西湖区”。

第 4 步：在“数据”选项卡的“排序和筛选”组中，单击“高级”。

第 5 步：在弹出的对话框中选择“列表区域”为“$A$1:$H$37”，“条件区域”为“$R$2:$T$3”，选中“将筛选结果复制到其他位置”，再将光标定位到“复制到”框中，输入“J5”，单击“确定”按钮即可。

（8）要求 8 操作步骤

第 1 步：选择 Sheet4 工作表，将光标定位到 A1 单元格。

第 2 步：在“插入”选项卡的“图表”组中，单击“数据透视图”下拉菜单，选择“数据透视图和数据透视表”。

第 3 步：在弹出的对话框中，“表/区域”文本框中输入“Sheet1!$A$1:$H$37”（或选择 Sheet1 中的$A$1:$H$37 区域），“现有工作表”下的“位置”框中选择 A1 单元格。

第 4 步：在右边“数据透视表字段”对话框的“在以下区域间拖动字段”中，“轴（类别）”下把“所在区域”字段拖进来，“值”下把“所在区域”字段拖进来。关闭“数据透视表字段”对话框即可。

3.1.3 服装-采购表

1. 题目要求

在练习素材文件夹中，打开“第 3 章练习\3.1.3 服装-采购表.xlsx 的文件，按以下要求操作，完成后保存到指定文件夹。

（1）在 Sheet5 中，使用函数，将 A1 单元格中的数四舍五入到整百，存放在 B1 单元格中。

（2）在 Sheet1 中，使用条件格式将“采购数量”列中数量大于 100 的单元格中的字体颜色设置为红色、加粗显示。

（3）使用 VLOOKUP 函数，对 Sheet1 中“采购表”的“单价”列进行填充。要求：

- 根据“价格表”中的商品单价，使用 VLOOKUP 函数，将其单价填充到“采购表”的“单价”列中。
- 函数中参数如果需要用到绝对地址的，请使用绝对地址进行答题，其他方式无效。

（4）使用逻辑函数，对 Sheet1“采购表”中的“折扣”列进行填充。要求：根据“折扣表”中的商品折扣率，使用相应的函数，将其折扣率填充到“采购表”中的“折扣”列中。

（5）使用数组公式，对 Sheet1 中“采购表”的“合计”列进行计算。

- 根据“采购数量”、“单价”和“折扣”，计算采购的合计金额，将结果保存在“合计”列中；
- 计算公式为：单价×采购数量×（1−折扣率）。

（6）使用 SUMIF 函数，计算各种商品的采购总量和采购总金额，将结果保存在 Sheet1 中的“统计表”当中的相应位置。

（7）将 Sheet1 中的“采购表”复制到 Sheet2 中，并对 Sheet2 进行高级筛选。

① 要求：

- 筛选条件为：“采购数量”>150，“折扣率”>0；
- 将筛选结果保存在 Sheet2 的 H5 单元格中。

② 注意：

- 无须考虑是否删除或移动筛选条件；
- 复制过程中，将标题项“采购表”连同数据一同复制；
- 复制数据表后，进行粘贴时，数据表必须顶格放置；
- 复制过程中，保持数据一致。

（8）根据 Sheet1 中的“采购表”，新建一个数据透视图，保存在 Sheet3 中。要求：

- 该图形显示每个采购时间点所采购的所有项目数量汇总情况；
- *x* 坐标设置为“采购时间”；
- 求和项为采购数量；
- 将对应的数据透视表也保存在 Sheet3 中。

2. 操作步骤

（1）要求 1 操作步骤

第1步：打开 Excel 素材文件，选择 Sheet5 工作表的 B1 单元格。

第2步：单击编辑栏上的 *fx* 按钮，调出 ROUND 函数。

第 3 步：在弹出的相应“函数参数”对话框中，选择“Number”参数文本区，单击 A1 单元格，选择“Num_digits”参数文本区，输入“-2”，如图 3-10 所示，单击“确定”按钮完成操作。

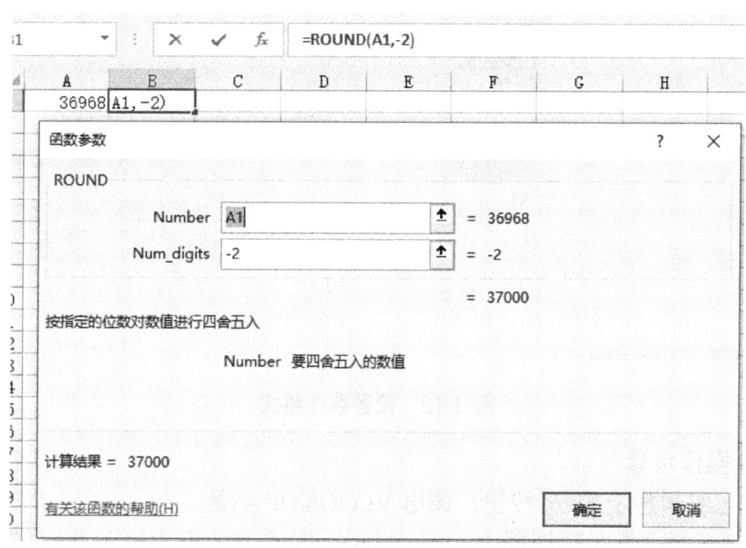

图 3-10　设置四舍五入函数

（2）要求 2 操作步骤

第 1 步：选择 Sheet1 工作表的“B11:B43”单元格。在“开始”选项卡的“样式”功能组中，单击“ ”（条件格式）按钮，在弹出的条件格式列表中选择“突出显示单元格规则”→“大于（G）…”，如图 3-11 所示。

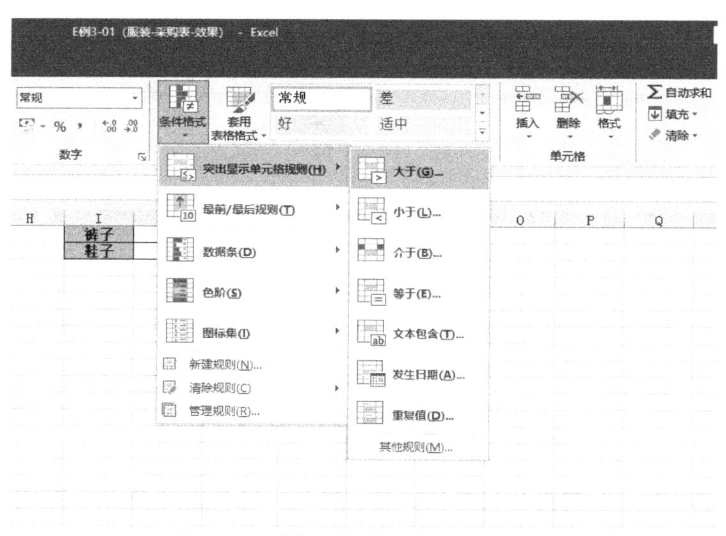

图 3-11　选择“条件格式”设置方案

第 2 步：在打开的“大于”对话框中，“为大于以下值的单元格设置格式”栏中输入“100”，右侧的“设置为”栏中选择“自定义格式...”。

第 3 步：在打开的“设置单元格格式”对话框中，选择“字体”选项卡。设置“颜色”为红色、“字形”为“加粗”，如图 3-12 所示，单击“确定”按钮完成设置。

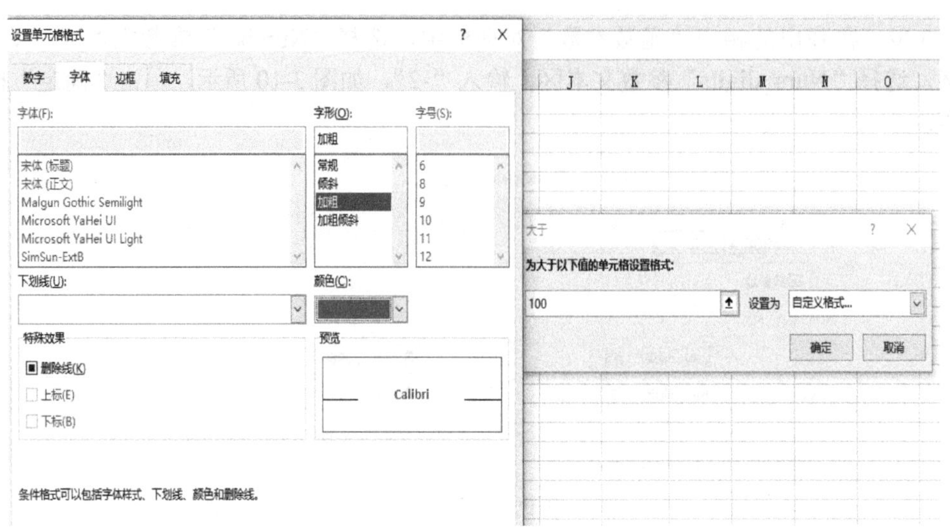

图 3-12　设置条件格式

（3）要求 3 操作步骤

第1步：单击编辑栏上的 *fx* 按钮，调出 VLOOKUP 函数。

第2步：在“函数参数”对话框中，“Lookup_value”文本框中输入“A11”，“Table_array”文本框中，选择用于查找的数据源区域“F3：G5”，按 F4 键设置区域引用为绝对引用，“Col_index_num”框（满足条件的列序号）中输入“2”，“Range_lookup”框根据精确匹配的要求可以不必输入参数（忽略），如图 3-13 所示。

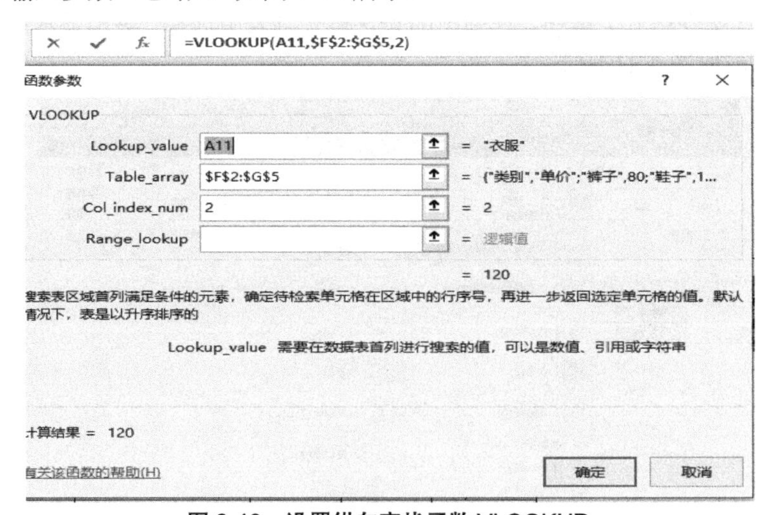

图 3-13　设置纵向查找函数 VLOOKUP

第3步：单击“确定”按钮，双击 D11 单元格右下角黑点填充柄，完成自动填充。

（4）要求 4 操作步骤

第1步：单击编辑栏上的 *fx* 按钮，调出 IF 函数。

第2步：在“函数参数”对话框中，“Logical_test”（逻辑条件）中选择当前工作表中的“采购数量”列下单元格（B11），然后输入条件式“B11<100”，“Value_if_true”（符合条件的返回值）中选择本工作表“折扣表”中的“B3”，按 F4 键锁定单元格引用，如图 3-14 所示。

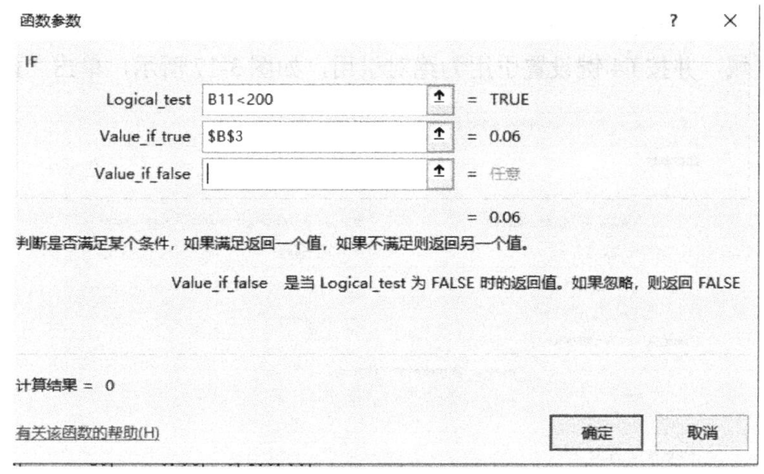

图 3-14　编辑 IF 函数

第 3 步：“Value_if_false”（不符合条件时的返回值）中，单击名称栏中的 IF，嵌入第 1 层 IF 函数，在“函数参数”对话框中分别填入逻辑条件“B11<200”、符合条件（>=100 且<200）的返回值“$B$4”，如图 3-15 所示。

第 4 步：在“Value_if_false”中，继续单击名称栏中的“IF”进入第 2 层嵌套。在“函数参数”对话框中分别填入逻辑条件“B11<300”、符合条件（>=200 且<300）的返回值“$B$5”，在第 3 栏“Value_if_false”中输入不符合条件（即 B11>=300）的值“$B$6”，单击“确定”按钮完成编辑，如图 3-16 所示。

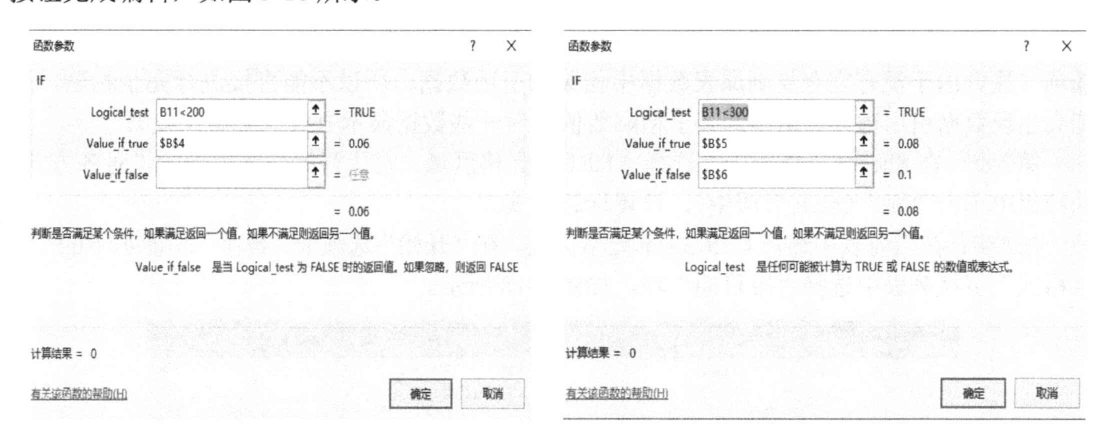

图 3-15　嵌套 IF 函数　　　　图 3-16　第 2 层嵌套

（5）要求 5 操作步骤

第 1 步：选择 Sheet1 工作表中的 F11 单元格。

第 2 步：输入“=D11:D43*B11:B43*(1-E11:E43)”，按 Ctrl+Shift+Enter 组合键完成。

第 3 步：双击 F11 单元格下的填充柄，完成自动填充。

（6）要求 6 操作步骤

第 1 步：单击编辑栏上的 *fx* 按钮，调出 SUMIF 函数。

第 2 步：在“函数参数”对话框中，“Range”（计算条件数据区域）文本框中选择“A11:A43”单元格区域，按 F4 键，设置引用为绝对引用，在“Criteria”（条件值）文本框中选择统计表数据区 I12 单元格；在“Sum_range”（求和数据区）文本框中选择当前工作表“B11:B43”单元格区域，并按 F4 键设置引用为绝对引用，如图 3-17 所示，单击“确定”按钮。

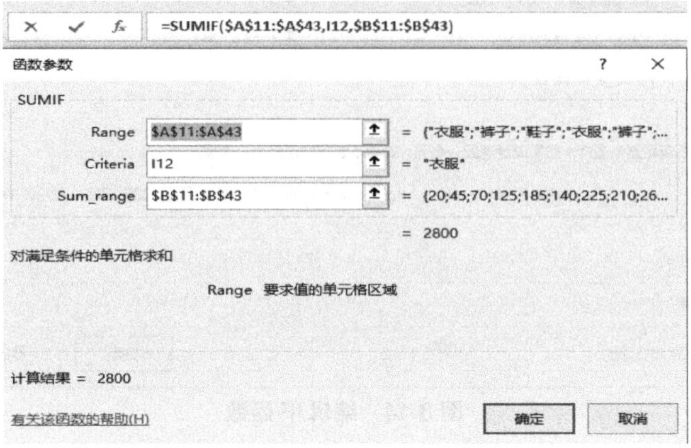

图 3-17　使用 SUMIF 计算分类总采购量

第 3 步：双击 J12 单元格下的填充柄，完成自动填充。

第 4 步：将光标定位到 K12 单元格，在编辑栏中输入“=SUMIF($A$11:$A$43,I12,$F$11:$F$43)”。

第 5 步：双击 K12 单元格右下角的填充柄完成数据填充。

（7）要求 7 操作步骤

第 1 步：在 Sheet1 工作表中，选择 A9:F43 单元格区域，按 Ctrl+C 组合键复制。

第 2 步：在 Sheet2 工作表中，选择 A1 单元格，右击 A1 单元格，选择“123”（值）粘贴选项（注意由于没有完全复制原表数据中相关的引用数据，所以不能直接进行完全粘贴，否则会出现数据引用错误。由于选择了粘贴数值，对一些数据显示方式需要做恢复）。

第 3 步：在 Sheet2 工作表中，选择 A1:F1 单元格区域，在“开始”选项卡的“对齐方式”功能组中单击“合并后居中”图标（合并后居中），设置标题格式。

第 4 步：在当前表中选择 C3:C33 单元格区域，在“开始”选项卡“数字”功能组下的“数字格式”下拉列表中选择“短日期”项，如图 3-18 所示。

图 3-18　设置日期显示格式

第 5 步：在 Sheet2 工作表数据区右侧的无内容区域按题目要求设置条件区域，在右边空

白的单元格中输入“采购数量”“折扣”，分别在上述单元格的下方填入数值“>150”“>0”，如图 3-19 所示。

第6步：在 Sheet2 中单击数据表区域任一单元格。在“数据”选项卡的“排序和筛选”功能组中，单击“高级”（高级）按钮，打开“高级筛选”对话框。在“列表区域”文本框中自动填入相应数据清单所在区域，选择“条件区域”文本框，在当前工作表中，选择前面定义的条件区域“H4:I5”，则条件区域将自动填入，选中“将筛选结果复制到其他位置”，再将光标定位到“复制到”框中，输入“H5”，如图 3-20 所示，勾选“高级筛选”对话框左下角的“选择不重复的记录”，单击“确定”按钮完成高级筛选操作。

采购表

项目	采购数量	采购时间	单价	折扣	合计
衣服	20	2008/1/12	120	0	2400
裤子	45	2008/1/12	80	0	3600
鞋子	70	2008/1/12	150	0	10500
衣服	125	2008/2/5	120	0.06	14100
裤子	185	2008/2/5	80	0.06	13912
鞋子	140	2008/2/5	150	0.06	19740
衣服	225	2008/3/14	120	0.08	24840
裤子	210	2008/3/14	80	0.08	15456
鞋子	260	2008/3/14	150	0.08	35880
衣服	385	2008/4/30	120	0.1	41580
裤子	350	2008/4/30	80	0.1	25200
鞋子	315	2008/4/30	150	0.1	42525
衣服	25	2008/5/15	120	0	3000
裤子	120	2008/5/15	80	0.06	9024
鞋子	340	2008/5/15	150	0.1	45900
衣服	265	2008/6/24	120	0.08	29256
裤子	125	2008/6/24	80	0.06	9400
鞋子	100	2008/6/24	150	0.06	14100
衣服	320	2008/7/10	120	0.1	34560
裤子	400	2008/7/10	80	0.1	28800
鞋子	125	2008/7/10	150	0.06	17625
衣服	385	2008/8/19	120	0.1	41580
裤子	275	2008/8/19	80	0.08	20240
鞋子	240	2008/8/19	150	0.08	33120
衣服	360	2008/9/27	120	0.1	38880
裤子	325	2008/9/27	80	0.1	23400
鞋子	120	2008/9/27	150	0.06	16920
衣服	295	2008/10/24	120	0.08	32568
裤子	155	2008/10/24	80	0.06	11656
鞋子	210	2008/10/24	150	0.08	28980

采购数量	折扣
>150	>0

图 3-19　设置高级筛选条件区

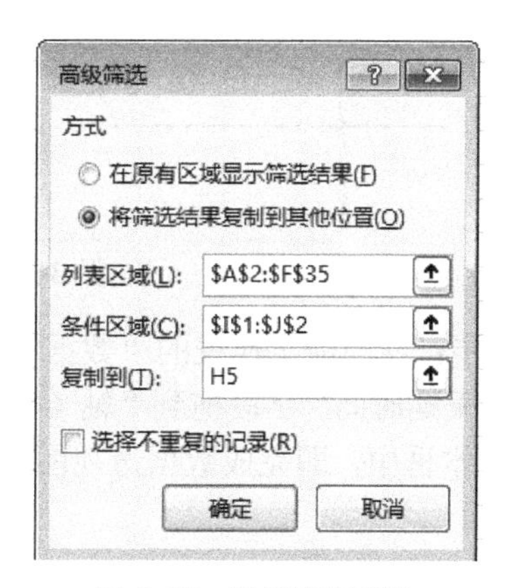

图 3-20　设置高级筛选

（8）要求 8 操作步骤

第1步：选择 Sheet3 工作表，再选择 A1 单元格。

第2步：在“插入”选项卡的“图表”组中，单击“数据透视图”，在下拉菜单中选择“数据透视图和数据透视表”。

第3步：在弹出的对话框中，“表/区域”文本框中输入“Sheet1!$A$10:$F$43”（或选择 Sheet1 中$A$10:$F$43 区域），“现有工作表”的“位置”中选择 A1 单元格，如图 3-21 所示。

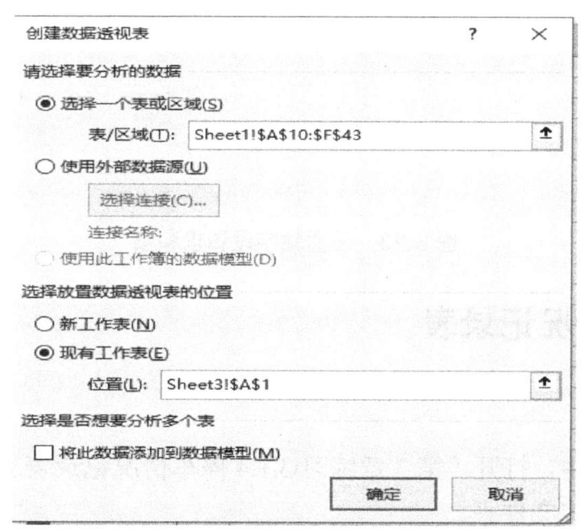

图 3-21　数据透视图–确定数据区域

第4步：在“创建数据透视表”对话框中，单击“确定”按钮，出现数据透视图表设置界面，如图3-22所示。

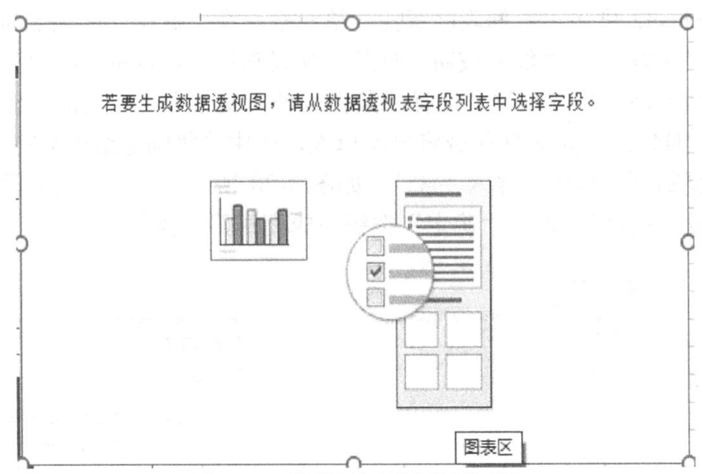

图 3-22　数据透视图表设置界面

第5步：在当前工作表的“数据透视表字段”对话框中，将“选择要添加到报表的字段”下方的“采购时间”字段拖到“轴（类别）”下方的文本框中，将“采购数量”字段拖到“值”下方的文本框中，即完成数据透视图表的设置，如图3-23所示。对应的数据透视表也在同一工作表中。

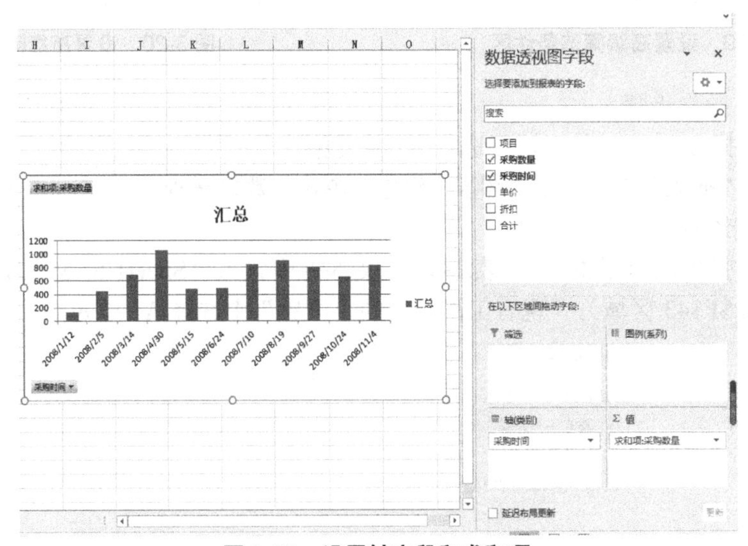

图 3-23　设置轴字段和求和项

3.1.4　停车情况记录表

1. 题目要求

在练习素材文件夹中，打开“第3章练习\3.1.4停车情况记录表.xlsx”文件，按以下要求操作，完成后保存到指定文件夹。

（1）将Sheet4的A1单元格设置为只能录入5位数字或文本。当录入位数错误时，提示错误原因，样式为“警告”，错误信息为“只能录入 5 位数字或文本”。

（2）在 Sheet4 的 B1 单元格中输入公式，判断当前年份是否为闰年，结果为 TRUE 或 FALSE。

- 闰年定义：年数能被 4 整除而不能被 100 整除，或者能被 400 整除的年份。

（3）使用 HLOOKUP 函数，对 Sheet1“停车情况记录表”中的“单价”列进行填充。

① 要求：根据 Sheet1 中的“停车价目表”价格，使用 HLOOKUP 函数对“停车情况记录表”中的“单价”列根据不同的车型进行填充。

② 注意：函数中如果需要用到绝对地址的请使用绝对地址进行计算，其他方式无效。

（4）在 Sheet1 中，使用数组公式计算汽车在停车库中的停放时间。要求：

- 计算方法为“停放时间=出库时间-入库时间”；
- 格式为“小时：分钟：秒”；
- 例如，一小时十五分十二秒在停放时间中的表示为“1：15：12”；
- 将结果保存在“停车情况记录表”中的“停放时间”列中。

（5）使用函数公式，对“停车情况记录表”的停车费用进行计算。

① 要求：根据 Sheet1 表中停放时间的长短计算停车费用，将计算结果填入到“停车情况记录表”的“应付金额”列中。

② 注意：

- 停车按小时收费，对于不满一个小时的按照一个小时计费；
- 对于超过整点小时数十五分钟（包含十五分钟）的多累积一个小时；
- 例如，1 小时 23 分，将以 2 小时计费。

（6）使用统计函数，对 Sheet1 中的“停车情况记录表”根据下列条件进行统计：

- 统计停车费用大于等于 40 元的停车记录条数，并将结果保存在 J8 单元格中；
- 统计最高的停车费用，并将结果保存在 J9 单元格中。

（7）将 Sheet1 中的“停车情况记录表”复制到 Sheet2 中，对 Sheet2 进行高级筛选。

① 要求：

- 筛选条件为“车型”—小汽车，“应付金额”>=30；
- 将结果保存在 Sheet2 的 I5 单元格中。

② 注意：

- 无须考虑是否删除筛选条件；
- 复制过程中，将标题项“停车情况记录表”连同数据一同复制；
- 复制数据表后，进行粘贴时，数据表必须顶格放置。

（8）根据 Sheet1 中的“停车情况记录表”，创建一个数据透视图，保存在 Sheet3 中。

- 显示各种车型所收费用的汇总；
- x 坐标设置为“车型”；
- 求和项为“应付金额”；
- 将对应的数据透视表保存在 Sheet3 中。

2. 操作步骤

（1）要求 1 操作步骤

第 1 步：选择 Sheet4 工作表，选择 A1 单元格，在“数据”选项卡的“数据工具”功能组中，单击“![]”（数据验证）按钮，在弹出的列表中选择“数据验证”，打开“数据验证”对话框，如图 3-24 所示。

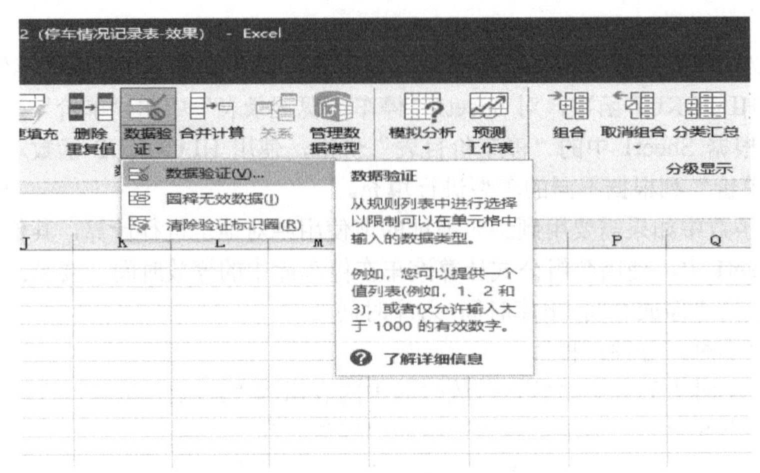

图 3-24　选择数据有效性

第 2 步：在“数据验证”对话框中选择“设置”选项卡，设置“验证条件”中“允许”为“文本长度”，“数据”为“等于”，“长度”“5”，如图 3-25（a）所示。

第 3 步：选择“出错警告”选项卡，设置“样式”为“警告”，在“错误信息”栏下输入“只能录入 5 位数字或文本”，如图 3-25（b）所示。

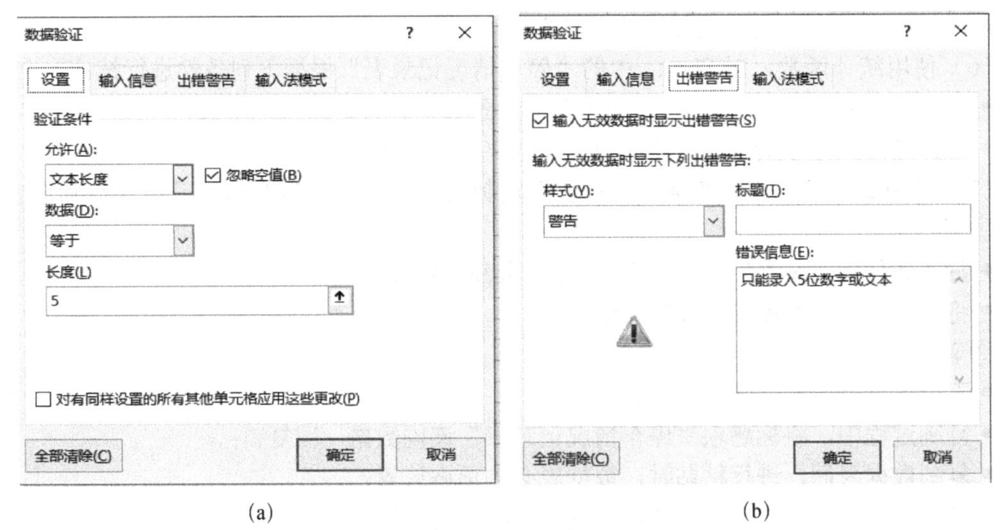

(a)　　　　(b)

图 3-25　选择数据有效性

（2）要求 2 操作步骤

说明：对于闰年需表达两个可能分别成立的条件，所以使用 OR 函数。而条件之一“年数能被 4 整除而不能被 100 整除”为两个并列条件，需要使用 AND 函数，这里表达整除需要用到取余函数 MOD，而其中的当年年份需要用到年函数 YEAR 和当日日期函数 TODAY。

第 1 步：选择 Sheet4 工作表的 B1 单元格，单击编辑栏上的 *fx* 按钮，调出 OR 函数。

第 2 步：在 OR“函数参数”对话框中，“Logcal1”条件文本框中输入闰年的第一种判断方式，即“年数能被 4 整除而不能被 100 整除”，由于是一组并列条件，嵌入 AND 函数，将转到 AND“函数参数”对话框。分别在“Logical1”条件文本框中输入条件式“MOD(YEAR(TODAY()),4)=0”（年份能被 4 整除），在“Logical2”条件文本框中输入条件式“MOD(YEAR(TODAY()),100)>0”（年份不能被 100 整除）。

第 3 步：在编辑栏中单击 AND 函数的结尾处（最后一个“)”符号前），回到 OR“函数参数”对话框，在“Logical2”条件文本框中输入第 2 个判断条件“能被 400 整除的年份”的条件式，即“MOD(YEAR(TODAY()),400)=0”，如图 3-26 所示。B1 单元格中给出的完整表达式为：“=OR(AND(MOD(YEAR(TODAY()),4)=0,MOD(YEAR(TODAY()),100)>0),MOD(YEAR(TODAY()),400)=0)”。

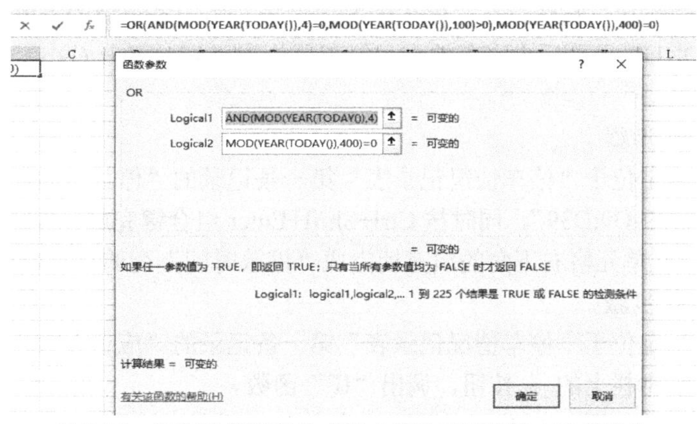

图 3-26　闰年的并列条件“被 4 整除而不能被 100 整除”

（3）要求 3 操作步骤

第 1 步：选择 Sheet 工作表，单击“停车情况记录表”中的 C9 单元格，使其成为活动单元格。

第 2 步：单击编辑栏上的 f_x 按钮，调出 HLOOKUP 函数。

第 3 步：在弹出的“函数参数”对话框中编辑函数，如图 3-27 所示。

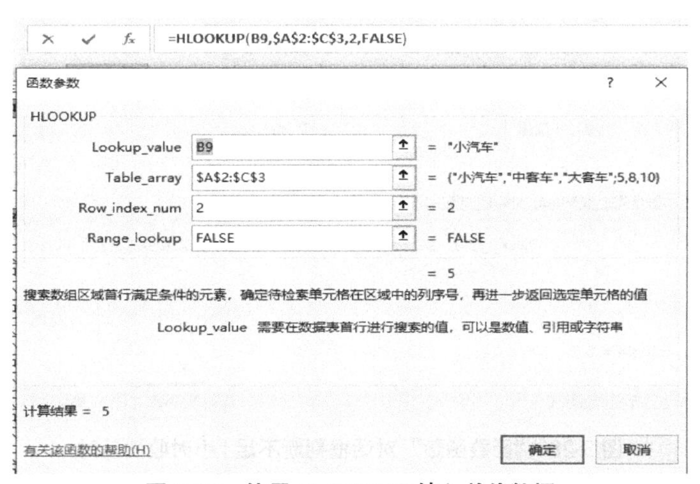

图 3-27　使用 HLOOKUP 填入单价数据

第 4 步：在“Lookup_value”（查询参数值）框中输入搜索值“停车情况记录表”第一条记录“车型”的单元格地址“B9”（确定在数组区域首行进行搜索时的搜索值）。

第5步：在“Table_array”（搜寻数据表）框中输入要搜索区域“停车价目表”数据区的绝对地址“$A$2:$C$3”（可选择A2:C3单元格区域后按F4键来实现），用于确定要搜索的数组或数据表所在的区域。

第6步：在“Row_index_num”（搜寻之目标数据所在行序号）框中输入数字“2”，用以确定在数组区域首行搜索到满足搜索值时，要取的值位于该列的第几行，本题取第二行的值。

第7步：在“Range_lookup”（查询结果的匹配方式）框中输入“FALSE”以设定查找精确匹配的逻辑值。

第8步：单击“确定”按钮，在“停车情况记录表”第一条记录的“单价”单元格C9中得到使用了HLOOKUP函数后小汽车的小时停车单价为“5”。双击C9单元格填充柄，完成停车单价的自动填充。

（4）要求4操作步骤

第1步：将光标定位于“停车情况记录表”第一条记录的“停放时间”单元格F9，在编辑栏中输入“=E9:E39-D9:D39”，同时按Ctrl+Shift+Enter组合键完成计算。

第2步：双击F9单元格右下角的填充柄完成“停放时间”列的自动填充。

（5）要求5操作步骤

第1步：将光标定位于“停车情况记录表”第一条记录的“应付金额”单元格G9中。

第2步：单击编辑栏上的 *fx* 按钮，调出“IF”函数。

第3步：在弹出的如图3-29所示的“函数参数”对话框中编辑函数。

第2步： 在“Logical_test”（逻辑表达式）框中输入逻辑表达式“HOUR(F9)<1”，判断停车时间是否不足1小时，使用时间函数HOUR()将提取F9单元格内的小时数进行判断是否小于0。在“Value_if_true”框中，当逻辑表达式“HOUR(F9)<1”为“TRUE”时，根据题意，在该栏中输入数字“1”，如图3-28所示。

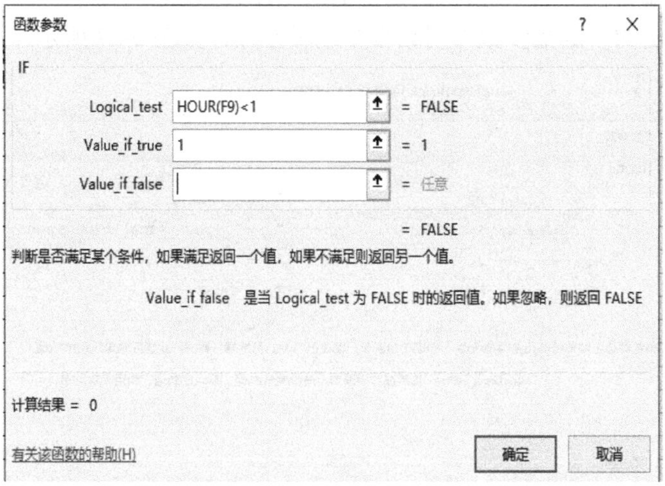

函数参数
IF
Logical_test HOUR(F9)<1 = FALSE
Value_if_true 1 = 1
Value_if_false = 任意
= FALSE
判断是否满足某个条件，如果满足返回一个值，如果不满足则返回另一个值。
Value_if_false 是当 Logical_test 为 FALSE 时的返回值。如果忽略，则返回 FALSE
计算结果 = 0
有关该函数的帮助(H) 确定 取消

图3-28 “函数函数”对话框判断不足1小时收费计时

第4步：当逻辑表达式“HOUR(F9)<0”为“FALSE”值时，由于涉及是否超过整点小时数十五分钟的判断，会有两种可能的结果，因此需要嵌入一层IF函数进行再判断，在“Value_if_false”框中，单击工作表编辑区左上角的名称栏中的“IF”函数名（嵌套“IF”函

数），将进入新的“函数参数”对话框。

第5步：在第 2 层“函数参数”对话框的“Logical_test”框中，输入“MINUTE(F9)<15”，以判断是否超过整点 15 分钟，其中 MINUTE()函数将提取 F9 单元格内的分钟数。在“Value_if_true”框中输入没超过 15 分钟的计费时间“HOUR(F9)”，即按实际的停车小时数，不计分（舍弃）。在“Value_if_ false”后的文本框中输入超出整点 15 分以上的计时数（加计 1 小时）“HOUR(F9)+1”，如图 3-29 所示。

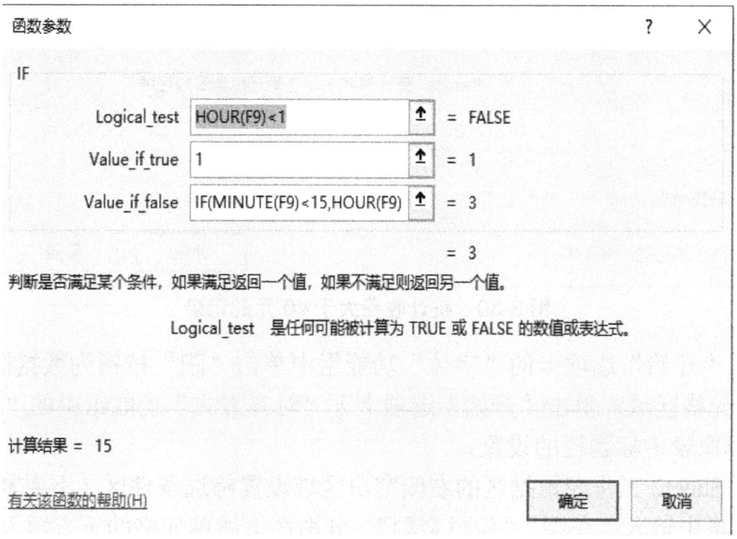

图 3-29　判断超 15 分钟收费计时

第6步：单击“确定”按钮，完成停车计费小时数的统计，这时编辑栏上完成的表达式为“=IF(HOUR(F9)<0,1,IF(MINUTE(F9)>15,HOUR(F9)+1,HOUR(F9)))”，计算出按计时要求的停车小时数。

第7步：在停车小时数的表达式后输入“*C9”（乘上收费单价），即得到每小时停车费，整个表达式为“=IF(HOUR(F9)<0,1,IF(MINUTE(F9)>15,HOUR(F9)+1,HOUR(F9)))*C9”。

第8步：双击 G9 单元格右下角的填充柄，完成停车应付金额的自动填充。

（6）要求 6 操作步骤

第1步：将光标定位到 J8 单元格，单击编辑栏上的 fx 按钮，调出 COUNTIF 函数。

第2步：在打开的“函数参数”对话框中，“Range”（要统计的数据区域）框中输入“G9:G39”，“Criteria”（统计条件）框中输入“ " >=40 " ”（不包括引号，使用非中文输入状态输入），如图 3-30 所示。单击“确定”按钮完成统计，在 J8 单元格中得到符合条件的记录条数为“4”。

第3步：将光标定位到 J9 单元格，单击编辑栏上的 fx 按钮，调出 MAX 函数。

第4步：在“函数参数”对话框中输入统计数据区域“G9:G39”，单击“确定”按钮，在 J9 单元格中得到最高停车费用为“50”。

（7）要求 7 操作步骤

第1步：选择 Sheet1 工作表，选择“停车情况记录表”所在单元格区域，复制该数据（包括标题）。

第2步：选择 Sheet2 工作表，右击 A1 单元格，选择“粘贴选项”下的“123”（粘贴数值），将相关数据粘贴到 Sheet2 工作表中。

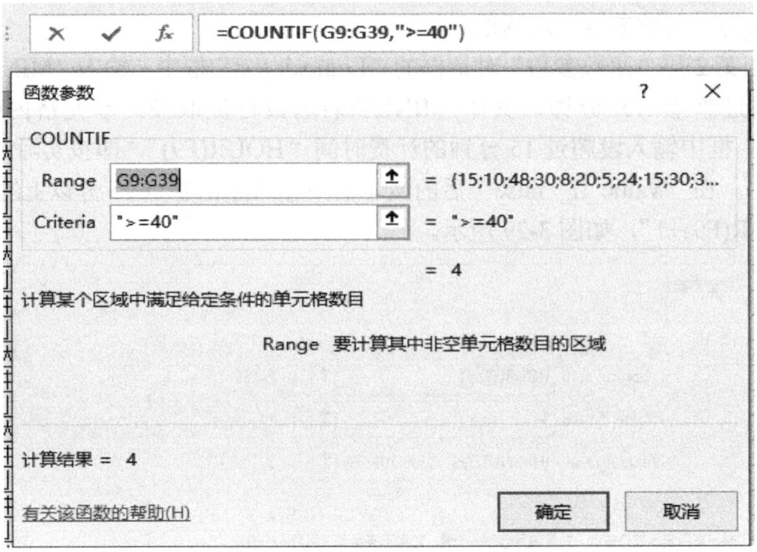

图 3-30　统计收费大于 40 元的记录

第3步：在“开始”选项卡的“字体”功能组中单击“田”按钮为数据区添加表格线。选择 A1:G1 单元格区域，单击“开始”选项卡下“对齐方式”功能组中的“ ”（合并并居中）按钮，恢复原表中标题栏的设置。

第4步：在 Sheet2 工作表数据区的右侧空白区域设置筛选条件区（不要紧挨数据区），如在 I3、J3 单元格中输入“车型”“应付金额”，分别在上述单元格的下方填入数值“小汽车”“>=30”。

第5步：单击 Sheet2 中的要进行高级筛选的数据区中的任一单元格，在“数据”选项卡的“排序和筛选”功能组中单击“高级”（高级筛选）按钮。

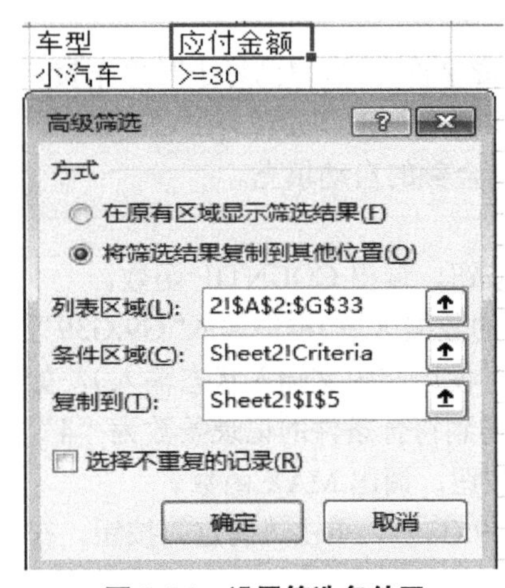

图 3-31　设置筛选条件区

第6步：在打开的“高级筛选”对话框中，“列表区域”已自动填入当前工作表的数据区单元格引用“$A$2:$G$33”。单击“条件区域”右侧的文本框，在当前工作表中选择上面设定的条件区域“$I$3:$J$4”，选中“将筛选结果复制到其他位置”，再将光标定位到“复制到”框中，输入“I5”，如图 3-31 所示。勾选“高级筛选”对话框底部的“选择不重复的记录”，单击“确定”按钮完成高级筛选。

（8）要求 8 操作步骤

第1步：选择 Sheet3 工作表，选择 A1 单元格。

第2步：在“插入”选项卡的“图表”组中，单击“数据透视图”，在下拉菜单中选择“数据透视图”。

第3步：在弹出的对话框的“表/区域”文本框中输入“Sheet1!$A$8:$G$39”（或选择 Sheet1 中$A$8:$G$39 区域），在“现有工作表”的“位置”框中选择 A1 单元格（即 Sheet3！$A$1），单击“确定”按钮即完成数据透视表的基本创建，如图 3-32（a）所示。

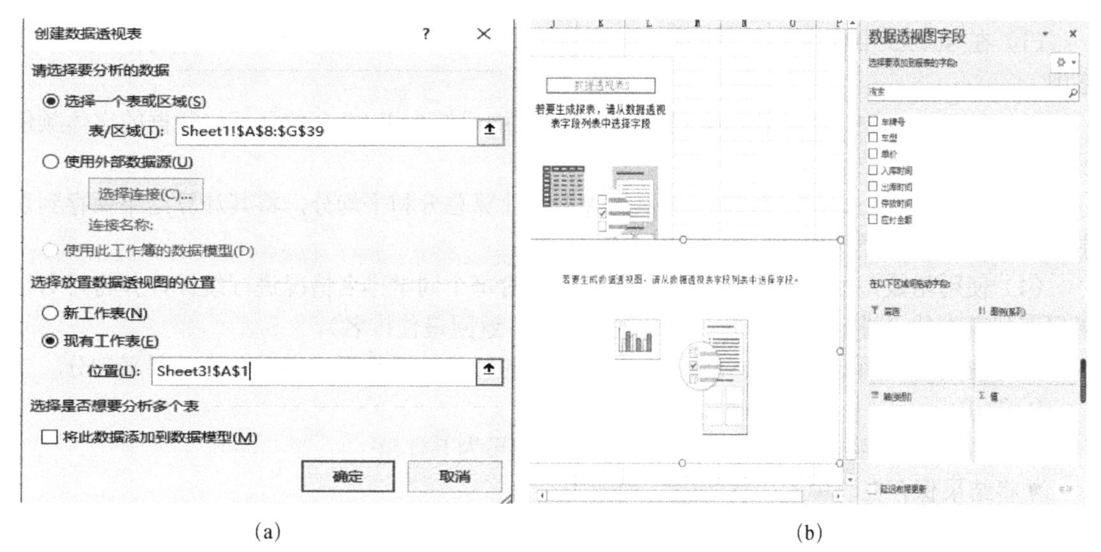

(a)　　　　　　　　　　(b)

图 3-32　创建数据透视表

第 4 步：在工作表 Sheet3 中已创建了数据透视表界面，在右侧的“选择要添加到报表的字段”中，将“车型”字段拖到底部“轴（类别）”框中，将“应付金额”字段拖到底部“Σ值”框中，如图 3-33 所示，即完成数据透视图表的建立。

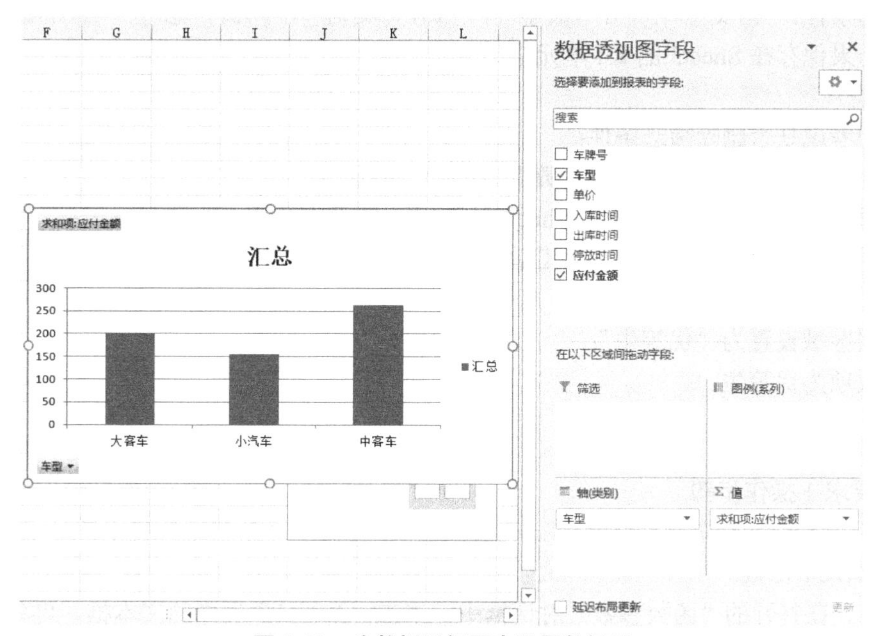

图 3-33　为数据透视图表设置数据项

3.1.5　成绩单表

1. 题目要求

在练习素材文件夹中，打开“第 3 章练习\3.1.5 成绩单表.xlsx”文件，按以下要求操作，完成后保存到指定文件夹。

（1）在 Sheet5 中使用多个函数组合，计算 A1～A10 中奇数的个数，结果存放在 B1 单元格中。

（2）在 Sheet1 中，使用条件格式将“语文”列中成绩大于 80 分的单元格数据的字体颜色设置为红色、加粗显示。

（3）使用数组公式，根据 Sheet1 中的数据，计算总分和平均分，将其计算结果保存到表中的“总分”列和“平均分”列当中。

（4）使用函数，根据 Sheet1 中的“总分”列对每个同学排名情况进行统计，并将排名结果保存到表中的“排名”列当中（若有相同排名，返回最佳排名）。

（5）使用逻辑函数，判断 Sheet1 中每个同学的每门功课是否均高于全班单科平均分。

① 要求：

- 如果是，保存结果为 TRUE，否则，保存结果为 FALSE；
- 将结果保存在表中的“优等生”列当中。

② 注意：优等生条件为每门功课均高于全班单科平均分。

（6）根据 Sheet1 中的结果，使用统计函数，统计“数学”考试成绩各个分数段的同学人数，将统计结果保存到 Sheet2 中的相应位置。

（7）将 Sheet1 中的数据复制到 Sheet3 中，并对 Sheet3 进行高级筛选。

① 要求：

- 筛选条件：“语文”>=75，“数学”>=75，“英语”>=75，“总分”>=250；
- 将结果保存在 Sheet3 的 K4 单元格中。

② 注意：

- 无须考虑是否删除筛选条件；
- 复制数据表后，进行粘贴时，数据表必须顶格放置。

（8）根据 Sheet1 中的结果，在 Sheet4 中创建一张数据透视表。要求：

- 显示是否为优等生的学生人数汇总情况；
- 行区域设置为“优等生”；
- 数据区域设置为“优等生”；
- 计数项为优等生。

2. 操作步骤

（1）要求 1 操作步骤

第 1 步：将光标定位于 Sheet5 工作表的 B1 单元格中，单击编辑栏上的 *fx* 按钮，调出 SUMPRODUCT 函数。

第 2 步：在打开的“函数参数”对话框中，单击“Array1”后面的文本框，再单击编辑窗口左上角“名称”栏右侧的“▾”，在打开的“函数选项”列表中选择“其他函数…”，在打开的“插入函数”对话框中，选择“数学与三角函数”分类，在“选择函数”列表中选择“MOD”函数。

第 3 步：在 MOD“函数参数”对话框中，“Number”（被除数）栏输入已有数据区域单元格引用“A1：A10”，“Divisor”（除数）中输入“2”，即能被 2 整除的是偶数，而对于取余函数 MOD，当数据整除时其结果是“0”，如图 3-34 所示。单击“确定”按钮完成计算设置，结果是“6”。

最终函数为“=SUMPRODUCT(MOD(A1:A10,2))”。

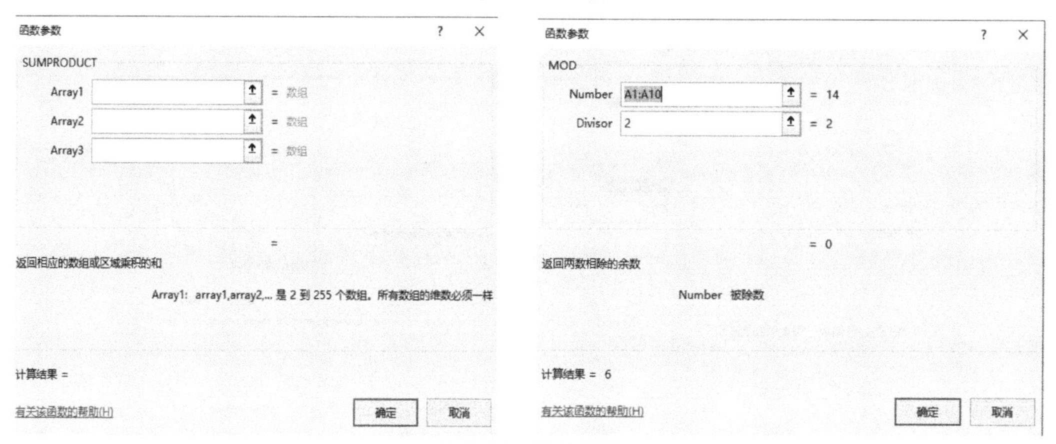

图 3-34　统计奇数

（2）要求 2 操作步骤

第 1 步：选择 Sheet1 工作表的 C2:C39 单元格，选择“开始”选项卡，在“样式”功能组中单击“”（条件格式）按钮，在弹出的“条件格式”操作列表中选择“突出显示单元格规则”→“大于（G）...”，如图 3-35 所示。

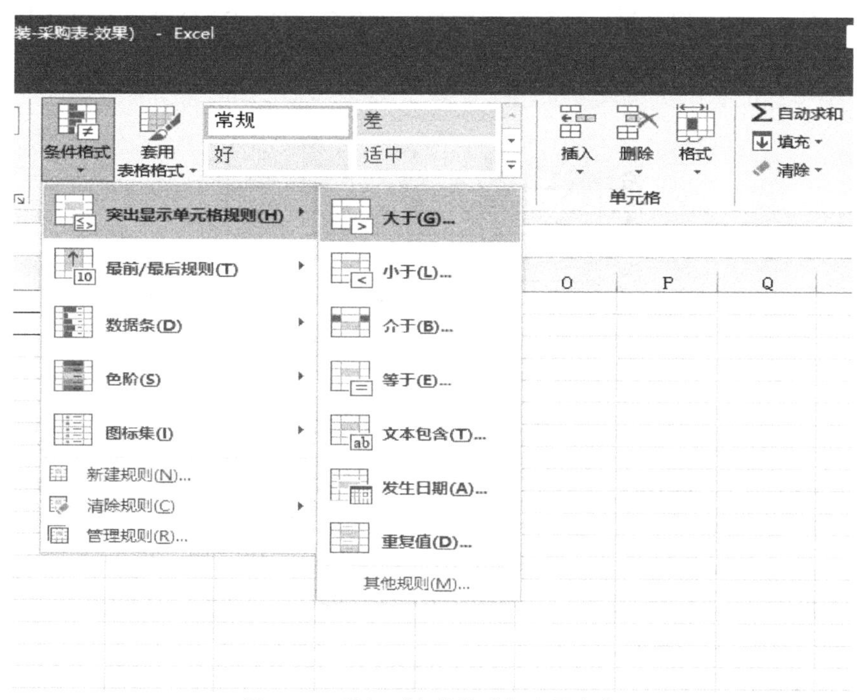

图 3-35　选择“条件格式”设置方案

第 2 步：在弹出的对话框中输入“80”，在“设置为”下拉框中选择“自定义格式...”。在弹出的对话框中选择“字体”选项卡，设置“字形”为“加粗”，“颜色”为“红色”，单击“确定”按钮，如图 3-36 所示。

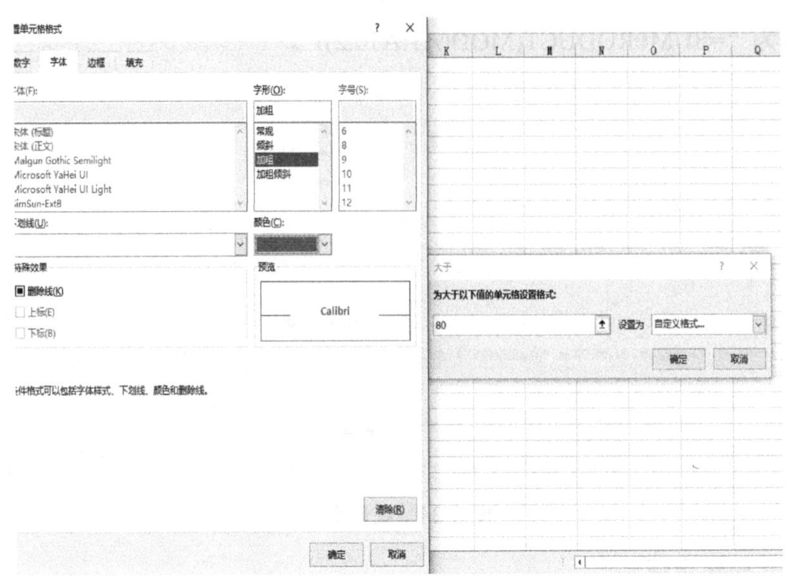

图 3-36　条件格式的参数设定

（3）要求 3 操作步骤

第 1 步：选择 Sheet1 工作表，选中区域 F2:F39，输入“=C2:C39+D2:D39+E2:E39”，然后同时按 Shift+Ctrl+Enter 组合键，公式编辑栏显示“{=C2:C39+D2:D39+E2:E39}”，如图 3-37 所示。

{=C2:C39+D2:D39+E2:E39}

B	C	D	E	F	G
名	语文	数学	英语	总分	平均
莉	75	85	80	240	80.00
清	68	75	64	207	69.00
小鹰	58	69	75	202	67.33
东兵	94	90	91	275	91.67
亚东	84	87	88	259	86.33
吉武	72	68	85	225	75.00
晓玲	85	71	76	232	77.33
珊珊	88	80	75	243	81.00
争秀	78	80	76	234	78.00

图 3-37　使用数组公式

第 2 步：选中区域 G2:G39，输入“=F2:F39/3”，然后同时按 Shift+Ctrl+Enter 组合键，公式编辑栏显示“{=F2:F39/3}”。

注意：在输入计算公式前必须选择所有存放结果的单元格区域，操作结束或修改公式必须按 Shift+Ctrl+Enter 组合键完成，其中的“{”“}”符号是执行组合公式运算的标志，是系统自动添加的，不能手动添加。

（4）要求 4 操作步骤

第 1 步：选择 Sheet1 工作表，选中单元格 I2，单击编辑栏上的 *fx* 按钮，调出 RANK.EQ 函数。

第 2 步：在弹出的“函数参数”对话框中输入参数。在“Number”（指定排名数字）框中输入“F2”，在“Ref”（排名数据区域）框中输入“F2:F39”，并按 F4 键设置该区域引用为绝对引用，如图 3-38 所示。由于排名数据组输入降序序列，可忽略第 3 行“Order”（排名方式），单击“确定”按钮完成函数输入。

第3步：双击 H2 右下角的填充柄实现结果快速填充。

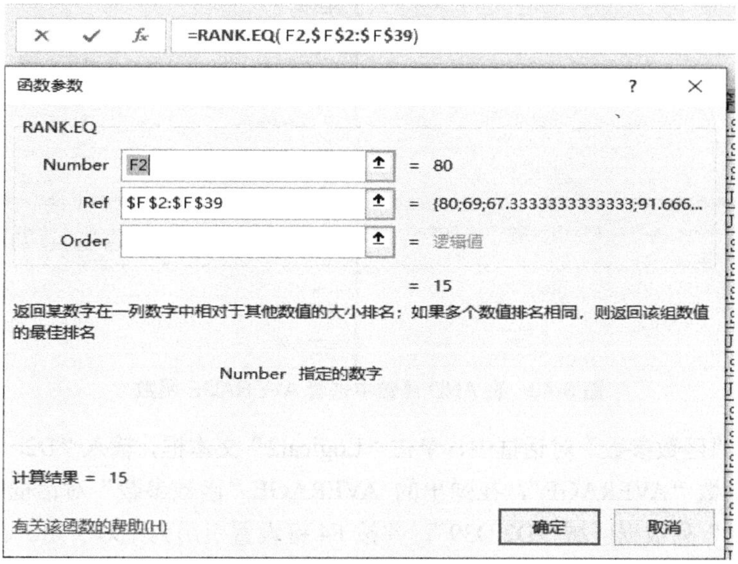

=RANK.EQ(F2,$F$2:$F$39)

函数参数

RANK.EQ

Number　F2　= 80

Ref　$F$2:$F$39　= {80;69;67.3333333333333;91.666...

Order　　= 逻辑值

= 15

返回某数字在一列数字中相对于其他数值的大小排名；如果多个数值排名相同，则返回该组数值的最佳排名

Number　指定的数字

计算结果 = 15

有关该函数的帮助(H)　确定　取消

图 3-38　计算排名

（5）要求 5 操作步骤

第1步：选择 Sheet1 工作表，选中单元格 I2，单击编辑栏上的 f_x 按钮，调出 AND 函数。

第2步：在弹出的“函数参数”对话框中，在“Log1cal1”（逻辑条件 1）框中输入“C2>”，如图 3-39 所示。

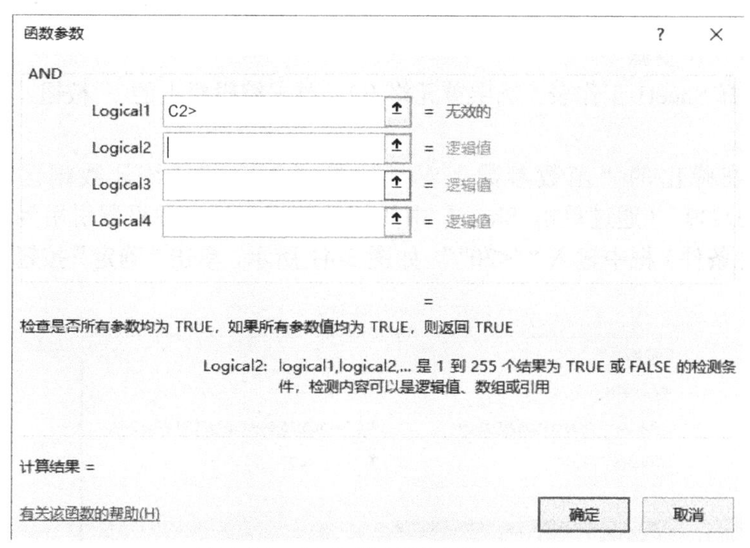

图 3-39　AND“函数参数”对话框

第3步：单击工作表编辑界面左上角“名称”栏右侧的“▾”，在弹出的“函数选项”列表中选择“其他函数…”，在打开的“插入函数”对话框中选择“统计”函数组中的“AVERAGE”（平均值）函数。在“Number1”框中引入“语文”列数据区域“C2:C39”，并按 F4 键设置引用为绝对引用。在“编辑栏”中单击“C2>AVERAGE($C$2:$C$39)”尾部括号后，添加分隔

号“,”，将回到 AND“函数参数”对话框，如图 3-40 所示。

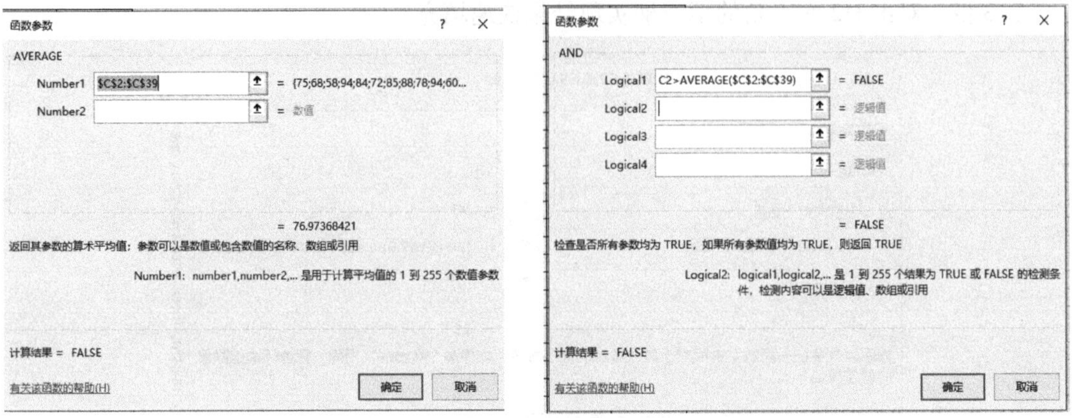

图 3-40　在 AND 函数中嵌套 AVERAGE 函数

第4步：在“函数参数”对话框中，单击“Logical2”文本框，输入“D2>”，单击“名称”栏中已出现的函数“AVERAGE”，在弹出的 AVERAGE“函数参数”对话框的“Number1”框中引入“数学”列数据区域“D2:D39”，并按 F4 键设置引用为绝对引用。在“编辑栏”中单击“D2>AVERAGE($D$2:$D$39)”尾部括号后，添加分隔号“,”，回到 AND“函数参数”对话框。

第5步：继续对“英语”成绩列做同样的操作，完成上述操作编辑栏出现完整函数结果“=AND(C2>AVERAGE($C$2:$C$39),D2>AVERAGE($D$2:$D$39),E2>AVERAGE($E$2:$E$39))”，完成后单击“确定”按钮（不必再回到 AND“函数参数”对话框），完成函数设置。

第6步：双击 I2 单元格右下角的填充柄，完成“优等生”列全部数据填充。

（6）要求 6 操作步骤

第1步：选择 Sheet1 工作表，选中单元格 B2，单击编辑栏上的 *fx* 按钮，调出 COUNTIF 函数。

第 2 步：在弹出的“函数参数”对话框的“Range”（统计数据区域）框中输入“Sheet1!$D$2:$D$39”（通过单击 Sheet1 中的相关数据区域，并设置引用为绝对引用），在“Criteria”（统计条件）框中输入“"<20"”，如图 3-41 所示，单击“确定”按钮完成函数设置。

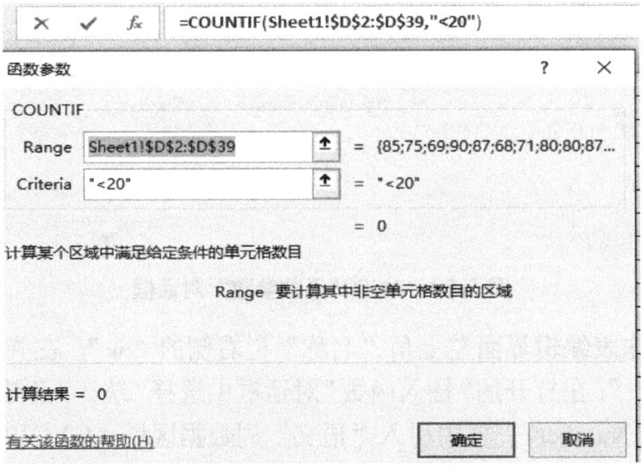

图 3-41　设置条件计数函数

第3步：根据各单元格的统计数值要求对公式做相应修改：

修改 B3 单元格为“=COUNTIF(Sheet1!$D$2:$D$39,"<40")-B2”，按回车键确定。

修改 B4 单元格为“=COUNTIF(Sheet1!$D$2:$D$39,"<60")-B2-B3”，按回车键确定。

修改 B5 单元格为“=COUNTIF(Sheet1!$D$2:$D$39,"<80")-B2-B3-B4”，按回车键确定。

修改 B6 单元格为“=COUNTIF(Sheet1! $D$2:$D$39,">=80")”，按回车键确定。

（7）要求 7 操作步骤

第1步：选择 Sheet1 工作表，单击数据区单元格，按 Ctrl+A 组合键全选数据区域，按 Ctrl+C 组合键，复制已选单元格数据。

第2步：选择 Sheet3 工作表，单击 A1 单元格，按 Ctrl+V 组合键粘贴全部数据。

第3步：在 Sheet3 工作表数据区的右侧空白区域设置筛选条件区（不要紧挨数据区），单击 K2 单元格。在右边空白的单元格中输入“语文”“数学”“英语”“总分”，分别在上述单元格的下方填入数值“>=75”“>=75”“>=75”“>=250”。

第4步：单击表 Sheet3 要进行高级筛选的数据区中任一单元格，在“数据”选项卡的“排序和筛选”功能组中单击“高级”（高级筛选）按钮。在打开的“高级筛选”对话框的“列表区域”中已自动填入当前工作表的数据区单元格引用“$A$1:$I$39”，在“条件区域”框中引入已设定的条件区域“$K$2:$N$3”，如图 3-42 所示。选中“将筛选结果复制到其他位置”，再将光标定位到“复制到”框中，输入“K4”，勾选“高级筛选”对话框底部的“选择不重复的记录”，单击“确定”按钮完成高级筛选。

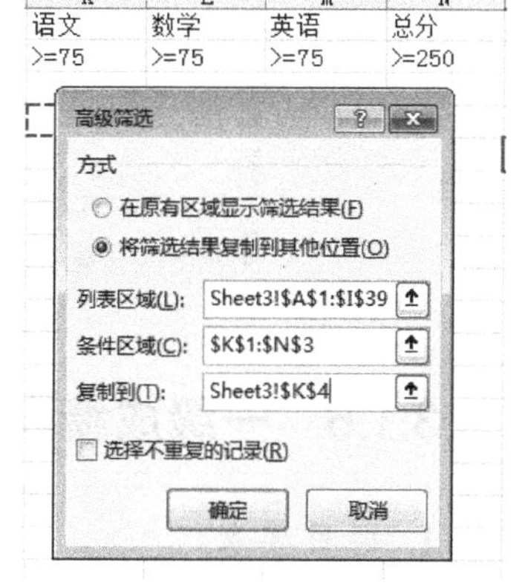

图 3-42 “高级筛选”对话框

（8）要求 8 操作步骤

第1步：选择 Sheet4 工作表，选择 A1 单元格。

第2步：在“插入”选项卡的“图表”组中，单击“数据透视图”，在下拉菜单中选择“数据透视图和数据透视表”。

第3步：在弹出的对话框的“表/区域”文本框中输入“Sheet1!$A$1:$I$39”（或选择 Sheet1 中$A$1:$I$39 区域），在“现有工作表”的“位置”框中选择 A1 单元格（对话框自动显示为 Sheet4!$A$1），单击“确定”按钮即完成数据透视表的基本创建，如图 3-43 所示。

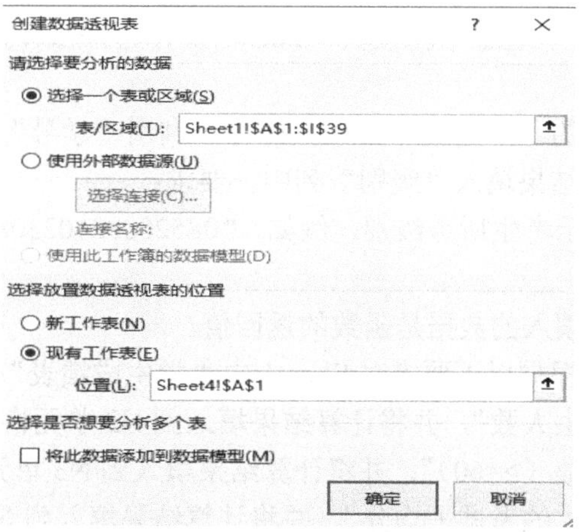

图 3-43 设置数据透视图表

第4步：单击“确定”按钮后，出现数据透视表设置界面，在右边的“选择要添加到报表的字段”中，将“优等生”字段拖到“轴”下的“行标签”下方的文本框中，再将“优等生”字段拖到“值”下方的文本框中，即获得需要的数据透视图，如图3-44所示。

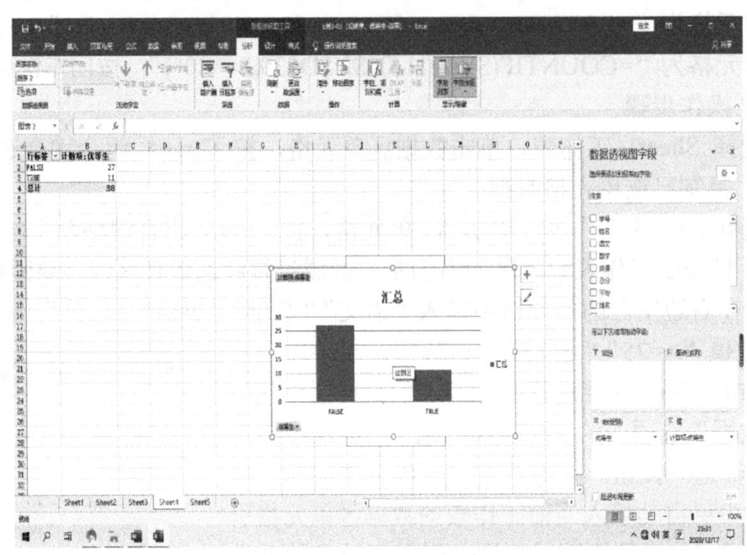

图3-44　数据透视表

3.1.6　一级成绩表

1. 题目要求

在练习素材文件夹中，打开“第3章练习\3.1.6 一级成绩表.xlsx”文件，按以下要求操作，完成后保存到指定文件夹。

（1）在Sheet5中设定F列中不能输入重复的数值。

（2）在Sheet5中，使用条件格式将“性别”列中数据为“男”的单元格中的字体颜色设置为红色、加粗显示。

（3）使用数组公式，根据Sheet1中“学生成绩表”的数据，计算考试总分，并将结果填入“总分”列中。

- 计算方法为：总分=单选题+判断题+Windows操作题+Excel操作题+PowerPoint操作题+IE操作题。

（4）使用文本函数中的一个函数，在Sheet1中，利用“学号”列的数据，根据以下要求获得考生所考级别，并将结果填入“级别”列中。要求：

- 学号中的第8位指示考生所考级别，例如，“085200821023080”中的“2”标识了该考生所考级别为二级；
- 在“级别”列中，填入的数据是函数的返回值。

（5）使用统计函数，根据以下要求对Sheet1中“学生成绩表”的数据进行统计。要求：

- 统计“考1级的考生人数”，并将计算结果填入到N2单元格中；
- 统计“考试通过人数（>=60）”，并将计算结果填入到N3单元格中；
- 统计“全体1级考生的考试平均分”，并将计算结果填入到N4单元格中；

● 注意：计算时，分母直接使用“N2”单元格的数据。

（6）使用财务函数，根据以下要求对 Sheet2 中的数据进行计算。要求：

● 根据“投资情况表 1”中的数据，计算 10 年以后得到的金额，并将结果填入到 B7 单元格中；

● 根据“投资情况表 2”中的数据，计算预计投资金额，并将结果填入 E7 单元格中。

（7）将 Sheet1 中的“学生成绩表”数据复制到 Sheet3，并对 Sheet3 进行高级筛选。

要求：

● 筛选条件为：“级别”—2、“总分”—>=70；

● 将筛选结果保存在 Sheet3 的 L5 单元格中。

注意：

● 无须考虑是否删除或移动筛选条件；

● 复制过程中，将标题项“学生成绩表”连同数据一同复制；

● 数据表必须顶格放置。

（8）根据 Sheet1 中的“学生成绩表”，在 Sheet4 中新建一张数据透视表。要求：

● 显示每个级别不同总分的人数汇总情况；

● 行区域设置为“级别”；

● 列区域设置为“总分”；

● 数据区域设置为“总分”；

● 计数项为总分。

2. 操作步骤

（1）要求 1 操作步骤

第1步：选择 Sheet5 工作表的 F 列，打开“数据”选项卡，在“数据工具”功能组中，单击“数据验证”按钮，打开“数据验证”对话框。

第2步：在“设置”选项卡中，“允许”栏选择“自定义”，在“公式”栏中输入“=COUNTIF(F:F,F1)=1”，如图 3-45 所示，单击“确定”按钮完成设置。

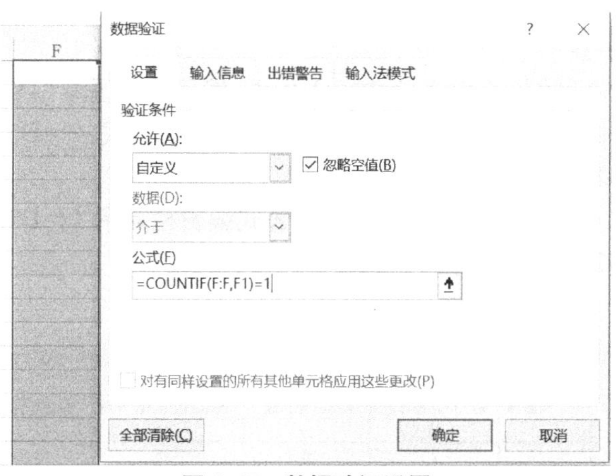

图 3-45　数据验证设置

（2）要求 2 操作步骤

第1步：选择 Sheet5 工作表的 C2:C56 区域，在“开始”选项卡的“样式”功能组中，选择

“条件格式”→“突出显示单元格规则”，在二级子菜单中选择“等于（E）...”，如图3-46所示。

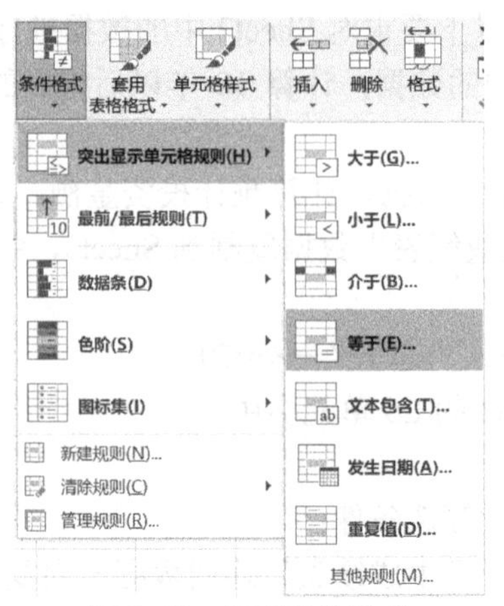

图3-46 设置条件格式

第2步：在“为等于以下值的单元格设置格式”框中输入“男”，在“设置为”下拉框中选择“自定义格式...”。在弹出的“设置单元格格式”对话框中选择“字体”选项卡，设置“字形”为“加粗”，“颜色”为“红色”，单击“确定”按钮，如图3-47所示。

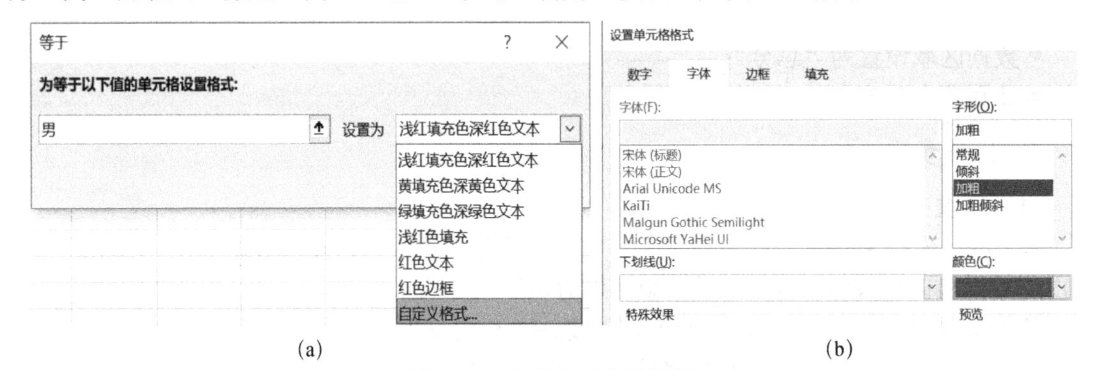

(a) (b)

图3-47 条件格式参数设置

（3）要求3操作步骤

第1步：选中J3:J57区域，在输入栏中输入“=”，然后选择区域“D3:D57”，继续输入“+”，选择区域“E3:E57”，依次将其他部分成绩相加，最终完成公式：“=D3:D57+E3:E57+F3:F57+G3:G57+H3:H57+I3:I57”。

第2步：同时按住Ctrl+Shift+Enter组合键，公式编辑栏显示“{=D3:D57+E3:E57+F3:F57+G3:G57+H3:H57+I3:I57}”，如图3-48所示。

{=D3:D57+E3:E57+F3:F57+G3:G57+H3:H57+I3:I57}

C	D	E	F	G	H	I	J
			学生成绩表				
级别	单选题	判断题	Windows操作题	Excel操作题	PowerPoint操作题	IE操作题	总分
	2	8	20	12	15	15	72
	4	6	9	8	18	17	62
	2	5	11	12	16	5	51
	8	9	20	20	19	17	93
	8	2	9	20	17	13	69
	4	4	15	20	11	10	64

图3-48 输入数组公式

注意：在输入计算公式前必须选择所有结果存放的单元格区域，操作结束或修改公式必须按 Ctrl+Shift+Enter 组合键完成，其中的“{”“}”符号是执行组合公式运算的标志，是系统自动添加的，不能手动添加。

（4）要求 4 操作步骤

第 1 步：将光标定位到 Sheet1 的 C3 单元格中，单击编辑栏上的 *fx* 按钮，在“插入函数”对话框的“或选择类别”中选择“文本”，然后选择函数“MID”，单击“确定”按钮。

第 2 步：在 MID“函数参数”对话框中“Text”栏选择 A3 单元格，在“Start_num”中输入“8”，在“Num_chars”中输入“1”，如图 3-49 所示，单击“确定”按钮完成编辑，编辑栏公式为“=MID(A3,8,1)”。

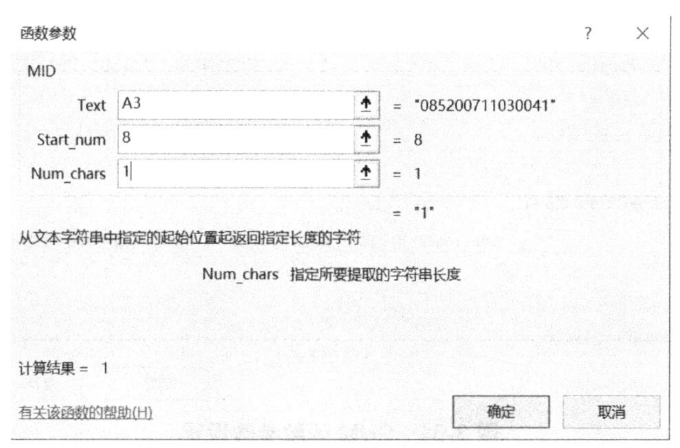

图 3-49　MID 函数参数设置

第 3 步：双击 C3 单元格右下角的填充柄，对同列相关单元格进行填充。

（5）要求 5 操作步骤

第 1 步：将光标定位到 Sheet1 的 N2 单元格中，单击编辑栏上的 *fx* 按钮，在“插入函数”对话框的“或选择类别”中选择“统计”，然后选择函数“COUNTIF”，单击“确定”按钮。

第 2 步：在弹出的对话框的“Range”输入框中选择区域“C3:C57”，在“Criteria”区域中输入条件“1”，如图 3-50 所示，单击“确定”按钮，编辑栏公式为“=COUNTIF(C3:C57,1)”。

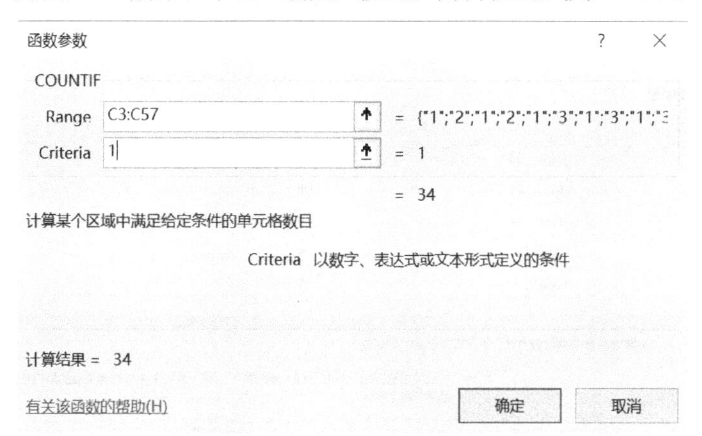

图 3-50　COUNTIF 函数参数设置

第 3 步：将光标定位到 Sheet1 的 N3 单元格中，单击编辑栏上的 *fx* 按钮，在“插入函数”对话框的“或选择类别”中选择“统计”，然后选择函数“COUNTIF”，单击“确定”按钮。

第4步：在弹出的对话框的“Range”输入框中选择区域“J3:J57”，在“Criteria”区域中输入条件“>=60”，单击“确定”按钮，编辑栏公式为“=COUNTIF(J3:J57,">=60")”。

第5步：将光标定位到Sheet1的N4单元格中，单击编辑栏上的 *fx* 按钮，在“插入函数”对话框的“或选择类别”中选择“数学与三角函数”，然后选择函数“SUMIF”，单击“确定”按钮。

第6步：在弹出的对话框的“Range”输入框中选择区域“C3:C57”，在“Criteria”区域中输入条件“1”，在“Sum_range”区域中选择“J3:J57”，单击“确定”按钮，得出全体1级考生的考试总分，如图3-51所示，编辑栏公式为“=SUMIF(C3:C57,"1",J3:J57)”。

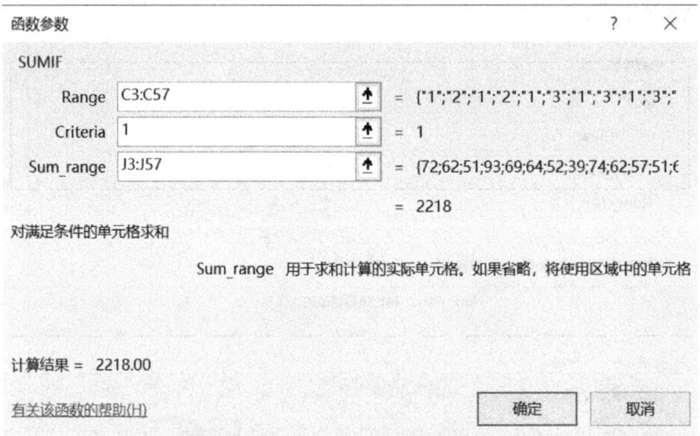

函数参数 ? ×

SUMIF

Range C3:C57 = {"1";"2";"1";"2";"1";"3";"1";"3";"1";"3";"

Criteria 1 = 1

Sum_range J3:J57 = {72;62;51;93;69;64;52;39;74;62;57;51;6

= 2218

对满足条件的单元格求和

Sum_range 用于求和计算的实际单元格。如果省略，将使用区域中的单元格

计算结果 = 2218.00

有关该函数的帮助(H) 确定 取消

图 3-51 SUM 函数参数设置

第7步：在编辑栏的公式后加上“/N2”，按回车键得出全体1级考生的考试平均分。

（6）要求6操作步骤

第1步：将光标定位到Sheet2的B7单元格中，单击编辑栏上的 *fx* 按钮，在“插入函数”对话框的“或选择类别”中选择“财务”，然后选择函数“FV”，单击“确定”按钮。

第2步：在“函数参数”对话框中，各期利率“Rate”文本框中选择B3单元格，总投资期“Nper”文本框中选择B5单元格，各期支出金额“Pmt”文本框中选择“B4”单元格，“Pv”文本框中选择B2单元格，如图3-52所示，单击“确定”按钮完成计算。编辑栏公式为“=FV(B3,B5,B4,B2)”。

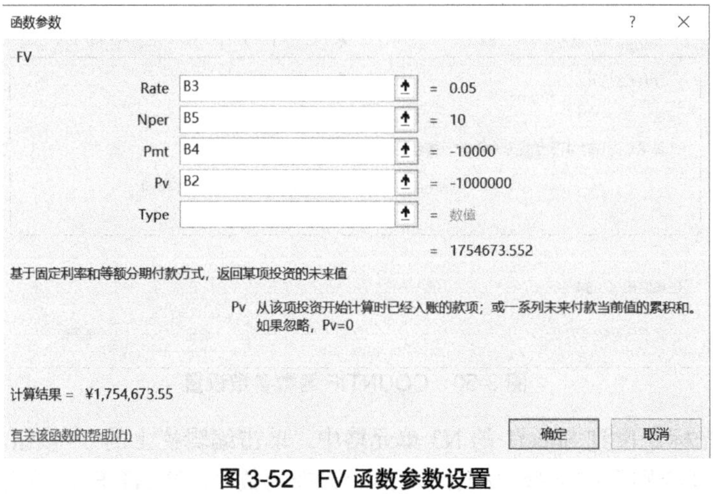

函数参数 ? ×

FV

Rate B3 = 0.05

Nper B5 = 10

Pmt B4 = -10000

Pv B2 = -1000000

Type = 数值

= 1754673.552

基于固定利率和等额分期付款方式，返回某项投资的未来值

Pv 从该项投资开始计算时已经入账的款项；或一系列未来付款当前值的累积和。如果忽略，Pv=0

计算结果 = ¥1,754,673.55

有关该函数的帮助(H) 确定 取消

图 3-52 FV 函数参数设置

第3步：将光标定位到 Sheet2 的 E7 单元格中，单击编辑栏上的 *fx* 按钮，在“插入函数”对话框的“或选择类别”中选择“财务”，然后选择函数“PV”，单击“确定”按钮。

第4步：在“函数参数”对话框中，各期利率“Rate”文本框中选择 E3 单元格，总投资期“Nper”文本框中选择 E4 单元格，各期获得的金额“Pmt”文本框中选择 E2 单元格，如图 3-53 所示，单击“确定”按钮完成计算。编辑栏公式为“=PV(E3,E4,E2)”。

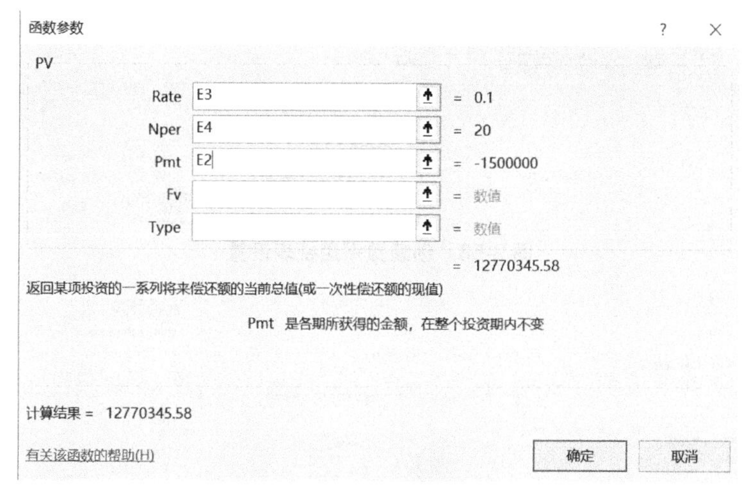

图 3-53　PV 函数设置

（7）要求 7 操作步骤

第1步：选择 Sheet1 中的 A1:J57 区域，单击右键，选择“复制”（或按 Ctrl+C 组合键复制），将光标移到 Sheet3 的 A1 单元格中，单击右键，选择“粘贴”（或按 Ctrl+V 组合键粘贴）。

第2步：在 Sheet3 表中的空白区域输入条件，如在 A59 和 B59 单元格中分别输入“级别”和“总分”，在 A60 和 B60 单元格中分别输入“2”和“>=70”，如图 3-54 所示。

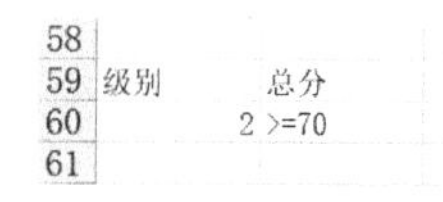

图 3-54　高级筛选条件设置

第3步：单击“数据”选项卡的“排序和筛选”功能组中的“高级”按钮。在“高级筛选”对话框中，选择“方式”为“将筛选结果复制到其他位置”，“列表区域”选择“$A$2:$J$57”，“条件区域”选择“$A$59:$B$60”，“复制到”框中输入“$L$5”，如图 3-55 所示（注：区域选择后，系统会自动加上工作表信息，如“Sheet3 !”，以下类同）。单击“确定”按钮完成设置。

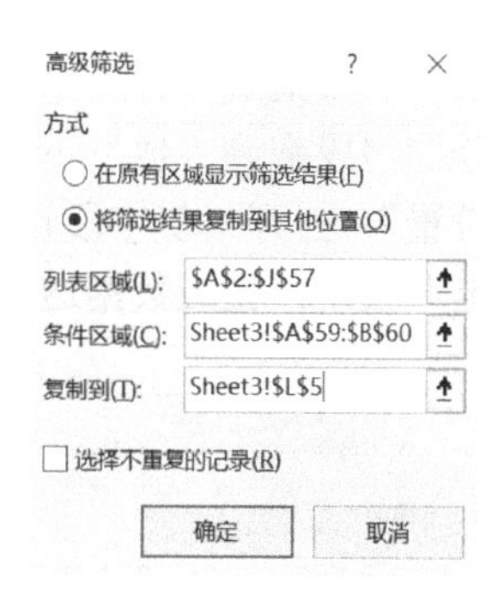

图 3-55　高级筛选区域设置

（8）要求 8 操作步骤

第1步：将光标定位到 Sheet4 的 A1 单元格中，在“插入”选项卡的“图表”功能组中单击“数据透视图”按钮，在弹出的下拉列表中选择“数据透视图和数据透视表”，打开“创建数据透视表”对话框。

第2步：在“请选择要分析的数据”栏中选择“选择一个表或区域”，单击“表/区域”文本框，在 Sheet1 工作表中选择相关数据区域“A2:J57”，其他使用默认设置，如图 3-56 所示。

第3步：单击“确定”按钮，出现数据透视图表设置界面，如图 3-57 所示。

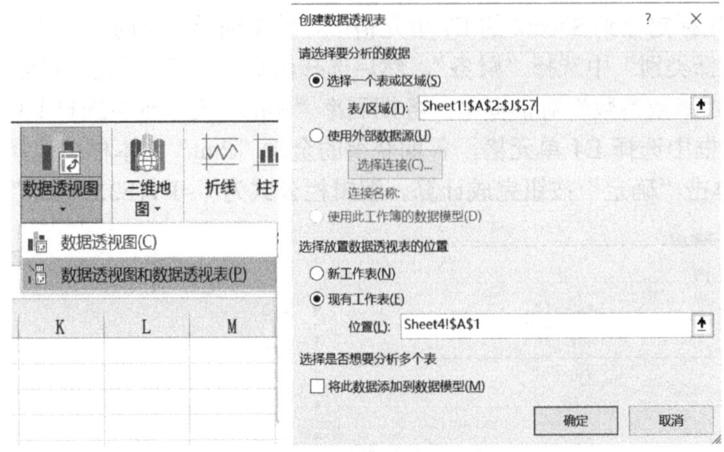

图 3-56　创建数据透视表设置

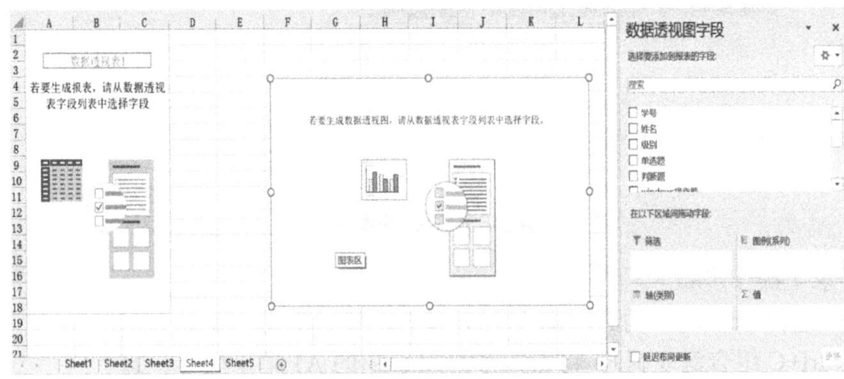

图 3-57　数据透视表设置界面

第4步：在当前“数据透视图字段”窗口中，将“选择要添加到报表的字段”下方的“级别”字段拖到“行”下方的文本框中，把“总分”字段拖到“列”下方的文本框中，把“总分”字段拖到“值”下方的文本框中，单击“值”中的内容，在弹出的菜单中选择“值字段设置”，打开“值字段设置”对话框。“计算类型”选择“计数”，如图 3-58 所示。单击“确定”按钮，完成数据透视表的设置，如图 3-59 所示。

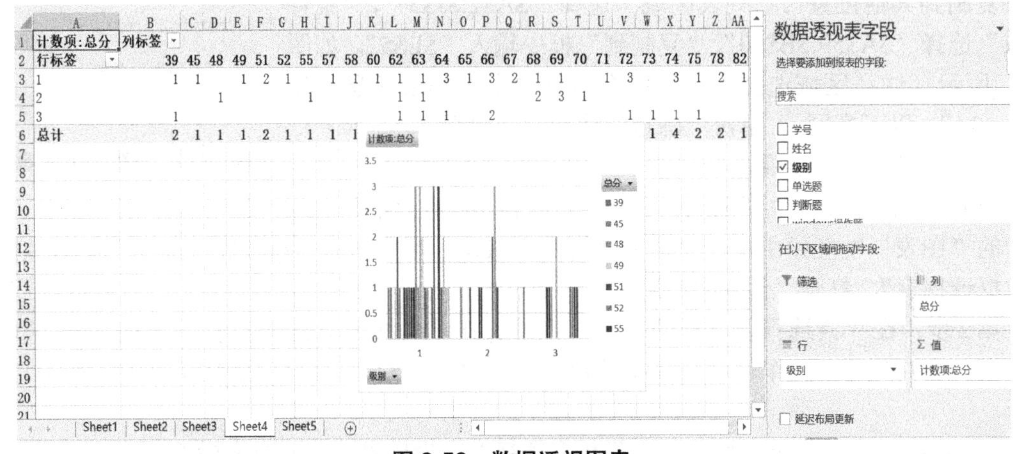

图 3-58　数据透视图表

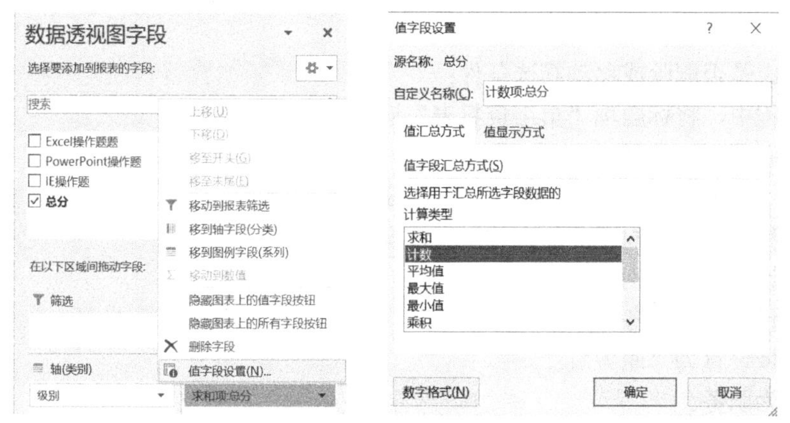

图 3-59　值字段设置

3.1.7　职务表

1. 题目要求

在练习素材文件夹中，打开“第 3 章练习\3.1.7 职务表.xlsx”文件，按以下要求操作，完成后保存到指定文件夹。

（1）在 Sheet5 中使用函数计算 A1:A10 中奇数的个数，将结果存放在 A12 单元格中。

（2）在 Sheet5 中，使用函数，将 B1 单元格中的数四舍五入到整百，将结果存放在 C1 单元格中。

（3）仅使用 MID 函数和 CONCATENATE 函数，对 Sheet1 中“员工资料表”的“出生日期”列进行填充。要求：

① 填充的内容根据“身份证号码”列的内容来确定。

- 身份证号码中的第 7～第 10 位：表示出生年份；
- 身份证号码中的第 11～第 12 位：表示出生月份；
- 身份证号码中的第 13～第 14 位：表示出生日。

② 填充结果的格式为：xxxx 年 xx 月 xx 日。

（4）根据 Sheet1 中“职务补贴率表”的数据，使用 VLOOKUP 函数，对“员工资料表”中的“职务补贴率”列进行自动填充。

（5）使用数组公式，在 Sheet1 中对“员工资料表”的“工资总额”列进行计算，并将计算结果保存在“工资总额”列。

- 计算方法为：工资总额=基本工资×（1+职务补贴）。

（6）在 Sheet2 中，根据“固定资产情况表”，使用财务函数，对以下条件进行计算。

- 计算“每天折旧值”，并将结果填入 E2 单元格中；
- 计算“每月折旧值”，并将结果填入 E3 单元格中；
- 计算“每年折旧值”，并将结果填入 E4 单元格中。

（7）将 Sheet1 中的“员工资料表”复制到 Sheet3，并对 Sheet3 进行高级筛选。

① 要求：

- 筛选条件为“性别”—女、“职务”—高级工程师；
- 将筛选结果保存在 Sheet3 的 J5 单元格中。

② 注意

- 无须考虑是否删除或移动筛选条件；
- 复制过程中，将标题项“员工资料表”连同数据一同复制；
- 数据表必须顶格放置。

（8）根据 Sheet1 中的“员工资料表”，在 Sheet4 中新建一张数据透视表。要求：

- 显示每种性别的不同职务的人数汇总情况；
- 行区域设置为“性别”；
- 列区域设置为“职务”；
- 数据区域设置为“职务”；
- 计数项为职务。

2. 操作步骤

（1）要求 1 操作步骤

第1步：将光标定位到 Sheet5 的 A12 单元格中，单击编辑栏上的 *fx* 按钮，在“插入函数”对话框的“或选择类别”中选择“数学与三角函数”，然后选择函数“SUMPRODUCT”，单击“确定”按钮，如图 3-60 所示。

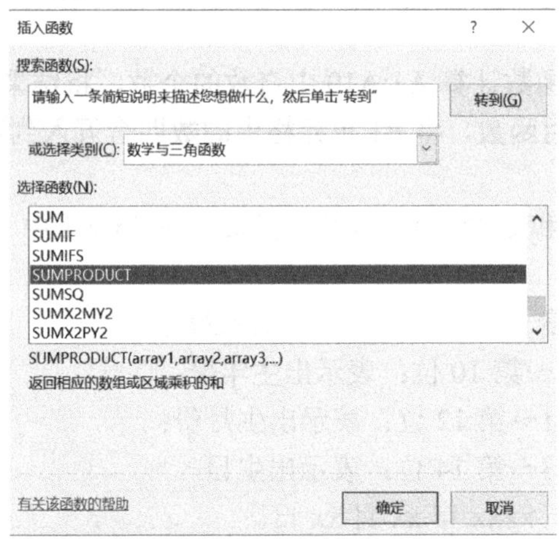

图 3-60　插入 SUMPRODUCT 函数

第2步：将光标定位到“函数参数”对话框的“Array1”后面的文本框中，单击编辑窗口左上角“名称”栏右侧的“▾”，在打开的“函数选项”列表中选择“其他函数...”，如图 3-61 所示。

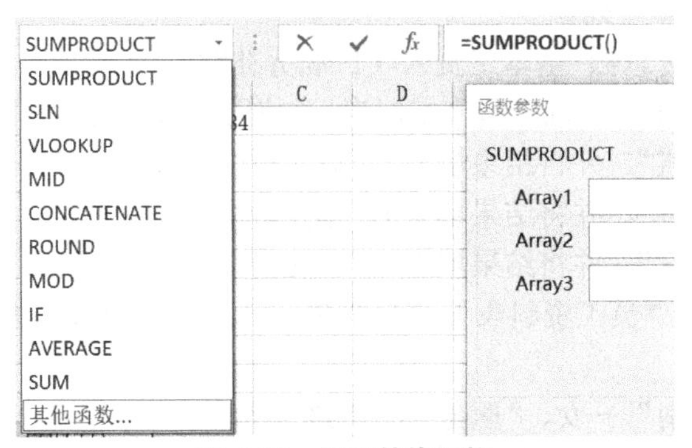

图 3-61　打开其他函数

第3步：在打开的“插入函数”对话框中选择“数学与三角函数”，在“函数”列表中选择“MOD”函数，单元“确定”按钮。

第4步：在弹出的 MOD“函数参数”对话框的“Number”（被除数）栏中输入已有数据区域“A1:A10”，在“Divisor”（除数）中输入“2”，表示能被 2 整除的是偶数，作为取余函数 MOD，当数据整除时结果是“0”，如图 3-62 所示。

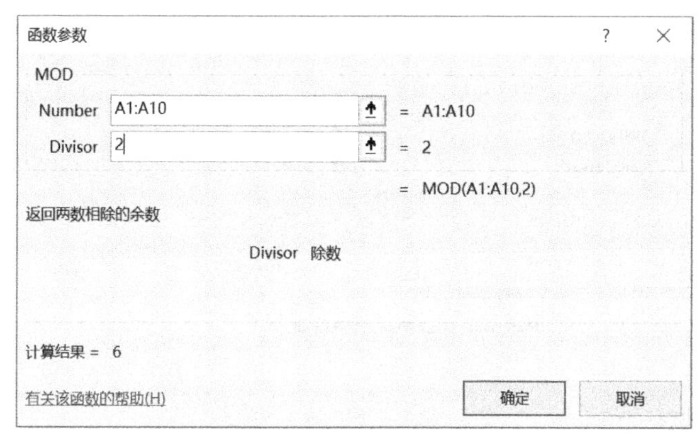

图 3-62　MOD 函数设置

第5步：单击“确定”按钮完成计算设置，结果是“6”。最终函数为“=SUMPRODUCT(MOD(A1:A10,2))”。

（2）要求 2 操作步骤

第1步：选择 Sheet5 工作表的 C1 单元格，单击编辑栏上的 fx 按钮，在“插入函数”对话框的“或选择类别”中选择“数学与三角函数”，然后选择函数“ROUND”，单击“确定”按钮。

第2步：在弹出的“函数参数”对话框中，选择“Number”参数文本区，单击 B1 单元格，选择“Num_digits”参数文本区，输入“-2”，如图 3-63 所示，单击“确定”按钮完成操作，编辑栏显示为“=ROUND(B1,-2)”。

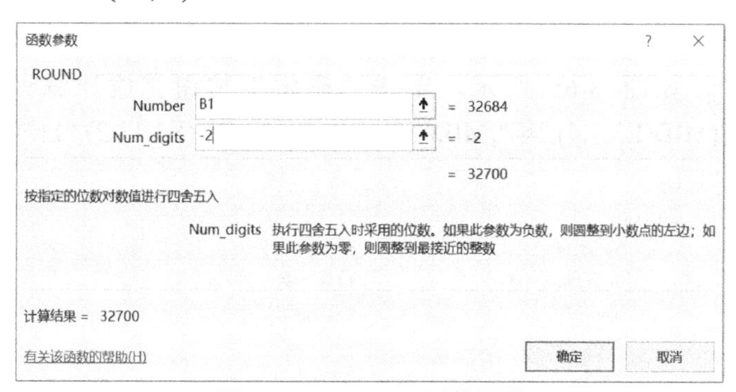

图 3-63　ROUND 函数设置

（3）要求 3 操作步骤

第1步：将光标定位到 Sheet1 的 G3 单元格中，单击编辑栏上的 fx 按钮，在“插入函数”对话框的“类别”中选择“全部”，然后选择函数“CONCATENATE”，单击“确定”按钮。

第2步：将光标定位到 CONCATENATE“函数参数”对话框的“Text1”后面的文本框中，单击编辑窗口左上角“名称”栏右侧的“▼”，在打开的“函数选项”列表中选择“其他函数...”。

第3步：在打开的“插入函数”对话框中，“或选择函数”中选择“文本”，在“选择函数”列表中选择“MID”函数。

第4步：确定后，在弹出的MID“函数参数”对话框的“Text”栏中选择E3单元格，在“Start_num”中输入“7”，在“Num_chars”中输入“4”，提取身份证号中的年份信息，如图3-64所示。单击“确定”按钮。

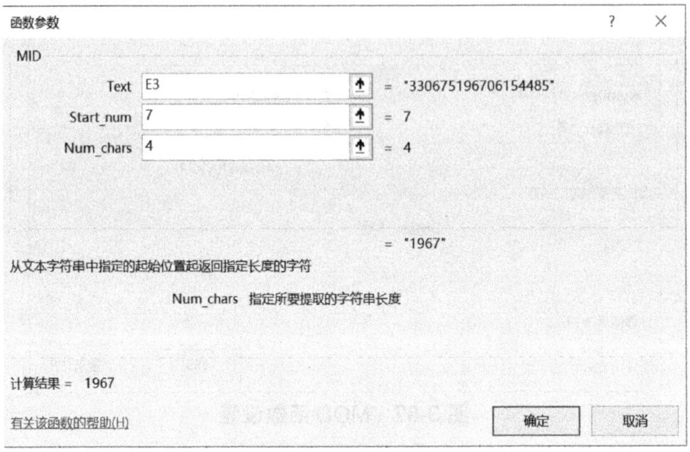

函数参数

MID

Text E3 = "330675196706154485"

Start_num 7 = 7

Num_chars 4 = 4

= "1967"

从文本字符串中指定的起始位置起返回指定长度的字符

Num_chars 指定所要提取的字符串长度

计算结果 = 1967

有关该函数的帮助(H) 确定 取消

图3-64 MID函数设置

第5步：继续单击编辑栏上的 f_x 按钮，回到CONCATENATE函数编辑状态，在“Text2”框中写上“"年"”。

第6步：在“Text3”框中插入MID函数，在MID函数的“Text”栏中选择E3单元格，在“Start_num”中输入“11”，在“Num_chars”中输入“2”，表示提取身份证号中的月份信息。

第7步：继续单击编辑栏上的 f_x 按钮，回到CONCATENATE函数编辑状态。在“Text4”框中写上“"月"”。

第8步：在“Text5”框中插入MID函数，在MID函数的“Text”栏中选择E3单元格，在“Start_num”中输入“13”，在“Num_chars”中输入“2”，表示提取身份证号中的日期信息。

第9步：继续单击编辑栏上的 f_x 按钮，回到CONCATENATE函数编辑状态。在“Text6”框中写上“"日"”，如图3-65所示。单击“确定”按钮完成计算设置，最终函数为“=CONCATENATE(MID(E3,7,4),"年",MID(E3,11,2),"月",MID(E3,13,2),"日")”。

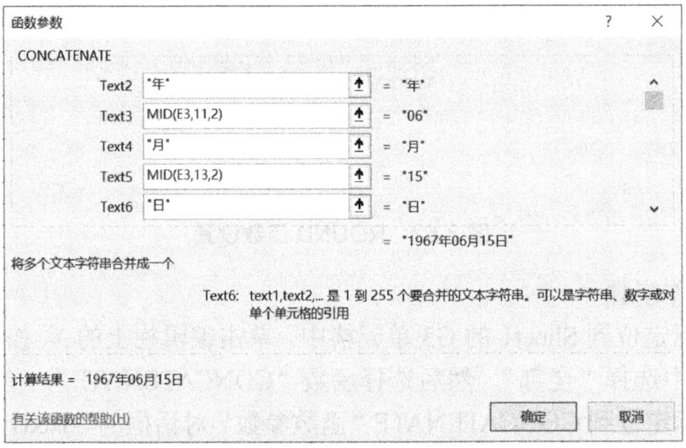

函数参数

CONCATENATE

Text2 "年" = "年"

Text3 MID(E3,11,2) = "06"

Text4 "月" = "月"

Text5 MID(E3,13,2) = "15"

Text6 "日" = "日"

= "1967年06月15日"

将多个文本字符串合并成一个

Text6: text1,text2,... 是 1 到 255 个要合并的文本字符串。可以是字符串、数字或对单个单元格的引用

计算结果 = 1967年06月15日

有关该函数的帮助(H) 确定 取消

图3-65 CONCATENATE函数参数设置

第10步：将光标移到 G3 单元格右下角的填充柄上，按住鼠标左键向下拖拉到 G38 单元格即可。

（4）要求 4 操作步骤

第1步：将光标定位到 Sheet1 的 J3 单元格中，单击编辑栏上的 f_x 按钮，在“插入函数”对话框的“或选择类别”中选择“查找与引用”，然后选择函数“VLOOKUP”，单击“确定”按钮。

第2步：将光标定位到“函数参数”对话框的“Lookup_value”文本框中，在当前工作表中搜索值“H3”，在“Table_array”文本框中，选择用于查找的数据源区域“A2:B6”，并设置引用为绝对引用，在“Col_index_num”框（满足条件的列序号）中输入“2”，在“Range_lookup”框中输入“FALSE”，如图 3-66 所示。

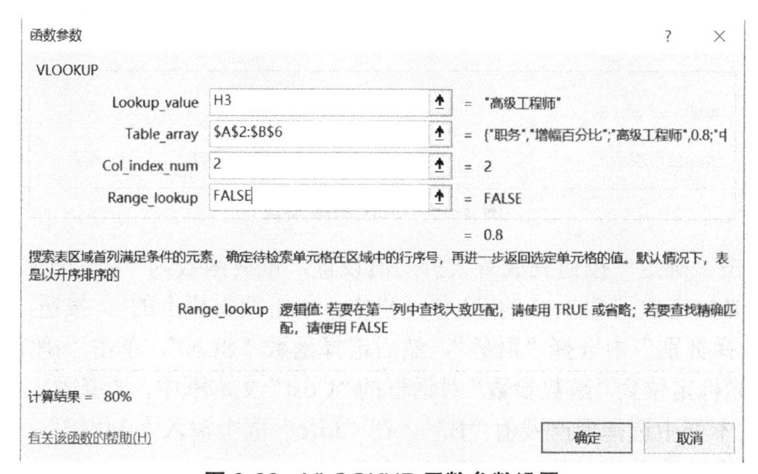

图 3-66　VLOOKUP 函数参数设置

第 3 步：单击“确定”按钮完成设置，编辑栏显示为“=VLOOKUP(H3,$A$2:$B$6,2,FALSE)”。将光标移到 J2 单元格右下角的填充柄上，按住鼠标左键向下拖拉到 J38 单元格即可。

（5）要求 5 操作步骤

第1步：选中 K3:K38 区域，在输入栏中输入“=”，然后选择区域“I3:I38”，继续输入“*(1+”，选择区域“J3:J38”，输入“)”，完成的公式为“=I3:I38*(1+J3:J38)”。

第2步：同时按住 Ctrl+Shift+Enter 组合键，编辑栏中显示“{=I3:I38*(1+J3:J38)}”，如图 3-67 所示。

{=I3:I38*(1+J3:J38)}

E	F	G	H	I	J	K
员工资料表						
身份证号码	性 别	出生日期	职务	基本工资	职务补贴率	工资总额
330675196706154485	男	1967年06月15日	高级工程师	3000	80%	5400
330675196708154432	女	1967年08月15日	中级工程师	3000	60%	4800
330675195302215412	男	1953年02月21日	高级工程师	3000	80%	5400
330675198603301836	女	1986年03月30日	助理工程师	3000	20%	3600
330675195308032859	男	1953年08月03日	高级工程师	3000	80%	5400
330675195905128755	女	1959年05月12日	高级工程师	3000	80%	5400

图 3-67　输入数组公式

（6）要求 6 操作步骤

第1步：将光标定位到 Sheet2 的 E2 单元格中，单击编辑栏上的 f_x 按钮，在“插入函数”

对话框的“或选择类别”中选择“财务”，然后选择函数“SLN”，单击“确定”按钮。

第2步：将光标定位到“函数参数”对话框的“Cost”文本框中，选择固定资产原值“B2”，在“Salvage”文本框中选择资产残值“B3”，在“Life”框中输入“B4*365”，如图3-68所示。

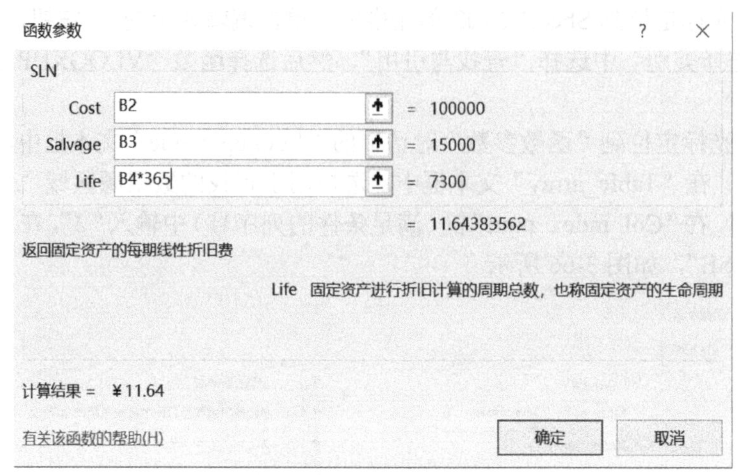

图3-68 SLN函数设置

第3步：单击“确定”按钮完成每天折旧值设置，最终函数为“=SLN(B2,B3,B4*365)”。

第4步：将光标定位到Sheet2的E3单元格中，单击编辑栏上的 f_x 按钮，在“插入函数”对话框的“或选择类别”中选择“财务”，然后选择函数“SLN”，单击“确定”按钮。

第5步：将光标定位到“函数参数”对话框的“Cost”文本框中，选择固定资产原值“B2”，在“Salvage”文本框中选择资产残值“B3”，在“Life”框中输入“B4*12”，单击“确定”按钮完成设置，最终函数为“=SLN(B2,B3,B4*12)”。

第6步：将光标定位到Sheet2的E4单元格中，单击编辑栏上的 f_x 按钮，在“插入函数”对话框的“或选择类别”中选择“财务”，然后选择函数“SLN”，单击“确定”按钮。

第7步：将光标定位到“函数参数”对话框的“Cost”文本框中，选择固定资产原值“B2”，在“Salvage”文本框中选择资产残值“B3”，在“Life”框中输入“B4”，单击“确定”按钮完成设置，最终函数为“=SLN(B2,B3,B4)”。

（7）要求7操作步骤

第1步：选择Sheet1中的D1:K38区域，单击右键，选择“复制”（或按Ctrl+C组合键复制），将光标移到Sheet3的A29单元格中，单击右键，依次选择“选择性粘贴”中的“值”和“格式”。

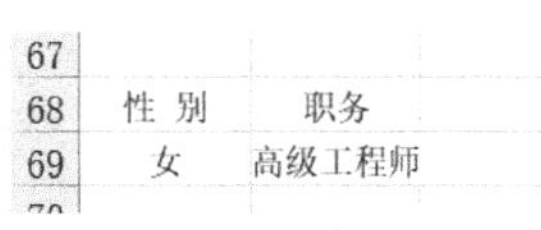

图3-69 高级筛选条件设置

第2步：在Sheet3表的A68和B68单元格中分别输入“性 别”和“职务”，在A69和B69单元格中分别输入“女”和“高级工程师”，如图3-69所示。

第3步：单击“数据”选项卡下“排序和筛选”功能组中的“高级”按钮，在打开的“高级筛选”对话框中选择“方式”为“将筛选结果复制到其他位置”，“列表区域”选择“$A$30:$H$66”，“条件区域”选择“$A$68:$B$69”，“复制到”框中输入“$J$5”，单击“确定”按钮完成设置。

（8）要求8操作步骤

第1步：将光标定位到Sheet4的A1单元格中，在“插入”选项卡的“图表”功能组中单击“数据透视图”按钮，在弹出的下拉列表中选择“数据透视图和数据透视表”，打开“创建数据透视表”对话框。

第2步：在“请选择要分析的数据”栏中选择“选择一个表或区域”，单击“表/区域”文本框，在 Sheet1 工作表中选择相关数据区域“D2:K38”，其他使用默认设置，如图 3-70 所示。

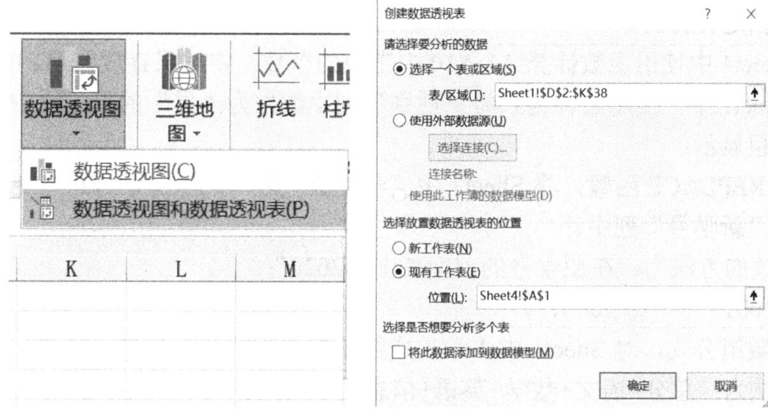

图 3-70　创建数据透视表设置

第3步：单击“确定”按钮，出现数据透视图表设置界面，如图 3-71 所示。

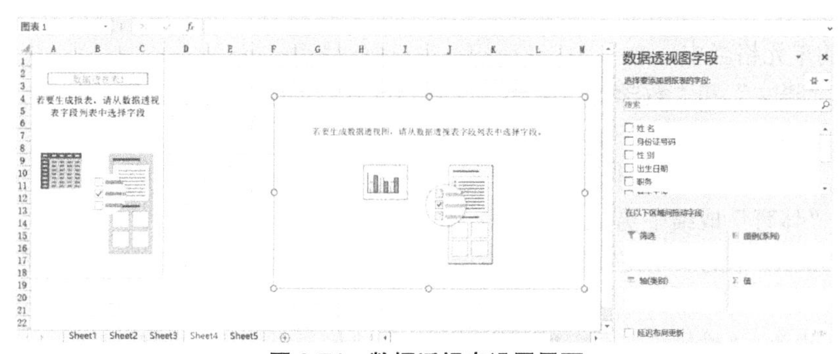

图 3-71　数据透视表设置界面

第4步：在当前“数据透视图字段”窗口中，将“选择要添加到报表的字段”下方的“性别”字段拖到“轴（类别）”下方的文本框中，将“职务”字段拖到“图例（系列）”下方的文本框中，将“职务”字段拖到“值”下方的文本框中，即完成数据透视表的设置，如图 3-72 所示。

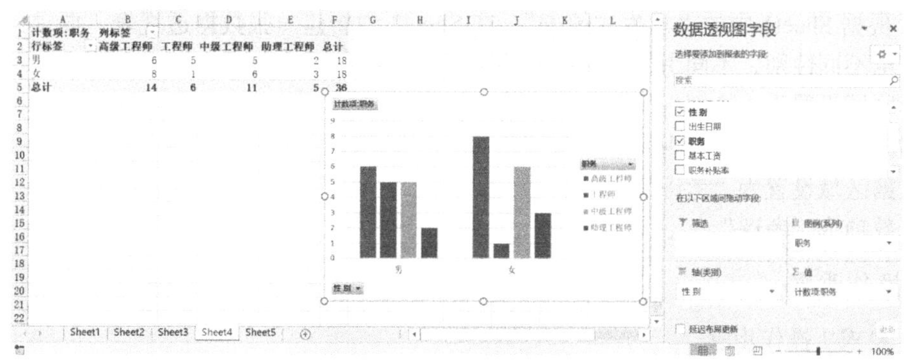

图 3-72　数据透视表界面

3.1.8 学生成绩表

1. 题目要求

在练习素材文件夹中，打开“第 3 章练习\3.1.8 学生成绩表.xlsx”文件，按以下要求操作，完成后保存到指定文件夹。

（1）在 Sheet4 中使用函数计算 A1:A10 中奇数的个数，将结果存放在 B1 单元格中。

（2）在 Sheet1 中，使用条件格式将“性别”列中数据为“男”的单元格中的字体颜色设置为红色、加粗显示。

（3）使用 REPLACE 函数，将 Sheet1 中“学生成绩表”的学生学号进行更改，并将更改的学号填入到“新学号”列中。

- 学号更改的方法为：在原学号的前面加上“2020”；
- 例如：“001” → “2020001”。

（4）使用数组公式，对 Sheet1 中“学生成绩表”的“总分”列进行计算。

- 计算方法为：总分=语文+数学+英语+信息技术+体育

（5）使用 IF 函数，根据以下条件，对 Sheet1 中“学生成绩表”的“考评”列进行计算。

- 条件：如果总分>=350，填充为“合格”；否则，填充为“不合格”。

（6）在 Sheet1 中，利用数据库函数及已设置的条件区域，根据以下情况计算，并将结果填入到相应的单元格当中。

- 计算：“语文”和“数学”成绩都大于或等于 85 分的学生人数；
- 计算：“体育”成绩大于或等于 90 分的女生的姓名；
- 计算：“体育”成绩中男生的平均分；
- 计算：“体育”成绩中男生的最高分。

（7）将 Sheet1 中的“学生成绩表”数据复制到 Sheet2 当中，并对 Sheet2 进行高级筛选。

① 要求：

- 筛选条件为：“性别”—男；“英语”—>90；“信息技术”—>95；
- 将筛选结果保存在 Sheet2 的 M5 单元格中。

② 注意：

- 无须考虑是否删除或移动筛选条件；
- 复制过程中，将标题项“学生成绩表”连同数据一同复制；
- 数据表必须顶格放置。

（8）根据 Sheet1 中的“学生成绩表”，在 Sheet3 中新建一张数据透视表。要求：

- 显示不同性别、不同考评结果的学生人数情况；
- 行区域设置为“性别”；
- 列区域设置为“考评”；
- 数据区域设置为“考评”；
- 计数项为“考评”。

2. 操作步骤

（1）要求 1 操作步骤

第 1 步：将光标定位到 Sheet4 的 B1 单元格中，单击编辑栏上的 *fx* 按钮，在“插入函数”

对话框的“或选择类别”中选择“数学与三角函数”，然后选择函数“SUMPRODUCT”，单击“确定”按钮，如图 3-73 所示。

第 2 步：将光标定位到“函数参数”对话框的“Array1”后面的文本框中，单击编辑窗口左上角“名称”栏右侧的“▼”，在打开的“函数选项”列表中选择“其他函数...”，如图 3-74 所示。

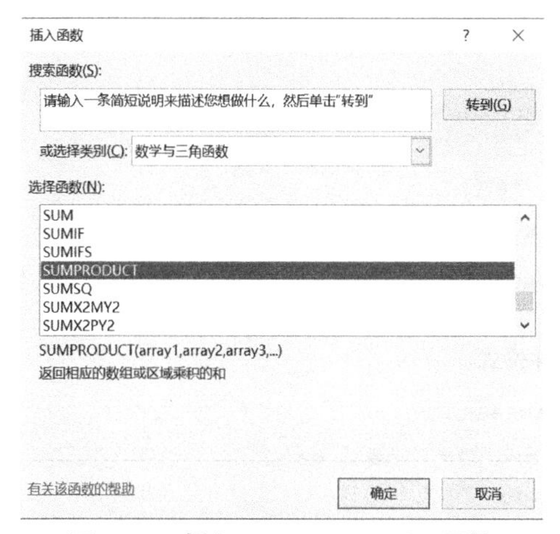

图 3-73　插入 SUMPRODUCT 函数

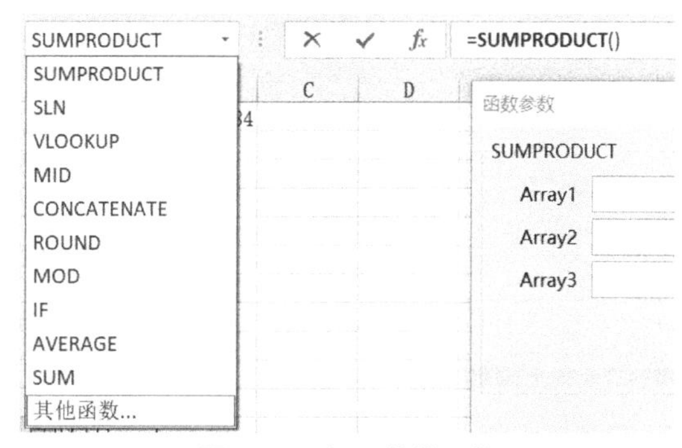

图 3-74　打开其他函数

第 3 步：在打开的“插入函数”对话框中选择“数学与三角函数”分类，在函数列表中选择“MOD”函数，单击“确定”按钮。

第 4 步：在弹出的 MOD“函数参数”对话框的“Number”（被除数）栏中输入已有数据区域“A1:A10”，在“Divisor”（除数）中输入“2”，表示能被 2 整除的是偶数，作为取余函数 MOD，当数据整除时结果是“0”，如图 3-75 所示。

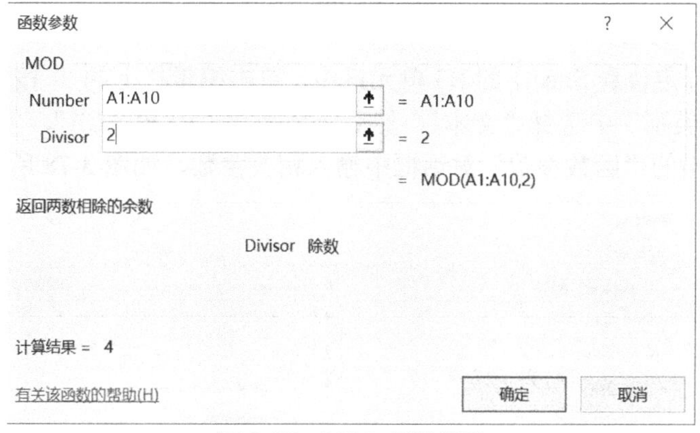

图 3-75　MOD 函数设置

第 5 步：单击“确定”按钮完成设置。最终函数为“=SUMPRODUCT(MOD(A1:A10,2))”。

（2）要求 2 操作步骤

第 1 步：选择 Sheet1 工作表的 D3:D24 区域，在“开始”选项卡的“样式”功能组中，选择“条件格式”，再选择“突出显示单元格规则”，在二级子菜单中选择“等于（E）...”，如图 3-76 所示。

第 2 步：在弹出的对话框的“为等于以下值的单元格设置格式”框中输入“男”，在“设置为”下拉框中选择“自定义格式...”。在弹出的“设置单元格格式”对话框中选择“字体”选项卡，设置“字形”为“加粗”，“颜色”为“红色”，单击“确定”按钮，如图 3-77 所示。

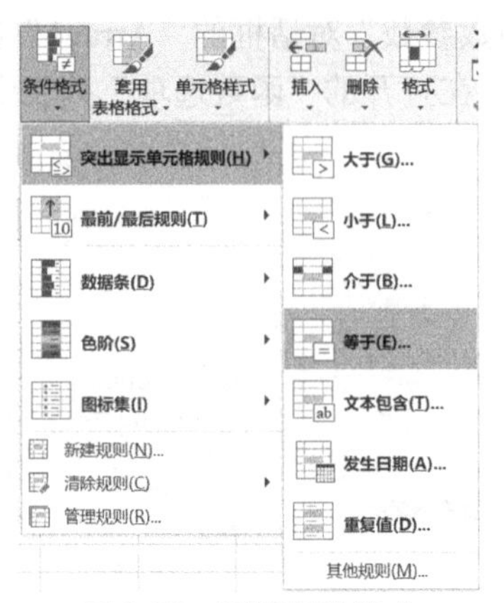

图 3-76 设置条件格式

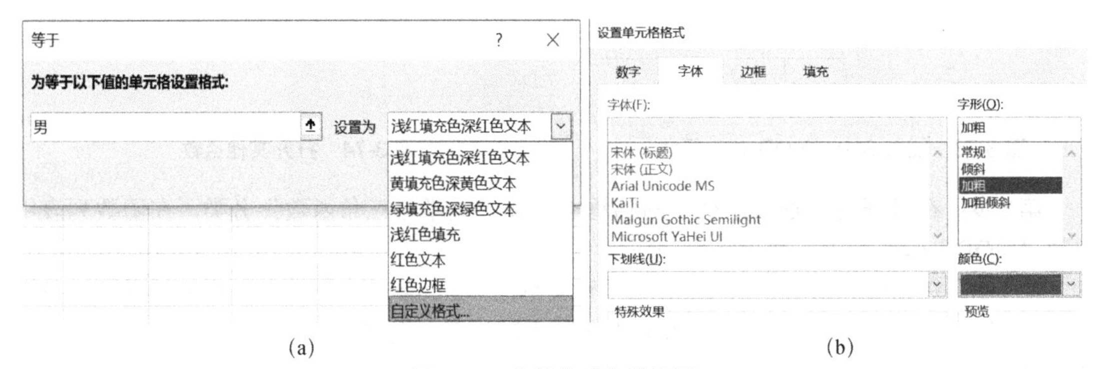

图 3-77 条件格式参数设置

（3）要求 3 操作步骤

第 1 步：将光标定位到 Sheet1 的 B3 单元格中，单击编辑栏上的 f_x 按钮，在“插入函数”对话框的“或选择类别”中选择“文本”，然后选择函数“REPLACE”，单击“确定”按钮。

第 2 步：在弹出的“函数参数”对话框中输入相关参数，如图 3-78 所示。

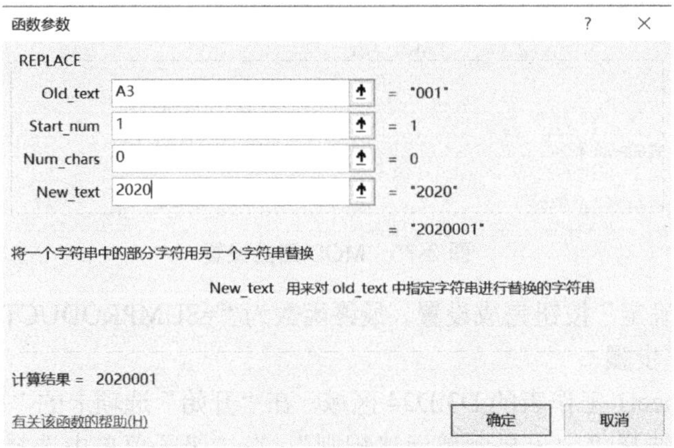

图 3-78 设置字符串替换函数

第 3 步：单击“确定”按钮，编辑栏中显示结果为“=REPLACE(A3,1,0,2020)”，双击 B3

单元格右下角的填充柄，对同列相关单元格填充结果。

（4）要求 4 操作步骤

第 1 步：选择 Sheet1 工作表的 J3:J24 区域，在编辑栏中输入“=E3:E24+F3:F24+G3:G24+H3:H24+I3:I24”。

第 2 步：同时按住 Ctrl+Shift+Enter 组合键，公式编辑栏显示“{=E3:E24+F3:F24+G3:G24+H3:H24+I3:I24}”，同时自动在 J3:J24 区域中得到计算结果，如图 3-79 所示。

{=E3:E24+F3:F24+G3:G24+H3:H24+I3:I24}

E	F	G	H	I	J	K
学生成绩表						
语文	数学	英语	信息技术	体育	总分	考评
88	98	82	85	90	443	
100	98	100	97	87	482	
89	87	87	85	70	418	
77	76	80	78	85	396	
98	96	89	99	80	462	
50	60	54	58	76	298	
97	94	89	90	81	451	

图 3-79 数组公式设置

（5）要求 5 操作步骤

第 1 步：将光标定位到 Sheet1 的 K3 单元格中，单击编辑栏上的 f_x 按钮，在“插入函数”对话框的“或选择类别”中选择“逻辑”，然后选择函数“IF”，单击“确定”按钮。

第 2 步：在弹出的对话框的参数“Logical_test”框中输入“J3>=350”，在“Value_if_true”框中输入“"合格"”，在“Value_if_false”框中输入“不合格”，如图 3-80 所示。

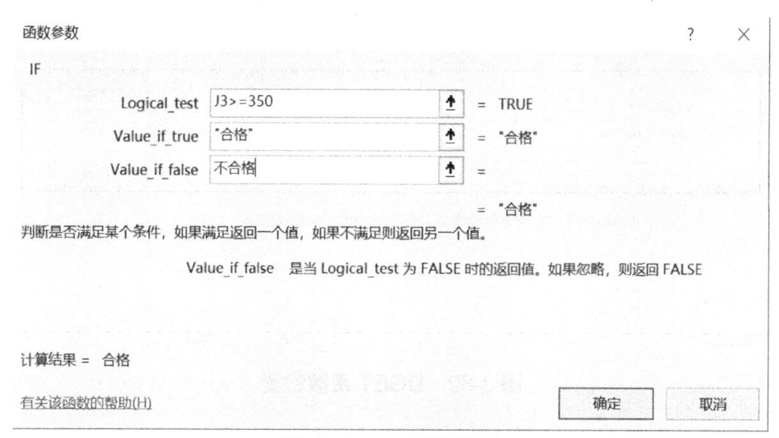

图 3-80 IF 函数设置

第 3 步：单击“确定”按钮，编辑栏中显示结果为“=IF(J3>=350,"合格","不合格")”，双击 K3 单元格右下角的填充柄，对同列相关单元格填充结果。

（6）要求 6 操作步骤

第 1 步：将光标定位到 Sheet1 的 I28 单元格中，单击编辑栏上的 f_x 按钮，在“插入函数”对话框的“或选择类别”中选择“数据库”，然后选择函数“DCOUNT”，单击“确定”按钮。

第 2 步：在弹出的对话框的参数“Database”框中输入“A2:K24”区域，在“Field”框中输入“E2”，在“Criteria”框中输入“M2:N3”，如图 3-81 所示。单击“确定”按钮，编辑栏中显示结果“=DCOUNT(A2:K24,E2,M2:N3)”。

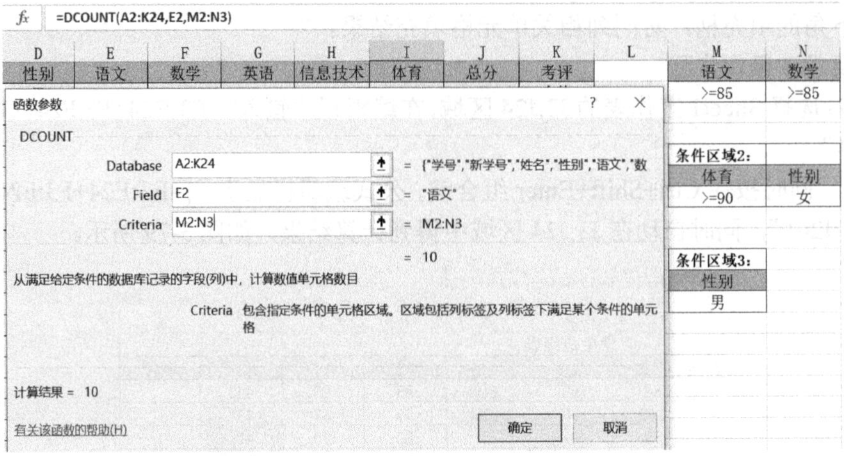

图 3-81　DCOUNT 函数设置

第3步：将光标定位到 Sheet1 的 I29 单元格中，单击编辑栏上的 *fx* 按钮，在“插入函数”对话框的“或选择类别”中选择“数据库”，然后选择函数“DGET”，单击“确定”按钮。

第4步：在弹出的对话框的参数“Database”框中输入“A2:K24”区域，在“Field”框中输入“C2”，在“Criteria”框中输入“M7:N8”，如图 3-82 所示。单击“确定”按钮，编辑栏中显示结果“=DGET(A2:K24,C2,M7:N8)”。

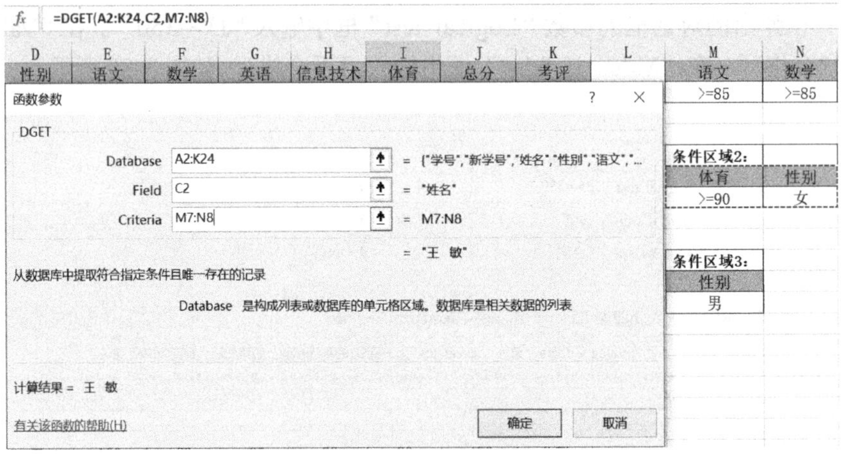

图 3-82　DGET 函数设置

第5步：将光标定位到 Sheet1 的 I30 单元格中，单击编辑栏上的 *fx* 按钮，在“插入函数”对话框的“或选择类别”中选择“数据库”，然后选择函数“DAVERAGE”，单击“确定”按钮。

第6步：在弹出的对话框的参数“Database”框中输入“A2:K24”区域，在“Field”框中输入“I2”，在“Criteria”框中输入“M12:M13”，如图 3-83 所示。单击“确定”按钮，编辑栏中显示结果“=DAVERAGE(A2:K24,I2,M12:M13)”。

第7步：将光标定位到 Sheet1 的 I31 单元格中，单击编辑栏上的 *fx* 按钮，在“插入函数”对话框的“或选择类别”中选择“数据库”，然后选择函数“DMAX”，单击“确定”按钮。

第8步：在弹出的对话框的参数“Database”框中输入“A2:K24”区域，在“Field”框中输入“I2”，在“Criteria”框中输入“M12:M13”，如图 3-84 所示。单击“确定”按钮，编辑栏中显示结果为“=DMAX(A2:K24,I2,M12:M13)”。

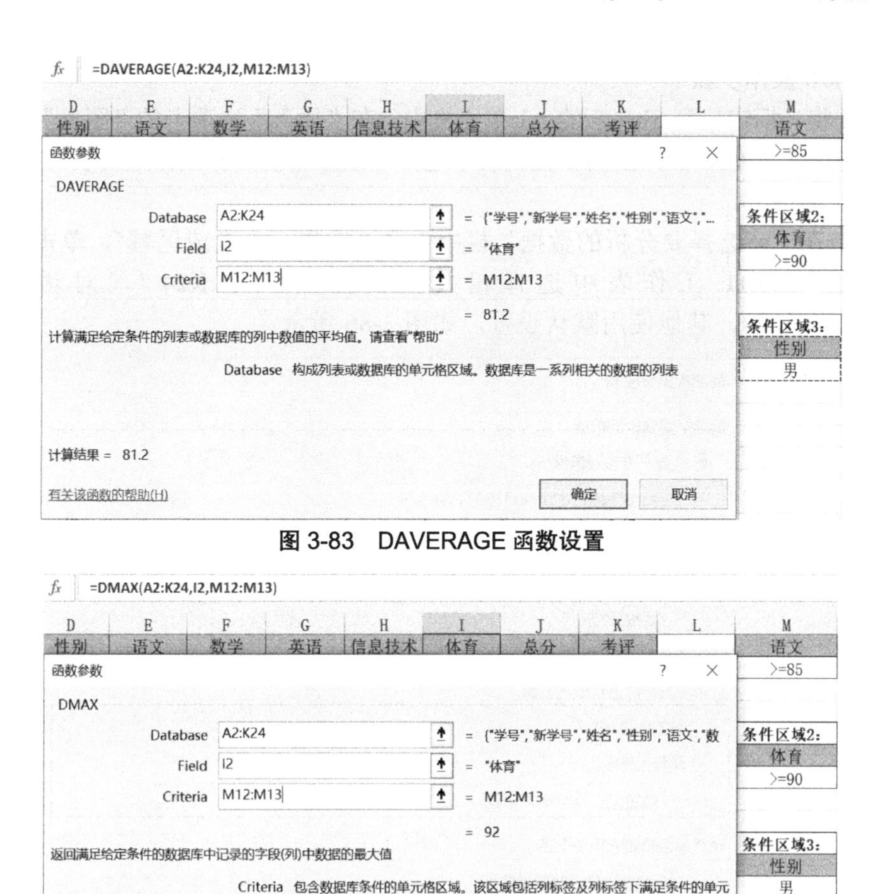

图 3-83　DAVERAGE 函数设置

图 3-84　DMAX 函数设置

（7）要求 7 操作步骤

第 1 步：选择 Sheet1 中的 A1:K24 区域，单击右键，选择“复制”（或按 Ctrl+C 组合键复制），将光标移到 Sheet2 的 A1 单元格中，单击右键，选择“粘贴”（或按 Ctrl+V 组合键粘贴）。

第 2 步：在 Sheet2 表右边空白单元格中，如 M1、N1 和 O1 单元格中分别输入“性别”“英语”“信息技术”，在对应单元格下一行（M2，N2，O2）中分别输入“男”“>90”“>95”。

第 3 步：单击“数据”选项卡的“排序和筛选”功能组中的“高级”按钮。在打开的“高级筛选”对话框中选择“方式”为“将筛选结果复制到其他位置”，“列表区域”选择“$A$2:$K$24”，“条件区域”选择“$M$1:$O$2”，“复制到”框中输入“$M$5”，如图 3-85 所示。单击“确定”按钮，完成设置。

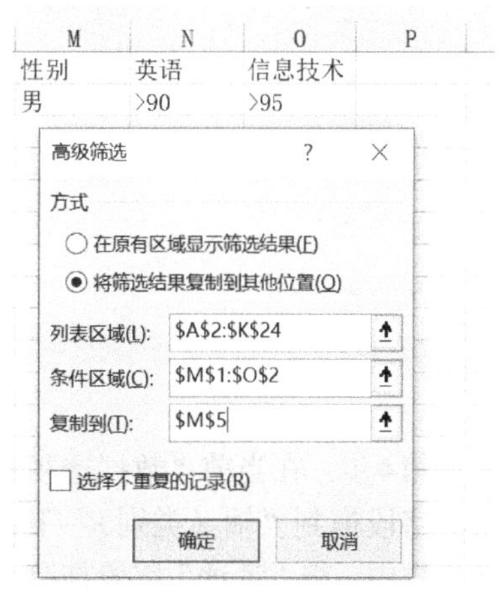

图 3-85　高级筛选区域设置

（8）要求8操作步骤

第1步：将光标定位到Sheet3的A1单元格中，在“插入”选项卡的“图表”功能组中单击“数据透视图”按钮，在弹出的下拉列表中选择“数据透视图和数据透视表”，打开“创建数据透视表”对话框。

第2步：在“请选择要分析的数据”栏中选择“选择一个表或区域”，单击“表/区域”文本框，在Sheet1工作表中选择相关数据区域“A2:K24”（对话框显示为Sheet1!$A$2:$K$24），其他使用默认设置，如图3-86所示。

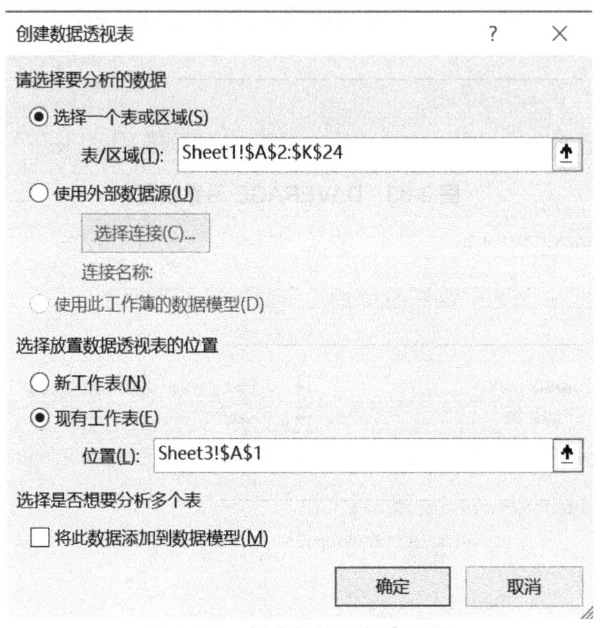

图3-86　创建数据透视表设置

第3步：单击“确定”按钮，出现数据透视图表设置界面，如图3-87所示。

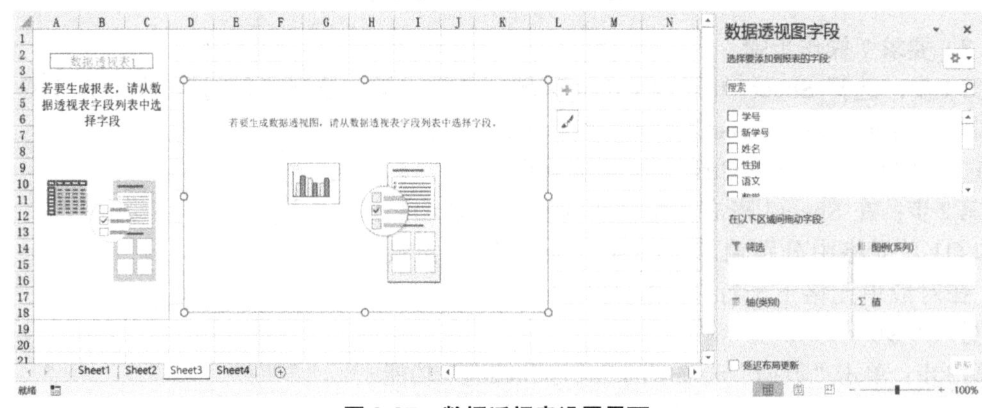

图3-87　数据透视表设置界面

第4步：在当前“数据透视图字段”窗口中，将“选择要添加到报表的字段”下方的“性别”字段拖到“轴（类别）”下方的文本框中，将“考评”字段拖到“图例（系列）”下方的文本框中，将“考评”字段拖到“值”下方的文本框中，即完成数据透视表的设置，如图3-88所示。

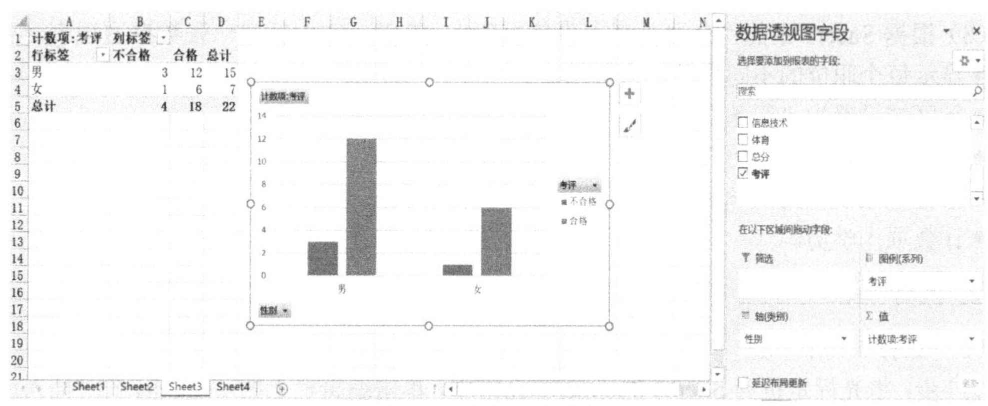

图 3-88 数据透视表界面

3.1.9 公司员工人事信息表

1. 题目要求

在练习素材文件夹中，打开“第 3 章练习\3.1.9 公司员工人事信息表.xlsx”文件，按以下要求操作，完成后保存到指定文件夹。

（1）在 Sheet4 中使用函数计算 A1:A10 中奇数的个数，将结果存放在 A12 单元格中。

（2）在 Sheet4 中设定 B 列中不能输入重复的数值。

（3）使用大小写转换函数，根据 Sheet1 中“公司员工人事信息表”的“编号”列，对“新编号”列进行填充。要求：把编号中的小写字母改为大写字母，并将结果保存在“新编号”列中。例如，“a001”更改后为“A001”。

（4）使用文本函数和时间函数，根据 Sheet1 中“公司员工人事信息表”的“身份证号码”列，计算用户的年龄，并保存在“年龄”列中。注意：

- 身份证的第 7～第 10 位表示出生年份；
- 计算方法为年龄=当前年份—出生年份。其中“当前年份”使用时间函数计算。

（5）在 Sheet1 中，利用数据库函数及已设置的条件区域，根据以下情况计算，并将结果填入相应的单元格当中。

- 计算：获取具有硕士学历，职务为经理助理的员工姓名，并将结果保存在 Sheet1 的 E31 单元格中。

（6）使用函数，判断 Sheet1 中 L12 和 M12 单元格中的文本字符串是否完全相同。注意：

- 如果完全相同，结果保存为 TRUE，否则保存为 FALSE。
- 将结果保存在 Sheet1 的 N11 单元格中。

（7）把 Sheet1 中的“公司员工人事信息表”复制到 Sheet2 中，并对 Sheet2 进行自动筛选。

① 要求：

- 筛选条件为：“籍贯”—广东、“学历”—硕士、“职务”—职员；
- 将筛选条件保存在 Sheet2 的 L5 单元格中。

② 注意：

- 复制过程中，将标题项“公司员工人事信息表”连同数据一同复制；
- 数据表必须顶格放置。

（8）根据 Sheet1 中的“公司员工人事信息表”，在 Sheet3 中新建一张数据透视表。要求：

- 显示每个职位的不同学历的人数情况；
- 行区域设置为“职务”；
- 列区域设置为“学历”；
- 数据区域设置为“学历”；
- 计数项为学历。

2. 操作步骤

（1）要求 1 操作步骤

第 1 步：将光标定位到 Sheet4 的 A12 单元格中，单击编辑栏上的 *fx* 按钮，在“插入函数”对话框的“或选择类别”中选择“数学与三角函数”，然后选择函数“SUMPRODUCT”，单击“确定”按钮，如图 3-89 所示。

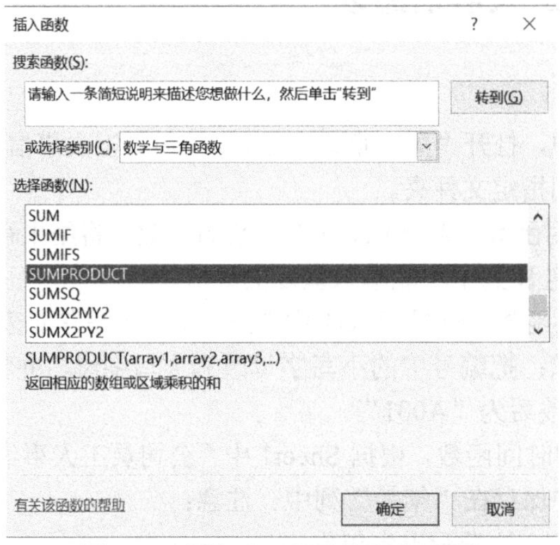

图 3-89　插入 SUMPRODUCT 函数

第 2 步：将光标定位到“函数参数”对话框的“Array1”后面的文本框中，单击编辑窗口左上角“名称”栏右侧的“▼”，在打开的“函数选项”列表中选择“其他函数...”，如图 3-90 所示。

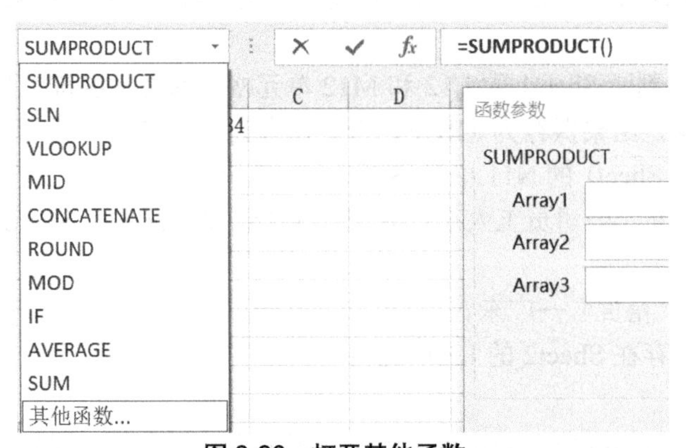

图 3-90　打开其他函数

第3步：在打开的“插入函数”对话框中选择“数学与三角函数”分类，在“选择函数”列表中选择“MOD”函数。

第4步：在 MOD“函数参数”对话框的“Number”（被除数）栏中输入已有数据区域“A1:A10”，在“Divisor”（除数）中输入“2”，表示能被 2 整除的是偶数，作为取余函数 MOD，当数据整除时结果是“0”，如图 3-91 所示。

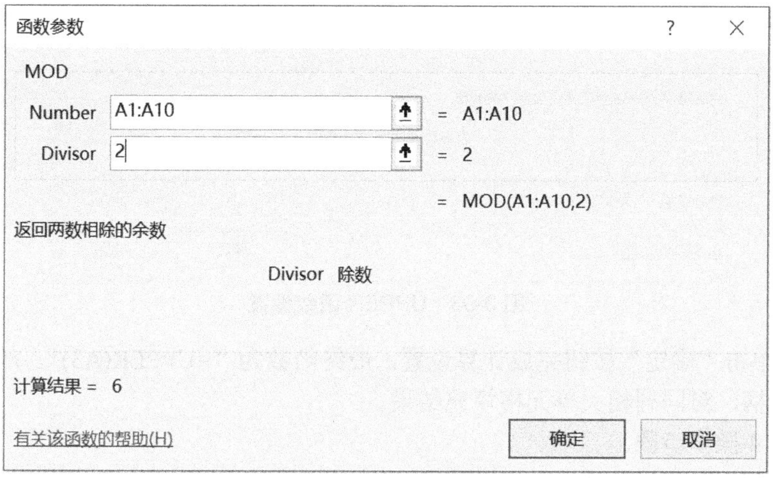

函数参数
MOD
Number A1:A10 = A1:A10
Divisor 2 = 2
= MOD(A1:A10,2)
返回两数相除的余数
Divisor 除数
计算结果 = 6
有关该函数的帮助(H)
确定 取消

图 3-91　MOD 函数设置

第5步：单击“确定”按钮完成计算设置，结果是“6”。最终函数为“=SUMPRODUCT(MOD(A1:A10,2))”。

（2）要求 2 操作步骤

第1步：选择 Sheet4 工作表的 B 列，在“数据”选项卡“数据工具”功能中，单击“数据验证”按钮，打开“数据验证”对话框。

第2步：在“设置”选项卡中，“允许”选择“自定义”，“公式”栏中输入“=COUNTIF(B:B,B1)=1”，如图 3-92 所示，单击“确定”按钮完成设置。

图 3-92　设置数据验证

（3）要求 3 操作步骤

第1步：将光标定位到 Sheet1 的 B3 单元格中，单击编辑栏上的 f_x 按钮，在“插入函数”

对话框的“或选择类别”中选择“文本”，然后选择函数“UPPER”，单击“确定”按钮。

第2步：将光标定位到“函数参数”对话框“Text”后面的文本框中，选择“A3”，如图3-93所示。

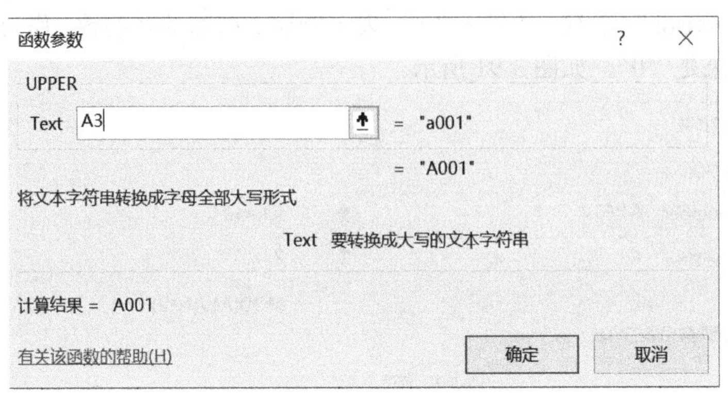

图3-93　UPPER函数设置

第3步：单击“确定”按钮完成计算设置，最终函数为“=UPPER(A3)”。双击B3单元格右下角的填充柄，对同列相关单元格填充结果。

（4）要求4操作步骤

第1步：将光标定位到Sheet1的F3单元格中，单击编辑栏上的 *fx* 按钮，在“插入函数”对话框的“或选择类别”中选择“日期和时间”，然后选择函数“YEAR”，单击“确定”按钮。

第2步：在“Serial_number”框中输入当前日期函数“TODAY()”，表示获取当前年份，单击“确定”按钮。

第3步：在编辑栏后输入减号“-”，然后插入MID函数，在MID“函数参数”对话框的“Text”栏中选择“G3”单元格，在“Start_num”中输入“7”，在“Num_chars”中输入“4”，表示提取身份证号中的年份信息，如图3-94所示。

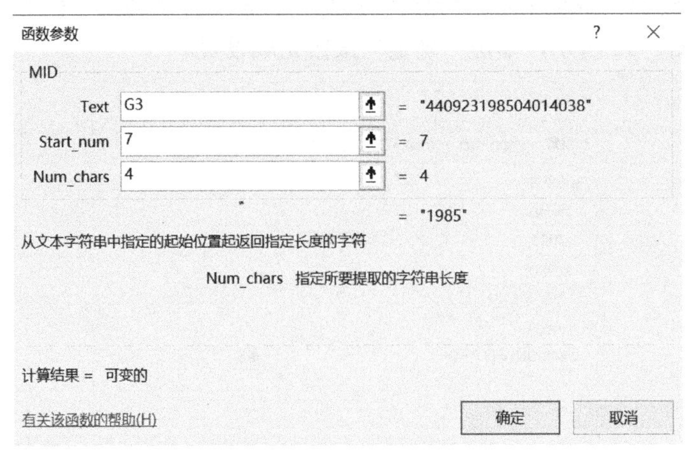

图3-94　MID函数设置

第4步：单击“确定”按钮完成计算设置，最终函数为“=YEAR(TODAY())-MID(G3,7,4)”。双击F3单元格右下角的填充柄，对同列相关单元格填充结果。

（5）要求5操作步骤

第1步：将光标定位到Sheet1的E31单元格中，单击编辑栏上的 *fx* 按钮，在“插入函数”

对话框的“或选择类别”中选择“数据库”，然后选择函数“DGET”，单击“确定”按钮。

第2步：在参数“Database”框中输入“A2:J27”区域，在“Field”框中输入“C2”，在“Criteria”框中输入“L3:M4”，如图 3-95 所示。单击“确定”按钮，编辑栏中显示为“=DGET(A2:J27,C2,L3:M4)”。

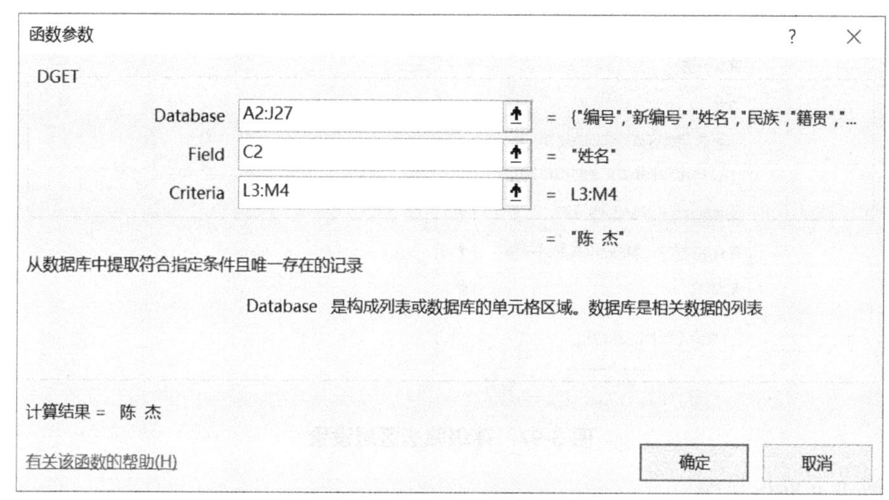

图 3-95 DGET 函数设置

（6）要求 6 操作步骤

第1步：将光标定位到 Sheet1 的 N11 单元格中，单击编辑栏上的 f_x 按钮，在“插入函数”对话框的“或选择类别”中选择“文本”，然后选择函数“EXACT”，单击“确定”按钮。

第2步：在参数“Text1”框中输入“L12”，在“Text2”框中输入“M12”，如图 3-96 所示。单击“确定”按钮，编辑栏中显示为“=EXACT(L12,M12)”。

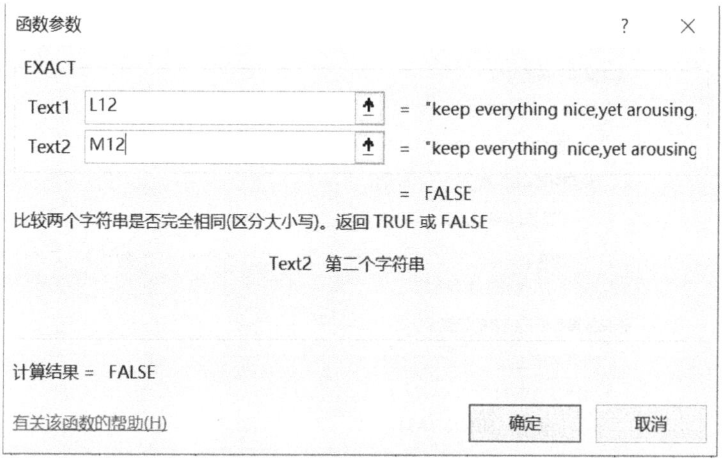

函数参数
EXACT
Text1 L12 = "keep everything nice,yet arousing.
Text2 M12 = "keep everything nice,yet arousing
= FALSE
比较两个字符串是否完全相同(区分大小写)。返回 TRUE 或 FALSE
Text2 第二个字符串
计算结果 = FALSE
有关该函数的帮助(H)
确定
取消

图 3-96 EXACT 函数设置

（7）要求 7 操作步骤

第1步：选择 Sheet1 中的 A1:J27 区域，单击右键，选择“复制”（或按 Ctrl+C 组合键复制），将光标移到 Sheet2 的 A1 单元格中，单击右键，选择“粘贴”（或按 Ctrl+V 组合键粘贴）。

第2步：在 Sheet2 表的 L5 单元格中输入“籍贯”，在 M5 和 N5 单元格中分别输入“学历”

和“职务”，在L6、M6和N6单元格中分别输入“广东”“硕士”“职员”。

第3步：单击“数据”选项卡的“排序和筛选”功能组中的“高级”按钮。在打开的“高级筛选”对话框中“列表区域”选择“$A$2:$J$27”，“条件区域”选择“$L$5:$N$6”（对话框显示为Sheet2!$L$5:$N$6），如图3-97所示。单击“确定”按钮，完成设置。

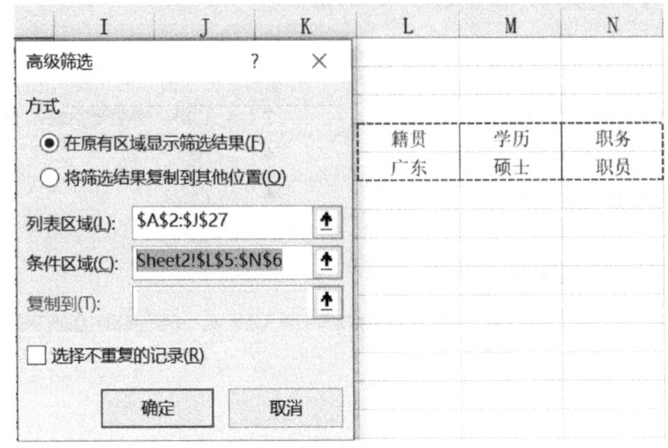

图3-97　高级筛选区域设置

（8）要求8操作步骤

第1步：将光标定位到Sheet3的A1单元格中。在“插入”选项卡的“图表”功能组中单击“数据透视图”按钮，在弹出的下拉列表中选择“数据透视图和数据透视表”，打开“创建数据透视表”对话框。

第2步：在“请选择要分析的数据”栏中选择“选择一个表或区域”，单击“表/区域”文本框，在Sheet1工作表中选择相关数据区域“A2:J27”（对话框显示为Sheet1!$A$2:$J$27），其他使用默认设置，如图3-98所示。

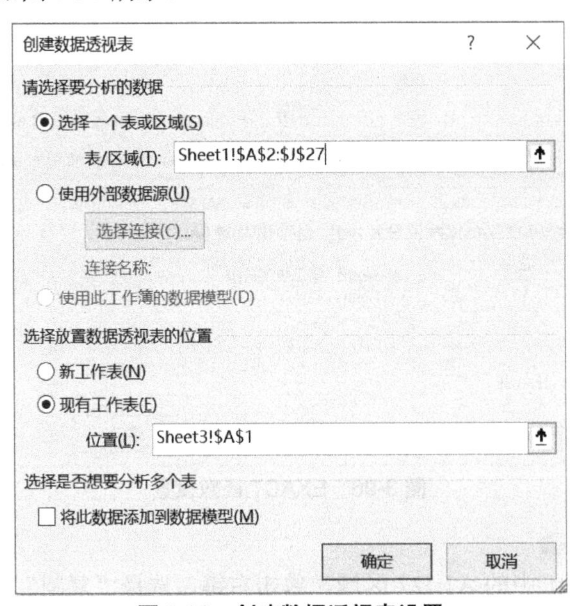

图3-98　创建数据透视表设置

第3步：单击“确定”按钮，出现数据透视图表设置界面，如图3-99所示。

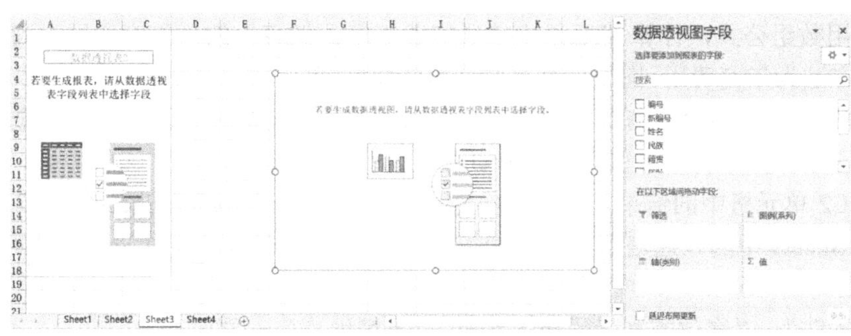

图 3-99　数据透视表设置界面

第4步：在当前“数据透视图字段”窗口中，将“选择要添加到报表的字段”下方的“职务”字段拖到“轴（类别）”下方的文本框中，将“学历”字段拖到“图例（系列）”下方的文本框中，再将“学历”字段拖到“值”下方的文本框中，即完成数据透视表的设置，如图 3-100 所示。

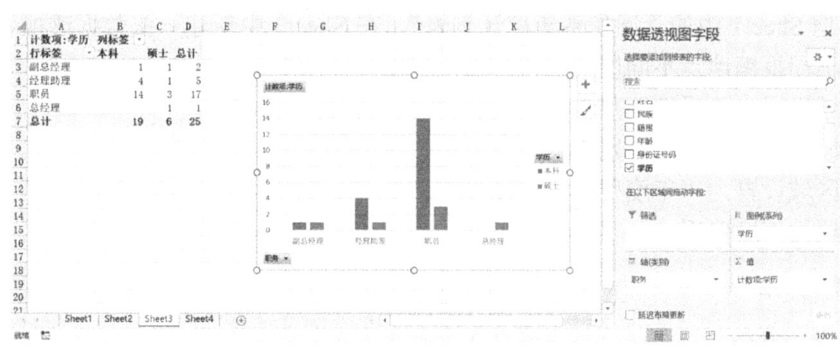

图 3-100　数据透视表界面

3.1.10　通信费年度计划表

1. 题目要求

在练习素材文件夹中，打开“第 3 章练习\3.1.10 通信费年度计划表.xlsx”文件，按以下要求操作，完成后保存到指定文件夹。

（1）在 Sheet4 的 B1 单元格中输入公式，判断当前年份是否为闰年，结果为 TRUE 或 FALSE。

- 闰年定义：年数能被 4 整除而不能被 100 整除，或者能被 400 整除的年份。

（2）在 Sheet1 中，使用条件格式将“岗位类别”列中单元格数据按下列要求显示：

- 数据为“副经理”的单元格中字体颜色设置为红色、加粗显示；
- 数据为“服务部”的单元格中字体颜色设置为蓝色、加粗显示。

（3）使用 VLOOKUP 函数，根据 Sheet1 中的“岗位最高限额明细表”，填充“通信费年度计划表”中的“岗位标准”列。

（4）使用 INT 函数，计算 Sheet1 中“通信费年度计划表”的“预计报销总时间”列。要求：

- 每月以 30 天计算；
- 将结果填充在“预计报销总时间”列中。

（5）使用数组公式，计算 Sheet1 中“通信费年度计划表”的“年度费用”列。

- 计算方法为年度费用=岗位标准×预计报销总时间。

（6）根据 Sheet1 中“通信费年度计划表”的“年度费用”列，计算预算总金额。要求：

- 使用函数计算并将结果保存在 Sheet1 的 C2 单元格中。
- 根据 C2 单元格中的结果，将其转换为金额大写形式，保存在 Sheet1 的 F2 单元格中。

（7）将 Sheet1 中的“通信费年度计划表”复制到 Sheet2 中，并对 Sheet2 进行自动筛选。

① 要求：

- 筛选条件为：“岗位类别”—技术研发、“报销地点”—武汉；
- 将筛选条件保存在 Sheet2 的 K6 单元格中。

② 注意：

- 复制过程中，将标题项“通信费年度计划表”连同数据一同复制；
- 复制数据表后，进行粘贴时，数据表必须顶格放置；
- 复制过程中，数据保持一致。

（8）根据 Sheet1 中的“通信费年度计划表”，在 Sheet3 中新建一张数据透视表。要求：

- 显示不同报销地点不同岗位的年度费用情况；
- 行区域设置为“报销地点”；
- 列区域设置为“岗位类别”；
- 数据区域设置为“年度费用”；
- 求和项为年度费用。

2. 操作步骤

（1）要求 1 操作步骤

第 1 步：将光标定位到 Sheet4 的 B1 单元格中，单击编辑栏上的 f_x 按钮，在“插入函数”对话框的“或选择类别”中选择“逻辑”，然后选择函数“OR”，单击“确定”按钮。

第 2 步：在 OR“函数参数”对话框中，条件“Logical1”文本框中输入闰年的第一种判断方式，即“年数能被 4 整除而不能被 100 整除”，由于是一组并列条件，需嵌入 AND 函数。

第 3 步：转到 AND“函数参数”对话框，分别在“Logical1”框中输入条件“MOD(YEAR(TODAY()),4)=0”（即年份能被 4 整除），在“Logical2”框中输入条件“MOD(YEAR(TODAY()),100)>0”（即年份不能被 100 整除），如图 3-101 所示。

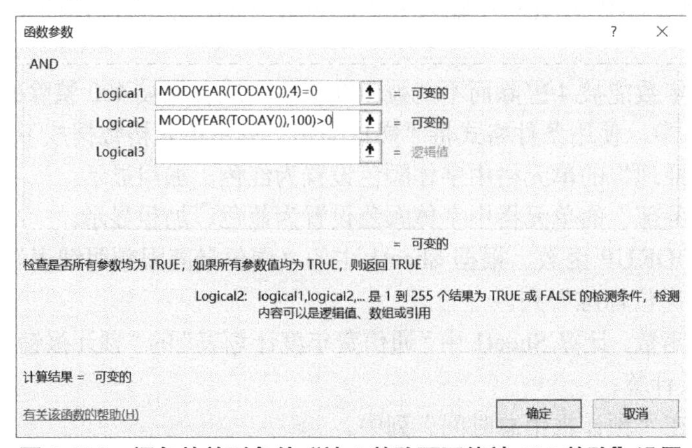

图 3-101 闰年的并列条件“被 4 整除而不能被 100 整除”设置

第4步：在编辑栏中单击 AND 函数的结尾处（最后一个“)”符号前），回到 OR“函数参数”对话框。在“Logical2”框中输入第二个判断条件“能被 400 整除的年份”的条件“MOD(YEAR(TODAY()),400)=0”，如图 3-102 所示。

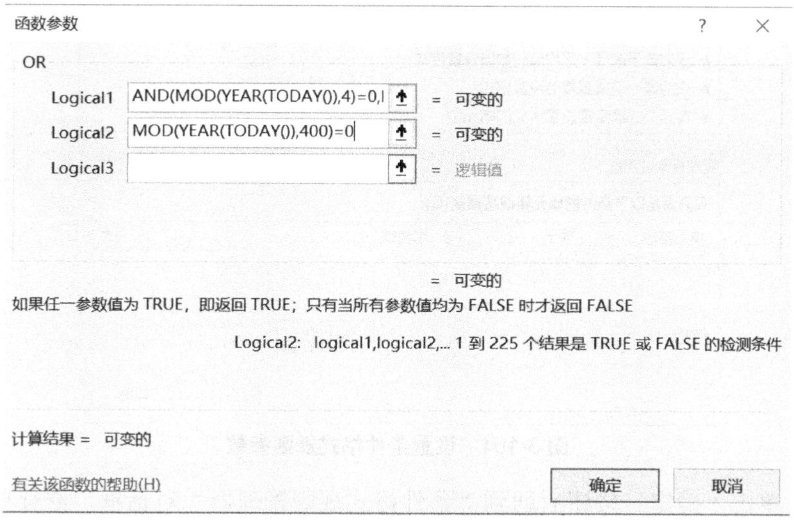

函数参数
OR
Logical1 AND(MOD(YEAR(TODAY()),4)=0,I = 可变的
Logical2 MOD(YEAR(TODAY()),400)=0 = 可变的
Logical3 = 逻辑值
= 可变的
如果任一参数值为 TRUE，即返回 TRUE；只有当所有参数值均为 FALSE 时才返回 FALSE
Logical2: logical1,logical2,... 1 到 225 个结果是 TRUE 或 FALSE 的检测条件
计算结果 = 可变的
有关该函数的帮助(H)　确定　取消

图 3-102　通过 OR 函数表达闰年的两组判断方式

第5步：单击“确定”按钮，在 B1 单元格中给出的完整表达式为：

“ =OR(AND(MOD(YEAR(TODAY()),4)=0,MOD(YEAR(TODAY()),100)>0),MOD(YEAR(TODAY()),400)=0)”。

（2）要求 2 操作步骤

第1步：选择 Sheet1 中的 C4:C26 单元格区域，在“开始”选项卡的“样式”功能组中单击“条件格式”按钮，在弹出的“条件格式”操作列表中选择“管理规则”。

第2步：在打开的“条件格式规则管理器”对话框中，单击“新建规则”按钮，如图 3-103 所示。

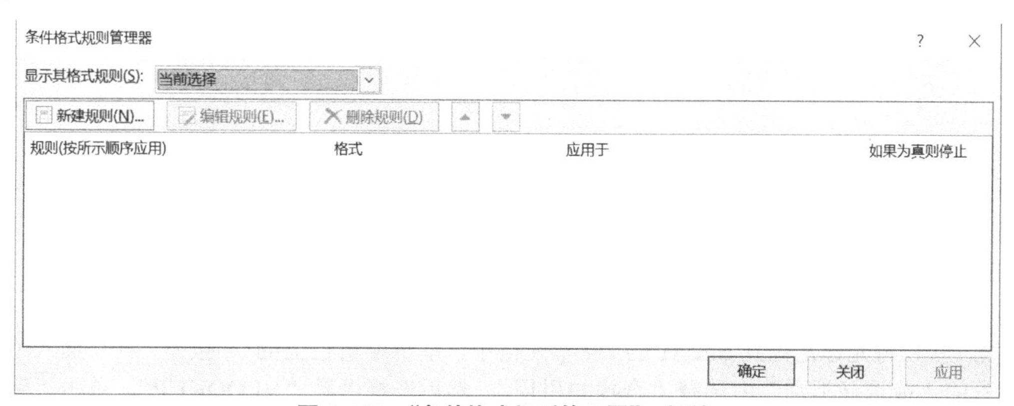

图 3-103　“条件格式规则管理器”对话框

第3步：在打开的“新建格式规则”对话框中，选择“只为包含以下内容的单元格设置格式”，设置“单元格值”“等于”“副经理”，如图 3-104 所示。单击“格式”按钮，在弹出的“设置单元格格式”对话框中选择“字体”选项卡，设置“字形”为“加粗”，“颜色”为“红色”。

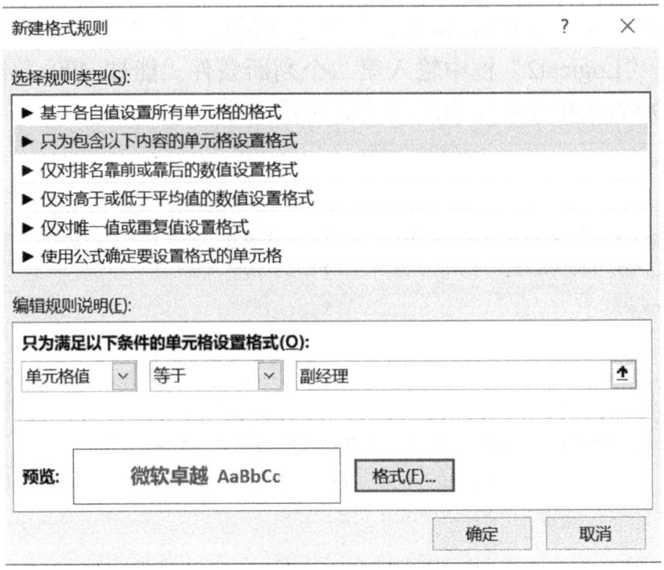

新建格式规则

选择规则类型(S):

- 基于各自值设置所有单元格的格式
- 只为包含以下内容的单元格设置格式
- 仅对排名靠前或靠后的数值设置格式
- 仅对高于或低于平均值的数值设置格式
- 仅对唯一值或重复值设置格式
- 使用公式确定要设置格式的单元格

编辑规则说明(E):

只为满足以下条件的单元格设置格式(O):

单元格值　等于　副经理

预览：微软卓越 AaBbCc　格式(F)...

确定　取消

图 3-104　设置条件格式规则参数

第4步：单击“确定”按钮后回到“条件格式规则管理器”对话框，继续单击“新建规则”按钮。在打开的“新建格式规则”对话框中选择“只为包含以下内容的单元格设置格式”，设置“单元格值”“等于”“服务部”。单击“格式”按钮，在弹出的“设置单元格格式”对话框中选择“字体”选项卡，设置“字形”为“加粗”，“颜色”为“蓝色”，单击“确定”按钮。“条件格式规则管理器”内容如图 3-105 所示。

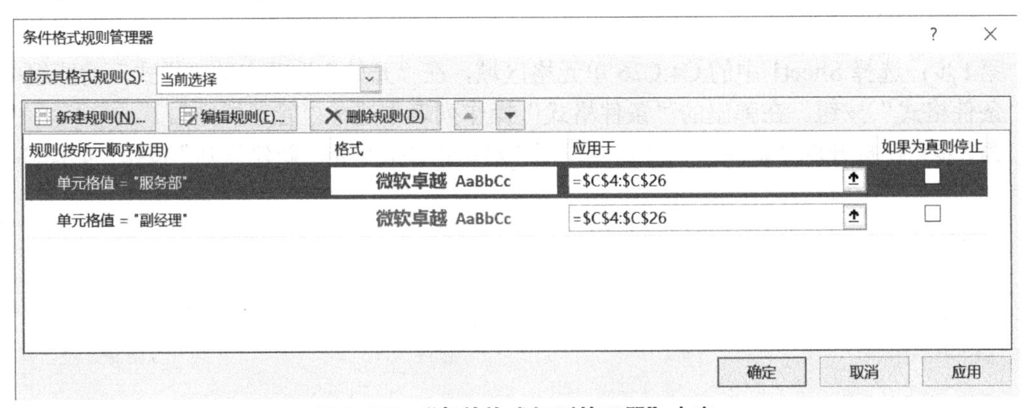

图 3-105　“条件格式规则管理器”内容

第5步：单击“确定”按钮完成设置。

（3）要求 3 操作步骤

第1步：将光标定位到 Sheet1 的 D4 单元格中，单击编辑栏上的 *fx* 按钮，在“插入函数”对话框的“或选择类别”中选择“查找与引用”，然后选择函数“VLOOKUP”，单击“确定”按钮。

第2步：将光标定位到“函数参数”对话框的“Lookup_value”文本框中，在当前工作表中搜索值“C4”，在“Table_array”文本框中，选择用于查找的数据源区域“K4:L12”，并设置引用为绝对引用，在“Col_index_num”框（满足条件的列序号）中输入“2”，在“Range_lookup”框中输入“FALSE”，如图 3-106 所示。

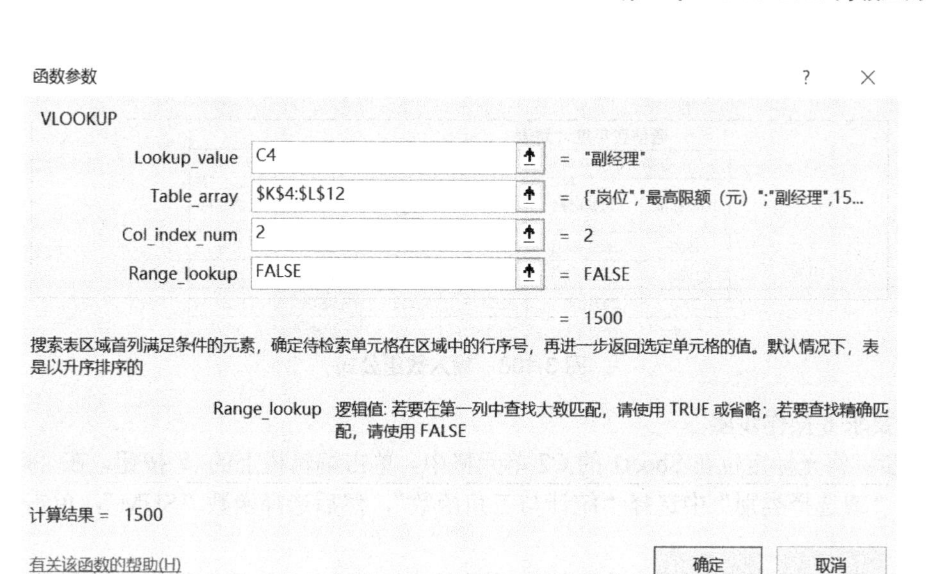

图 3-106　VLOOKUP 函数设置

第 3 步：单击“确定”按钮完成设置，最终函数为“=VLOOKUP(C4,$K$4:$L$12,2,FALSE)”。将光标移到 D4 单元格右下角的填充柄上，按住鼠标左键向下拖拉到 D26 单元格即可。

（4）要求 4 操作步骤

第 1 步：将光标定位到 Sheet1 的 G4 单元格中，单击编辑栏上的 f_x 按钮，在“插入函数”对话框的“或选择类别”中选择“数学与三角函数”，然后选择函数“INT”，单击“确定”按钮。

第 2 步：在 INT“函数参数”对话框中，在“Number”框中输入数值“(F4-E4)/30”，得出预计报销总月数，如图 3-107 所示。

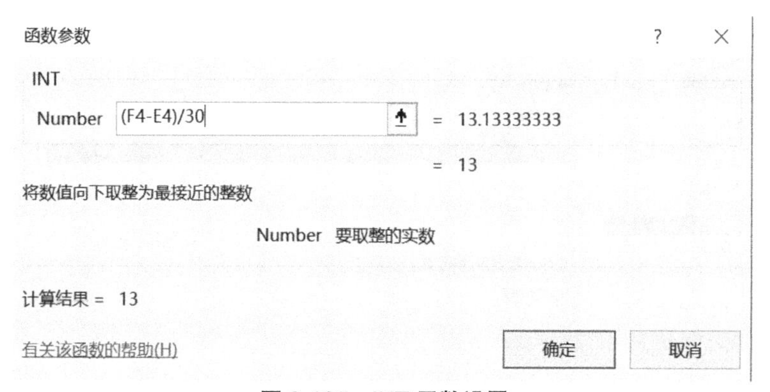

图 3-107　INT 函数设置

第 3 步：单击“确定”按钮完成设置，最终函数为“=INT((F4-E4)/30)”。将光标移到 G4 单元格右下角的填充柄上，按住鼠标左键向下拖拉到 G26 单元格即可。

（5）要求 5 操作步骤

第 1 步：选中 H4:H26 区域，在输入栏中输入“=”，然后选择区域“D4:D26”，输入“*”号，选择区域“G4:G26”。

第 2 步：同时按住 Ctrl+Shift+Enter 组合键，公式编辑栏显示“{=D4:D26*G4:G26}”，如图 3-108 所示。

fx {=D4:D26*G4:G26}

D	E	F	G	H	I
通信费年度计划表					
金额（大写）:					
岗位标准	起始时间	截止时间	预计报销总时间	年度费用	报销地点
1500	2004年6月	2005年6月	13	19500	上海
1200	2004年7月	2005年5月	11	13200	北京
2000	2004年6月	2005年5月	12	24000	长沙
1800	2004年8月	2005年7月	12	21600	北京

图 3-108　输入数组公式

（6）要求 6 操作步骤

第 1 步：将光标定位在 Sheet1 的 C2 单元格中，单击编辑栏上的 fx 按钮，在“插入函数”对话框的“或选择类别”中选择“统计与三角函数”，然后选择函数“SUM”，单击“确定”按钮。

第 2 步：将光标定位到“函数参数”对话框的“Number1”文本框中，选择“H4:H26”区域，单击“确定”按钮完成计算，编辑栏显示结果为“=SUM(H4:H26)”。

第 3 步：选中 C2 单元格，单击右键，选择“复制”（或按 Ctrl+C 组合键复制），将光标移到 F2 单元格中，单击右键，选择“粘贴”（或按 Ctrl+V 组合键粘贴）。

第 4 步：单击右键，选择“设置单元格格式”，在打开的对话框中选择“数字”选项卡，“分类”选择“特殊”，“类型”选择“中文大写数字”，如图 3-109 所示。

图 3-109　设置大写转换

第 5 步：单击“确定”按钮，完成金额大写转换。

（7）要求 7 操作步骤

第 1 步：选择 Sheet1 中的 A1:I26 区域，单击右键，选择“复制”（或按 Ctrl+C 组合键复制），将光标移到 Sheet2 的 A1 单元格中，单击右键，依次选择“选择性粘贴”中的“值”和“格式”，如图 3-110 所示。

第 2 步：在 Sheet2 表的 K6 单元格中输入“岗位类别”，在 L6 单元格中输入“报销地点”，在 K7 和 L7 单元格中分别输入“技术研发”和“武汉”。

第3步：单击“数据”选项卡的“排序和筛选”功能组中的“高级”按钮，在“高级筛选”对话框中“列表区域”选择“$A$3:$I$26”，“条件区域”选择“$K$6:$L$7”，如图 3-111 所示。单击“确定”按钮，完成设置。

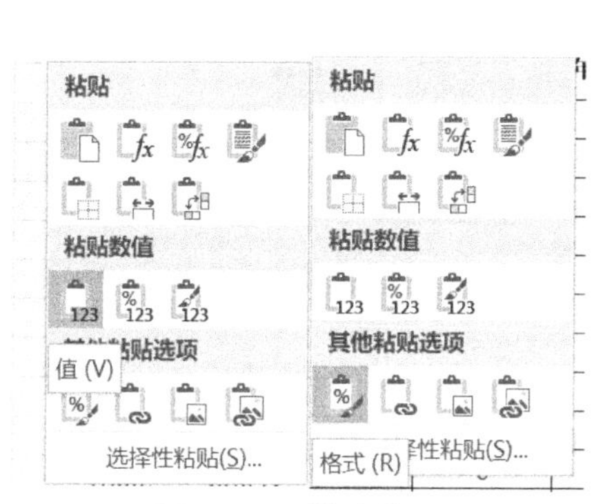

图 3-110　粘贴选项

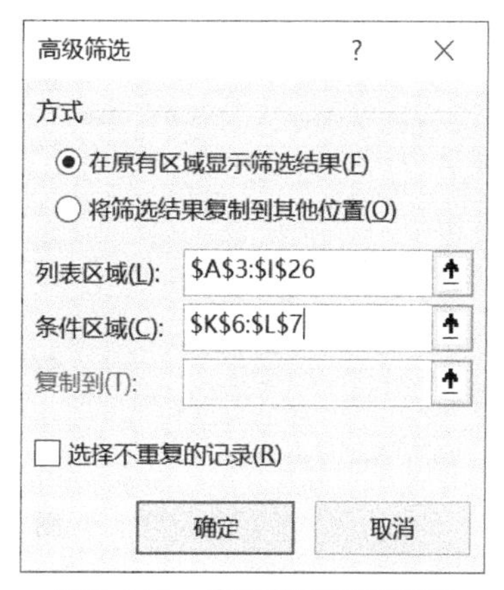

图 3-111　高级筛选区域设置

（8）要求 8 操作步骤

第1步：选中 Sheet1 的 A3:I26 单元格区域，在“插入”选项卡的“图表”功能组中单击“数据透视图”按钮，在弹出的下拉列表中选择“数据透视图和数据透视表”，打开“创建数据透视表”对话框。

第2步：在“选择放置数据透视表的位置”处选择“现有工作表”，在“位置”处选择 Sheet3 的 A1 单元格（对话框显示为 Sheet3!$A$1），如图 3-112 所示。

图 3-112　创建数据透视表设置

第3步：单击“确定”按钮，出现数据透视图表设置界面。在“数据透视图字段”窗口中，将“选择要添加到报表的字段”下方的“报销地点”字段拖到“轴（类别）”下方的文本框中，将“岗位类别”字段拖到“图例（系列）”下方的文本框中，将“年度费用”字段拖到“值”下方的文本框中，即完成数据透视表的设置，如图 3-113 所示。

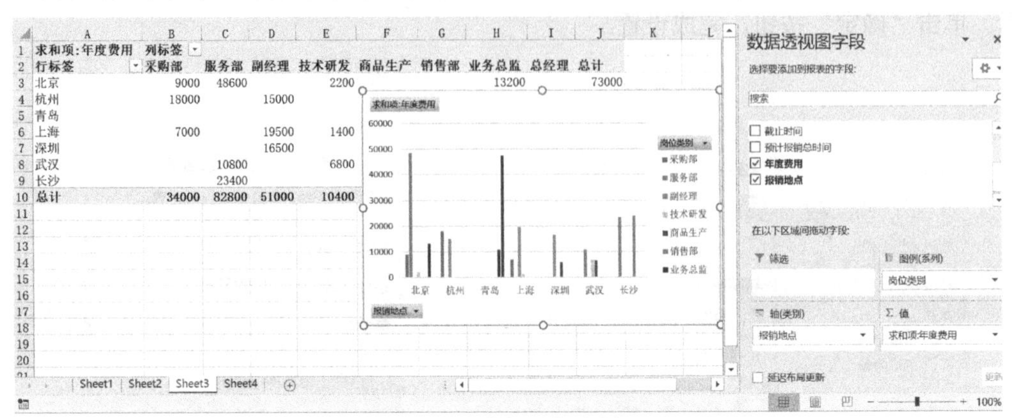

图 3-113　数据透视表界面

3.1.11　零件检测结果表

1. 题目要求

在练习素材文件夹中，打开“第 3 章练习\3.1.11 零件检测结果表.xlsx”文件，按以下要求操作，完成后保存到指定文件夹中。

（1）在 Sheet4 的 A1 单元格中输入分数 1/3。

（2）在 Sheet4 中，使用函数，将 B1 单元格中的时间四舍五入到最接近的 15 分钟的倍数，结果存放在 C1 单元格中。

（3）使用数组公式，根据 Sheet1 中“零件检测结果表”的“外轮直径”和“内轮直径”列，计算内外轮差，并将结果表保存在“轮差”列中。

- 计算方法为轮差=外轮直径-内轮直径。

（4）使用 IF 函数，对 Sheet1 中“零件检测结果表”的“检测结果”列进行填充。要求：

- 如果“轮差”<4mm，测量结果保存为“合格”，否则为“不合格”；
- 将计算结果保存在 Sheet1 中“零件检测结果表”的“检测结果”列中。

（5）使用统计函数，根据以下要求进行计算，并将结果保存在相应位置。

① 要求：

- 统计轮差为 0 的零件个数，并将结果保存在 Sheet1 的 K4 单元格中；
- 统计零件的合格率，并将结果保存在 Sheet1 的 K5 单元格中。

② 注意：

- 计算合格率时，分子分母必须用函数计算；
- 合格率的计算结果保存为数值型小数点后两位。

（6）使用文本函数，判断 Sheet1 中“字符串 2”在“字符串 1”中的起始位置并把返回结果保存在 Sheet1 的 K9 单元格中。

（7）把 Sheet1 中的“零件检测结果表”复制到 Sheet2 中，并进行自动筛选。

① 要求：

- 筛选条件为“制作人员”—赵俊峰、“检测结果”—合格；

● 将筛选结果保存在 Sheet2 的 H5 单元格中。

② 注意：

● 复制过程中，将标题项“零件检测结果表”连同数据一同复制；

● 数据表必须顶格放置。

（8）根据 Sheet1 中的“零件检测结果表”，在 Sheet3 中新建一张据透视表。要求：

● 显示每个制作人员制作的不同检测结果的零件个数情况；

● 行区域设置为“制作人员”；

● 列区域设置为“检测结果”；

● 数据区域设置为“检测结果”；

● 计数项为检测结果。

2. 操作步骤

（1）要求 1 操作步骤

将光标定位到 Sheet4 的 A1 单元格中，依次输入“0”、空格、“1/3”，按回车键即可。或先右键单击 A1 单元格，选择“设置单元格格式”。在打开的对话框的“数字”选项卡中选择“分类”为“分数”，即设置单元格数据类型为分数，如图 3-114 所示，确定后再输入“1/3”。

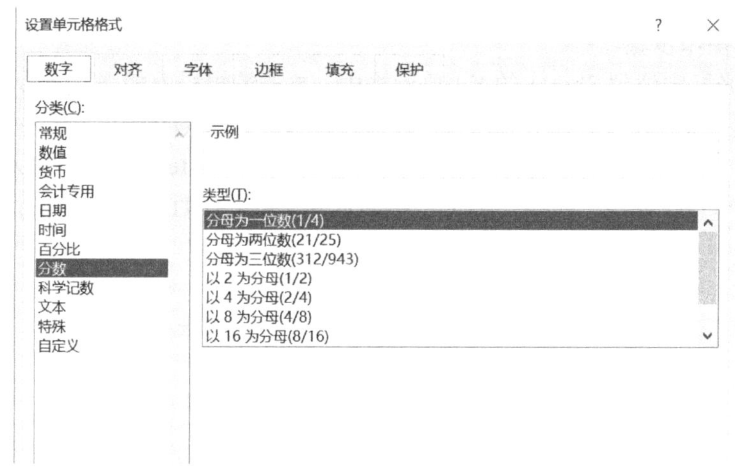

图 3-114　单元格格式设置

（2）要求 2 操作步骤

选择 Sheet4 中的 C1 单元格，在编辑栏中输入“=HOUR(B1)&":"&MROUND(MINUTE(B1),15)”。其中 MROUND 为指定舍入函数，即返回一个舍入到所需倍数的数字，HOUR、MIUNTE 分别为小时函数、分函数，即返回时间中的小时数和分钟数。

符号“&”为文本字符串连接符，用于链接单元格的字符串，使结果形成时间显示样式。

（3）要求 3 操作步骤

第 1 步：在 Sheet1 工作表中选择“轮差”列的记录项单元格“D3:D50”区域，在编辑栏中输入“=B3:B50-C3:C50”。

第 2 步：同时按住 Ctrl+Shift+Enter 组合键，完成数组公式“{=B3:B50-C3:C50}”。

（4）要求 4 操作步骤

第 1 步：将光标定位到 Sheet1 的 E3 单元格中，单击编辑栏上的 f_x 按钮，在“插入函数”

对话框的“或选择类别”中选择“逻辑”，然后选择函数“IF”，单击“确定”按钮。

第2步：在参数“Logical_test”框中输入“D3<4”，在“Value_if_true”框中输入“合格”，在“Value_if_false”框中输入“不合格”，如图3-115所示。

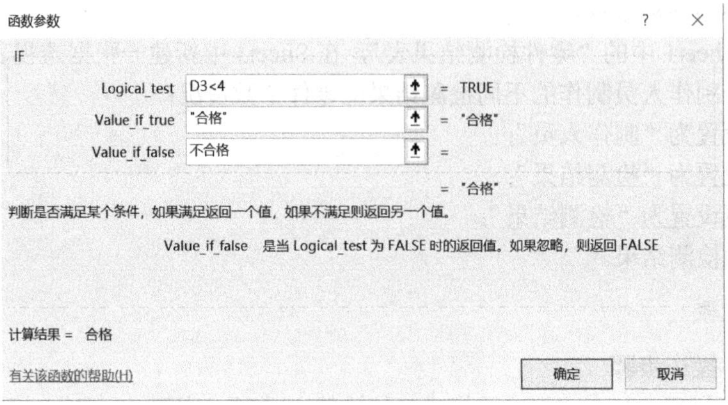

函数参数

IF

Logical_test　D3<4　= TRUE

Value_if_true　"合格"　= "合格"

Value_if_false　不合格　=

= "合格"

判断是否满足某个条件，如果满足返回一个值，如果不满足则返回另一个值。

Value_if_false　是当 Logical_test 为 FALSE 时的返回值。如果忽略，则返回 FALSE

计算结果 = 合格

有关该函数的帮助(H)　确定　取消

图 3-115　IF 函数设置

第3步：单击“确定”按钮，在编辑栏中显示结果为“=IF(D3<4,"合格","不合格")”，双击E3单元格右下角的填充柄，对同列相关单元格填充结果。

（5）要求5操作步骤

第1步：将光标定位到Sheet1的K4单元格中，单击编辑栏上的 *fx* 按钮，在“插入函数”对话框的“或选择类别”中选择“统计”，然后选择函数“COUNTIF”，单击“确定”按钮。

第2步：在“Range”框中选择区域“D3:D50”，在“Criteria”框中输入条件“0”，如图3-116所示，单击“确定”按钮，编辑栏中显示为“=COUNTIF(D3:D50,0)”。

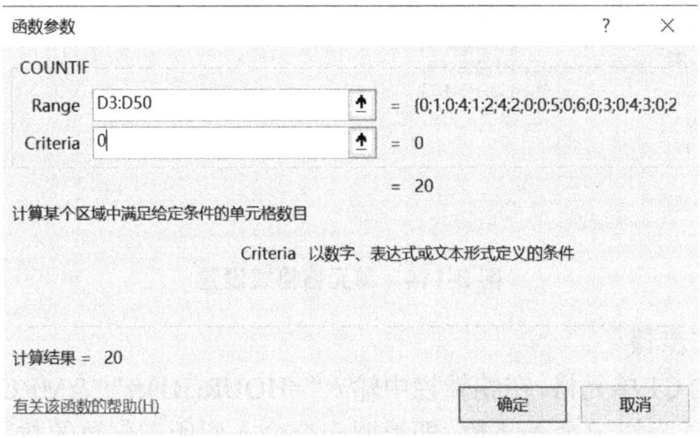

函数参数

COUNTIF

Range　D3:D50　= {0;1;0;4;1;2;4;2;0;0;5;0;6;0;3;0;4;3;0;2

Criteria　0　= 0

= 20

计算某个区域中满足给定条件的单元格数目

Criteria　以数字、表达式或文本形式定义的条件

计算结果 = 20

有关该函数的帮助(H)　确定　取消

图 3-116　COUNTIF 函数设置

第3步：将光标定位到Sheet1的K5单元格中，单击编辑栏上的 *fx* 按钮，在“插入函数”对话框的“或选择类别”中选择“统计”，然后选择函数“COUNTIF”，单击“确定”按钮。

第4步：在“Range”框中选择区域“D3:D50”，在“Criteria”框中输入条件“合格”，单击“确定”按钮。

第5步：在编辑栏COUNTIF公式后输入除号“/”，然后单击编辑栏上的 *fx* 按钮，在“插入函数”对话框的“或选择类别”中选择“统计”，选择函数“COUNTA”，单击“确定”按钮。

第6步：在“Value1”框中选择区域“E3:E50”，单击“确定”按钮，编辑栏显示为

“=COUNTIF(E3:E50,"合格")/COUNTA(E3:E50)”，如图 3-117 所示。

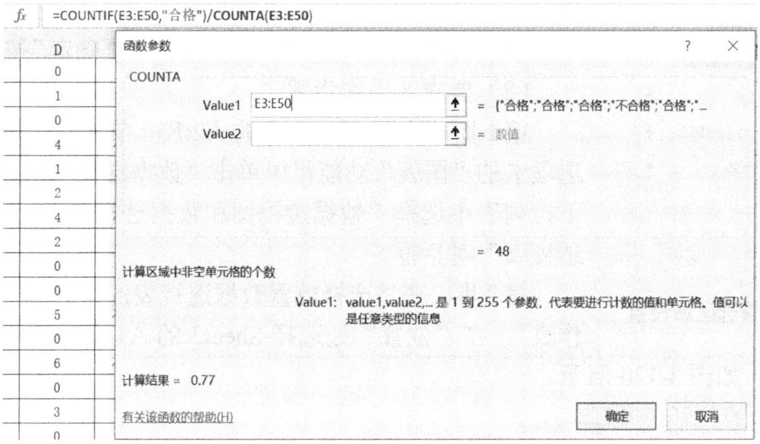

图 3-117　COUNTA 函数设置

第 7 步：选择 K5 单元格，单击右键，选择“设置单元格格式”。在打开的对话框的“数字”选项卡中选择“分类”为“数值”，然后设置“小数位数”为“2”。

（6）要求 6 操作步骤

第 1 步：将光标定位到 Sheet1 的 K9 单元格中，单击编辑栏上的 *fx* 按钮，在“插入函数”对话框的“或选择类别”中选择“文本”，然后选择函数“FIND”，单击“确定”按钮。

第 2 步：在“Find_text”框中选择单元格“J9”，表示要查找的字符串，在“Within_text”框中输入选择单元格“I9”，表示要在其中进行搜索的字符串，因从第一个字符开始搜索，故第三个参数可以省略，如图 3-118 所示，单击“确定”按钮。最终函数为“=FIND(J9,I9)”。

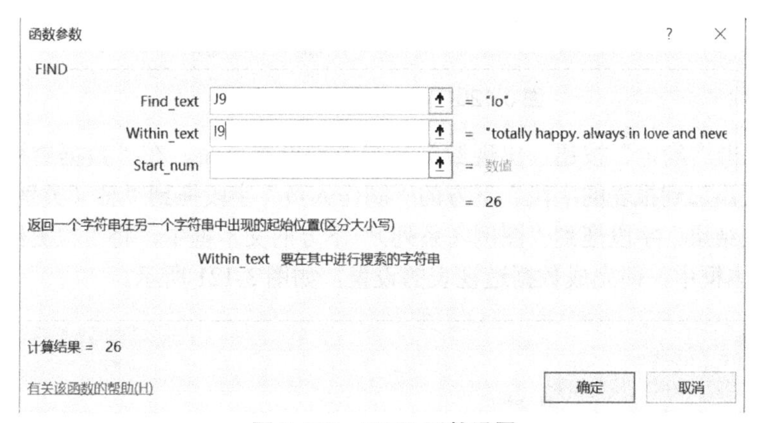

图 3-118　FIND 函数设置

（7）要求 7 操作步骤

第 1 步：选择 Sheet1 中的 A1:F50 区域，单击右键，选择“复制”（或按 Ctrl+C 组合键复制），将光标移到 Sheet2 的 A1 单元格中，单击右键，选择“粘贴”（或按 Ctrl+V 组合键粘贴）。

第 2 步：在 Sheet2 表中数据下方空白单元格，如 A52，B52 单元格中分别输入“制作人员”和“检测结果”，在下一行对应单元格（A53，B53）中分别输入“赵俊峰”和“合格”。

第 3 步：单击“数据”选项卡的“排序和筛选”功能组中的“高级”按钮。在打开的“高级筛选”对话框中选择“方式”为“将筛选结果复制到其他位置”，“列表区域”选择

高级筛选
方式
○在原有区域显示筛选结果(F)
◉将筛选结果复制到其他位置(O)
列表区域(L): $A$2:$F$50
条件区域(C): Sheet2!$A$52:$B$53
复制到(T): Sheet2!$H$5
□选择不重复的记录(R)
确定 取消

图 3-119 高级筛选区域设置

“$A$2:$F$50”，“条件区域”选择“$A$52:$B$53”（对话框显示为 Sheet2!$A$52:$B$53），“复制到”选择“$H$5”（对话框显示为 Sheet2!$H$5），如图 3-119 所示。单击“确定”按钮，完成设置。

（8）要求 8 操作步骤

第 1 步：选中 Sheet1 中的 A2:F50 单元格区域，在“插入”选项卡的“图表”功能组中单击“数据透视图”按钮，在弹出的下拉列表中选择“数据透视图和数据透视表”，打开“创建数据透视表”对话框。

第 2 步：在“选择放置数据透视表的位置”处选择“现有工作表”，在“位置”处选择 Sheet3 的 A1 单元格（对话框显示为 Sheet3!$A$1），如图 3-120 所示。

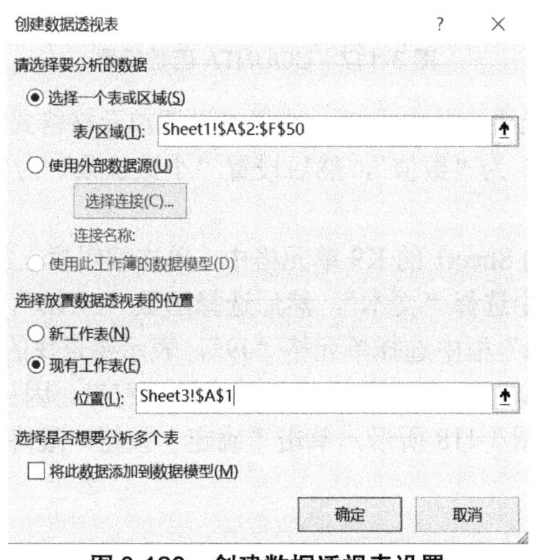

图 3-120 创建数据透视表设置

第 3 步：单击“确定”按钮，出现数据透视图表设置界面。在“数据透视图字段”窗口中，将“选择要添加到报表的字段”下方的“制作人员”字段拖到“轴（类别）”下方的文本框中，将“检测结果”字段拖到“图例（系列）”下方的文本框中，将“检测结果”字段拖到“值”下方的文本框中，即完成数据透视表的设置，如图 3-121 所示。

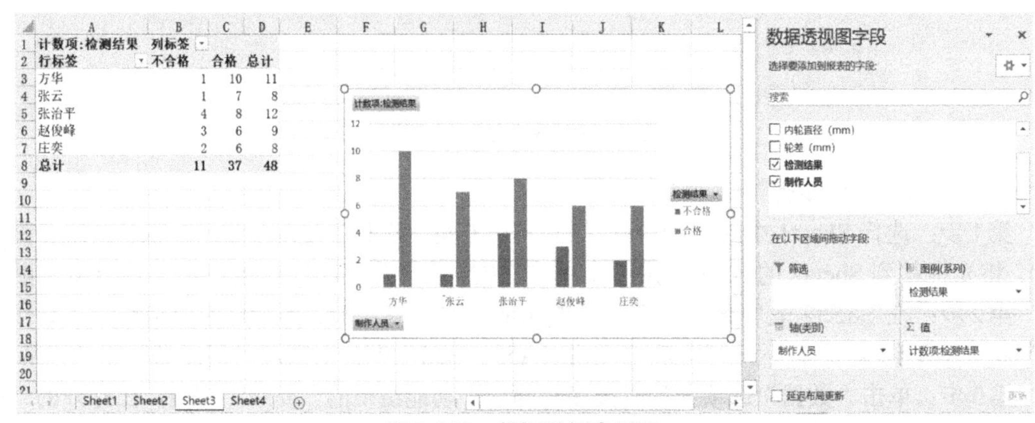

计数项:检测结果	列标签		
行标签	不合格	合格	总计
方华	1	10	11
张云	1	7	8
张治平	4	8	12
赵俊峰	3	6	9
庄奕	2	6	8
总计	11	37	48

图 3-121 数据透视表界面

3.2　练习题

3.2.1　教材订购情况表

1. 题目要求

在练习素材文件夹中，打开“第 3 章练习\3.2.1 教材订购情况表.xlsx”文件，按以下要求操作，完成后保存到指定文件夹。

（1）将 Sheet5 的 A1 单元格设置为只能录入 5 位数字或文本。当录入位数错误时，提示错误原因，样式为“警告”，错误信息为“只能录入 5 位数字或文本”。

（2）在 Sheet5 的 B1 单元格中输入分数 1/3。

（3）使用数组公式，对 Sheet1 中“教材订购情况表”的订购金额进行计算。

● 将结果保存在该表的“金额”列当中；

● 计算方法为金额=订数×单价。

（4）使用统计函数，对 Sheet1 中“教材订购情况表”的结果按以下条件进行统计，并将结果保存在 Sheet1 中的相应位置。要求：

● 统计出版社名称为“高等教育出版社”的书的种类数，并将结果保存在 Sheet1 的 L2 单元格中；

● 统计订购数量大于 110 且小于 850 的书的种类数，并将结果保存在 Sheet1 的 L3 单元格中。

（5）使用函数，计算每个用户所订购图书所需支付的金额，并将结果保存在 Sheet1 中“用户支付情况表”的“支付总额”列中。

（6）使用函数，判断 Sheet2 中的年份是否为闰年，如果是，结果保存“闰年”；如果不是，则结果保存“平年”，并将结果保存在“是否为闰年”列中。

● 闰年定义：年数能被 4 整除而不能被 100 整除，或者能被 400 整除的年份。

（7）将 Sheet1 中的“教材订购情况表”复制到 Sheet3 中，对 Sheet3 进行高级筛选。

① 要求：

● 筛选条件为“订数>=500，且金额<=30000”；

● 将结果保存在 Sheet3 的 K5 单元格中。

② 注意：

● 无须考虑是否删除或移动筛选条件；

● 复制过程中，将标题项“教材订购情况表”连同数据一同复制；

● 数据表必须顶格放置；

● 复制过程中，数据保持一致。

（8）根据 Sheet1 中“教材订购情况表”的结果，在 Sheet4 中新建一张数据透视表。要求：

● 显示每个客户在每个出版社所订的教材数目；

● 行区域设置为“出版社”；

- 列区域设置为“客户”；
- 求和项为订数；
- 数据区域设置为“订数”。

2. 操作步骤

（1）要求1操作步骤

第1步：选择Sheet5工作表，选择A1单元格，在“数据”选项卡的“数据工具”功能组中，单击“ ”（数据验证）按钮，在弹出的菜单中选择“数据验证”，打开“数据验证”对话框。

第2步：在“数据验证”对话框中选择“设置”选项卡，设置“验证条件”中“允许”为“文本长度”，“数据”为“等于”，“长度”为“5”。

第3步：选择“出错警告”选项卡，设置出错“样式”为“警告”，在“错误信息”栏下输入“只能录入5位数字或文本”。

（2）要求2操作步骤

第1步：选择Sheet5工作表，再选择B1单元格，单击右键，选择“设置单元格格式”。在打开的对话框中“分类”选择“分数”，“类型”为“分母为一位小数”，单击“确定”按钮。

第2步：在B2单元格中输入“1/3”按回车键。

（3）要求3操作步骤

第1步：选择Sheet1工作表，再选择I3:I52单元格。

第2步：在I3:I52单元格中输入“=G3:G52*H3:H52”。

第3步：同时按住Ctrl+Shift+Enter组合键确定完成计算。

（4）要求4操作步骤

第1步：选择Sheet1工作表的L2单元格，单击编辑栏上的 fx 按钮，调出COUNTIF函数。

第2步：在“函数参数”对话框中输入“统计范围”为“出版社”列数据“D3：D52”，“统计条件”为“高等教育出版社”，单击“确认”按钮完成函数编辑，完成公式为“=COUNTIF(D3:D52,"高等教育出版社")”，按回车键。

第3步：选择Sheet1的L3单元格，单击编辑栏上的 fx 按钮，调出COUNTIFS（多条件统计）函数。

第4步：在“函数参数”对话框中，“Criteria_rang1”（条件1域范围）栏输入“订数”列数据区域“G3:G52”，“Criteria1”（条件1）栏输入“>110”，“Criteria_rang2”（条件2域范围）栏同样引入“订数”列数据区域“G3:G52”，“Criteria2”（条件2）栏输入“<850”，单击“确定”按钮完成函数编辑，得到的函数式为“=COUNTIFS(G3:G52,">110",G3:G52,"<850")”。

（5）要求5操作步骤

第1步：选择Sheet1的L8单元格，单击编辑栏上的 fx 按钮，调出SUMIF函数。

第2步：在“函数参数”对话框进行相关设置后，编辑函数式为“=SUMIF($A$3:$A$52,K8,$I$3:$I$52)”，双击L8单元格右下角的填充柄填充数据到该列其他单元格。

（6）要求6操作步骤

第1步：选择Sheet2的B2单元格，单击编辑栏上的 fx 按钮，调出IF函数。

第2步：在“函数参数”对话框中输入相关参数，这里还需要嵌套取余函数MOD、逻辑与函数 AND，相关说明参照“实例 3.1.4 步骤 2”的操作说明，最终完成的公式为

“=IF(MOD(A2,400)=0,"闰年",IF(AND(MOD(A2,4)=0,MOD(A2,100)>0),"闰年","平年"))”。双击 B2 单元格右下角的填充柄将数据填充到该列其他单元格中。

（7）要求 7 操作步骤

第 1 步：选择 Sheet1 表，按 Ctrl+A 组合键全选“教材订购情况表”，再选择 Sheet3 表的 A1 单元格，单击右键，选择“选择性粘贴”→“粘贴（数值）”。

第 2 步：在右侧 K3、L3 单元格中分别填入“订数”“金额”，在它们的下面 K4、L4 单元格中分别填入“>=500”“<=30000”，生成高级筛选条件。

第 3 步：单击 Sheet3 表要进行高级筛选的数据区中任一单元格，在“数据”选项卡的“排序和筛选”功能组中单击“高级”（高级筛选）。在打开的“高级筛选”对话框中“列表区域”已自动填入当前工作表的数据区单元格引用“$A$2:$I$52”，在“条件区域”框中输入已设定的条件区域“$K$3:$L$4”，“复制到”框中输入“K5”，勾选“高级筛选”对话框底部的“选择不重复的记录”，单击“确定”按钮完成高级筛选。

（8）要求 8 操作步骤

第 1 步：选择 Sheet4 工作表，再选择 A1 单元格。

第 2 步：在“插入”选项卡的“图表”组中，单击“数据透视图”，在下拉列表中选择“数据透视图和数据透视表”。

第 3 步：在弹出的对话框的“表/区域”框中输入“Sheet1!$A$2:$I$52”（或选择 Sheet1 中的$A$2:$I$52 区域），在“现有工作表”下的“位置”框中选择 A1 单元格，单击“确定”按钮即完成数据透视表的基本创建。

第 4 步：单击“确定”按钮，出现数据透视表设置界面，在右边“选择要添加到报表的字段”栏中，将“出版社”字段拖到“行”下方的文本框中，将“客户”字段拖到“列”下方的文本框中，将“订数”字段拖到“值”下方的文本框中即获得需要的数据透视表。

3.2.2　灯具采购情况表

1. 题目要求

在练习素材文件夹中，打开“第 3 章练习\3.2.2 灯具采购情况表.xlsx”文件，按以下要求操作，完成后保存到指定文件夹。

（1）在 Sheet5 中设定 A 列中不能输入重复的数值。

（2）在 Sheet1 中，使用条件格式将“瓦数”列中数据小于 100 的单元格中的字体颜色设置为红色、字形加粗显示。

（3）使用数组公式，计算 Sheet1“采购情况表”中的每种产品的采购总额，将结果保存到表中的“采购总额”列中，其中，计算方法为采购总额=单价×每盒数量×采购盒数。

（4）根据 Sheet1 中的“采购情况表”，使用数据库函数及已设置的条件区域，计算以下情况的结果。

- 计算：商标为上海，寿命小于 100 的白炽灯的平均单价，并将结果填入 Sheet1 的 G25 单元格中，保留小数 2 位（注：寿命、瓦数等在表中没有单位，这里也省略，以下类同）；
- 计算：产品为白炽灯，其瓦数大于等于 80 且小于等于 100 的品种数，并将结果填入 Sheet1 的 G26 单元格中。

（5）某公司对各个部门员工吸烟情况进行统计，作为人力资源搭配的一个数据依据。对于调查对象，只能回答 Y（吸烟）或者 N（不吸烟）。根据调查情况，制作 Sheet2 中的“吸烟情况调查表”。使用函数，统计符合以下条件的数值。

- 统计未登记的部门数，将结果保存在 B14 单元格中；
- 在登记的部门中，统计吸烟的部门个数，将结果保存在 B15 单元格中。

（6）使用函数，对 Sheet2 的 B21 单元格中的内容进行判断，判断其是否为文本，如果是，单元格填充为“TRUE”；如果不是，单元格填充为“FALSE”，并将结果保存在 Sheet2 的 B22 单元格当中。

（7）将 Sheet1 中的“采购情况表”复制到 Sheet3 中，对 Sheet3 进行高级筛选。

① 要求：

- 筛选条件为产品为白炽灯，商标为上海；
- 将结果保存在 Sheet3 的 A23 单元格中。

② 注意：

- 无须考虑是否删除或移动筛选条件；
- 复制过程中，将标题项“采购情况表”连同数据一同复制；
- 复制数据表后，进行粘贴时，数据表必须顶格放置。

（8）根据 Sheet1 中的“采购情况表”，在 Sheet4 中创建一张数据透视表。要求：

- 显示不同商标的不同产品的采购数量；
- 行区域设置为“产品”；
- 列区域设置为“商标”；
- 数据区域为“采购盒数”；
- 求和项为“采购盒数”。

2. 操作步骤

（1）要求 1 操作步骤

第 1 步：选择 Sheet5 工作表的 A 列，在“数据”选项卡的“数据工具”功能组中单击“ ”（数据验证有效性）按钮，在弹出的列表中选择“数据验证”。

第 2 步：打开“数据验证”对话框，在“设置”选项卡中设置“允许”为“自定义”，在“公式”中输入“=COUNTIF(A:A,A1)=1”，单击“确定”按钮完成设置。

（2）要求 2 操作步骤

第 1 步：选择 Sheet1 工作表的 B3:B18 单元格。

第 2 步：在“开始”选项卡的“样式”功能组中单击“ ”（条件格式）按钮，选择“突出显示单元格规则”→“小于...”。

第 3 步：在弹出的“小于”对话框中输入限定值“100”，在“设置为”下拉框中选择“自定义格式...”。

第 4 步：在弹出的“设置单元格格式”对话框中选择“字体”选项卡，设置“字形”为“加粗”，“颜色”为“红色”，单击“确定”按钮，完成设置。

（3）要求 3 操作步骤

第 1 步：在 Sheet1 工作表中选中“采购情况表”中的 H3:H18 单元格。

第 2 步：在编辑栏中输入“=E3:E18*F3:F18*G3:G18”，然后同时按 Shift+Ctrl+Enter 组合键，公式编辑栏显示“{=E3:E18*F3:F18*G3:G18}”，同时自动在 H3:H18 中得到计算结果。

（4）要求 4 操作步骤

第 1 步：将光标定位于 Sheet1 工作表的 G25 单元格。

第 2 步：在编辑栏的左侧单击 f_x（插入函数）按钮，调出 DAVERAGE 函数，单击“确定”按钮。

第 3 步：在弹出的“函数参数”对话框中，“Database”（相关数据区域）中输入数据表区域“A2:H18”，在“Field”中输入相关的列（单价）标签单元格“E2”，也可以输入该列在数据表中的位置“5”，在“Criteria”（条件）栏中输入条件区域引用“J4：L5”，单击“确定”按钮完成核算。单击右键，选择“设置单元格格式”，在打开的对话框的“数字”选项卡中“分类”选择“数值”，“小数位数”设为“2”，单击“确定”按钮完成保留 2 位小数设置。

第 4 步：将光标定位于 G26 单元格。

第 5 步：在编辑栏的左侧单击 f_x（插入函数）按钮，调出 DCOUNT 函数，单击“确定”按钮。

第 6 步：在弹出的“函数参数”对话框中，“Database”（相关数据区域）中输入数据表区域“A2:H18”，在“Field”中输入相关的列（瓦数）标签单元格“B2”，也可以输入该列在数据表中的位置“5”，在“Criteria”（条件）栏中输入条件区域引用“J9:L10”，单击“确定”按钮完成核算。

说明：对于数据库统计函数 DCOUNT，由于它是以条件计数方式完成核算的，函数的相关数据列（Filed 项）可以选择数据表中任何数据列，但必须选择记录为数值的相关列。

（5）要求 5 操作步骤

第 1 步：将光标定位于 Sheet2 工作表的 B14 单元格中。

第 2 步：在编辑栏的左侧单击 f_x（插入函数）按钮，调出 COUNTBLANK 函数，单击“确定”按钮。

第 3 步：在弹出的“函数参数”对话框中，“Range”（统计区域）中输入“B3:E12”，单击“确定”按钮完成统计。

第 4 步：将光标定位于 B15 单元格中。

第 5 步：在编辑栏的左侧单击 f_x（插入函数）按钮，调出 COUNTIF 函数，单击“确定”按钮。

第 6 步：在弹出的“函数参数”对话框中，“Range”（统计区域）中输入“B3:E12”，在“Criteria”（条件值）栏中输入“Y”（不必输入引号，系统自动添加），单击“确定”按钮完成统计。

（6）要求 6 操作步骤

第 1 步：将光标定位于 B22 单元格中。

第 2 步：在编辑栏的左侧单击 f_x（插入函数）按钮，调出 ISTEXT 函数，单击“确定”按钮。

第 3 步：在弹出的“函数参数”对话框中，“Value”（检测值）中输入“B21”，单击“确定”按钮完成检测。

（7）要求 7 操作步骤

第 1 步：选择 Sheet1 工作表，再选择“采购情况表”数据所在单元格区域（A1:H18），复制该数据（包括标题）。

第 2 步：选择 Sheet3 工作表，单击 A1 单元格，按 Ctrl+V 组合键完成数据粘贴。

第3步：在 Sheet3 工作表数据区的右侧空白区域设置筛选条件区（不要紧挨数据区），单击 J3 单元格，设置条件区。

第2步：在右侧 J3、K3 单元格中分别填入“产品”和“商标”，在它们下面的 J4、K4 单元格中分别填入“白炽灯”“上海”，生成高级筛选条件。

第3步：单击 Sheet3 要进行高级筛选的数据区中的任一单元格，在“数据”选项卡的“排序和筛选”功能组中单击“高级”（高级筛选）。

第4步：在打开的“高级筛选”对话框中，“列表区域”已自动填入当前工作表的数据区单元格引用“$A$1:$I$39”，在“条件区域”框中输入已设定的条件区域“$J$3:$K$4”，在“复制到”框中输入“A23”，勾选“高级筛选”对话框底部的“选择不重复的记录”，单击“确定”按钮完成高级筛选。

（8）要求 8 操作步骤

第1步：选择 Sheet4 工作表，选择 A1 单元格。

第2步：在“插入”选项卡的“图表”组中，单击“数据透视图”，在下拉列表中选择“数据透视图和数据透视表”。

第3步：在弹出的对话框中，“表/区域”框中输入“Sheet1!$A$2:$H$18”（或选择 Sheet1 中的$A$2:$H$18 区域），在“现有工作表”的“位置”框中选择 A1 单元格，单击“确定”按钮即完成数据透视表的基本创建。

第4步：单击“确定”按钮，出现数据透视表设置界面，在右边“选择要添加到报表的字段”栏中，将“产品”字段拖到“行”下方的文本框中，将“商标”字段拖到“列”下方的文本框中，将“采购盒数”字段拖到“值”下方的文本框中即获得需要的数据透视表。

3.2.3 员工信息表

1. 题目要求

在练习素材文件夹中，打开“第 3 章练习\3.2.3 员工信息表.xlsx”文件，按以下要求操作，完成后保存到指定文件夹。

（1）将 Sheet4 的 A1 单元格设置为只能录入 5 位数字或文本。当录入位数错误时，提示错误原因，样式为“警告”，错误信息为“只能录入 5 位数字或文本”。

（2）在 Sheet4 中，使用函数，将 B1 单元格中的时间四舍五入到最接近的 15 分钟的倍数，结果存放在 C1 单元格中。

（3）使用 REPLACE 函数，对 Sheet1 中“员工信息表”的员工代码进行升级。要求：

- 升级方法为在 PA 后面加上 0；
- 将升级后的员工代码结果填入表中的“升级员工代码”列中。
- 例如：PA125，修改后为 PA0125。

（4）使用时间函数，计算 Sheet1 中“员工信息表”的“年龄”列和“工龄”列。要求：

- 假设当前时间是“2013-5-1”，结合表中的“出生年月”“参加工作时间”列，对员工“年龄”和“工龄”进行计算；
- 计算方法为两年份之差，并将结果保存到表中的“年龄”列和“工龄”列中。

（5）使用统计函数，根据 Sheet1 中“员工信息表”的数据，对以下条件进行统计。

- 统计男性员工的人数，结果填入 N3 单元格中；

- 统计高级工程师人数，结果填入 N4 单元格中；
- 统计工龄大于等于 10 的人数，结果填入 N5 单元格中。

（6）使用逻辑函数，判断员工是否有资格评选“高级工程师”。要求：

- 评选条件为工龄大于 20，且为工程师的员工；
- 将结果保存在“是否资格评选高级工程师”列中；
- 如果有资格，保存结果为 TRUE；否则为 FALSE。

（7）将 Sheet1 的“员工信息表”复制到 Sheet2 中，并对 Sheet2 进行高级筛选。

① 要求：

- 筛选条件为“性别”—男，“年龄”>30，“工龄”>=10，“职称”—助工；
- 将结果保存在 Sheet2 的 M5 单元格中。

② 注意：

- 无须考虑是否删除或移动筛选条件；
- 复制过程中，将标题项“员工信息表”连同数据一同复制；
- 数据表必须顶格放置。

（8）根据 Sheet1 中的数据，创建一个数据透视图，保存在 Sheet3 中。要求：

- 显示工厂中各种职称人数的汇总情况；
- x 坐标设置为“职称”；
- 计数项为“职称”；
- 数据区域为“职称”；
- 将对应的数据透视表也保存在 Sheet3 中。

2. 操作步骤

（1）要求 1 操作步骤

第 1 步：选择 Sheet4 工作表，再选择 A1 单元格，在“数据”选项卡的“数据工具”功能组中，单击“”（数据验证），打开“数据验证”对话框。

第 2 步：选择“设置”选项卡，设置“有效性条件”中“允许”为“文本长度”，“数据”为“等于”，“长度”为“5”。

第 3 步：选择“出错警告”选项卡，设置出错“样式”为“警告”，在“错误信息”栏下输入“只能录入 5 位数字或文本”。

（2）要求 2 操作步骤

第 1 步：选择 Sheet4 的 C1 单元格。

第 2 步：在编辑栏中输入“=HOUR(B1)&″:″&MROUND(MINUTE(B1),15)”。（MROUND 为指定舍入函数，即返回一个舍入到所需倍数的数字，HOUR、MIUNTE 分别为小时函数、分函数，即返回时间中的小时数和分钟数。符号“&”为文本字符串连接符，用于链接单元格的字符串，使结果形成时间显示样式）。

（3）要求 3 操作步骤

第 1 步：选择 Sheet1 工作表，将光标定位于 C3 单元格中。

第 2 步：在编辑栏的左侧单击 f_x（插入函数）按钮，调出 REPLACE 函数，单击“确定”按钮。

第 2 步：在弹出的“函数参数”对话框的“Old-text”文本框中输入“B3”，“Start-num”

框中输入“2”，“Num_chars”框中输入“1”，“New_text”框中输入“A0”相关参数。

第3步：单击“确定”按钮，在编辑栏中显示结果为输入“=REPLACE(B3,2,1,"A0")”，双击C3单元格右下角的填充柄对同列相关单元格填充结果。

（4）要求4操作步骤

第1步：将光标定位于F3单元格中。

第2步：输入“=2013-”（题目已经假设当前日期为2013-5-1，因此不需要再用TODAY函数了），在编辑栏的左侧单击 *fx*（插入函数）按钮，调出YEAR函数，单击“确定”按钮。

第3步：在弹出的“函数参数”对话框中输入日期相关参数（E3），单击“确定”按钮完成计算。

第4步：计算后得到的结果是日期，右击F3单元格，选择“设置单元格格式”。在打开的对话框的“数字”选项卡中，设置“格式”为“数值”，并设置“小数点位数”为0，单击“确定”按钮完成设置，得到实际的年龄数值。

第5步：双击F3单元格右下角的填充柄完成列数据填充。

第6步：对于工龄的计算与年龄计算类似，可以直接复制F3单元格的年龄计算公式，并粘贴到H3单元格，即“=2013-YEAR(G3)”，然后双击H3单元格右下角的填充柄完成列数据计算。

（5）要求5操作步骤

第1步：将光标定位于N3单元格中。

第2步：在编辑栏的左侧单击 *fx*（插入函数）按钮，调出COUNTIF函数，单击“确定”按钮。

第3步：在弹出的对话框中，输入“Range”（相关数据范围）为“D3:D66”（“性别”列），在“Criteria”栏中输入“男”，单击“确定”按钮完成统计。

第4步：以类似操作完成其他两项，即对于“高级工程师人数”，选择Sheet1的N4单元格，在编辑栏中输入“=COUNTIF(I3:I66,I7)”，按回车键；对于“工龄大于等于10年的人数”，选择Sheet1的N5单元格，在编辑栏中输入“=COUNTIF(H3:H66,">=10")”，按回车键完成。

（6）要求6操作步骤

第1步：将光标定位于K3单元格中。

第2步：在编辑栏的左侧单击 *fx*（插入函数）按钮，调出AND函数，单击“确定”按钮。

第3步：在弹出的对话框中，“Logical1”框中输入“H3>20”，“Logical2”框中输入“I3="工程师"”，按回车键完成。

第4步：双击K3单元格右下角的填充柄完成列数据操作。

（7）要求7操作步骤

第1步：选择Sheet1工作表，再选择“员工信息表”数据所在单元格区域（A1:K66），复制该数据（包括标题）（按Ctrl+C组合键）。

第2步：选择Sheet2工作表，单击A1单元格，按Ctrl+V组合键完成数据粘贴。

第3步：在Sheet2工作表数据区的右侧空白区域设置筛选条件区（不要紧挨数据区），单击M3单元格，设置条件区。

第2步：在右侧M3、N3、O3、P3单元格中分别填入“性别”年龄”“工龄”“职称”，在它们下面的M4、N4、O4、P4单元格中分别填入“男”“>30”“>=10”“助工”生成高级筛选条件。

第3步：单击表 Sheet2 要进行高级筛选的数据区中任一单元格，在“数据”选项卡的“排序和筛选”功能组中单击“高级”（高级筛选）。

第4步：在打开的“高级筛选”对话框中，“列表区域”已自动填入当前工作表的数据区单元格引用“$A$2:$K$66”，在“条件区域”框中输入已设定的条件区域“$M$3:$P$4”，在“复制到”框中输入“M5”，勾选“高级筛选”对话框底部的“选择不重复的记录”，单击“确定”按钮完成高级筛选。

（8）要求 8 操作步骤

第1步：选择 Sheet3 工作表，选择 A1 单元格。

第2步：在“插入”选项卡的“图表”组中，单击“数据透视图”，在下拉列表中选择“数据透视图和数据透视表”。

第3步：在弹出的对话框中，“表/区域”框中输入“Sheet1! $A$2:$K$66”（或选择 Sheet1 中的$A$2:$K$66 区域），在“现有工作表”下的“位置”中选择 A1 单元格，单击“确定”按钮即完成数据透视表的基本创建。

第4步：单击“确定”按钮，出现数据透视表设置界面，在右边“选择要添加到报表的字段”栏中，将“职称”字段拖到“行”下方的文本框中，再将“职称”字段拖到“值”下方的文本框中即获得需要的数据透视表。

3.2.4　房产销售表

1. 题目要求

在练习素材文件夹中，打开“第 3 章练习\3.2.4 房产销售表.xlsx”文件，按以下要求操作，完成后保存到指定文件夹。

（1）将 Sheet5 的 A1 单元格设置为只能录入 5 位数字或文本。当录入位数错误时，提示错误原因，样式为“警告”，错误信息为“只能录入 5 位数字或文本”。

（2）在 Sheet1 中，使用条件格式将“预定日期”列中日期为“2008-4-1”后的单元格中的字体颜色设置为红色、字形加粗显示。对 C 列，设置“自动调整列宽”。

（3）使用公式，计算 Sheet1 中“房产销售表”的房价总额，并保存在“房产总额”列中。计算公式为房价总额=面积×单价。

（4）使用数组公式，计算 Sheet1 中“房产销售表”的契税总额，并保存在“契税总额”列中。计算公式为契税总额=契税×房价总额。

（5）使用函数，根据 Sheet1 中“房产销售表”的结果，在 Sheet2 中统计每个销售人员的销售总额，将结果保存在 Sheet2 的“销售总额”列中。

（6）使用函数，根据 Sheet2 中“销售总额”列的结果，对每个销售人员的销售情况进行排序，并将结果保存在“排名”列当中（若有相同排名，返回最佳排名）。

（7）将 Sheet1 中“房产销售表”复制到 Sheet3 中，并对 Sheet3 进行高级筛选。

① 要求：

- 筛选条件为“户型”为两室一厅，“房价总额”>1000000；
- 将结果保存在 Sheet3 的 A31 单元格中。

② 注意：

- 无须考虑是否删除或移动筛选条件；

- 复制过程中，将标题项“房产销售表”连同数据一同复制；
- 数据表必须顶格放置。

（8）根据 Sheet1 中“房产销售表”的结果，创建一个数据透视图，保存在 Sheet4 中。要求：

- 显示每个销售人员所销售房屋应缴纳契税总额汇总情况；
- x 坐标设置为“销售人员”；
- 数据区域为“契税总额”；
- 求和项设置为“契税总额”；
- 将对应的数据透视表也保存在 Sheet4 中。

2. 操作步骤

（1）要求 1 操作步骤

第 1 步：选择 Sheet5 工作表，再选择 A1 单元格，在“数据”选项卡的“数据工具”功能组中，单击“”（数据验证），打开“数据验证”对话框。

第 2 步：在对话框中选择“设置”选项卡，设置“有效性条件”下“允许”为“文本长度”，“数据”为“等于”，“长度”为“5”。

第 3 步：选择“出错警告”选项卡，设置出错“样式”为“警告”，在“错误信息”栏下输入“只能录入 5 位数字或文本”。

（2）要求 2 操作步骤

第 1 步：在 Sheet1 工作表中选择“预定日期”列相关数据区域 C3:C27，在“开始”选项卡的“样式”功能组中单击“”（条件格式）。

第 2 步：在弹出的菜单中选择“突出显示单元格规则”→选择“大于...”。

第 3 步：在弹出的“大于”对话框中设置“为大于以下值的单元格设置格式”为“2008/4/1”，“设置为”设为“红色文本”。

第 4 步：单击 C 列，再单击“开始”选项卡下“单元格”功能组中的“格式”下拉菜单，选择“自动调整列宽”。

（3）要求 3 操作步骤

第 1 步：选择 Sheet1 工作表中“房价总额”列的 I3 单元格。

第 2 步：输入公式“=F3*G3”，按回车键完成计算。

第 3 步：双击 I3 单元格右下角的填充柄，填充该列相关单元格。

（4）要求 4 操作步骤

第 1 步：选择 Sheet1 工作表中“契税总额”列的 J3:J26 单元格区域。

第 2 步：输入公式“=H3:H26*I3:I26”。

第 3 步：按 Ctrl+Shift+Enter 组合键完成数组公式计算。

（5）要求 5 操作步骤

第 1 步：选择 Sheet2 工作表“销售总额”列中 B2 单元格。

第 2 步：在编辑栏的左侧单击 *fx*（插入函数）按钮，调出 SUMIF 函数，单击“确定”按钮。

第 3 步：在“函数参数”对话框中输入相关参数，在“Range”（相关条件区域）框中输入“Sheet1!$K$3:$K$26”（注意要设置引用为绝对引用），在“Criteria”（求和条件）框中输入“A2”，在“Sum_range”（求和数据区域）框中输入“Sheet1!$I$3:$I$26”（设置引用为绝对引用），单击“确定”按钮完成求和计算，

第 4 步：双击“B2”单元格右下角的填充柄实现该列所有数据的填充。

（6）要求 6 操作步骤

第 1 步：选择 Sheet2 工作表的 C2 单元格。

第 2 步：在编辑栏的左侧单击 fx （插入函数）按钮，调出 RANK.EQ 函数，单击“确定”按钮。

第 3 步：在弹出的对话框中设置相关参数：“Number”框中输入“B2”，“Ref”框中输入“$B$2:$B$6”，完成公式编辑，得到的公式为“=RANK.EQ(B2,$B$2:$B$6,0)”，单击“确定”按钮完成统计。

第 4 步：双击 C2 单元格右下角的填充柄填充本列数据。

（7）要求 7 操作步骤

第 1 步：选择 Sheet1 工作表，再选择“房产销售表”数据所在单元格区域（A1:K26），复制该数据（包括标题）（按 Ctrl+C 组合键）。

第 2 步：选择 Sheet3 工作表，单击 A1 单元格，按 Ctrl+V 组合键完成数据粘贴。

第 3 步：在 Sheet3 工作表数据区的右侧空白区域设置筛选条件区（不要紧挨数据区），单击 M3 单元格，设置条件区。

第 2 步：在右侧 M3、N3 单元格中分别填入“户型”“房价总额”，在它们下面的 M4、N4 单元格中分别填入“两室一厅”“>1000000”，生成高级筛选条件。

第 3 步：单击表 Sheet3 要进行高级筛选的数据区中任一单元格，在“数据”选项卡的“排序和筛选”功能组中单击“高级”（高级筛选）。

第 4 步：在打开的“高级筛选”对话框中，“列表区域”已自动填入当前工作表的数据区单元格引用“$A$2:$K$26”，在“条件区域”框中输入已设定的条件区域“$M$3:$N$4”，“复制到”框中输入“A31”，勾选“高级筛选”对话框底部的“选择不重复的记录”，单击“确定”按钮完成高级筛选。

（8）要求 8 操作步骤

第 1 步：选择 Sheet4 工作表，选择 A1 单元格。

第 2 步：在“插入”选项卡的“图表”组中，单击“数据透视图”，在下拉列表中选择“数据透视图”。

第 3 步：在弹出的对话框中，“表/区域”框中输入“Sheet1!$A$2:$K$26”（或选择 Sheet1 中的$A$2:$K$26 区域），在“现有工作表”下的“位置”框中选择 A1 单元格，单击“确定”按钮即完成数据透视图的基本创建。

第 4 步：单击“确定”按钮后，出现数据透视表设置界面，在右边“选择要添加到报表的字段”栏中，将“销售人员”字段拖到“行”下方的文本框中，将“契税总额”字段拖到“值”下方的文本框中即获得需要的数据透视图。

3.2.5　温度情况表

1. 题目要求

在练习素材文件夹中，打开“第 3 章练习\3.2.5 温度情况表.xlsx”文件，按以下要求操作，

完成后保存到指定文件夹。

（1）将 Sheet5 的 A1 单元格设置为只能录入 5 位数字或文本。当录入位数错误时，提示错误原因，样式为“警告”，错误信息为“只能录入 5 位数字或文本”。

（2）在 Sheet5 中，使用函数，根据 A2 单元格中的身份证号码判断性别，结果为“男”或“女”，存放在 B2 单元格中。

- 身份证号码倒数第二位为奇数的为“男”，为偶数的为“女”。

（3）使用 IF 函数，对 Sheet1“温度情况表”中的“温度较高的城市”列进行填充，填充结果为城市名称。

（4）使用数组公式，对 Sheet1“温度情况表”中的相差温度值（杭州相对于上海的温差）进行计算，并把结果保存在“相差温度值”列中。

- 计算方法为相差温度值=杭州平均气温-上海平均气温。

（5）使用函数，根据 Sheet1“温度情况表”中的结果，对符合以下条件的进行统计。要求：

- 杭州这半个月以来的最高气温和最低气温，保存在相应单元格中；
- 上海这半个月以来的最高气温和最低气温，保存在相应单元格中。

（6）将 Sheet1 中的“温度情况表”复制到 Sheet2 中。在 Sheet2 中，重新编辑数组公式，将 Sheet2 中的“相差的温度值”中的数值取其绝对值（均为正数）。注意：

- 复制过程中，将标题项“温度情况表”连同数据一同复制；
- 数据表必须顶格放置。

（7）将 Sheet2 中的“温度情况表”复制到 Sheet3 中，并对 Sheet3 进行高级筛选。

① 要求：

- 筛选条件为“杭州平均气温”>=20，“上海平均气温”<20；
- 将筛选结果保存在 Sheet3 的 A22 单元格中。

② 注意：

- 无须考虑是否删除筛选条件；
- 复制过程中，将标题项“温度情况表”连同数据一同复制；
- 数据表必须顶格放置。

（8）根据 Sheet1 中“温度情况表”的结果，在 Sheet4 中创建一张数据透视表。要求：

- 显示温度较高天数的汇总情况；
- 行区域设置为“温度较高的城市”；
- 数据域设置为“温度较高的城市”；
- 计数项设置为温度较高的城市。

2. 操作步骤

（1）要求 1 操作步骤

第 1 步：选择 Sheet5 工作表，再选择 A1 单元格，在“数据”选项卡的“数据工具”功能组中，单击“”(数据验证)，在弹出的菜单中选择“数据验证”，打开“数据验证”对话框。

第 2 步：在对话框中选择“设置”选项卡，设置“验证条件”下的“允许”为“文本长度”，“数据”为“等于”，“长度”为“5”。

第 3 步：选择“出错警告”选项卡，设置出错“样式”为“警告”，在“错误信息”栏下输入“只能录入 5 位数字或文本”。

（2）要求 2 操作步骤

第 1 步：选择 Sheet5 工作表的 B2 单元格。

第 2 步：首先提取出身份证号码的倒数第二位，在编辑栏的左侧单击 fx （插入函数）按钮，调出 MID 函数。“Text”框中输入“A2”，“Start number”框中输入“17”，“Nnumber chars”框中输入“1”，完成后单击“确定”按钮。

第 3 步：在 MID 函数前输入 MOD 函数，在编辑栏的左侧单击 fx （插入函数）按钮，调出 MOD 函数。在“函数参数”对话框中，“Divisor”框中输入“2”，完成后单击“确定”按钮。

第 4 步：在 MOD 函数前输入 IF 函数，在编辑栏的左侧单击 fx （插入函数）按钮调出 IF 函数。在“函数参数”对话框中，在“Value_if_true”框中输入“女”，“Value_if_false”框中输入“女”，完成后单击“确定”按钮，最终完成的公式为“=IF(MOD(MID(A2,17,1),2)=0, "女", "男")”，然后按回车键。

（3）要求 3 操作步骤

第 1 步：选择 Sheet1 工作表的 D3 单元格。

第 2 步：在编辑栏的左侧单击 fx （插入函数）按钮，调出 IF 函数。在弹出的对话框中，在“Logical_test”框中输入“B3>C3”，在“Value_if_true”框中输入“杭州”，在“Value_if_false”框中输入“上海”，完成后单击“确定”按钮。最终完成的公式为“IF(B3>C3，“杭州”，“上海”)”，然后按回车键。

第 3 步：双击 D3 单元格右下角的填充柄，完成填充。

（4）要求 4 操作步骤

第 1 步：在 Sheet1 工作表中选择“相差温度值”列的记录项单元格“E3:E17”。

第 2 步：输入“=B3:B17-C3:C17”。

第 3 步：按 Ctrl+Shift+Enter 组合键形成数组公式“{=B3:B17-C3:C17 }”，完成计算。

（5）要求 5 操作步骤

第 1 步：在 C19 单元格中输入“=MAX(B3:B17)”。

第 2 步：在 C20 单元格中输入“=MIN(B3:B17)”。

第 3 步：在 C21 单元格中输入“=MAX(C3:C17)”。

第 4 步：在 C22 单元格中输入“=MIN(C3:C17)”。

（6）要求 6 操作步骤

第 1 步：复制 Sheet1 工作表中的“温度情况表”标题及数据到 Sheet2（顶格放置）。

第 2 步：选择“E3:E17”单元格区域，在编辑栏中对数组公式进行修改，将当前计算表达式作为整体参数添加到绝对值函数 ABS()中。

第 3 步：然后按 Ctrl+Shift+Enter 组合键，完成数组公式修改，即“{=ABS(B3:B17-C3:C17)}”。

（7）要求 7 操作步骤

第 1 步：选择 Sheet2 工作表，选择“温度情况表”数据所在单元格区域“A1:E17”，复制该数据（包括标题）（按 Ctrl+C 组合键）。

第 2 步：选择 Sheet3 工作表，选择 A1 单元格，按 Ctrl+V 组合键完成数据粘贴。

第 3 步：在 Sheet3 工作表数据区的右侧空白区域设置筛选条件区（不要紧挨数据区），单击“G3”单元格，设置条件区。

第 2 步：在右侧 G3、H3 单元格中分别填入“杭州平均气温”“上海平均气温”，在它们下面的 G4、H4 单元格中分别填入“>=20”“<20”，生成高级筛选条件。

第3步：单击表 Sheet3 要进行高级筛选的数据区中任一单元格，在“数据”选项卡的“排序和筛选”功能组中单击“高级”（高级筛选）。

第4步：在打开的“高级筛选”对话框中，“列表区域”已自动填入当前工作表的数据区单元格引用“$A$2:$E$17”，在“条件区域”框中输入已设定的条件区域“$G$3:$H$4”，“复制到”框中输入“A22”，勾选“高级筛选”对话框底部的“选择不重复的记录”，单击“确定”按钮完成高级筛选。

（8）要求 8 操作步骤

第1步：选择 Sheet4 工作表，选择 A1 单元格。

第2步：在“插入”选项卡的“图表”组中，单击“数据透视图”，在下拉列表中选择“数据透视图和数据透视表”。

第3步：在弹出的对话框中，“表/区域”框中输入“Sheet1!$A$2:$E$17”（或选择 Sheet1 中的$A$2:$E$17 区域），在“现有工作表”下的“位置”框中选择 A1 单元格，单击“确定”按钮即完成数据透视表的基本创建。

第4步：单击“确定”按钮，出现数据透视表设置界面，在右边“选择要添加到报表的字段”栏中，将“温度较高的城市”字段拖到“行”下方的框中，将“温度较高的城市”字段拖到“值”框中，再单击“值”中的内容，在弹出的菜单中选择“字段设置值”，在打开的对话框中设置“计算类型”为“计数”，即获得需要的数据透视表。

3.2.6 学生体育成绩表

1. 题目要求

在练习素材文件夹中，打开“第 3 章练习\3.2.6 学生体育成绩表.xlsx”文件，按以下要求操作，完成后保存到指定文件夹。

（1）在 Sheet5 中，使用函数，将 B1 单元格中的时间四舍五入到最接近的 15 分钟的倍数，结果存放在 C1 单元格中。

（2）在 Sheet1 中，使用条件格式将“铅球成绩（米）”列中单元格数据按下列要求显示：

- 数据大于 9 的单元格中字体颜色设置为红色、加粗显示；
- 数据介于 7 和 9 之间的单元格中字体颜色设置为蓝色、加粗显示；
- 数据小于 7 的单元格中字体颜色设置为绿色、加粗显示。

（3）在 Sheet1 的“学生成绩表”中，使用 REPLACE 函数和数组公式，将原学号转变成新学号，同时将所得的新学号填入“新学号”列中。

- 转变方法为将原学号的第 4 位的后面加上“5”；
- 例如，“2007032001”—>“20075032001”。

（4）使用 IF 函数和逻辑函数，对 Sheet1“学生成绩表”中的“结果 1”和“结果 2”列进行填充。填充的内容根据以下条件确定（要求：将男生、女生分开写入 IF 函数中）。

① 结果 1：

- 如果是男生

成绩<14.00，填充为“合格”；

成绩>=14.00，填充为“不合格”；

● 如果是女生

成绩<16.00，填充为“合格”；

成绩>=16.00，填充为“不合格”；

② 结果 2：

● 如果是男生

成绩>7.50，填充为“合格”；

成绩<=7.50，填充为“不合格”；

● 如果是女生

成绩>5.50，填充为“合格”；

成绩<=5.50，填充为“不合格”。

（5）对 Sheet1“学生成绩表”中的数据，根据以下条件，使用统计函数进行统计。要求：

● 获取“100 米跑的最快的学生成绩”，并将结果填入 Sheet1 的 K4 单元格中；

● 统计“所有学生结果 1 为合格的总人数”，并将结果填入 Sheet1 的 K5 单元格中。

（6）根据 Sheet2 中的贷款情况，使用财务函数对贷款偿还金额进行计算。要求：

● 计算“按年偿还贷款金额（年末）”，并将结果填入 Sheet2 的 E2 单元格中；

● 计算“第 9 个月贷款利息金额”，并将结果填入 Sheet2 的 E3 单元格中。

（7）将 Sheet1 中的“学生成绩表”复制到 Sheet3，对 Sheet3 进行高级筛选。

① 要求：

● 筛选条件为“性别”—“男”，“100 米成绩(秒)”—“<=12.00”，“铅球成绩(米)”—“>9.00”；

● 将筛选结果保存在 Sheet3 的 J4 单元格中。

② 注意：

● 无须考虑是否删除或移动筛选条件；

● 复制过程中，将标题项“学生成绩表”连同数据一同复制；

● 数据表必须顶格放置。

（8）根据 Sheet1 中的“学生成绩表”，在 Sheet4 中创建一张数据透视表。要求：

● 显示每种性别学生的合格与不合格总人数；

● 行区域设置为“性别”；

● 列区域设置为“结果 1”；

● 数据区域设置为“结果 1”；

● 计数项为“结果 1”。

2. 操作步骤

（1）要求 1 操作步骤

第 1 步：选择 Sheet5 工作表中的 C1 单元格。

第 2 步：在编辑栏中输入“=HOUR(B1)&":"&MROUND(MINUTE(B1),15)”（MROUND 为指定舍入函数，即返回一个舍入到所需倍数的数字，HOUR、MIUNTE 分别为小时函数、分函数，即返回时间中的小时数和分钟数。符号“&”为文本字符串连接符，用于链接单元格的字符串，使结果形成时间显示样式）。

（2）要求 2 操作步骤

第1步：选择 Sheet1 表，选中“G3:G30”单元格。

第2步：在“开始”选项卡的“样式”功能组中，单击“”（条件格式）按钮，选择“管理规则”。在弹出的对话框中单击“新建规则”按钮，在弹出的“新建格式规则”对话框中选择“只为包含以下内容的单元格设置格式”。

第3步：在“编辑规则说明”中，在“介于”下拉框中输入“大于”，在右边的文本框中输入“9”，单击“格式”按钮。

第4步：在弹出的对话框的“字体”选项卡中，“字形”选择“加粗”，“颜色”设为“红色”，单击“确定”按钮，完成设置。

第5步：再次单击“新建规则”按钮，在弹出的“新建格式规则”对话框中再选择“只为包含以下内容的单元格设置格式”。在“编辑规则说明”中，在“介于”文本框右侧的两个文本框中输入“7”和“9”，单击“格式”按钮。

第6步：同第4步一样设置“颜色”为“蓝色”，“字形”为“加粗”。

第7步：再次单击“新建规则”按钮，同理设置“颜色”为“绿色”，“字形”为“加粗”。

第8步：单击“确定”按钮，完成所有设置。

（3）要求 3 操作步骤

第1步：选择 Sheet1 工作表，再选择 B3:B30 单元格区域。

第2步：单击编辑栏上的 f_x 按钮，调出 REPLACE 函数。在“函数参数”对话框中输入相关参数，单击“确定”按钮完成字符替换，完成后的公式为“=REPLACE(A3,1,4,20075)”。

第3步：使用 Ctrl+Shift+Enter 组合键完成该列替换。

（4）要求 4 操作步骤

结果 1 具体操作如下。

第 1 步：选择 Sheet1 工作表，将光标定位到 F3 单元格。

第 2 步：在编辑栏中输入“=IF(D3="男",IF(E3<14,"合格","不合格"),IF(E3<16,"合格","不合格"))。

第 3 步：双击 F3 单元格右下角的填充柄完成该列的计算。

结果 2 具体操作如下。

第 1 步：选择 Sheet1 工作表，将光标定位到 H3 单元格。

第 2 步：在编辑栏中输入“=IF(D3="男",IF(G3>7.5,"合格","不合格"),IF(G3>5.5,"合格","不合格"))。

第 3 步：双击 H3 单元格右下角的填充柄完成该列的计算。

（5）要求 5 操作步骤

第1步：选择 Sheet1 工作表，将光标定位到 K4 单元格。

第2步：单击编辑栏上的 f_x 按钮，调出 MIN 函数。在“函数参数”对话框中输入相关参数，单击“确定”按钮完成，完成后的公式为“=MIN(E3:E30)”，单击“确定”按钮。

第3步：单击编辑栏上的 f_x 按钮，调出 COUNTIF 函数。在“函数参数”对话框中输入相关参数，单击“确定”按钮完成，完成后的公式为“=COUNTIF(F3:F30,"合格")”，单击“确定”按钮。

（6）要求 6 操作步骤

第1步：选择 Sheet2 工作表，将光标定位到 E2 单元格。

第 2 步：在单元格中输入公式“=PMT(B4,B3,B2)”，按回车键完成计算。

第 3 步：将光标定位到 E3 单元格，在单元格中输入公式“=IPMT(B4/12,9,B3*12,B2)”，按回车键完成计算。

（7）要求 7 操作步骤

第 1 步：选择 Sheet1 工作表，选择“学生成绩表”数据所在单元格区域（A1:H30），复制该数据（包括标题）（按 Ctrl+C 组合键）。

第 2 步：选择 Sheet3 工作表，再选择 A1 单元格，按 Ctrl+V 组合键完成数据粘贴。

第 3 步：在 Sheet3 工作表数据区的右侧空白区域设置筛选条件区（不要紧挨数据区），单击 J2 单元格，设置条件区。

第 2 步：在右侧 J2、K2、L2 单元格中分别填入“性别”“100 米成绩（秒）”“铅球成绩（米）”，在它们下面的 J3、K3、L3 单元格中分别填入“男”“<=12.00”“>9.00”，生成高级筛选条件。

第 3 步：单击表 Sheet3 要进行高级筛选的数据区中任一单元格，在“数据”选项卡的“排序和筛选”功能组中单击“高级”（高级筛选）。

第 4 步：在打开的“高级筛选”对话框中，“列表区域”已自动填入当前工作表的数据区单元格引用“$A$2:$H$30”，在“条件区域”框中输入已设定的条件区域“$J$2:$L$3”，“复制到”框中输入“J4”，勾选“高级筛选”对话框底部的“选择不重复的记录”，单击“确定”按钮完成高级筛选。

（8）要求 8 操作步骤

第 1 步：选择 Sheet4 工作表，再选择 A1 单元格。

第 2 步：在“插入”选项卡的“图表”组中，单击“数据透视图”，在下拉菜单中选择“数据透视图和数据透视表”。

第 3 步：在弹出的对话框中，“表/区域”框中输入“Sheet1!$A$2:$H$30”（或选择 Sheet1 中的$A$2:$H$30 区域），在“现有工作表”下的“位置”框中选择 A1 单元格，单击“确定”按钮即完成数据透视表的基本创建。

第 4 步：单击“确定”按钮后，出现数据透视表设置界面，在右边“选择要添加到报表的字段”栏中，将“性别”字段拖到“行”下方的文本框中，将“结果 1”字段拖到“列”下方的文本框中，将“结果 1”字段拖到“值”下方的框中，单击“值”中的内容，在弹出的菜单中选择“字段设置值”，在打开对话框中设置“计算类型”为“计数”即可获得需要的数据透视表。

3.2.7　销售统计表

1. 题目要求

在练习素材文件夹中，打开“第 3 章练习\3.2.7 销售统计表.xlsx”文件，按以下要求操作，完成后保存到指定文件夹。

（1）在 Sheet4 中使用函数计算 A1:A10 中奇数的个数，结果存放在 A12 单元格中。

（2）在 Sheet4 的 B1 单元格中输入分数 1/3。

（3）使用 VLOOKUP 函数，对 Sheet1 中的“3 月份销售统计表”的“产品名称”列和“产品单价”列进行填充。要求：根据“企业销售产品清单”，使用 VLOOKUP 函数，将产品名称和产品单价填充到“3 月份销售统计表”的“产品名称”列和“产品单价”列中。

（4）使用数组公式，计算 Sheet1 中的“3 月份销售统计表”中的销售金额，并将结果填入该表的“销售金额”列中。

- 计算方法为销售金额=产品单价×销售数量。

（5）使用统计函数，根据“3 月份销售统计表”中的数据，计算“分部销售业绩统计表”中的总销售额，并将结果填入该表的“总销售额”列。

（6）在 Sheet1 的“分部销售业绩统计”表中，使用 RANK 函数，根据“总销售额”对各部门进行排名，并将结果填入到“销售排名”列中。

（7）将 Sheet1 中的“三月份销售统计表”复制到 Sheet2 中，对 Sheet2 进行高级筛选。

① 要求：

- 筛选条件为“销售数量”—>3、“所属部门”—市场 1 部、“销售金额”—>1000；
- 将筛选结果保存在 Sheet2 的 J5 单元格中。

② 注意：

- 无须考虑是否删除或移动筛选条件；
- 复制过程中，将标题项“三月份销售统计表”连同数据一同复制；
- 复制数据表后，进行粘贴时，数据表必须顶格放置。

（8）根据 Sheet1 的“3 月份销售统计表”中的数据，新建一个数据透视图。要求：

- 该图形显示每位经办人的总销售额情况；
- x 坐标设置为“经办人”；
- 数据区域设置为“销售金额”；
- 求和项为销售金额；
- 将对应的数据透视表保存在 Sheet3 中。

2. 操作步骤

（1）要求 1 操作步骤

第 1 步：将光标定位于 Sheet4 工作表的 A12 单元格，单击编辑栏上的 *fx* 按钮，调出 SUMPRODUCT 函数。

第 2 步：在打开的“函数参数”对话框中，单击“Array1”后面的文本框，再单击编辑窗口左上角“名称”栏右侧的“▼”，在打开的“函数选项”列表中选择“其他函数…”，在打开的“插入函数”对话框中选择“数学与三角函数”分类，在“函数”列表中选择“MOD”函数。

第 3 步：在 MOD“函数参数”对话框中，“Number”（被除数）框中输入已有数据区域单元格引用“A1:A10”，在“Divisor”（除数）框中输入“2”，表示能被 2 整除的是偶数，作为取余函数 MOD，当数据整除时结果是“0”。单击“确定”按钮完成计算设置，结果是“6”。

最终函数公式为“=SUMPRODUCT(MOD(A1:A10,2))”。

（2）要求 2 操作步骤

选择 Sheet5 的 B1 单元格，依次输入“0”、空格、“1/3”，按回车键即可。或先右击 A1 单元格，选择“设置单元格格式”。在打开的对话框的“数字”选项卡中选择“分数”，即设置单元格数据“类型”为“分数”，然后再输入“1/3”。

（3）要求 3 操作步骤

第 1 步：选择 Sheet1 工作表，再选择 G3 单元格。

第2步：单击编辑栏上的 *fx* 按钮，调出 VLOOKUP 函数。

第3步：在打开的“函数参数”对话框中，单击“Lookup_value”框中，在当前工作表中搜索值“F3”。单击“Table_array”文本框，选择用于查找的数据源区域“A3:C10”，按 F4 键设置区域引用为绝对引用。在“Row_index_num”框（满足条件的列序号）中输入“2”，在“Range_lookup”框中根据精确匹配的要求可以不必输入参数（忽略）。

第3步：在“函数参数”对话框中单击“确定”按钮，双击 G3 单元格右下角的填充柄，完成自动填充。

第4步：同理完成 H3 单元格的查找，单击编辑栏上的 *fx* 按钮，调出 VLOOKUP 函数。在“函数参数”对话框中，单击“Lookup_value”文本框，在当前工作表中搜索值“F3”。单击“Table_array”文本框，选择用于查找的数据源区域“A3:C10”，按 F4 键设置区域引用为绝对引用。在“Row_index_num”框（满足条件的列序号）中输入“3”。

（4）要求 4 操作步骤

第1步：选择 Sheet1 工作表，将光标定位到 L3:L44 单元格中。

第2步：在编辑栏中输入“=”，用鼠标框选“H3:H44”区域，而后输入“*”，再用鼠标框选“I3:I44”区域，并按 Ctrl+Shift+Enter 组合键结束操作，编辑栏显示结果为“{=H3:H44*I3:I44}”。

（5）要求 5 操作步骤

第1步：选择 Sheet1 工作表，再选择 O3 单元格。

第2步：单击编辑栏上的 *fx* 按钮，调出 SUMIF 函数。

第3步：在弹出的对话框的“Range”文本框中，填入查找区域为“$K$3:$K$44”，在“Criteria”文本框中选择用于搜索的值为“N3”，在“Sum_range”文本框中，选择用于求和区域为“$L$3:$L$44”，按 F4 键设置区域引用为绝对引用。单击“确定”按钮完成计算。

第4步：双击 O3 单元格右下角的填充柄完成整列填充。

（6）要求 6 操作步骤

第1步：选择 Sheet1 工作表，再选择 P3 单元格。

第2步：单击编辑栏上的 *fx* 按钮，调出 RANK 函数。

第3步：在弹出的对话框的“Number”文本框中填入选择用于搜索的值为“O3”，在“Ref”文本框中填入用于搜索区域为“$O$3:$O$5”，按 F4 键设置区域引用为绝对引用。单击“确定”按钮完成计算。

第4步：双击 P3 单元格右下角的填充柄完成整列填充。

（7）要求 7 操作步骤

第1步：选择 Sheet1 工作表，再选择“三月份销售统计表”数据所在单元格区域（E1:L44），复制该数据（包括标题）（按 Ctrl+C 组合键）。

第2步：选择 Sheet2 工作表，再选择 A1 单元格，单击右键，选择“选择性粘贴”→“粘贴数值”，完成复制。

第3步：在 Sheet2 工作表数据区的右侧空白区域设置筛选条件区（不要紧挨数据区），单击 J2 单元格，设置条件区。

第2步：在右侧的 J2、K2、L2 单元格中分别填入“销售数量”“所属部门”“销售金额”，在它们下面 J3、K3、L3 单元格中分别填入“>3”“市场 1 部”“>1000”，生成高级筛选条件。

第3步：单击表 Sheet2 要进行高级筛选的数据区中任一单元格，在“数据”选项卡的“排序和筛选”功能组中单击“ 高级 ”（高级筛选）。

第4步：在打开的“高级筛选”对话框中，“列表区域”已自动填入当前工作表的数据区单元格引用“$A$2:$H$44”，在“条件区域”框中填入已设定的条件区域“$J$2:$L$3”，“复制到”文本框中输入“J5”，勾选“高级筛选”对话框底部的“选择不重复的记录”，单击“确定”按钮完成高级筛选。

（8）要求8操作步骤

第1步：选择Sheet4工作表，再选择A1单元格。

第2步：在“插入”选项卡的“图表”组中，单击“数据透视图”，在下拉菜单中选择“数据透视图”。

第3步：在弹出的对话框中，“表/区域”框中输入“Sheet1$E$2:$L$44”（或选择Sheet1中的$E$2:$L$44区域），在“现有工作表”下的“位置”框中选择A1单元格，单击“确定”按钮即完成数据透视图的基本创建。

第4步：单击“确定”按钮后，出现数据透视图设置界面，在右边“选择要添加到报表的字段”栏中，将“经办人”字段拖到“轴”下方的文本框中，将“销售金额”字段拖到“值”，单击“值”中的内容，在弹出的菜单中选择“字段设置值”，在打开的对话框中设置“计算类型”为“求和”即可获得需要的数据透视图。

3.2.8 图书订购信息表

1. 题目要求

在练习素材文件夹中，打开“第3章练习\3.2.8 图书订购信息表.xlsx”文件，按以下要求操作，完成后保存到指定文件夹。

（1）在Sheet4中，使用函数，根据E1单元格中的身份证号码判断性别，结果为“男”或“女”，存放在F1单元格中。身份证号码的倒数第二位为奇数的为“男”，为偶数的为“女”。

（2）在Sheet4中，使用条件格式将“性别”列中数据为“女”的单元格中字体颜色设置为红色、加粗显示。

（3）使用IF和MID函数，根据Sheet1中的“图书订购信息表”中的“学号”列对“所属学院”列进行填充。要求：根据每位学生学号的第7位填充对应的“所属学院”。

- 学号第7位为1—计算机学院；
- 学号第7位为0—电子信息学院。

（4）使用COUNTBLANK函数，对Sheet1中的“图书订购信息表”中的“订书种类数”列进行填充。注意：

① 其中“1”表示该同学订购该图书，空格表示没有订购；

② 将结果保存在Sheet1中的“图书订购信息表”中的“订书种类数”列。

（5）使用公式，对Sheet1中的“图书订购信息表”中的“订书金额（元）”列进行填充。订书金额的计算方法为相关图书的订购数乘以图书的定价，然后汇总。

（6）使用统计函数，根据Sheet1中“图书订购信息表”的数据，统计“订书金额”大于100元的学生人数，将结果保存在Sheet1的M9单元格中。

（7）将Sheet1的“图书订购信息表”复制到Sheet2，并对Sheet2进行自动筛选。

① 要求：

- 筛选条件为“订书种类数”—>=3、“所属学院”—计算机学院；

● 将筛选结果保存在 Sheet2 的 K5 单元格中。

② 注意：

● 复制过程中，将标题项“图书订购信息表”连同数据一同复制；

● 复制过程中，保持数据一致；

● 数据表必须顶格放置。

（8）根据 Sheet1 的“图书订购信息表”，创建一个数据透视图。要求：

● 显示每个学院图书订购的订书金额汇总情况；

● x 坐标设置为“所属学院”；

● 数据区域设置为“订书金额（元）”；

● 求和项为“订书金额（元）”；

● 将对应的数据透视表保存在 Sheet3 中。

2. 操作步骤

（1）要求 1 操作步骤

将光标定位到 Sheet4 的 F1 单元格中，输入“=IF(MOD(MID(E1,17,1),2)=0,"女","男")”，按回车键，即取出身份证号的倒数第 2 位，判断其是否能整除 2，能整除的则为“女”，否则为“男”。

（2）要求 2 操作步骤

第 1 步：选择 Sheet4 工作表的 C2:C56 区域，在“开始”选项卡的“样式”功能组中，选择“条件格式”下拉列表中的“突出显示单元格规则”，在二级子菜单中选择“等于（E）...”。

第 2 步：在打开的对话框的“为等于以下值的单元格设置格式”框中输入“女”，在“设置为”下拉框中选择“自定义格式...”。在弹出的“设置单元格格式”对话框中选择“字体”选项卡，设置“字形”为“加粗”，“颜色”为“红色”，单击“确定”按钮完成设置。

（3）要求 3 操作步骤

第 1 步：将光标定位到 Sheet1 的 C3 单元格中，单击编辑栏上的 fx 按钮，在“插入函数”对话框的“或选择类别”中选择“逻辑”，然后选择函数“IF”，单击“确定”按钮。

第 2 步：在参数“Logical_test”框中输入“MID(A3,7,1)="1"”，在“Value_if_true”框中输入“计算机学院”，在“Value_if_false”框中输入“电子信息学院”。

第 3 步：单击“确定”按钮，在编辑栏中显示结果为“=IF(MID(A3,7,1)="1","计算机学院","电子信息学院")”，双击 C3 单元格右下角的填充柄，对同列相关单元格填充结果。

（4）要求 4 操作步骤

第 1 步：将光标定位到 Sheet1 的 H3 单元格中，单击编辑栏上的 fx 按钮，在“插入函数”对话框的“或选择类别”中选择“统计”，然后选择函数“COUNTBLANK”，单击“确定”按钮。

第 2 步：在“Range”框中选择“D3:G3”区域，单击“确定”按钮，返回没有订购的种类数。

第 3 步：在编辑栏中将公式补充完整“=4-COUNTBLANK(D3:G3)”，表示订书的种类数，双击 H3 单元格右下角的填充柄，对同列相关单元格填充结果。

（5）要求 5 操作步骤

第 1 步：将光标定位到 Sheet1 的 I3 单元格中，在编辑栏上输入公式“=D3*$L$3+E3*$L$4+

F3*$L$5+G3*$L$6”，按回车键。注意公式中单价要使用绝对引用。

第 2 步：双击 I3 单元格右下角的填充柄，对同列相关单元格填充结果。

（6）要求 6 操作步骤

第 1 步：将光标定位到 Sheet1 的 M9 单元格中，单击编辑栏上的 fx 按钮，在“插入函数”对话框的“或选择类别”中选择“统计”，然后选择函数“COUNTIF”，单击“确定”按钮。

第 2 步：在“Range”框中选择区域“I3:I50”，在“Criteria”框中输入条件“>100”，单击“确定”按钮。编辑栏显示结果为“=COUNTIF(I3:I50,">100")”。

（7）要求 7 操作步骤

第 1 步：选择 Sheet1 中的 A1:I50 区域，单击右键，选择“复制”（或按 Ctrl+C 组合键复制），将光标移到 Sheet2 的 A1 单元格中，单击右键，选择“粘贴选项”中的“值”。数值粘贴完成之后，继续单击右键，选择“粘贴选项”中的“格式”。

第 2 步：在 Sheet2 表数据下方空白单元格，如 A52、B52 单元格中分别输入“订书种类数”和“所属学院”，在下一行对应单元格（如 A53，B53）中分别输入“>=3”和“计算机学院”。

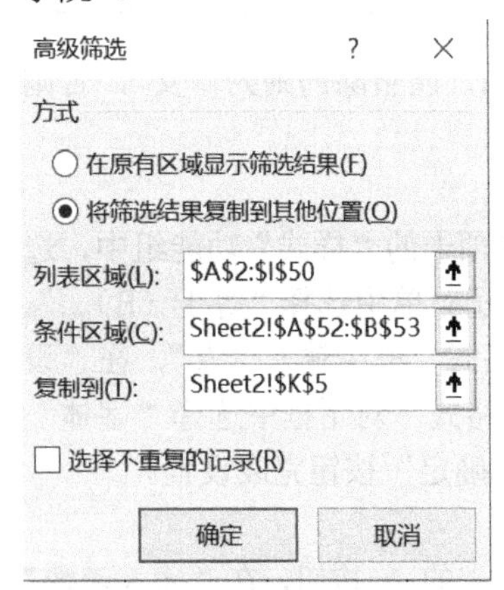

图 3-122　高级筛选区域设置

第 3 步：单击“数据”选项卡的“排序和筛选”功能组中的“高级”按钮。在弹出的“高级筛选”对话框中选择“方式”为“将筛选结果复制到其他位置”，“列表区域”选择“$A$2:$I$50”，“条件区域”选择“$A$52:$B$53”（对话框显示为 Sheet2!$A$52:$B$53），“复制到”选择“$K$5”（对话框显示为 Sheet2!$K$5），如图 3-122 所示。单击“确定”按钮，完成设置。

（8）要求 8 操作步骤

第 1 步：将光标定位在 Sheet3 工作表的 A1 单元格中。在“插入”选项卡的“图表”功能组中单击“数据透视图”，在弹出的下拉菜单中选择“数据透视图”，打开“创建数据透视图”对话框。

第 2 步：在“请选择要分析的数据”处选择“选择一个表或区域”，单击“表/区域”文本框，在 Sheet1 工作表中选择相关数据区域“A2:I50”。

第 3 步：单击“确定”按钮，出现数据透视图表设置界面。

第 4 步：在“数据透视图字段”窗口中，将“选择要添加到报表的字段”下方的“所属学院”字段拖到“轴（类别）”下方的文本框中，把“订书金额（元）”字段拖到“值”下方的文本框中，即完成数据透视图表的设置。

3.2.9　医院病人护理统计表

1. 题目要求

在练习素材文件夹中，打开“第 3 章练习\3.2.9 医院病人护理统计表.xlsx”文件，按以下要求操作，完成后保存到指定文件夹。

（1）在 Sheet4 中，使用函数，根据 A1 单元格中的身份证号码判断性别，结果为“男”

或“女”，存放在A2单元格中。身份证号的倒数第2位为奇数的为“男”，为偶数的为“女”。

（2）在Sheet4中，使用函数，将B1单元格中的数四舍五入到整百，并存放在C1单元格中。

（3）使用VLOOKUP函数，根据Sheet1中的“护理价格表”，对“医院病人护理统计表”中的“护理价格”列进行自动填充。

（4）使用数组公式，根据Sheet1中“医院病人护理统计表”中的“入住时间”列和“出院时间”列中的数据计算护理天数，并把结果保存在“护理天数”列中。计算方法为护理天数=出院时间—入住时间。

（5）使用数组公式，根据Sheet1中“医院病人护理统计表”的“护理价格”和“护理天数”列，对病人的护理费用进行计算，并把结果保存在该表的“护理费用”列中。计算方法为护理费用=护理价格×护理天数。

（6）使用数据库函数，按以下要求计算。

① 计算Sheet1“医院病人护理统计表”中，性别为女性，护理级别为中级护理，护理天数大于30天的人数，并保存在N13单元格中。

② 计算护理级别为高级护理的护理费用总和，并保存在N22单元格中。

（7）把Sheet1中的“医院病人护理统计表”复制到Sheet2，进行自动筛选。

① 要求：

- 筛选条件为“性别”—女、“护理级别”—高级护理；
- 将筛选结果保存在Sheet2的K5单元格中。

② 注意：

- 复制过程中，将标题项“医院病人护理统计表”连同数据一同复制；
- 数据表必须顶格放置；
- 复制过程中，保持数据一致。

（8）根据Sheet1中的“医院病人护理统计表”，创建一个数据透视图。要求：

- 显示每个护理级别的护理费用情况；
- *x*坐标设置为“护理级别”；
- 数据区域设置为“护理费用”；
- 求和为“护理费用”；
- 将对应的数据透视表保存在Sheet3中。

2. 操作步骤

（1）要求1操作步骤

将光标定位到Sheet4的A2单元格中，输入“=IF(MOD(MID(A1,17,1),2)=0,"女","男")”，按回车键，即取出身份证号的倒数第2位，判断其是否能被2整除，能整除的则为“女”，否则为“男”。

（2）要求2操作步骤

第1步：选择Sheet4工作表的C1单元格，单击编辑栏上的 *fx* 按钮，在“插入函数”对话框的“或选择类别”中选择“数学与三角函数”，然后选择函数“ROUND”，单击“确定”按钮。

第2步：在弹出的相应“函数参数”对话框中，在“Number”框中输入B1单元格，在“Num_digits”框中输入“-2”，单击“确定”按钮完成操作，结果公式为“=ROUND(B1,-2)”。

（3）要求3操作步骤

第1步：将光标定位到Sheet1的F3单元格中，单击编辑栏上的 f_x 按钮，在“插入函数”对话框的“或选择类别”中选择“查找与引用”，然后选择函数“VLOOKUP”，单击“确定”按钮。

第2步：将光标定位到“函数参数”对话框的“Lookup_value”框中，在当前工作表中搜索值“E3”。在“Table_array”框中，选择用于查找的数据源区域“K2:L5”，并设置引用为绝对引用。在“Col_index_num”框（满足条件的列序号）中输入“2”，在“Range_lookup”框中输入“FALSE”。

第3步：单击“确定”按钮完成计算设置，最终函数为“=VLOOKUP(E3,$K$2:$L$5,2,FALSE)”。将光标移到F3单元格右下角的填充柄上，按住鼠标左键向下拖拉到F30单元格即可。

（4）要求4操作步骤

第1步：在Sheet1工作表中选择“护理天数”列的记录项单元格“H3:H30”区域，在编辑栏中输入“=G3:G30-D3:D30”。

第2步：同时按住Ctrl+Shift+Enter组合键，完成数组公式“{=G3:G30-D3:D30}”。

（5）要求5操作步骤

第1步：在Sheet1工作表中选择“护理费用”列的记录项单元格“I3:I30”区域，在编辑栏中输入“=F3:F30*H3:H30”。

第2步：同时按住Ctrl+Shift+Enter组合键，完成数组公式“{=F3:F30*H3:H30}”。

（6）要求6操作步骤

第1步：将光标定位到Sheet1的N13单元格中，单击编辑栏上的 f_x 按钮，在“插入函数”对话框的“或选择类别”中选择“数据库”，然后选择函数“DCOUNTA”，单击“确定”按钮。

第2步：在“函数参数”对话框的“Database”框中输入“A2:I30”区域，在“Field”框中输入“C2”，在“Criteria”框中输入“K8:M9”，单击“确定”按钮，编辑栏显示为“=DCOUNTA(A2:I30,C2,K8:M9)”。

第3步：将光标定位到Sheet1的N22单元格中，单击编辑栏上的 f_x 按钮，在“插入函数”对话框的“或选择类别”中选择“数据库”，然后选择函数“DSUM”，单击“确定”按钮。

第4步：在“函数参数”对话框的“Database”框中输入“A2:I30”区域，在“Field”框中输入“I2”，在“Criteria”框中输入“K17:K18”，单击“确定”按钮，编辑栏显示为“=DSUM(A2:I30,I2,K17:K18)”。

（7）要求7操作步骤

第1步：选择Sheet1中的A1:I30区域，单击右键，选择“复制”（或按Ctrl+C组合键复制），将光标移到Sheet2的A1单元格中，单击右键，选择“粘贴选项”中的“值”，数值粘贴完成之后，继续单击右键，选择“粘贴选项”中的“格式”。

第2步：在Sheet2表的A32和B32单元格中分别输入“性别”和“护理级别”，在A33和B33单元格中分别输入“女”和“高级护理”。

第3步：单击“数据”选项卡下“排序和筛选”功能组中的“高级”按钮，在打开的“高级筛选”对话框中选择“方式”为“将筛选结果复制到其他位置”，“列表区域”选择“$A$2:$I$30”，“条件区域”选择“$A$32:$B$33”，“复制到”选择K5单元格，单击“确定”按钮完成设置。

（8）要求 8 操作步骤

第1步：将光标定位在 Sheet3 工作表的 A1 单元格中，在“插入”选项卡“图表”功能组中单击“数据透视图”，在弹出的下拉列表中选择“数据透视图”，打开“创建数据透视图”对话框。

第2步：在“请选择要分析的数据”处选择“选择一个表或数据区”，单击“表/区域”文本框，在 Sheet1 工作表中选择相关数据区域“A2:I30”。单击“确定”按钮，出现数据透视图表设置界面。

第3步：在“数据透视图字段”窗口中，将“选择要添加到报表的字段”下方的“护理级别”字段拖到“轴（类别）”下方的文本框中，将“护理费用”字段拖到“值”下方的文本框中，实现对护理费用的求和，即完成数据透视图表的设置。

3.2.10　打印机备货清单

1. 题目要求

在练习素材文件夹中，打开“第 3 章练习\3.2.10 打印机备货清单.xlsx”文件，按以下要求操作，完成后保存到指定文件夹。

（1）在 Sheet4 中，使用函数，根据 A1 单元格中的身份证号码判断性别，结果为“男”或“女”，存放在 A2 单元格中。身份证号码的倒数第 2 位为奇数的为“男”，为偶数的为“女”。

（2）在 Sheet4 的 B1 单元格中输入公式，判断当前年份是否为闰年，结果为 TRUE 或 FALSE。闰年定义为年数能被 4 整除而不能被 100 整除，或者能被 400 整除的年份。

（3）使用 IF 函数，对 Sheet1 中的“界面”列，根据“打印机类型”列的内容，进行自动填充。具体如下：

- 点阵—D；
- 喷墨—P；
- 黑白激光—H；
- 彩色激光—C；
- 以上 4 种类型之外的—T。

（4）使用 REPLACE 函数和数组公式对“新货号”列进行填充。要求：

① 将货号的前 3 位字符替换成“0233PRT”，以生成新货号，例如，23369585 替换为 0233PRT69585。

② 使用数组公式一次完成“新货号”列的填充。

（5）使用 VLOOKUP 函数对“供货商”列进行填充。要求：根据“供货商清单”，利用 VLOOKUP 函数对“供货商”列依照不同厂牌进行填充。

（6）使用数据库函数统计厂牌为 EPSON，兼容性为“支持”的型号总数（不计空白型号）。

（7）将 Sheet1 中的“打印机备货清单”复制到 Sheet2 中，然后依照打印机类型重新排序。要求：排序依据为点阵→喷墨→喷墨相片打印机→黑白激光→彩色激光。

（8）根据 Sheet2 中的“打印机备货清单”，在 Sheet3 中新建一个数据透视表。要求：

- 显示每种厂牌的每个打印机类型的型号总数；
- 行区域设置为“厂牌”；
- 列区域设置为“打印机类型”；

● 计数项为“型号”。

2. 操作步骤

（1）要求 1 操作步骤

将光标定位到 Sheet4 的 A2 单元格中，输入“=IF(MOD(MID(A1,17,1),2)=0,"女","男")”，按回车键，即取出身份证号的倒数第 2 位，判断其是否能被 2 整除，能整除的则为“女”，否则为“男”。

（2）要求 2 操作步骤

第 1 步：将光标定位到 Sheet4 的 B1 单元格中，单击编辑栏上的 fx 按钮，在“插入函数”对话框的“或选择类别”中选择“逻辑”，然后选择函数“OR”，单击“确定”按钮。

第 2 步：在 OR“函数参数”对话框中，条件“Logical1”框中输入闰年的第一种判断方式，即“年数能被 4 整除而不能被 100 整除”，由于是一组并列条件，需嵌入 AND 函数。

第 3 步：转到 AND“函数参数”对话框，分别在“Logical1”框中输入条件“MOD(YEAR(TODAY()),4)=0”（年份能被 4 整除），在“Logical2”框中输入条件“MOD(YEAR(TODAY()),100)>0”（年份不能被 100 整除）。

第 4 步：在编辑栏中单击 AND 函数的结尾处（最后一个“)”符号前），回到 OR“函数参数”对话框。在“Logical2”框中输入第二个判断条件“能被 400 整除的年份”的条件，即“MOD(YEAR(TODAY()),400)=0”。

第 5 步：单击“确定”按钮，在 B1 单元格中给出了完整表达式为：

“=OR(AND(MOD(YEAR(TODAY()),4)=0,MOD(YEAR(TODAY()),100)>0),MOD(YEAR(TODAY()),400)=0)”。

（3）要求 3 操作步骤

第 1 步：将光标定位到 Sheet1 的 E3 单元格中，单击编辑栏上的 fx 按钮，在“插入函数”对话框的“或选择类别”中选择“逻辑”，然后选择函数“IF”，单击“确定”按钮。

第 2 步：在“函数参数”对话框中选择“Logical_test”（逻辑条件）框，单击当前工作表中的“打印机类型”列下的单元格 D3，输入条件“D3="点阵"”，在“Value_if_true”（符合条件的返回值）框中输入“D”。

第 3 步：单击“Value_if_false”（不符合条件时的返回值）框，再单击“名称”栏的函数 IF，嵌入第 1 层 IF 函数，在函数参数框中分别填入逻辑条件“D3="喷墨"”、符合条件的返回值“P”。

第 4 步：单击“Value_if_false”框，继续单击“名称”栏的函数 IF，进入第 2 层嵌套。在函数参数框中分别填入逻辑条件“D3="黑白激光"”、符合条件的返回值“H”。

第 5 步：在“Value_if_false”框中，继续单击“名称”栏的函数 IF 进入第 3 层嵌套。在函数参数框中分别填入逻辑条件“D3="彩色激光"”、符合条件的返回值“C”，在“Value_if_false”框中输入不符合条件的值“T”，单击“确定”按钮完成编辑。编辑栏公式为：“=IF(D3="点阵","D",IF(D3="喷墨","P",IF(D3="黑白激光","H",IF(D3="彩色激光","C","T"))))”。

第 6 步：双击 E3 单元格右下角的填充柄，对同列相关单元格进行填充。

（4）要求 4 操作步骤

第 1 步：选择 Sheet1 中的 H3:H189 区域，单击编辑栏上的 fx 按钮，在“插入函数”对话框的“或选择类别”中选择“文本”，然后选择函数“REPLACE”，单击“确定”按钮。

第 2 步：在弹出的“函数参数”对话框中输入相关参数。单击“确定”按钮，在编辑栏中显示结果为“=REPLACE(A3:A189,1,3,"0233PRT")”。

第3步：同时按住 Ctrl+Shift+Enter 组合键，完成数组公式“{=REPLACE(A3:A189,1,3,"0233PRT")}”，完成设置。

（5）要求 5 操作步骤

第1步：将光标定位到 Sheet1 的 I3 单元格中，单击编辑栏上的 f_x 按钮，在“插入函数”对话框的“或选择类别”中选择“查找与引用”，然后选择函数“VLOOKUP”，单击“确定”按钮。

第2步：将光标定位到“函数参数”对话框的“Lookup_value”框中，在当前工作表中搜索值“B3”，在“Table_array”框中，选择用于查找的数据源区域“M11:N29”，并设置引用为绝对引用，在“Col_index_num”框（满足条件的列序号）中输入“2”。

第 3 步：单击“确定”按钮完成计算设置，编辑栏显示为“=VLOOKUP(B3,$M$11:$N$29,2)”。将光标移到 I3 单元格右下角的填充柄上双击即可。

（6）要求 6 操作步骤

第1步：在 Sheet1 的 M35:N36 区域写上“厂牌”为“EPSON”，“兼容性”为“支持”的条件。

第2步：将光标定位到 Sheet1 的 N38 单元格中，单击编辑栏上的 f_x 按钮，在“插入函数”对话框的“或选择类别”中选择“数据库”，然后选择函数“DCOUNTA”，单击“确定”按钮。

第2步：在参数“Database”框中输入“A2:F189”区域，在“Field”框中输入“C2”，在“Criteria”框中输入“M35:N36”，单击“确定”按钮完成设置，编辑栏显示为“=DCOUNTA(A2:F189,C2,M35:N36)”。

（7）要求 7 操作步骤

第1步：选择 Sheet1 中的 A1:F189 区域，单击右键，选择“复制”（或按 Ctrl+C 组合键复制），将光标移到 Sheet2 的 A1 单元格，单击右键，选择“粘贴”（或按 Ctrl+V 组合键粘贴）。

第2步：选择 A2:F189 区域，单击“数据”选项卡的“排序和筛选”功能组中的“排序”按钮，打开“排序”对话框。

第3步：选择“主要关键字”为“打印机类型”，“次序”选择“自定义序列...”，在打开的“自定义序列”对话框中输入序列，如图 3-123 所示。单击“确定”按钮回到“排序”对话框，单击“确定”按钮完成排序。

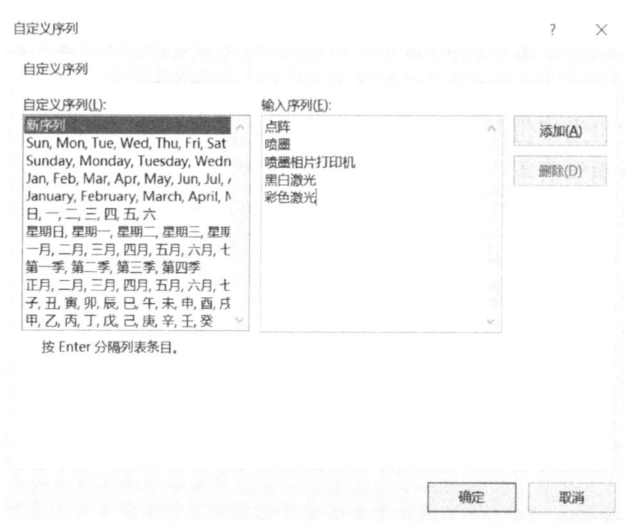

图 3-123　输入自定义序列

（8）要求8操作步骤

第1步：光标定位到Sheet3的A1单元格中，在“插入”选项卡的“图表”功能组中单击“数据透视图”按钮，在弹出的下拉列表中选择“数据透视图和数据透视表”，打开“创建数据透视表”对话框。

第2步：在“请选择要分析的数据”处选择“选择一个表或区域”，单击“表/区域”文本框，在Sheet2工作表中选择相关数据区域“A2:F189”，其他使用默认设置。

第3步：单击“确定”按钮，出现数据透视图表设置界面，选择数据透视表区域，在“数据透视表字段”窗口中，将“选择要添加到报表的字段”下方的“厂牌”字段拖到“行”下方的文本框中，把“打印机类型”字段拖到“列”下方的文本框中，把“型号”字段拖到“值”下方的文本框中，即完成数据透视表的设置，显示每种厂牌的每个打印机类型的型号总数。

3.2.11 房屋销售清单

1. 题目要求

在练习素材文件夹中，打开“第3章练习\3.2.11 房屋销售清单.xlsx”文件，按以下要求操作，完成后保存到指定文件夹。

（1）在Sheet5中，使用条件格式，将A1:A20单元格区域中有重复值的单元格填充色设为红色。

（2）在Sheet5中，使用函数，将B1中的时间四舍五入到最接近的15分钟的倍数，将结果存放在C1单元格中。

（3）使用IF函数自动填写“折扣率”列，标准：面积小于140的，九九折（即折扣率为99%）；小于200但大于等于140的，九七折；大于等于200的，九五折，并使用数组公式和ROUND函数填写“房价”列，四舍五入到百位。

（4）使用COUNTIF和SUMIF函数统计面积大于等于140的房屋户数和房价总额，将结果填入单元格M9和N9中。

（5）将“小灵通号码”列号码升位并填入“新电话号码”栏，要求使用文本函数完成。

- 升位规则：先将小灵通号码的第4位和第5位之间插入一个8，再在号码前加上133。
- 例如，小灵通号码 5793278，新电话号码 13357938278。

（6）判断客户的出生年份是否为闰年，将结果“是”或者“否”填入“闰年”栏。

（7）先将“房屋销售清单”复制到Sheet2中，然后汇总不同销售人员所售房屋总价。

（8）根据“房屋销售清单”的结果，创建一张数据透视表，要求：

- 显示每个销售经理以折扣率分类的销售房屋户数；
- 行区域设置为“销售经理”；
- 列区域设置为“折扣率”
- 计数项设置为“物业地址”；
- 将对应的数据透视表保存在Sheet4中。

2. 操作步骤

（1）要求1操作步骤

第1步：选择Sheet5工作表中的A1:A20区域，在“开始”选项卡的“样式”功能组中，选择“条件格式”下拉列表中的“突出显示单元格规则”，再在二级子菜单中选择“重复值(D)...”。

第2步：在“重复值”对话框中“设置为”选择“自定义格式...”，在打开的“设置单元格格式”对话框中选择“填充”选项卡，“颜色”选择“红色”，单击“确定”按钮完成设置。

（2）要求 2 操作步骤

选择 Sheet5 的 C1 单元格，在编辑栏中输入：“=HOUR(B1)&":"&MROUND(MINUTE(B1), 15)”。其中 MROUND 为指定舍入函数，即返回一个舍入到所需倍数的数字，HOUR、MIUNTE 分别为小时函数、分函数，即返回时间中的小时数和分钟数。符号“&”为文本字符串连接符，用于链接单元格的字符串，使结果形成时间显示样式。

（3）要求 3 操作步骤

第1步：将光标定位到 Sheet1 的 I3 单元格中，单击编辑栏上的 f_x 按钮，在“插入函数”对话框的“或选择类别”中选择“逻辑”，然后选择函数“IF”，单击“确定”按钮。

第2步：在“函数参数”对话框中选择“Logical_test”（逻辑条件）文本框，单击当前工作表中的“面积”列下的单元格 G3，输入条件“G3<140”，在“Value_if_true”（符合条件的返回值）框中输入“99%”。

第3步：单击“Value_if_false”（不符合条件时的返回值）文本框，再单击“名称”栏中的函数 IF，嵌入第 1 层 IF 函数，在“函数参数”栏中分别填入逻辑条件“G3<200”、符合条件的返回值“97%”，在“Value_if_false”框中输入不符合条件的值“95%”，单击“确定”按钮完成编辑，编辑栏显示为“=IF(G3<140,"99%",IF(G3<200,"97%","95%"))”。

第4步：双击 I3 单元格右下角的填充柄，对同列相关单元格进行填充。

第5步：选择 Sheet1 中的 J3:J39 区域，单击编辑栏上的 f_x 按钮，在“插入函数”对话框的“或选择类别”中选择“数学与三角函数”，然后选择函数“ROUND”，单击“确定”按钮。

第6步：在弹出的相应“函数参数”对话框中，“Number”框中输入“G3:G39*H3:H39*I3:I39”，“Num_digits”框中输入“-2”，单击“确定”按钮。

第7步：同时按 Ctrl+Shift+Enter 组合键，完成数组公式“{=ROUND(G3:G39*H3:H39*I3:I39，-2)}”，完成计算。

（4）要求 4 操作步骤

第1步：将光标定位到 Sheet1 的 M9 单元格中，单击编辑栏上的 f_x 按钮，在“插入函数”对话框的“或选择类别”中选择“统计”，然后选择函数“COUNTIF”，单击“确定”按钮。

第2步：在“Range”框中选择区域“G3:G39”，在“Criteria”框中输入条件“>=140”，单击“确定”按钮，结果函数为“=COUNTIF(G3:G39,">=140")”。

第3步：将光标定位到 Sheet1 的 N9 单元格中，选择函数“SUMIF”，在“Range”框中选择区域“G3:G39”，在“Criteria”框中输入条件“>=140”，在“Sum_range”框中输入“J3:J39”，结果函数为“=SUMIF(G3:G39,">=140",J3:J39)”。

（5）要求 5 操作步骤

第1步：选择 Sheet1 的 C3 单元格，单击编辑栏上的 f_x 按钮，在“插入函数”对话框的“或选择类别”中选择“文本”，然后选择函数“REPLACE”，单击“确定”按钮。

第2步：在弹出的“函数参数”对话框中输入相关参数。通过函数嵌套完成号码升位，在编辑栏中显示结果为“=REPLACE(REPLACE(B3,5,0,8),1,0,"133")”。

第 3 步：双击 C3 单元格右下角的填充柄，对同列相关单元格进行填充。

（6）要求 6 操作步骤

第 1 步：选择 Sheet1 中的 E3 单元格，单击编辑栏上的 f_x 按钮，在“插入函数”对话框的“或选择类别”中选择“逻辑”，然后选择函数“IF”，单击“确定”按钮。

第 2 步：在“函数参数”对话框中输入相关参数，还需要嵌套取余函数 MOD、日期与时间函数 YEAR、逻辑与函数 AND，最终完成的公式为“IF(MOD(YEAR(D3),400)=0,"是",IF(AND(MOD(YEAR(D3),4)=0,MOD(YEAR(D3),100)>0),"是","否"))”。

第 3 步：双击 E3 单元格右下角的填充柄，对同列相关单元格填充结果。

（7）要求 7 操作步骤

第 1 步：选择 Sheet1 中的 A1:K39 区域，单击右键，选择“复制”（或按 Ctrl+C 组合键复制），将光标移到 Sheet2 的 A1 单元格中，单击右键，选择“粘贴选项”中的“值”，数值粘贴完成之后，继续单击右键，选择“粘贴选项”中的“格式”。

第 2 步：在 Sheet2 中选择 A2:K39 区域，单击“数据”选项卡的“排序和筛选”功能组中的“排序”按钮，打开“排序”对话框。

第 3 步：选择“主要关键字”为“销售经理”，次序可默认，单击“确定”按钮完成排序。

第 4 步：单击“数据”选项卡的“分级显示”功能组中的“分类汇总”，打开“分类汇总”对话框。“分类字段”选择“销售经理”，“汇总方式”选择“求和”，“选定汇总项”选择“房价”，单击“确定”按钮完成分类汇总。

（8）要求 8 操作步骤

第 1 步：选中 Sheet1 的 A2:K39 单元格区域，在“插入”选项卡的“图表”功能组中单击“数据透视图”按钮，在弹出的下拉列表中选择“数据透视图和数据透视表”，打开“创建数据透视表”对话框。

第 2 步：在“选择放置数据透视表的位置”处选择“现有工作表”，在“位置”处选择 Sheet4 的 A1 单元格。单击“确定”按钮，出现数据透视图表设置界面。

第 3 步：选择数据透视表区域，在“数据透视图字段”窗口中，将“选择要添加到报表的字段”下方的“销售经理”字段拖到“行”下方的文本框中，把“折扣率”字段拖到“列”下方的文本框中，把“物业地址”字段拖到“值”下方的文本框中，单击“值”中的内容，在弹出的菜单中选择“值字段设置”。在打开的对话框中“计算类型”选择“计数”，如图 3-124 所示，单击“确定”按钮完成数据透视表的设置。

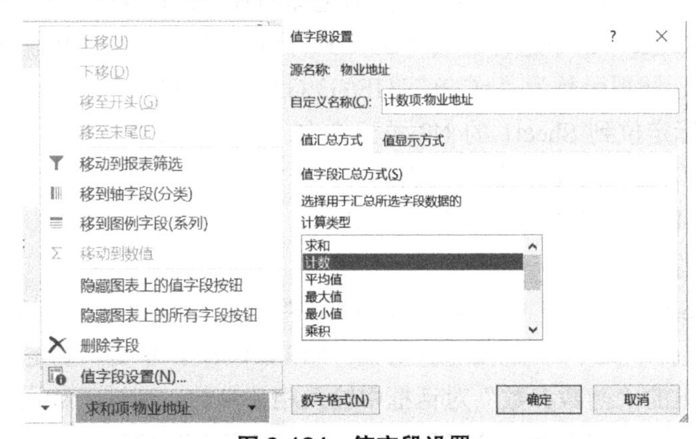

图 3-124　值字段设置

3.2.12 员工基本信息表

1. 题目要求

在练习素材文件夹中，打开“第 3 章练习\3.2.12 员工基本信息表.xlsx”文件，按以下要求操作，完成后保存到指定文件夹。

（1）在 Sheet3 中设定 A 列中不能输入重复的数值。

（2）在 Sheet3 的 B1 单元格中输入分数 1/3。

（3）使用 IF 函数，对 Sheet1 中的“学位”列进行自动填充。

要求：填充的内容根据“学历”列的内容来确定（假定均已获得相应学位）：

- 博士研究生—博士；
- 硕士研究生—硕士；
- 大学本科—学士。

（4）使用时间函数和数组公式，对 Sheet1 中的“进厂工作时年龄”列进行计算，计算公式为进厂工作时年龄=进厂工作日期年份—出生日期年份。

（5）判断出生年份是否为闰年，将判断结果（“是”或“否”）填入“是否闰年”列中。

（6）利用数据库函数统计六分厂 30 岁以上（截至 2010-03-31，即 1980-04-01 前出生）具有博士学位的女性研究员人数，将结果填入 Sheet1 的 N12 单元格中。

（7）使用 RANK 函数对进厂工作日期排序，先进厂的排前面（从 1 开始），结果填入“厂龄排序”列。

（8）根据 Sheet1 的结果，在 Sheet2 中创建一数据透视表，要求：

- 显示每个部门的各岗位级别员工数量；
- 行设置为“部门”；
- 列设置为“岗位级别”；
- 计数项为“姓名”。

2. 操作步骤

（1）要求 1 操作步骤

第 1 步：选择 Sheet3 工作表的 A 列，打开“数据”选项卡，在“数据工具”功能组中单击“数据验证”按钮，打开“数据验证”对话框。

第 2 步：在“设置”选项卡中，“允许”选择“自定义”，在“公式”栏中输入“=COUNTIF(A:A,A1)=1”，单击“确定”按钮完成设置。

（2）要求 2 操作步骤

将光标定位到 Sheet3 的 B1 单元格中，依次输入“0”、空格、“1/3”，按回车键即可。或先右击 B1 单元格，选择“设置单元格格式”，在打开的对话框的“数字”选项卡中选择“分数”，即设置单元格数据类型为分数，然后再输入“1/3”。

（3）要求 3 操作步骤

第 1 步：将光标定位到 Sheet1 的 G3 单元格中，单击编辑栏上的 f_x 按钮，在“插入函数”对话框的“或选择类别”中选择“逻辑”，然后选择函数“IF”，单击“确定”按钮。

第 2 步：在“函数参数”对话框中选择“Logical_test”（逻辑条件），单击当前工作表中的“学历”列下的单元格 F3，输入条件“F3="博士研究生"”，在“Value_if_true”（符合条件的返回值）框中输入“博士”。

第3步：单击“Value_if_false”（不符合条件时的返回值）框，再单击“名称”栏中的函数 IF，嵌入 IF 函数，在“函数参数”栏中分别填入逻辑条件“F3="硕士研究生"”、符合条件的返回值“硕士”，在“Value_if_false”框中输入不符合条件的值“学士”，单击“确定”按钮完成编辑，编辑栏显示为“=IF(F3="博士研究生","博士",IF(F3="硕士研究生","硕士", "学士"))”。

第4步：双击 G3 单元格右下角的填充柄，对同列相关单元格进行填充。

（4）要求 4 操作步骤

第1步：在 Sheet1 工作表中选择“进厂工作时年龄”列的记录项单元格“I3:I94”区域，在编辑栏中输入“=YEAR(H3:H94)-YEAR(E3:E94)”。

第 2 步：同时按 Ctrl+Shift+Enter 组合键，完成数组公式“{=YEAR(H3:H94)-YEAR(E3:E94)}”，完成计算。

（5）要求 5 操作步骤

第1步：选择 Sheet1 中的 J3 单元格，单击编辑栏上的 fx 按钮，在“插入函数”对话框的“或选择类别”中选择“逻辑”，然后选择函数“IF”，单击“确定”按钮。

第2步：在“函数参数”对话框中输入相关参数，还需要嵌套取余函数 MOD、日期与时间函数 YEAR、逻辑与函数 AND，最终完成的公式为“=IF(MOD(YEAR(E3),400)=0,"是",IF(AND(MOD(YEAR(E3),4)=0,MOD(YEAR(E3),100)>0),"是","否"))”。

第3步：双击 J3 单元格右下角的填充柄，对同列相关单元格填充结果。

（6）要求 6 操作步骤

第1步：在 Sheet1 表的空白区域中输入条件，如在 N6:Q7 区域中分别输入“部门”—“六分厂”，“岗位级别”—“研究员”，“性别”—“女”，“学位”—“博士”。

第2步：将光标定位到 Sheet1 的 N12 单元格中，单击编辑栏上的 fx 按钮，在“插入函数”对话框的“或选择类别”中选择“数据库”，然后选择函数“DCOUNTA”，单击“确定”按钮。

第3步：在参数“Database”框中输入“A2:K94”区域，在“Field”框中输入“B2”，在“Criteria”框中输入“N6:Q7”，单击“确定”按钮，编辑栏显示为“=DCOUNTA(A2:K94,B2,N6:Q7)”。

（7）要求 7 操作步骤

第1步：选择 Sheet1 中的 K3 单元格，单击编辑栏上的 fx 按钮，在“插入函数”对话框的“搜索函数”栏中搜索“RANK”，单击“确定”按钮。

第2步：在弹出的“函数参数”对话框中输入参数，在“Number”框中选择 H3，在“Ref”（排名数据区域）框中选择“H3:H94”，并按 F4 键设置该区域引用为绝对引用，由于排名数据组要求升序序列，故可在“Order”（排名方式）框中输入“1”，单击“确定”按钮完成函数输入。

第3步：函数结果为“=RANK(H3,$H$3:$H$94,1)”，双击 K3 单元格填充柄，实现厂龄排序列结果填充。

（8）要求 8 操作步骤

第1步：选中 Sheet1 的 A2:K94 单元格区域，在“插入”选项卡的“图表”功能组中单击“数据透视图”按钮，在弹出的下拉列表中选择“数据透视图和数据透视表”，打开“创建数据透视表”对话框。

第2步：在“选择放置数据透视表的位置”处选择“现有工作表”，在“位置”处选择 Sheet2

的 A1 单元格，单击“确定”按钮，出现数据透视图表设置界面。

第3步：选择数据透视表区域，在“数据透视图字段”窗口中，将“选择要添加到报表的字段”下方的“部门”字段拖到“行”下方的文本框中，把“岗位级别”字段拖到“列”下方的文本框中，把“姓名”字段拖到“值”下方的文本框中，单击“值”中的内容，在弹出的菜单中选择“值字段设置”。在打开的对话框中“计算类型”选择“计数”，单击“确定”按钮完成数据透视表的设置。

3.2.13 员工工资表

1. 题目要求

在练习素材文件夹中，打开“第 3 章练习\3.2.13 员工工资表.xlsx”文件，按以下要求操作，完成后保存到指定文件夹。

（1）在 Sheet4 中，使用条件格式，将 A1:A20 单元格区域中有重复值的单元格填充为红色。

（2）在 Sheet4 的 B1 单元格中输入公式，判断当前年份是否为闰年，结果为 TRUE 或 FALSE。闰年定义：年数能被 4 整除而不能被 100 整除，或者能被 400 整除的年份。

（3）使用 VLOOKUP 函数和 HLOOKUP 函数填写“基本工资”列，计算公式为基本工资=岗位工资+学历津贴。

（4）使用数组公式计算“应发工资”列，计算公式为应发工资=基本工资+绩效工资。

（5）使用数据库函数统计。

① 分别将业务代表中最高的绩效工资填入单元格 P21 和最低的应发工资填入单元格 P22。

② 所有女业务代表的应发工资总额填入单元格 P23。

（6）使用逻辑函数 AND 和 OR 判断是否是高级职位员工且应发工资大于等于 10000，填入“是”或“否”。其中，高级职位指项目经理和销售经理。

（7）将 Sheet1 中的“员工工资表”复制到 Sheet2 中，对不同职位的应发工资平均值进行分类汇总。

（8）根据 Sheet1 的结果，创建一数据透视图，要求：

- 显示每个部门的应发工资总额；
- 行设置为“部门”；
- 求和项设置为“应发工资”。

2. 操作步骤

（1）要求 1 操作步骤

第1步：选择 Sheet4 工作表中的 A1:A20 区域，在“开始”选项卡的“样式”功能组中，选择“条件格式”下拉列表中的“突出显示单元格规则”，在二级子菜单中选择“重复值(D)...”。

第2步：在“重复值”对话框的“设置为”中选择“自定义格式...”，在打开的“设置单元格格式”对话框中选择“填充”选项卡，“颜色”选择“红色”，单击“确定”按钮完成设置。

（2）要求 2 操作步骤

第1步：将光标定位到 Sheet4 的 B1 单元格中，单击编辑栏上的 *fx* 按钮，在“插入函数”对话框的“或选择类别”中选择“逻辑”，然后选择函数“OR”，单击“确定”按钮。

第2步：在 OR“函数参数”对话框中，条件“Logical1”框中输入闰年的第一种判断方式，即“年数能被4整除而不能被100整除”，由于是一组并列条件，需嵌入AND函数。

第3步：转到AND“函数参数”对话框，分别在“Logical1”框中输入条件“MOD(YEAR(TODAY()),4)=0”（即年份能被4整除），在“Logical2”框中输入条件“MOD(YEAR(TODAY()),100)>0”（即年份不能被100整除）。

第4步：在编辑栏中单击AND函数的结尾处（最后一个“)”符号前），回到OR“函数参数”对话框，在“Logical2”框中输入第二个判断条件“能被400整除的年份”的条件“MOD(YEAR(TODAY()),400)=0”。

第5步：单击“确定”按钮，B1单元格给出的完整表达式为“=OR(AND(MOD(YEAR(TODAY()),4)=0,MOD(YEAR(TODAY()),100)>0),MOD(YEAR(TODAY()),400)=0)”。

（3）要求3操作步骤

第1步：将光标定位到Sheet1的F3单元格中，单击编辑栏上的 f_x 按钮，在“插入函数”对话框的“或选择类别”中选择“查找与引用”，然后选择函数“VLOOKUP”，单击“确定”按钮。

第2步：将光标定位到“函数参数”对话框的“Lookup_value”文本框中，在当前工作表中搜索值“C3”，在“Table_array”框中选择用于查找的数据源区域“L14:M17”，并设置引用为绝对引用，在“Col_index_num”框（满足条件的列序号）中输入“2”，在“Range_lookup”框中输入“FALSE”。

第3步：单击“确定”按钮完成计算设置，函数为“=VLOOKUP(C3,$L$14:$M$17,2,FALSE)”，即计算出了岗位工资，在编辑栏公式后加上“+”号，单击编辑栏上的 f_x 按钮，在“插入函数”对话框的“或选择类别”中选择“查找与引用”，然后选择函数“HLOOKUP”，单击“确定”按钮。

第4步：将光标定位到“函数参数”对话框的“Lookup_value”框中，在当前工作表中搜索值“E3”，在“Table_array”框中选择用于查找的数据源区域“O14:Q15”，并设置引用为绝对引用，在“Row_index_num”框（满足条件的行序号）中输入“2”，在“Range_lookup”框中输入“FALSE”。

第5步：单击“确定”按钮，结果函数为“=VLOOKUP(C3,$L$14:$M$17,2,FALSE)+HLOOKUP(E3,$O$14:$Q$15,2,FALSE)”。将光标移到F3单元格右下角的填充柄上，按住鼠标左键向下拖拉到F39单元格即可。

（4）要求4操作步骤

第1步：选中H3:H39区域，在输入栏中输入“=”，然后选择区域“F3:F39”，再输入“+”号，选择区域“G3:G39”，编辑栏中显示“=F3:F39+G3:G39”。

第2步：同时按住Ctrl+Shift+Enter组合键，编辑栏显示“{=F3:F39+G3:G39}”，完成应发工资的计算。

（5）要求5操作步骤

第1步：在L25、L26单元格中分别写上“职位”和“业务代表”。

第2步：将光标定位到Sheet1的P21单元格中，单击编辑栏上的 f_x 按钮，在“插入函数”对话框“或选择类别”中选择“数据库”，然后选择函数“DMAX”，单击“确定”按钮。

第3步：在参数“Database”框中输入“A2:I39”区域，在“Field”框中输入“G2”，在“Criteria”框中输入“L25:L26”，单击“确定”按钮，编辑栏中显示“=DMAX(A2:I39,G2,L25:

L26)”。

第 4 步：将光标定位到 Sheet1 的 P22 单元格中，单击编辑栏上的 *fx* 按钮，在“插入函数”对话框的“或选择类别”中选择“数据库”，然后选择函数“DMIN”，单击“确定”按钮。

第 5 步：在参数“Database”框中输入“A2:I39”区域，在“Field”框中输入“H2”，在“Criteria”框中输入“L25:L26”，单击“确定”按钮，编辑栏中显示“=DMIN(A2:I39,H2,L25:L26)”。

第 6 步：在 M25、M26 单元格中分别写上“性别”和“女”。将光标定位到 Sheet1 的 P23 单元格中，单击编辑栏上的 *fx* 按钮，在“插入函数”对话框的“或选择类别”中选择“数据库”，然后选择函数“DSUM”，单击“确定”按钮。

第 7 步：在参数“Database”框中选择“A2:I39”区域，在“Field”框中选择“H2”，在“Criteria”框中选择条件区域“L25:M26”，单击“确定”按钮，编辑栏中显示“=DSUM(A2:I39,H2,L25:M26)”。

（6）要求 6 操作步骤

第 1 步：将光标定位到 Sheet1 的 I3 单元格中，单击编辑栏上的 *fx* 按钮，在“插入函数”对话框的“或选择类别”中选择“逻辑”，然后选择函数“IF”，单击“确定”按钮。

第 2 步：使用逻辑函数 OR 判断是否是高级职位员工，公式为“OR(C3="项目经理",C3= "销售经理")”。使用逻辑函数 AND 判断是否是高级职位员工且应发工资大于等于 10000，公式为“AND(OR(C3="项目经理",C3="销售经理"),H3>=10000)”。

第 3 步：在“函数参数”对话框的“Logical_test”（逻辑条件）框中输入条件“AND(OR(C3="项目经理",C3="销售经理"),H3>=10000)”，在“Value_if_true”（符合条件的返回值）框中输入“是”，在“Value_if_false”框中输入不符合条件的值“否”，单击“确定”按钮完成编辑，编辑栏中显示“=IF(AND(OR(C3="项目经理",C3="销售经理"),H3>=10000),"是","否")”。

第 4 步：将光标移到 I3 单元格右下角的填充柄上双击即可。

（7）要求 7 操作步骤

第 1 步：选择 Sheet1 中的 A1:I39 区域，单击右键，选择“复制”（或按 Ctrl+C 组合键复制），将光标移到 Sheet2 的 A1 单元格中，单击右键，选择“粘贴选项”中的“值”。

第 2 步：选择 A2:I39 区域，单击“数据”选项卡的“排序和筛选”功能组中的“排序”按钮，打开“排序”对话框。

第 3 步：选择“主要关键字”为“职位”，次序可默认，单击“确定”按钮完成排序。

第 4 步：单击“数据”选项卡的“分级显示”功能组中的“分类汇总”，打开“分类汇总”对话框。“分类字段”选择“职位”，“汇总方式”选择“平均值”，“选定汇总项”选择“应发工资”，单击“确定”按钮完成分类汇总。

（8）要求 8 操作步骤

第 1 步：将光标定位在 Sheet3 工作表的 A1 单元格中，在“插入”选项卡的“图表”功能组中单击“数据透视图”按钮，在弹出的下拉列表中选择“数据透视图”，打开“创建数据透视图”对话框。

第 2 步：在“请选择要分析的数据”处选择“选择一个表或数据区”，单击“表/区域”文本框，在 Sheet1 工作表中选择相关数据区域“A2:I39”。

第 3 步：单击“确定”按钮，出现数据透视图表设置界面。

第 4 步：在“数据透视图字段”窗口中，将“选择要添加到报表的字段”下方的“部门”字段拖到“轴（类别）”下方的文本框中，把“应发工资”字段拖到“值”下方的文本框中，实现求和，即完成数据透视图表的设置，显示每个部门的应发工资总额。

3.2.14 图书销售清单

1. 题目要求

在练习素材文件夹中，打开“第 3 章练习\3.2.14 图书销售清单.xlsx”文件，按以下要求操作，完成后保存到指定文件夹。

（1）在 Sheet3 中，使用函数，将 A1 单元格中的时间四舍五入到最接近的 15 分钟的倍数，并将结果存放在 A2 单元格中。

（2）在 Sheet3 的 B1 单元格中输入公式，判断当前年份是否为闰年，结果为 TRUE 或 FALSE。闰年定义：年数能被 4 整除而不能被 100 整除，或者能被 400 整除的年份。

（3）使用文本函数和 VLOOKUP 函数，填写“货品代码”列，规则是将“登记号”的前 4 位替换为出版社简码。使用 VLOOKUP 函数填写“销售代表”列。

（4）使用数组公式填写“销售额”列，销售额=单价×销售数，并将销售额四舍五入到整数。

（5）使用 SUMIF 函数计算每个出版社的销售总额，填入 Sheet1 表中。

（6）使用 DAVERAGE 函数计算每个销售代表平均销售数，填入 Sheet1 表中，并用 RANK 函数计算其排名。

（7）对“图书销售清单”进行高级筛选，将筛选结果复制到 Sheet2 中。筛选条件为单价大于等于 20，销售数大于等于 800。

（8）根据“图书销售清单”创建数据透视图。要求：

- 显示各个销售代表的销售总额；
- 行设置为销售代表；
- 求和项为销售额。

2. 操作步骤

（1）要求 1 操作步骤

选择 Sheet3 的 A2 单元格，在编辑栏中输入“=HOUR(A1)&":"&MROUND(MINUTE(A1),15)”。其中 MROUND 为指定舍入函数，即返回一个舍入到所需倍数的数字，HOUR、MIUNTE 分别为小时函数、分函数，即返回时间中的小时数和分钟数。符号“&”为文本字符串连接符，用于链接单元格的字符串，使结果形成时间显示样式。

（2）要求 2 操作步骤

第 1 步：将光标定位到 Sheet3 的 B1 单元格中，单击编辑栏上的 *fx* 按钮，在“插入函数”对话框的“或选择类别”中选择“逻辑”，然后选择函数“OR”，单击“确定”按钮。

第 2 步：在 OR“函数参数”对话框中，在“Logical1”框中输入闰年的第一种判断方式，即“年数能被 4 整除而不能被 100 整除”，由于是一组并列条件，需嵌入 AND 函数。

第 3 步：转到 AND“函数参数”对话框，分别在“Logical1”框中输入条件“MOD(YEAR(TODAY()),4)=0”（年份能被 4 整除），在“Logical2”框中输入条件“MOD(YEAR(TODAY()),100)>0”（年份不能被 100 整除）。

第 4 步：在编辑栏中单击 AND 函数的结尾处（最后一个“)”符号前），回到 OR“函数参数”对话框，在“Logical2”框中输入第二个判断条件“能被 400 整除的年份”的条件

"MOD(YEAR(TODAY()),400)=0"。

第 5 步：单击"确定"按钮，在 B1 单元格中给出了完整表达式为"=OR(AND(MOD(YEAR(TODAY()),4)=0,MOD(YEAR(TODAY()),100)>0),MOD(YEAR(TODAY()),400)=0)"。

（3）要求 3 操作步骤

第 1 步：将光标定位到 Sheet1 的 B3 单元格中，单击编辑栏上的 fx 按钮，在"插入函数"对话框的"或选择类别"中选择"文本"，然后选择函数"REPLACE"，单击"确定"按钮。

第 2 步：在弹出的"函数参数"对话框中输入相关参数，其中"Old_text"为登记号，从第 1 位开始替换，替换 4 位，进行替换的字符串通过 VLOOKUP 函数获得。

第 3 步：将光标定位到"函数参数"对话框的"Lookup_value"文本框中，在当前工作表中搜索值"E3"，在"Table_array"框中选择用于查找的数据源区域"K6:N24"，并设置引用为绝对引用，在"Col_index_num"框（满足条件的列序号）中输入"3"，在"Range_lookup"框中输入"FALSE"。编辑栏显示为"=REPLACE(A3,1,4,VLOOKUP(E3,$K$6:$N$24,3,FALSE))"。

第 4 步：双击 B3 单元格右下角的填充柄，对同列相关单元格进行填充。

第 5 步：将光标定位到 H3 单元格，单击编辑栏上的 fx 按钮，在"插入函数"对话框的"或选择类别"中选择"查找与引用"，然后选择函数"VLOOKUP"，单击"确定"按钮。

第 6 步：将光标定位到"函数参数"对话框中的"Lookup_value"文本框中，在当前工作表中搜索值"E3"，在"Table_array"框中选择用于查找的数据源区域"K6:N24"，并设置引用为绝对引用，在"Col_index_num"框（满足条件的列序号）中输入"4"，在"Range_lookup"框中输入"FALSE"。编辑栏显示为"=VLOOKUP(E3,$K$6:$N$24,4,FALSE)"。

第 4 步：双击 H3 单元格右下角的填充柄，对同列相关单元格进行填充。

（4）要求 4 操作步骤

第 1 步：选择 Sheet1 工作表的 G3:G102 区域，单击编辑栏上的 fx 按钮，在"插入函数"对话框的"或选择类别"中选择"数学与三角函数"，然后选择函数"ROUND"，单击"确定"按钮。

第 2 步：在弹出的相应"函数参数"对话框中，在"Number"框中输入"D3:D102*F3:F102"，在"Num_digits"框中输入"0"，单击"确定"按钮完成操作，编辑栏显示为"=ROUND(D3:D102*F3:F102,0)"。

第 3 步：同时按住 Ctrl+Shift+Enter 组合键，完成数组公式"{=ROUND(D3:D102*F3:F102,0)}"，完成计算。

（5）要求 5 操作步骤

第 1 步：将光标定位到 Sheet1 工作表的 L7 单元格，单击编辑栏上的 fx 按钮，在"插入函数"对话框的"或选择类别"中选择"数学与三角函数"，然后选择函数"SUMIF"，单击"确定"按钮。

第 2 步：在弹出的相应"函数参数"对话框中，在"Range"框中选择区域"E3:E102"，并设置为绝对引用，在"Criteria"框中输入条件"K7"，在"Sum_range"框中输入"G3:G102"，并设置为绝对引用，编辑栏显示为"=SUMIF($E$3:$E$102,K7,$G$3:$G$102)"。

第 3 步：选择 L7 单元格右下角的填充柄，按住鼠标左键向下拖拉到 L24 单元格进行填充即可。

（6）要求 6 操作步骤

第 1 步：在 Sheet1 表的 L33 和 L34 单元格中分别输入"销售代表"和"钱源"，其他条件也分别进行输入，如图 3-125 所示。

销售代表	销售代表	销售代表	销售代表	销售代表
钱源	廖墒心	胡雁茹	袁永阳	吴新婷

图 3-125 输入条件

第 2 步：将光标定位到 Sheet1 的 L30 单元格中，单击编辑栏上的 fx 按钮，在“插入函数”对话框的“或选择类别”中选择“数据库”，然后选择函数“DAVERAGE”，单击“确定”按钮。

第 3 步：在参数“Database”框中选择“A2:H102”区域，在“Field”框中选择“F2”，在“Criteria”框中选择“L33:L34”条件区域，单击“确定”按钮，编辑栏显示“=DAVERAGE($A$2:$H$102,$F$2 ,L33:L34)”，完成计算。

第 4 步：选择 L30 单元格右下角的填充柄，按住鼠标左键向右拖拉到 P30 单元格进行填充即可。

第 5 步：选择 Sheet1 的 L31 单元格，单击编辑栏上的 fx 按钮，在“插入函数”对话框的“搜索函数”栏中搜索“RANK”，单击“确定”按钮。

第 6 步：在弹出的“函数参数”对话框中输入参数，在“Number”框中选择 L30 单元格，在“Ref”（排名数据区域）框中选择“L30:P30”，并按 F4 键设置该区域引用为绝对引用，在“Order”（排名方式）框中输入“0”，进行降序排列，单击“确定”按钮完成函数输入。

第 7 步：函数结果为“=RANK(L30,$L$30:$P$30,0)”，选择 L31 单元格右下角的填充柄，按住鼠标左键向右拖拉到 P31 进行填充即可。

（7）要求 7 操作步骤

第 1 步：在 Sheet1 表的空白区域输入条件，如在 A104 和 B104 单元格中分别输入“单价”和“销售数”，在 A105 和 B105 单元格中分别输入“>=20”和“>=800”。

第 2 步：将光标定位在 Sheet2 中的任意位置，单击“数据”选项卡的“排序和筛选”功能组中的“高级”按钮。在“高级筛选”对话框中选择“方式”为“将筛选结果复制到其他位置”，“列表区域”选择 Sheet1 表中的“$A$2:$H$102”，“条件区域”选择 Sheet1 表中的“$A$104:$B$105”，再将光标定位到“复制到”框中，选择 Sheet2 中的 A1 单元格，单击“确定”按钮完成筛选。

第 3 步：选择筛选结果，单击右键，选择“复制”（或按 Ctrl+C 组合键复制），将光标移到 Sheet2 的 A1 单元格中，单击右键，选择“粘贴”（或按 Ctrl+V 组合键粘贴），可对 A 列进行自动调整列宽。

（8）要求 8 操作步骤

第 1 步：将光标定位在 Sheet4 工作表的 A1 单元格中，在“插入”选项卡的“图表”功能组中单击“数据透视图”，在弹出的下拉列表中选择“数据透视图”，打开“创建数据透视图”对话框。

第 2 步：在“请选择要分析的数据”栏中选择“选择一个表或数据区”，单击“表/区域”文本框，在 Sheet1 工作表中选择相关数据区域“A2:H102”。

第 3 步：单击“确定”按钮，出现数据透视图表设置界面。

第 4 步：在“数据透视图字段”窗口中，将“选择要添加到报表的字段”下方的“销售代表”字段拖到“轴（类别）”下方的文本框中，把“销售额”字段拖到“值”下方的文本框中，即完成数据透视图表的设置。

第 4 章　PowerPoint 2019 高级应用

知识要点

了解设计模板、版式的概念，掌握设计模板的选择与应用，了解幻灯片的常见版式，能够依据需要选择合适的版式。

了解母版作用，了解母版设置的一般步骤和注意事项，掌握母版的设置和应用。

了解页眉和页脚包含的元素，掌握日期、编号、页脚等的设置，理解应用与全部应用的区别。

了解幻灯片编辑的相关内容，掌握幻灯片次序的更改及插入和删除幻灯片操作。

了解动态效果设计，了解动画的类型，掌握常用的动画效果的设置，能够应用动画窗格调整幻灯片动画。了解幻灯片切换的作用，能依据要求为指定幻灯片或整个演示文稿设定切换。

了解幻灯片放映的基本方式，了解排练计时的作用，能够依据要求实现自定义的幻灯片放映。

4.1　典型例题

4.1.1　ERP 的形成与发展

1. 题目要求

在练习素材文件夹中，打开“第 4 章练习\4.1.1ERP 的形成与发展.ppt”文件，按以下要求操作，完成后保存到指定文件夹。

（1）使用主题。将第一张幻灯片的设计主题设为“平面”，其余幻灯片的设计主题设为“丝状”。

（2）按照以下要求设置并应用幻灯片的母版。

① 对于首页所应用的标题母版，将其中的标题样式设为“黑体，54 号字”。

② 对于其他幻灯片所应用的一般幻灯片母版，在日期区中插入格式为“X 年 X 月 X 日星期 X”的日期信息并自动更新显示，插入幻灯片编号（即页码）。

（3）设置幻灯片的动画效果，要求：

① 将首页标题文本的动画方案设置成系统自带的“向内溶解”效果。

② 针对第 2 页幻灯片，按以下顺序（即播放时按照 a→h 的顺序播放）设置自定义动画效果：

a. 将标题内容“主要议题”的进入效果设置成“棋盘”。

b. 将文本内容“概述”的进入效果设置成“字幕式”，并且在标题内容出现 1 秒后自动开始，而不需要鼠标单击。

c. 将文本内容“基本 MRP”的进入效果设置成“弹跳”。

d. 将文本内容“闭环 MRP”的进入效果设置成“菱形”。

e. 将文本内容“基本 MRP”的强调效果设置成“波浪形”。

f. 将文本内容“基本 MRP”的动作路径设置成“向右”。

g. 将文本内容“ERP 的未来”的退出效果设置成“层叠”。

h. 在页面中添加“前进”与“后退”的动作按钮，当单击按钮时分别跳到当前页面的下一页与上一页，并设置这两个动作按钮的进入效果为同时“飞入”。

（4）按下面要求设置幻灯片的切换效果：

① 设置所有幻灯片之间的切换效果为“垂直百叶窗”。

② 实现每隔 5 秒自动切换，也可以单击鼠标进行手动切换。

（5）按下面要求设置幻灯片的放映效果：

① 隐藏第 4 张幻灯片，使得播放时直接跳过隐藏页。

② 选择前 10 页幻灯片进行循环放映。

2. 操作步骤

（1）使用主题操作步骤

第1步：选择第 1 张幻灯片，在“设计”选项卡的“主题”功能组中单击主题样式窗口右侧下拉按钮“▼”，在打开的“主题效果选择器”中选择“平面”，单击右键，选择“应用于选定幻灯片”，即可对第 1 张幻灯片设置完成，如图 4-1 所示。

图 4-1　主题幻灯片设计

第2步：选择第 2 张幻灯片，在“设计”选项卡的“主题”功能组中单击主题样式窗口

右侧下拉按钮“▼”。在打开的“主题效果选择器”中选择“丝状”主题，单击右键，选择“应用于相应幻灯片”，即可对其他页设置完成，如图 4-2 所示。

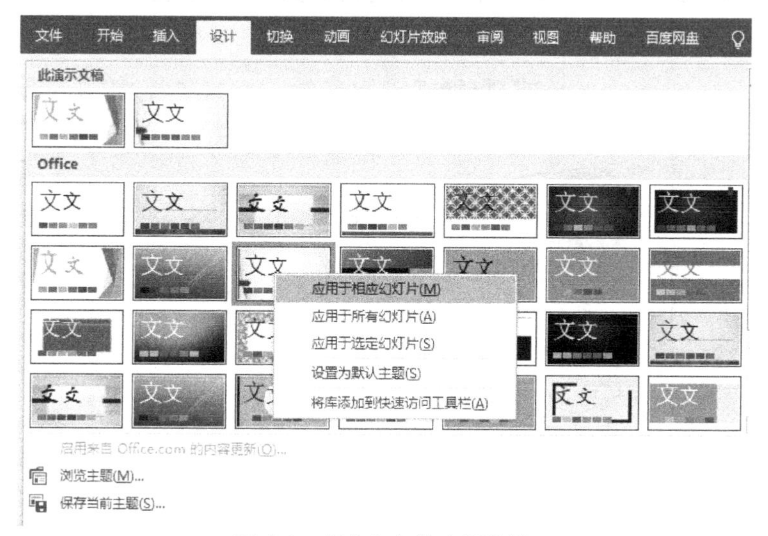

图 4-2　相应幻灯片主题设计

（2）设置并应用幻灯片的母版操作步骤

第1步：选择第 1 张幻灯片，单击“视图”选项卡→“母版视图”→“幻灯片母版”，如图 4-3 所示，打开“幻灯片母版”视图，在视图左窗格中对“标题幻灯片 版式：由幻灯片 1 使用”进行编辑。

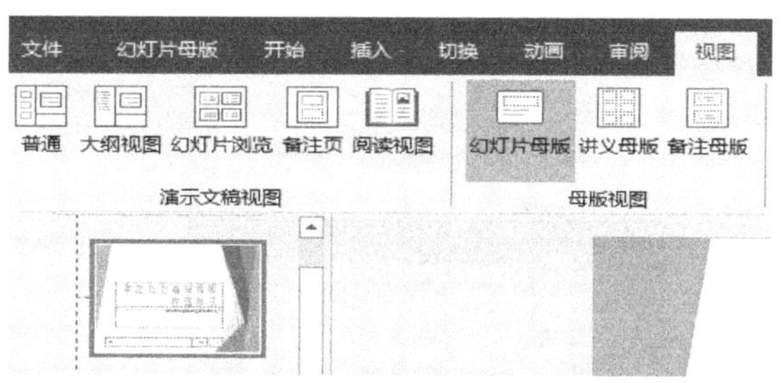

图 4-3　“幻灯片母版”命令

第2步：在编辑区选中“单击此处编辑母版-标题样式”文本，如图 4-4 所示，单击右键，选择“字体”，在打开的“字体”对话框中，设置“中文字体”为“黑体”，“大小”为“54”，如图 4-5 所示，单击“确定”按钮，从而完成首页幻灯片所应用的标题母版设置。关闭“幻灯片母版”视图，在第一张幻灯片中，单击右键，选择“重设幻灯片”，完成设置。

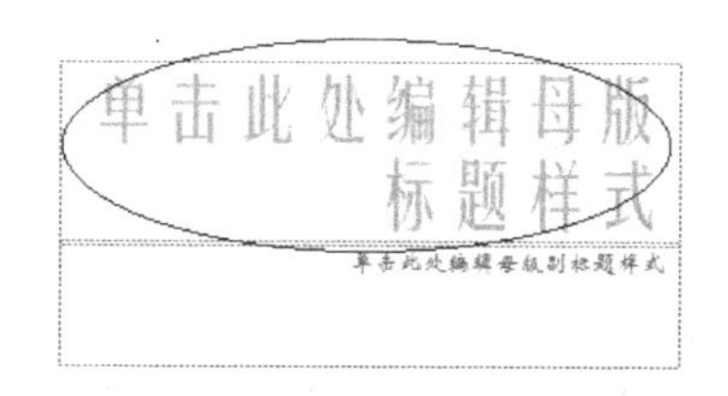

图 4-4　标题幻灯片母版视图

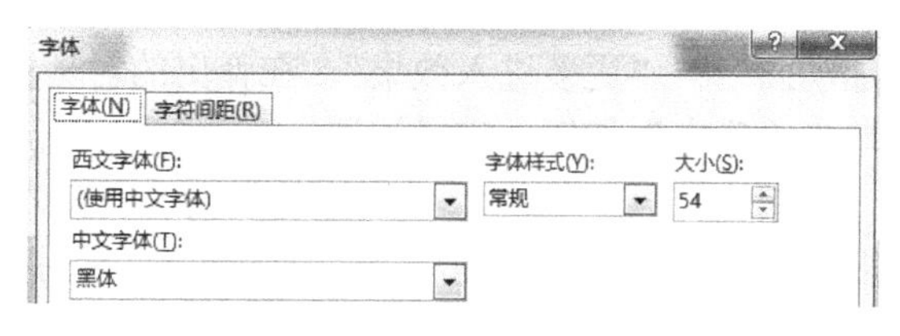

图 4-5　设置字体

第3步：选择“丝状 幻灯片母版：由幻灯片 2-17 使用”，在其编辑区中单击“插入”

选项卡→“ （日期与时间）”，设置时间格式与幻灯片编号，单击“应用”按钮，如图4-6所示。关闭母版视图，从而完成幻灯片首页之外的其他页面的设置。

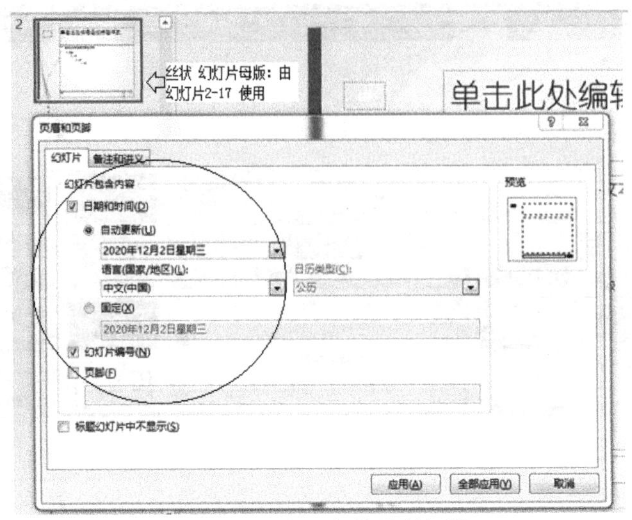

图4-6　一般幻灯片母版视图

（3）设置幻灯片的动画效果操作步骤

第1步：选择第1张幻灯片的标题文本“ERP的形成与发展”，在“动画”选项卡的“高级动画”功能组中单击图标“ ”（添加动画）→“更多进入效果”，在弹出的对话框中选择“基本”→“向内溶解”，如图4-7所示。

图4-7　设置动画方案“向内溶解”

第2步：选择第2张幻灯片的标题文本“主要议题”，单击“高级动画”功能组中的“添加动画”→“更多进入效果”，在弹出的对话框中选择“基本”→“棋盘”，如图4-8所示，单击“确定”按钮，完成设置。

第3步：选择第2张幻灯片的内容区文本“概述”，按上述步骤把进入效果设置成“更多进入效果”为“华丽”→“字幕式”，然后在“高级动画”功能组中单击“ ”（动画窗格），如图4-9所示。在页面右侧出现的动画窗格中选择“概述”，单击右键，选择“效果选项”。在打开的对话框的“计时”选项卡中设置“开始”为“上一动画之后”，“延迟”为“1”秒，单击“确定”按钮，即完成设置，如图4-10所示。

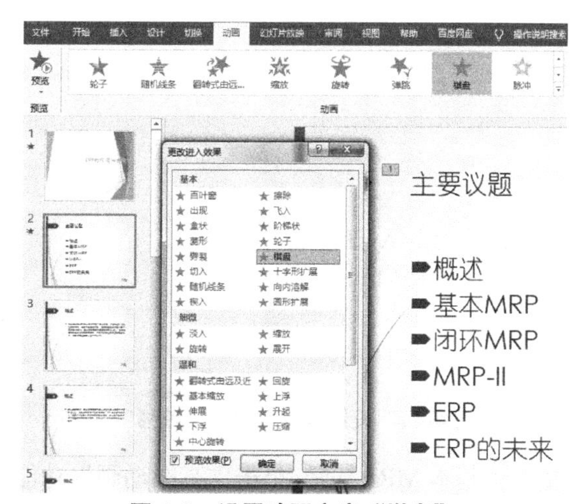

图 4-8　设置动画方案“棋盘”

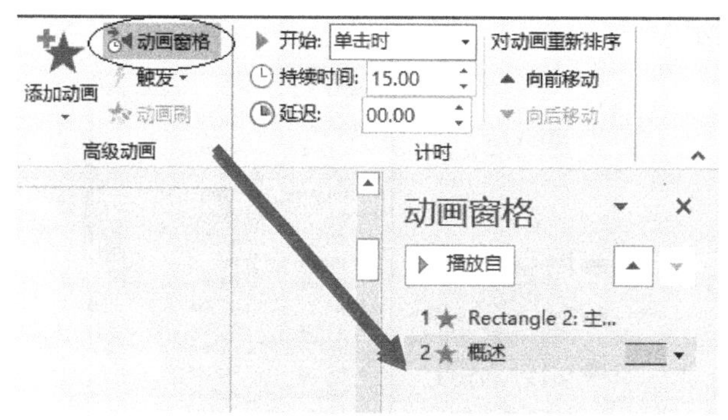

图 4-9　选择动画窗格

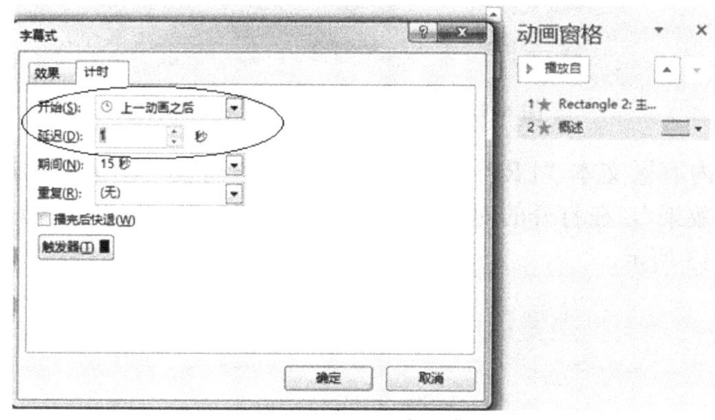

图 4-10　设置动画窗格

第 4 步：选中内容区文本“基本 MRP”后，用第 2 步的方法，设置其进入效果为“华丽”→“弹跳”。

第 5 步：选中内容区文本“闭环 MRP”后，用第 2 步的方法，设置其进入效果为“基本”→“菱形”。

第 6 步：选中内容区文本“基本 MRP”后，单击“高级动画”功能组中的“添加动画”→“更多强调效果”，在打开的对话框中，选择“华丽”→“波浪形”，单击“确定”按钮，完成设置，如图 4-11 所示。

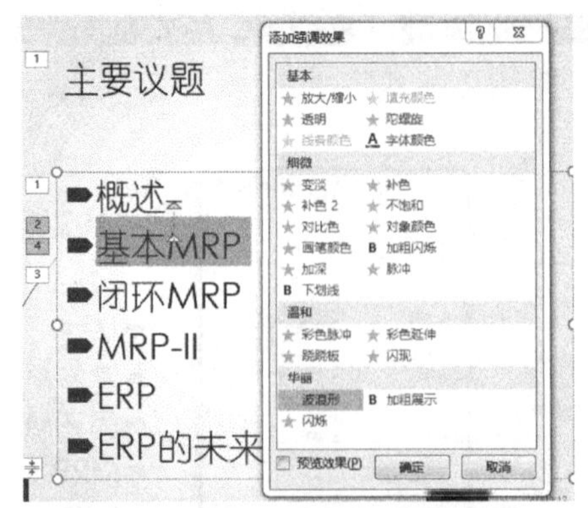

图 4-11　设置强调效果“波浪形”

第 7 步：选中内容区文本“基本 MRP”后，单击“高级动画”功能组中的“添加动画”→“其他动作路径”，在打开的对话框中选择“直线和曲线”→“向右”，单击”确定”按钮，完成设置，如图 4-12 所示。

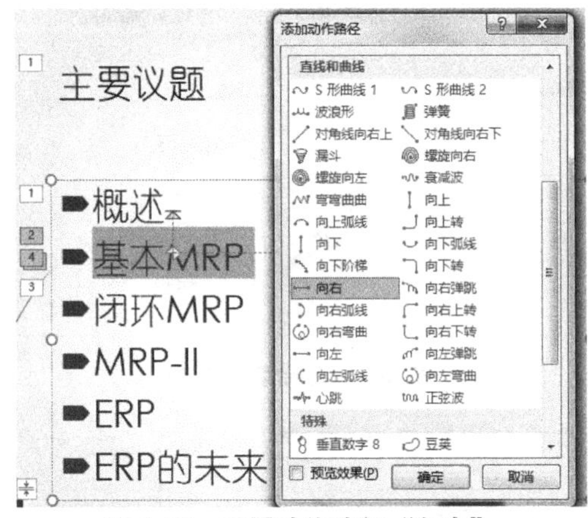

图 4-12　设置动作路径“向右”

第 8 步：选中内容区文本“ERP 的未来”后，单击高级“动画”功能组中的“添加动画”→“更多退出效果”，在打开的对话框中选择“温和”→“层叠”，单击“确定”按钮，完成设置，如图 4-13 所示。

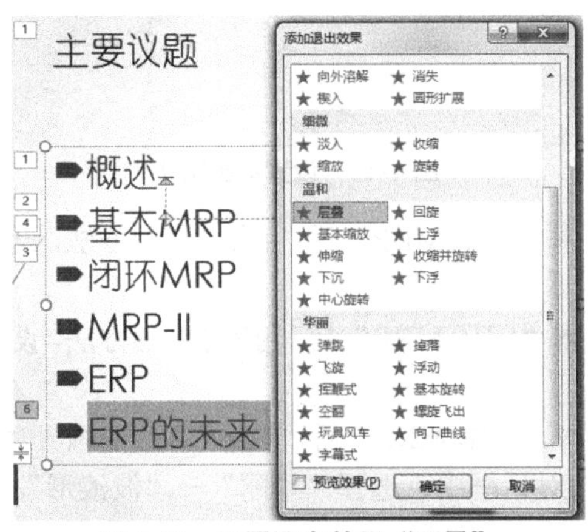

图 4-13　设置退出效果“层叠”

第9步：选择第 2 张幻灯片，选择“插入”选项卡→“插图”→“形状”→“动作按钮”→“（动作按钮：后退或前一项）”，在幻灯片底部拖动鼠标绘制一矩形动作按钮后，弹出“操作设置”对话框。确认“超链接到”为“上一张幻灯片”，如图 4-14 所示，单击“确定”按钮。同理，在幻灯片底部添加另一个“”（前进或下一项）动作按钮，并超链接到“下一张幻灯片”。

图 4-14　“操作设置”对话框

第10步：同时选中刚添加的两个动作按钮，单击“动画”选项卡的“高级动画”功能组中的“添加动画”，在弹出的列表中选择“进入”→“飞入”，单击“确定”按钮，完成设置，如图 4-15 所示。各动画效果左侧的数字序号是播放动画效果的顺序号。

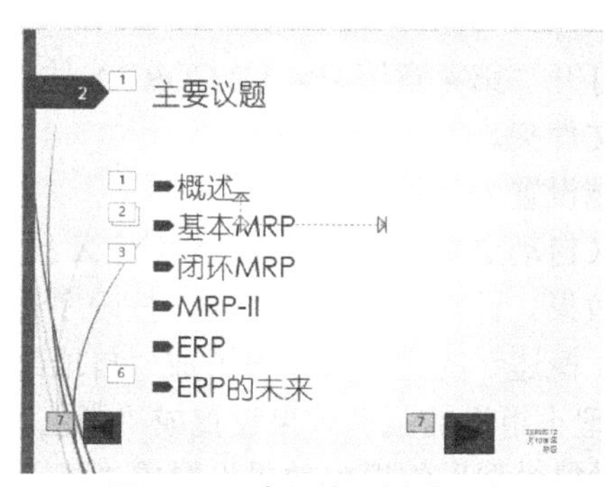

图 4-15　动画效果播放顺序

（4）设置幻灯片的切换效果操作步骤

第1步：选择“切换”选项卡，在“切换到此幻灯片”功能组中，选择“百叶窗”按钮，再单击“效果选项”按钮下方的“▾”，在弹出的效果选项列表中单击“垂直”。在屏幕右侧的任务窗格中，单击“应用到全部”按钮，完成切换效果设置。

第2步：在“换片方式”栏中，选中“单击鼠标时”和“设置自动换片时间”复选框，并在“设置自动换片时间”右侧的微调文本框中输入“00:05:00”，如图 4-16 所示，再单击

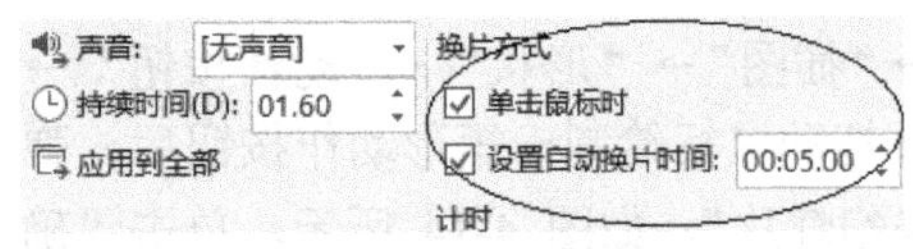

图 4-16　换片效果设置

“应用到全部”按钮，完成换片方式设置。

（5）设置幻灯片的放映效果

第1步：选择第 4 张幻灯片，在“幻灯片放映”选项卡的“设置”功能组中单击“隐藏幻灯片”按钮。

第2步：在“幻灯片放映”选项卡的“设置”功能组中单击“设置幻灯片放映”按钮。在弹出的“设置放映方式”对话框中，“放映选项”栏中选中“循环放映，按 ESC 键终止”复选框，在“放映幻灯片”栏中选中“…到…”的单选按钮，分别输入 1 和 10，如图 4-17 所示，单击“确定”按钮。

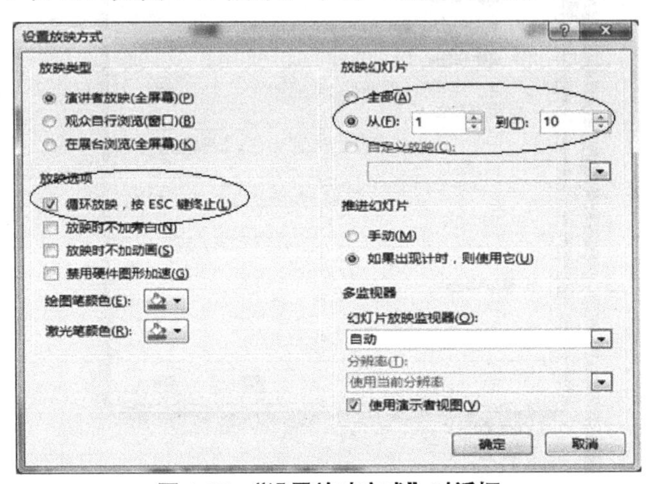

图 4-17　“设置放映方式”对话框

4.1.2　CORBA 技术介绍

1. 题目要求

在练习素材文件夹中，打开“第 4 章练习\4.1.2 CORBA 技术介绍.pptx”文件，按以下要求操作，完成后保存到指定文件夹。

（1）将幻灯片的设计主题设置为“丝状”。

（2）给幻灯片插入日期（自动更新，格式为 X 年 X 月 X 日）。

（3）设置幻灯片的动画效果。针对第 2 张幻灯片，按顺序设置以下的自定义动画效果：

① 将文本内容“CORBA 概述”的进入效果设置成“自顶部 飞入”。

② 将文本内容“对象管理小组”的强调效果设置成“彩色脉冲”。

③ 将文本内容“OMA 对象模型”的退出效果设置成“淡入”。

④ 在页面中添加“前进”（后退或前一项）与“后退”（前进或下一项）的动作按钮。

（4）按下面要求设置幻灯片的切换效果：

① 设置所有幻灯片的切换效果为“自左侧 推入”。

② 实现每隔 3 秒自动切换，也可以单击鼠标进行手动切换。

（5）在幻灯片最后一张后，新增加一张幻灯片，设计出如下效果，单击鼠标，依次显示文字：A、B、C、D，效果分别为如图（1）～（4）所示。注意：字体、大小等，由考生自定。

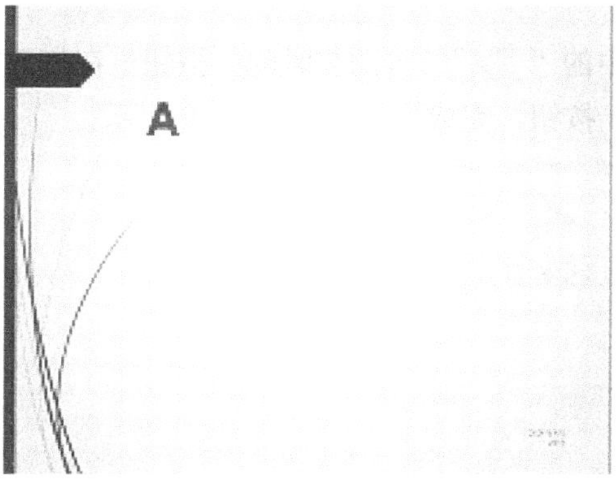

图（1） 单击鼠标，先显示 A

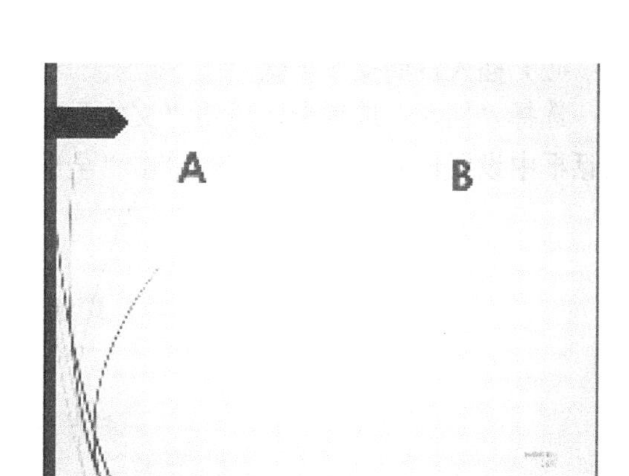

图（2） 单击鼠标，再显示 B

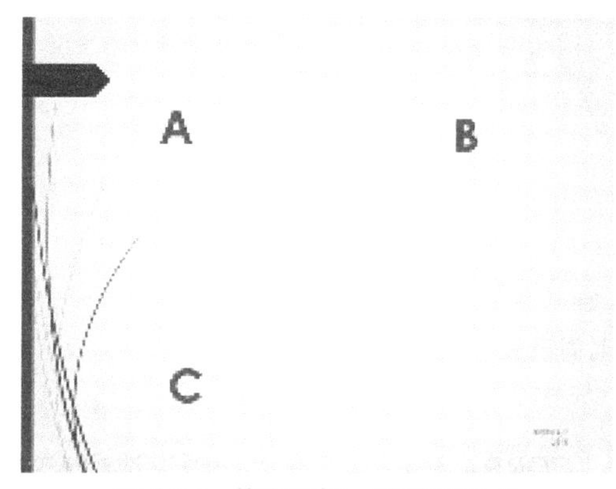

图（3） 单击鼠标，接着显示 C

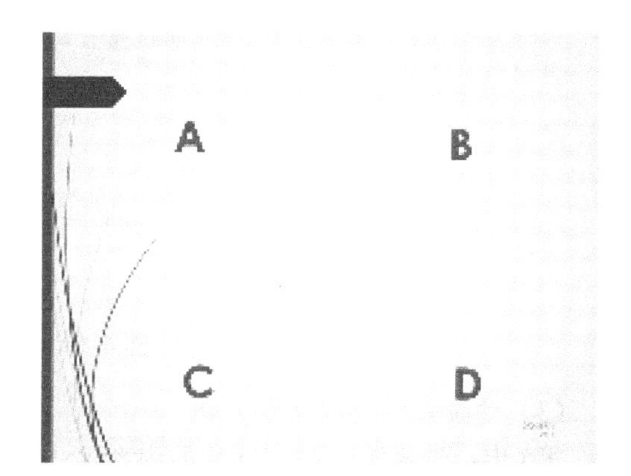

图（4） 单击鼠标，最后显示 D

2. 操作步骤

（1）设计主题操作步骤

在“设计”选项卡，单击“主题”功能组中主题样式窗口右侧下拉按钮“▼”，在打开的“主题效果选择器”中选择“丝状”，完成设置，如图 4-18 所示。

图 4-18　幻灯片主题设计

（2）插入日期操作步骤

选择“插入”选项卡，单击“文本”功能组中的“ ”（日期与时间）按钮。在打开的对话框中设置日期和时间格式，单击“全部应用”按钮，完成设置，如图 4-19 所示。

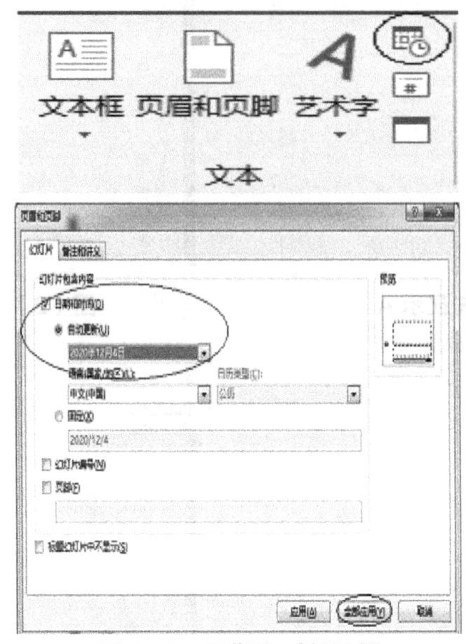

图 4-19　日期和时间设置

（3）动画效果设置操作步骤

第 1 步：选择第 2 张幻灯片的内容区中的文本“CORBA 概述”，在“动画”选项卡中，单击“高级动画”功能组中的图标“ ”（添加动画），在弹出的系统动画样式列表中选择“进入”效果为“飞入”，然后单击“ ”（效果选项）选择“自顶部”效果，完成设置，如图 4-20 所示。

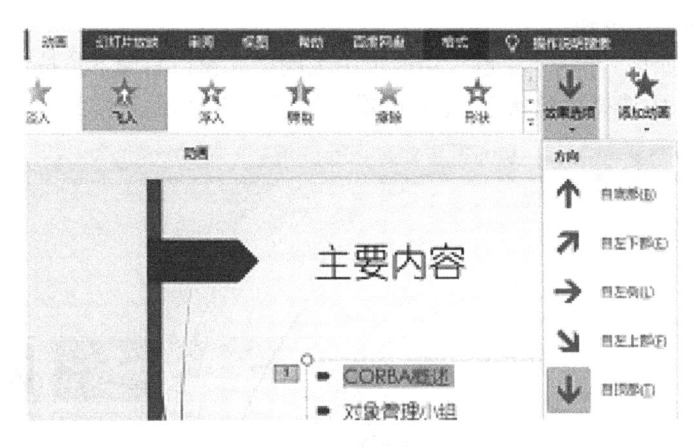

图 4-20　设置进入效果“飞入”

第 2 步：选中内容区中的文本“对象管理小组”后，在“动画”选项卡中单击“高级动画”功能组中的图标“ ”（添加动画），在弹出的系统动画样式列表中选择“强调”效果为“彩色脉冲”，完成设置，如图 4-21 所示。

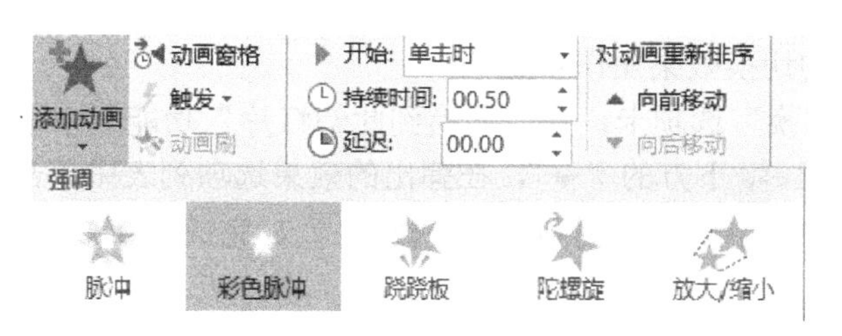

图 4-21 设置强调效果“彩色脉冲”

第3步：选中内容区中的文本“OMA 对象模型”后，在“动画”选项卡中，单击“高级动画”功能组中的图标“★”（添加动画），在弹出的系统动画样式列表中选择“退出”效果为“淡入”，完成设置，如图 4-22 所示。

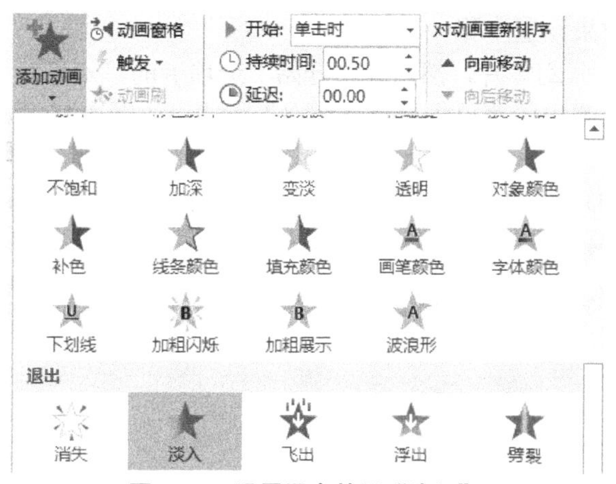

图 4-22 设置退出效果“淡入”

第4步：选择“插入”选项卡→“插图”→“形状”→“动作按钮”→“◁（动作按钮：后退或前一项）”，在幻灯片底部拖动鼠标绘制一矩形动作按钮后，弹出“操作设置”对话框。确认“超链接到”为“上一张幻灯片”，如图 4-23 所示，单击“确定”按钮。同理，在幻灯片底部添加另一个“▷（前进或下一项）”动作按钮，并超链接到“下一张幻灯片”。

图 4-23 “操作设置”对话框

（4）设置幻灯片的切换效果操作步骤

第1步：选择“切换”选项卡，在“切换到此幻灯片”功能组中单击“推入”按钮，再单击“效果选项”按钮下方的“▼”，在弹出的效果选项列表中单击“自顶部”按钮。在屏幕右侧的任务窗格中，单击“应用到全部”按钮，完成切换效果设置。

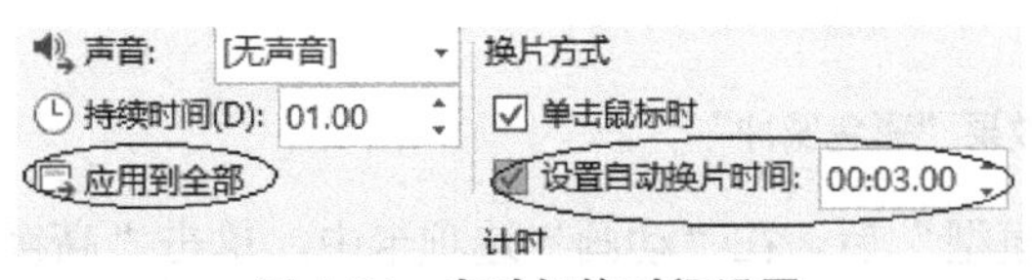

图4-24　自动切换时间设置

第2步：在“换片方式”栏中，选中“单击鼠标时”和“设置自动换片时间”复选框，并在“设置自动换片时间”右侧的微调文本框中输入“00:03:00”，如图4-24所示，再单击“应用到全部”按钮，完成换片方式设置。

（5）自定义动画效果设置步骤

第1步：选中第 5 张幻灯片，然后在“开始”选项卡的“幻灯片”功能组中单击“新建幻灯片”按钮，在弹出的菜单中选择“空白”版式，如图4-25所示，即可插入一张新的空白幻灯片。

第2步：切换到“插入”选项卡，单击“文本”功能组中的“”（文本框）下拉箭头，在弹出的菜单中选择“绘制横排文本框”命令，如图4-26所示。重复该步骤，插入4个文本框。然后在这 4 个文本框中分别输入“A”“B”“C”“D”，文字颜色、字体、大小自行设定，效果见题中的图（4）。

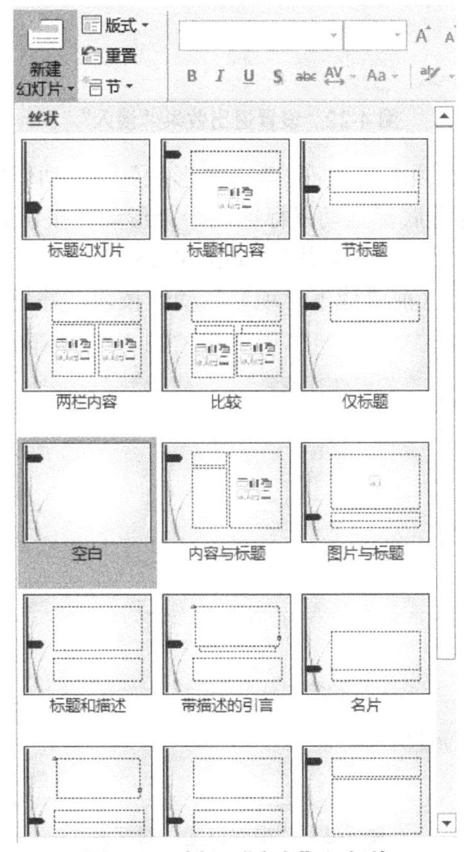

图4-25　插入“空白”幻灯片

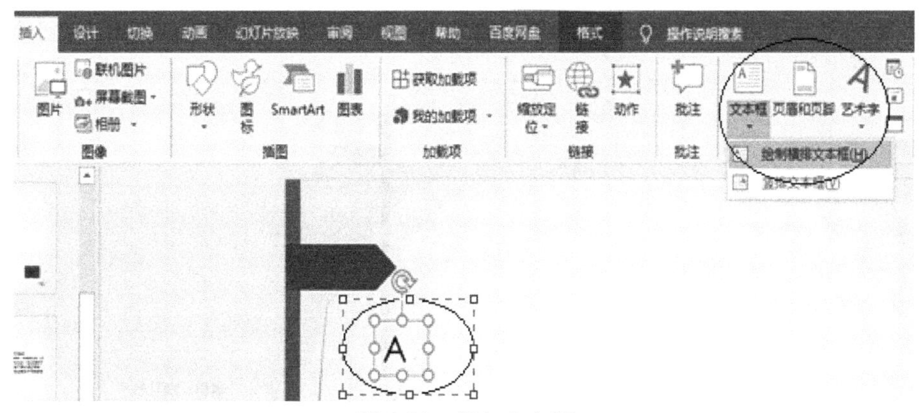

图 4-26　插入文本框

第3步：先选中“A”所在的文本框，切换到“动画”选项卡，在“动画”功能组中选择“出现”动画效果；在“计时”功能组中，设置“开始”为“单击时”，如图 4-27 所示。重复该步骤，完成“B”“C”“D”的动画设置（注意：在新幻灯片中，需将图（4）中所设置的“切换”选项卡中“计时”功能组下的“设置自动换片时间”选项取消）。

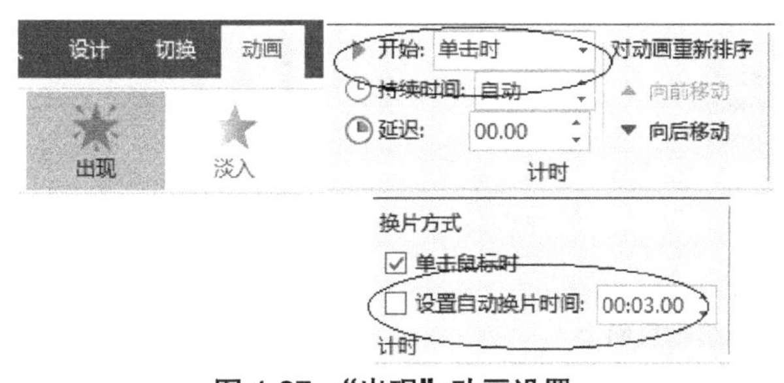

图 4-27　“出现”动画设置

4.1.3　远程过程调用

1. 题目要求

在练习素材文件夹中，打开“第 4 章练习\4.1.3 远程过程调用.pptx”文件，按以下要求操作，完成后保存到指定文件夹。

（1）将幻灯片的设计主题设置为“丝状”。

（2）给幻灯片插入日期（自动更新，格式为 X 年 X 月 X 日）。

（3）设置幻灯片的动画效果。针对第 2 张幻灯片，按顺序设置以下的自定义动画效果：

① 将文本内容“RPC 背景”的进入效果设置成“自顶部 飞入”。

② 将文本内容“RPC 概念”的强调效果设置成“彩色脉冲”。

③ 将文本内容“RPC 数据表示”的退出效果设置成“淡入”。

④ 在页面中添加“前进”（后退或前一项）与“后退”（前进或下一项）的动作按钮。

（4）按下面要求设置幻灯片的切换效果：

① 设置所有幻灯片的切换效果为“自左侧 推入”。

② 实现每隔 3 秒自动切换，也可以单击鼠标进行手动切换。

（5）在幻灯片最后一张幻灯片后，新增加一张幻灯片，设计出如下效果，单击鼠标，文字从底部垂直向上显示，默认设置。效果分别为图（1）～（4）。注意：字体、大小等，由考生自定。

图（1） 字幕在底端，尚未显示出

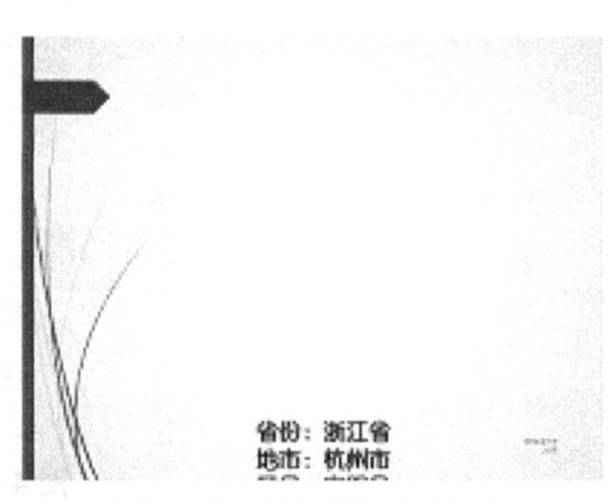

图（2） 字幕开始垂直向上

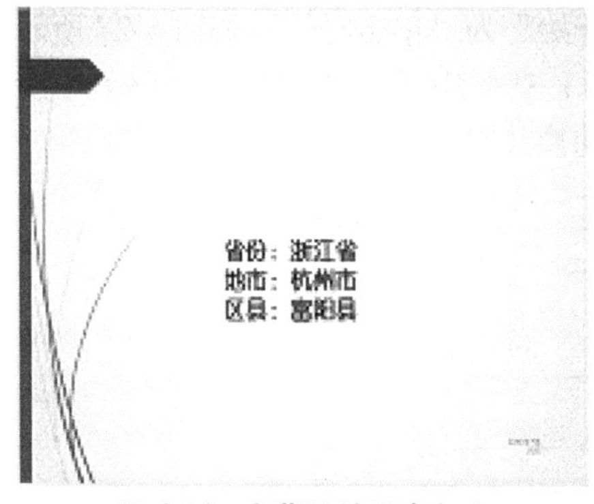

图（3） 字幕继续垂直向上

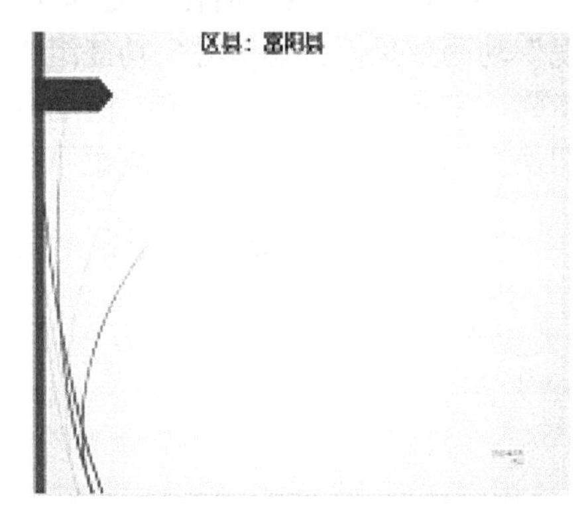

图（4） 字幕垂直向上，最后消失

2. 操作步骤

（1）设计主题操作步骤

选择“设计”选项卡，单击“主题”功能组中主题样式窗口右侧的下拉按钮“▼”，在打开的“主题效果选择器”中选择“丝状”，完成设置，如图 4-28 所示。

图 4-28 幻灯片主题设计

（2）插入日期操作步骤

选择“插入”选项卡，单击“文本”功能组中的“日期与时间”按钮 ，设置日期和时间格式，单击“全部应用”，完成设置，如图 4-29 所示。

（3）动画效果设置操作步骤

第 1 步：选择第 2 张幻灯片的内容区中的文本“RPC 背景”。在“动画”选项卡中，单击“高级动画”功能组中的图标“ ”（添加动画），在弹出的系统动画样式列表中选择“进入”效果为“飞入”，然后单击“ ”（效果选项），选择“自顶部”效果，完成设置，如图 4-30 所示。

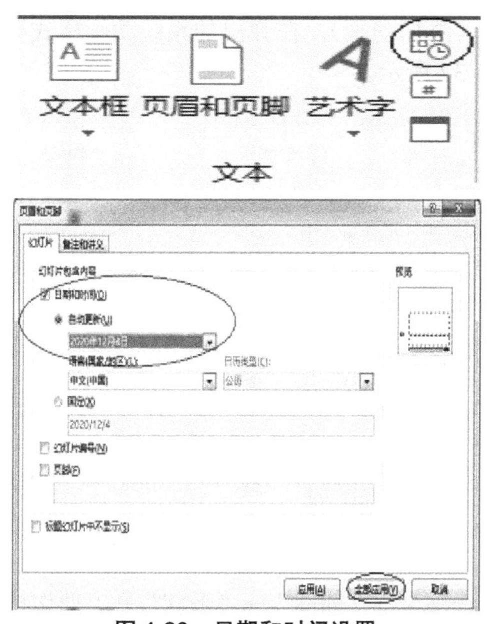

图 4-29　日期和时间设置

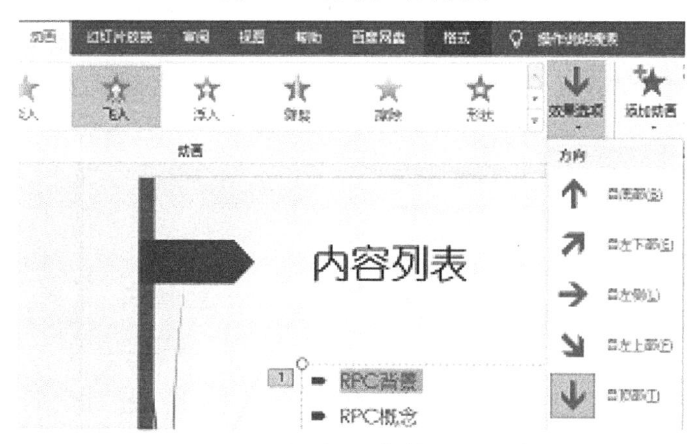

图 4-30　设置“进入”效果“飞入”

第 2 步：选中内容区中的文本“RPC 概念”后，在“动画”选项卡中单击“高级动画”功能组中的图标“ ”（添加动画），在弹出的系统动画样式列表中选择“强调”效果为“彩色脉冲”，完成设置，如图 4-31 所示。

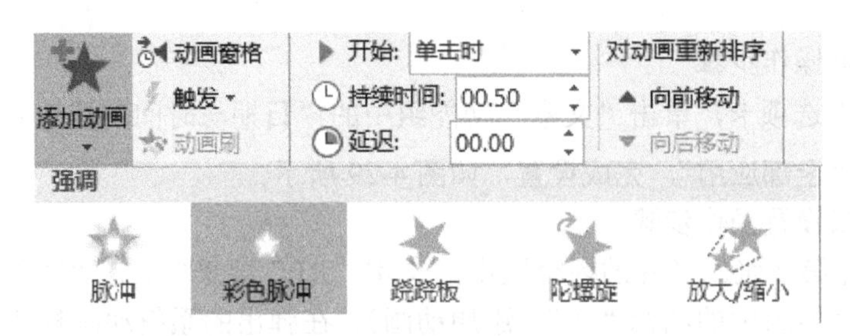

图 4-31　设置“强调”效果“彩色脉冲”

第3步：选中内容区中的文本“RPC 数据表示”后，在“动画”选项卡中单击“高级动画”功能组中的图标“★”（添加动画），在弹出的系统动画样式列表中选择“退出”效果为“淡入”，完成设置，如图 4-32 所示。

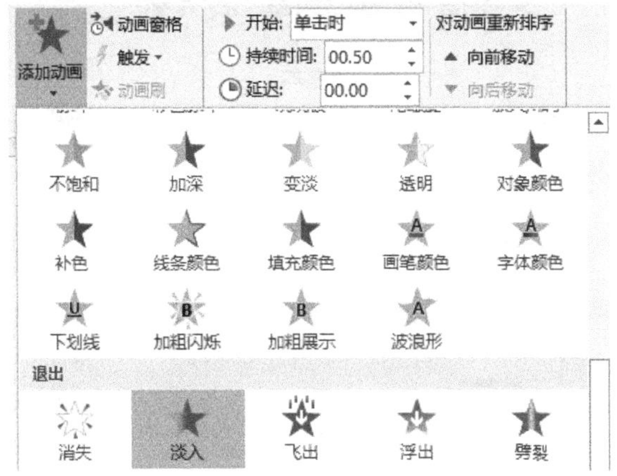

图 4-32　设置“退出”效果“淡入”

第4步：选择“插入”选项卡→“插图”→“形状”→“动作按钮”→“◁（动作按钮：后退或前一项）”，在幻灯片底部拖动鼠标绘制一矩形动作按钮后，弹出“操作设置”对话框，确认“超链接到”为“上一张幻灯片”，如图 4-33 所示，单击“确定”按钮。同样，在幻灯片底部添加另一个“▷（前进或下一项）”动作按钮，并超链接到“下一张幻灯片”。

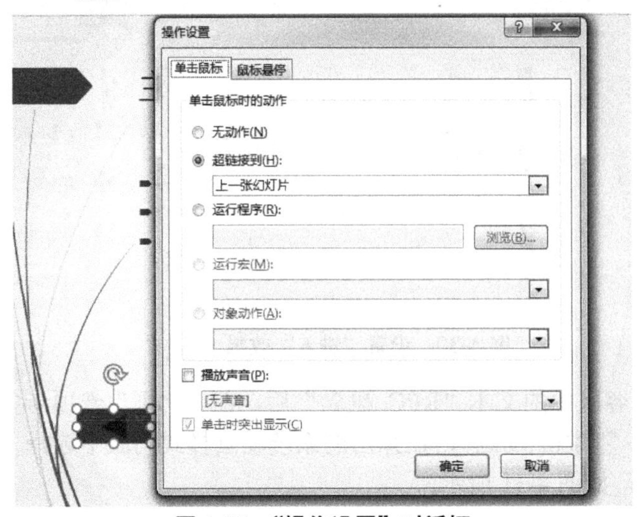

图 4-33　“操作设置”对话框

（4）设置幻灯片的切换效果操作步骤

第1步：选择“切换”选项卡，在“切换到此幻灯片”功能组中单击“推入”按钮，再单击“ ”（效果选项）按钮下方的“▼”，在弹出的效果选项列表中单击“自顶部”按钮，在屏幕右侧的任务窗格中，单击“应用到全部”按钮 ，完成切换效果设置。

第2步：在“换片方式”栏中，选中“单击鼠标时”和“设置自动换片时间”复选框，并在“设置自动换片时间”右侧的微调文本框中输入“00:03:00”，如图 4-34 所示，再单击“应用到全部”按钮，完成换片方式设置。

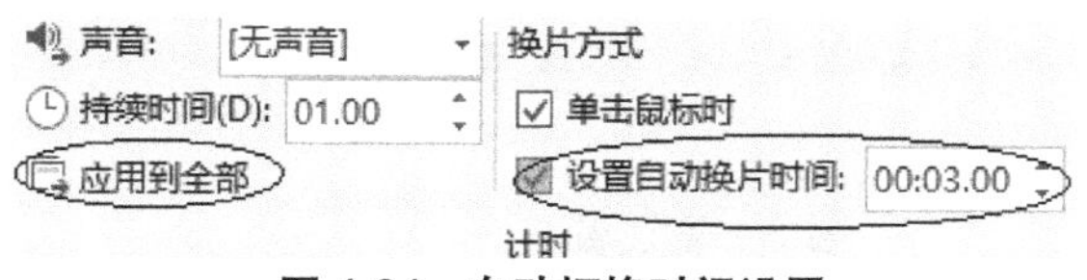

图 4-34　自动切换时间设置

（5）综合动画效果设置步骤

第1步：选中第 5 张幻灯片，然后切换到“开始”选项卡，在“幻灯片”功能组中单击“ ”（新建幻灯片）下拉按钮，在弹出的菜单中选择“空白”版式，如图 4-35 所示，即可插入一张新的空白幻灯片。

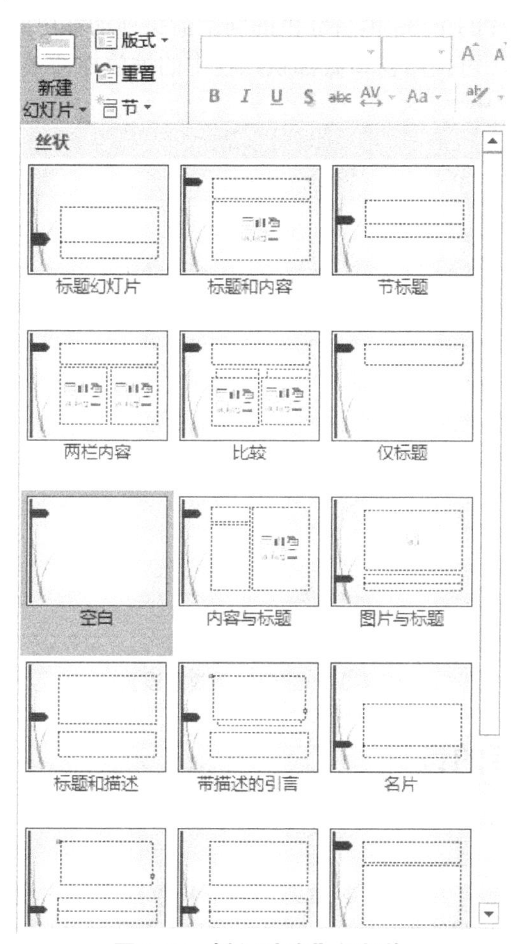

图 4-35　插入“空白”幻灯片

第2步：切换到“插入”选项卡，单击“文本”功能组中的“ ”（文本框）下拉箭头，在弹出的菜单中选择“绘制横排文本框”命令，在文本框内输入题中图（3）中的文字，文字颜色、字体、大小自行设定，如图4-36所示（注意：在新幻灯片中，需将图4-34中所设置的“切换”选项卡中“计时”功能组中的“设置自动换片时间”选项取消）。

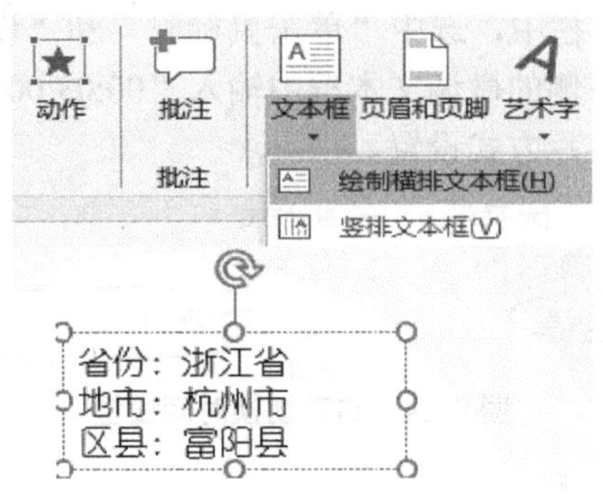

图4-36　横排文本框绘制

第3步：选中文本框，在“动画”选项卡的“动画”功能组中单击 按钮，选择“动作路径”为“直线”，然后单击“ ”（效果选项）下拉箭头，在弹出的菜单中选择“上”命令，将“文本框”移出到幻灯片的下方，再将红色的向上箭头拖动移出到幻灯片的上方，如图4-37所示（注意：为方便操作，可使用窗口底部状态栏中的缩放控件减小文档的显示比例）。

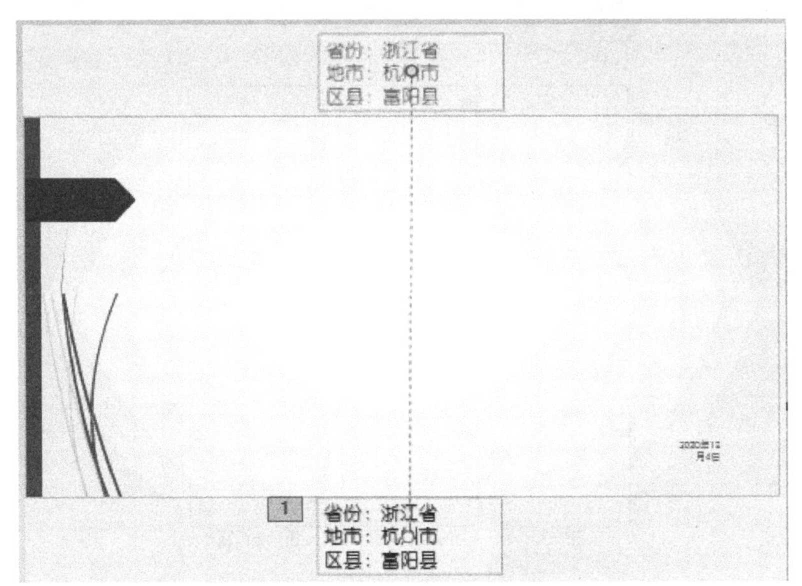

图4-37　综合动画效果设置

4.1.4　数据仓库的设计

1. 题目要求

在练习素材文件夹中，打开“第 4 章练习\4.1.4 数据仓库的设计.pptx”文件，按以下要求操作，完成后保存到指定文件夹。

（1）将幻灯片的设计主题设置为“丝状”。

（2）给幻灯片插入日期（自动更新，格式为 X 年 X 月 X 日）。

（3）设置幻灯片的动画效果。

针对第 2 张幻灯片，按顺序设置以下的自定义动画效果：

① 将文本内容“面向主题原则”的进入效果设置成“自顶部 飞入”。

② 将文本内容“数据驱动原则”的强调效果设置成“彩色脉冲”。

③ 将文本内容“原型法设计原则”的退出效果设置成“淡入”。

④ 在页面中添加“前进”（后退或前一项）与“后退”（前进或下一项）的动作按钮。

（4）按下面要求设置幻灯片的切换效果：

① 设置所有幻灯片的切换效果为“自左侧 推入”。

② 实现每隔 3 秒自动切换，也可以单击鼠标进行手动切换。

（5）在幻灯片最后一张后，新增加一张幻灯片，设计出如下效果，单击鼠标，矩形不断放大，放大到原来尺寸的 3 倍，重复显示 3 次，其他设置默认。效果分别为图（1）～（3）。注意：矩形初始大小，由考生自定。

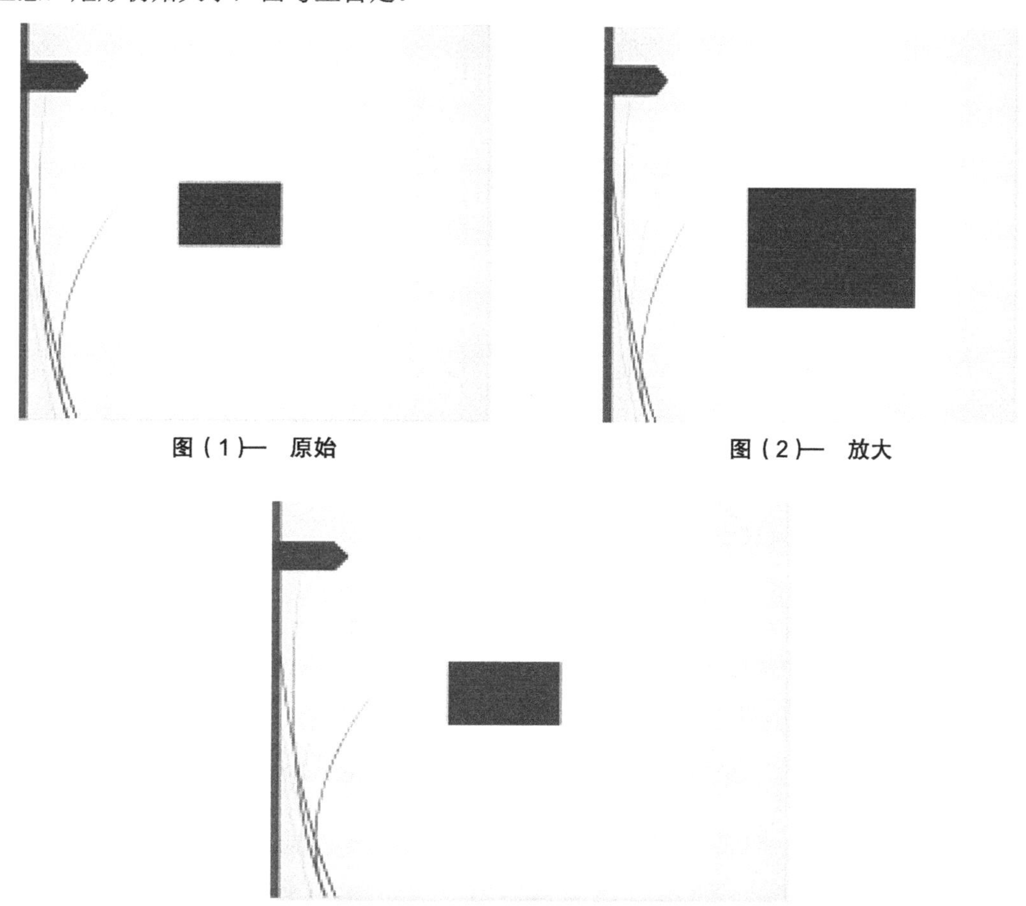

图（1）— 原始　　图（2）— 放大

图（3）— 恢复原始，重复 3 次

2. 操作步骤

（1）设计主题操作步骤；（2）插入日期操作步骤；（3）动画效果设置操作步骤；（4）设置幻灯片的切换效果操作步骤。参照“4.1.3 远程过程调用”的操作步骤。

（5）综合动画效果设置步骤

第1步：选中第 5 张幻灯片，然后切换到“开始”选项卡，在“幻灯片”功能组中单击“ ”（新建幻灯片）下拉按钮，在弹出的菜单中选择“空白”版式，如图 4-38 所示，即可插入一张新的空白幻灯片（注意：在新幻灯片中，需将“切换”选项卡中“计时”功能组下的“设置自动换片时间”选项取消）。

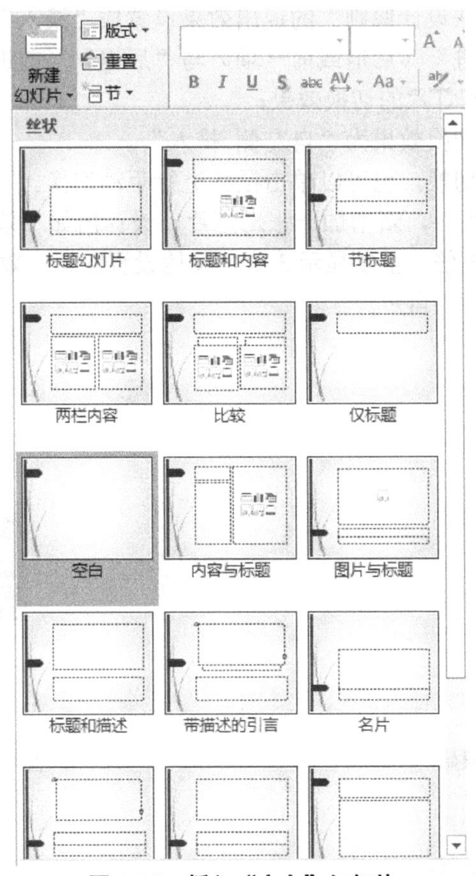

图 4-38　插入“空白”幻灯片

第2步：切换到“插入”选项卡，在“插图”功能组中单击“ ”（形状）选项组下拉箭头，在弹出的菜单中选择“矩形”命令，如图 4-39 所示。出现“+”符号，在幻灯片中绘制题（5）中图（1）所示的矩形，初始大小自定。

图 4-39　“矩形”形状选择

第 3 步：选中矩形图形，切换到“动画”选项卡，在“动画”功能组中单击 按钮，选择“强调”下的“放大/缩小”动画效果。单击“高级动画”功能组中的“动画窗格”按钮，打开“动画窗格”窗口，如图 4-40 所示。右键单击设置好的“动画”，在弹出的菜单中选择“效果选项”，打开“放大/缩小”对话框。在“效果”选项卡中设置“尺寸”为“300%”（注意：要按回车键确认该尺寸，再单击“确定”按钮）。在“计时”选项卡中，设置“重复”项为“3”，如图 4-40 所示。

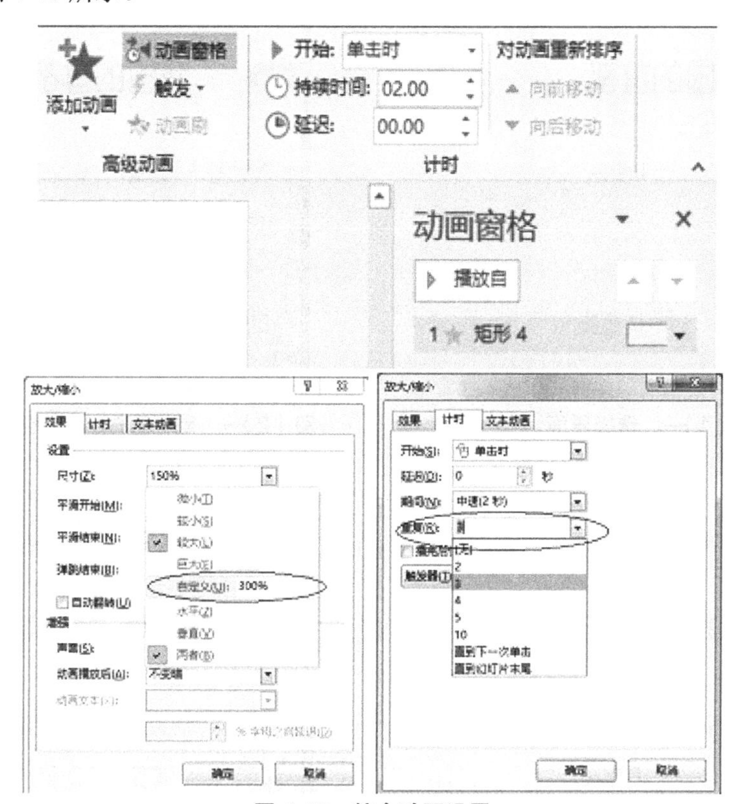

图 4-40　综合动画设置

4.1.5　数据挖掘能做些什么

1. 题目要求

在练习素材文件夹中，打开“第 4 章练习\4.1.5 数据挖掘能做些什么.pptx”文件，按以下要求操作，完成后保存到指定文件夹。

（1）将幻灯片的设计主题设置为“丝状”。

（2）给幻灯片插入日期（自动更新，格式为 X 年 X 月 X 日）。

（3）设置幻灯片的动画效果。针对第 2 张幻灯片，按顺序设置以下的自定义动画效果：

① 将文本内容“关联规则”的进入效果设置成“自顶部 飞入”。

② 将文本内容“分类与预测”的强调效果设置成“彩色脉冲”。

③ 将文本内容“聚类”的退出效果设置成“淡入”。

④ 在页面中添加“前进”（后退或前一项）与“后退”（前进或下一项）的动作按钮。

（4）按下面要求设置幻灯片的切换效果：

① 设置所有幻灯片的切换效果为“自左侧 推入”。

② 实现每隔 3 秒自动切换，也可以单击鼠标进行手动切换。

（5）在幻灯片最后一张后，新增加一张幻灯片，设计出如下效果，选择“我国的首都”，若选择正确，则在选项边显示文字“正确”，否则显示文字“错误”。效果分别为图（1）～（5）。注意：字体、大小等，由考生自定。

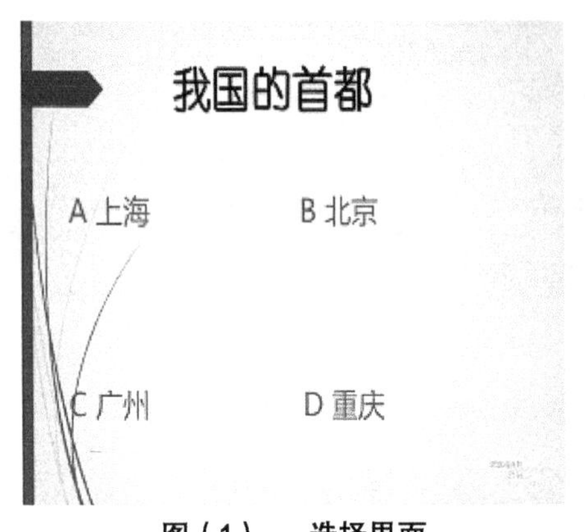

图（1）— 选择界面

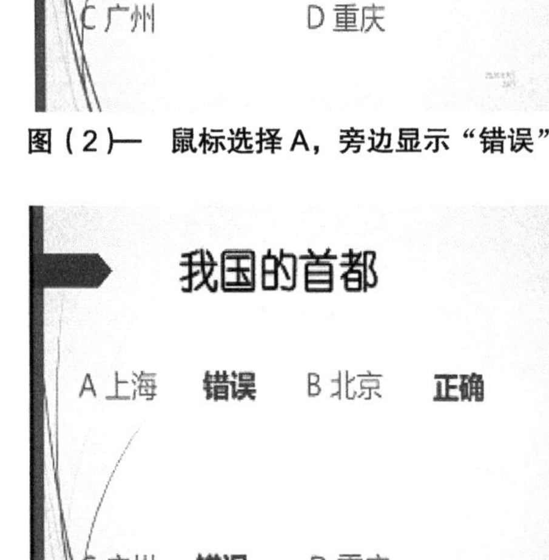

图（2）— 鼠标选择 A，旁边显示“错误”

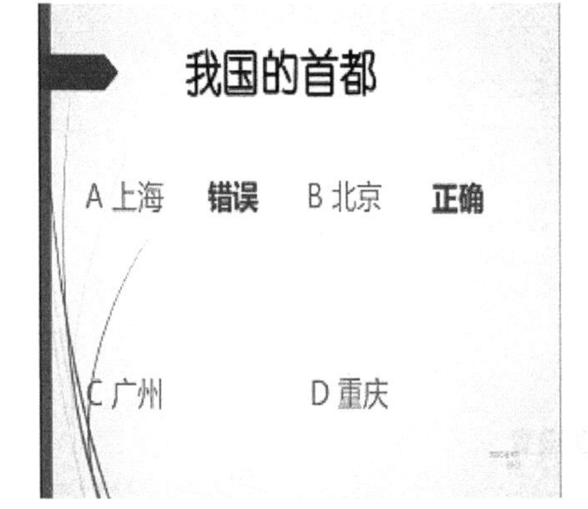

图（3）— 鼠标选择 B，旁边显示“正确”

图（4）— 鼠标选择 C，旁边显示“错误”

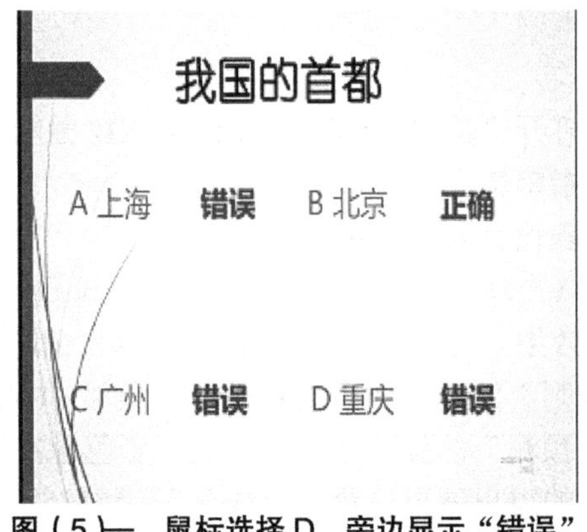

图（5）— 鼠标选择 D，旁边显示“错误”

2. 操作步骤

（1）设计主题操作步骤；（2）插入日期操作步骤；（3）动画效果设置操作步骤；（4）设置幻灯片的切换效果操作步骤。参照“4.1.3 远程过程调用”的操作步骤。

（5）综合动画效果设置步骤

第1步：选中第 5 张幻灯片，然后切换到“开始”选项卡，在“幻灯片”功能组中单击“ ”（新建幻灯片）下拉按钮，在弹出的菜单中选择“仅标题”版式，如图 4-41 所示，即可插入一张新的仅标题幻灯片（注意：在新幻灯片中，需将“切换”选项卡的“计时”功能组中的“设置自动换片时间”选项取消）。

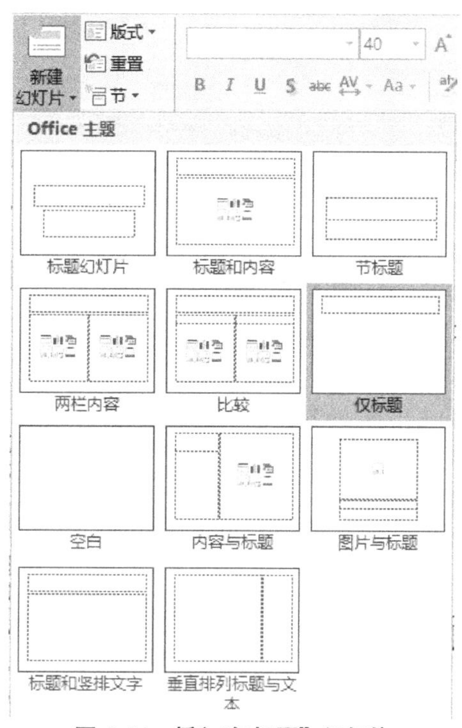

图 4-41 插入“仅标题”幻灯片

第2步：在“标题”区中输入“我国的首都”，在“插入”选项卡的“文本”功能组中单击“文本框”下拉菜单，在弹出的菜单中选择“横排文本框”命令（需要插入 8 个文本框，然后在“文本框”中分别输入“A.上海”“B.北京”“C.广州”“D.重庆”“错误”“正确”“错误”“错误”，文字颜色、字体、大小自行设定，效果见题中的图(5)，如图 4-42 所示。

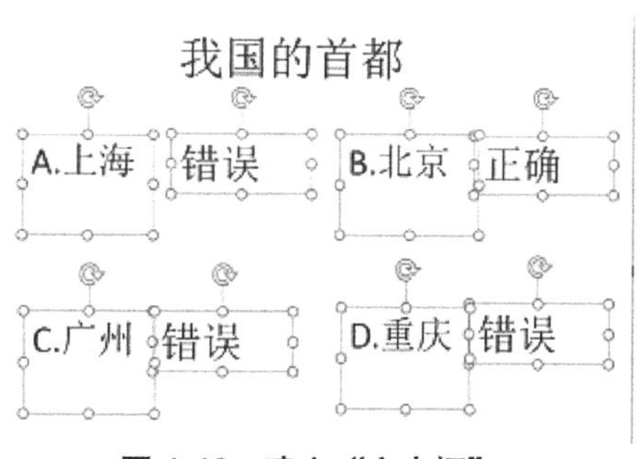

图 4-42 建立“文本框”

第3步：选择“A. 上海”文本旁边的“错误”文本框，切换到“动画”选项卡，单击“动画”功能组中的“出现”动画效果。在“计时”功能组中，设置“开始”为“单击时”；然后再单击“高级动画”功能组中的“动画窗格”按钮，幻灯片右侧显示动画窗格窗口，再次单击“高级动画”功能组中的“触发”按钮，在弹出的下拉菜单中选择“通过单击”→“文本框 2”（此为“A. 上海”所在文本框），如图 4-43 所示。重复上述步骤完成其余动画设置，动画窗格中的效果，如图 4-44 所示（注意：选择触发文本框，按要求一一对应，才能出现题目要求效果）。

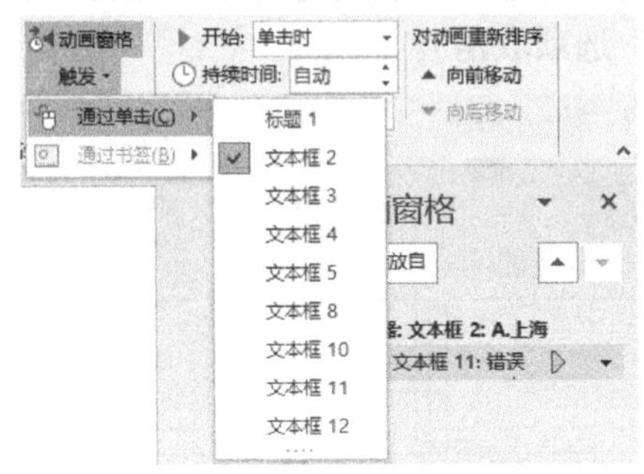

图 4-43　触发效果实现

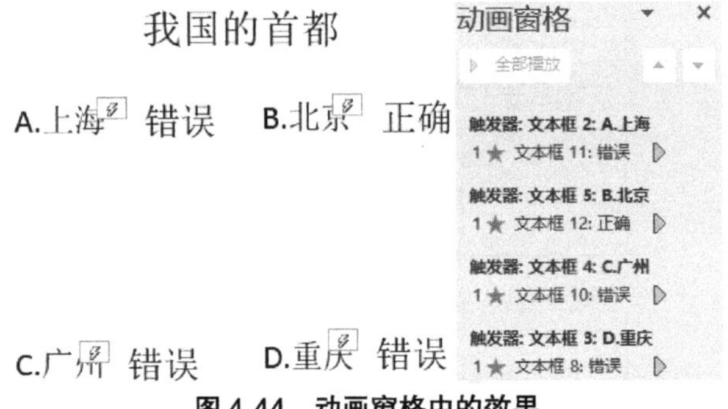

图 4-44　动画窗格中的效果

4.1.6　开展 5S 活动讲座

1. 题目要求

在练习素材文件夹中，打开“第 4 章练习\4.1.6 开展 5S 活动讲座.pptx”文件，按以下要求操作，完成后保存到指定文件夹。

（1）将幻灯片的设计主题设置为“丝状”。

（2）给幻灯片插入日期（自动更新，格式为 X 年 X 月 X 日）。

（3）设置幻灯片的动画效果。针对第 2 张幻灯片，按顺序设置以下的自定义动画效果：

① 将文本内容“5S 基本概念”的进入效果设置成“自顶部 飞入”。

② 将文本内容“5S 之间的关系”的强调效果设置成“彩色脉冲”。

③ 将文本内容“5S 执行技巧”的退出效果设置成“淡入”。

④ 在页面中添加“前进”（后退或前一项）与“后退”（前进或下一项）的动作按钮。

（4）按下面要求设置幻灯片的切换效果：

① 设置所有幻灯片的切换效果为“自左侧 推入”。

② 实现每隔 3 秒自动切换，也可以单击鼠标进行手动切换。

（5）在幻灯片最后一张后，新增加一张幻灯片，设计出如下效果，圆形四周的箭头向各自方向同步扩散，放大尺寸为原来的 1.5 倍，重复 3 次。效果分别图（1）～（2）。注意：圆形无变化，圆形、箭头的初始大小，由考生自定。

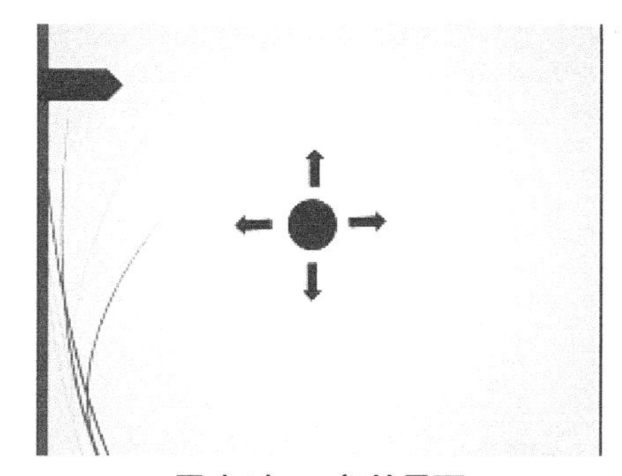

图（1）— 初始界面

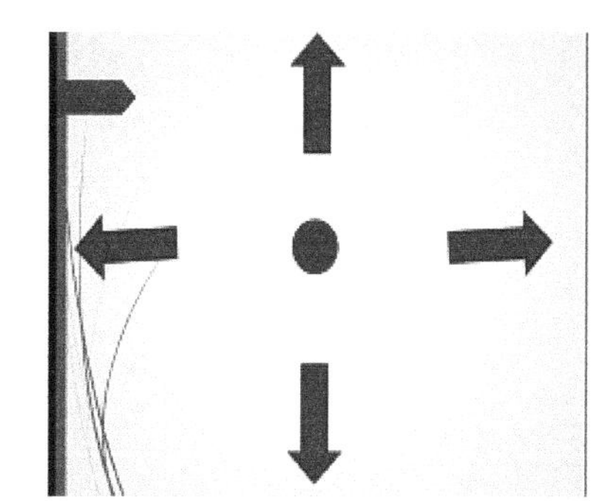

图（2）— 单击鼠标后，四周箭头同步扩散，放大，重复 3 次

2. 操作步骤

（1）设计主题操作步骤；（2）插入日期操作步骤；（3）动画效果设置操作步骤；（4）设置幻灯片的切换效果操作步骤。参照“4.1.3 远程过程调用”的操作步骤。

（5）综合动画效果设置步骤

第 1 步：选中第 5 张幻灯片，然后切换到“开始”选项卡，在“幻灯片”功能组中单击“ ”（新建幻灯片）下拉按钮，在弹出的菜单中选择“仅标题”版式，如图 4-45 所示，即可插入一张新的仅标题幻灯片（注意：在新幻灯片中，需将“切换”选项卡的“计时”功能组下的“设置自动换片时间”选项取消）。

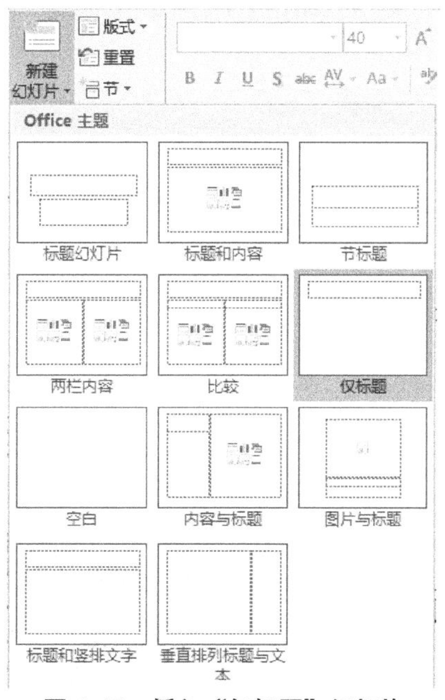

图 4-45　插入“仅标题”幻灯片

第2步：切换到“插入”选项卡，单击“ ”（形状）选项组下拉箭头，在弹出的菜单中选择“椭圆”和“箭头”，出现“+”符号，在幻灯片中绘制题（5）中图（1）所示的圆形，同理，在幻灯片中绘制出题（5）中图（1）所示的4个“箭头”，初始大小自行设定，如图4-46所示。

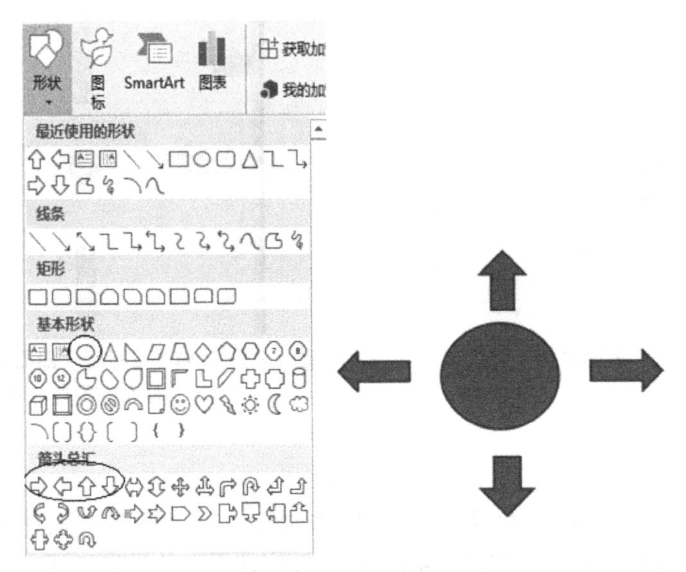

图 4-46　图形绘制效果

第3步：同时选中4个“箭头”，切换到“动画”选项卡，在“动画”功能组中单击强调“ ”（放大/缩小）动画效果。再单击“高级动画”功能组中的“ ”（动画窗格）按钮。打开“动画窗格”窗口。右键单击设置好的“动画”，在弹出的菜单中选择“效果选项”，打开“放大/缩小”对话框。在“效果”选项卡中设置“尺寸”为“150%”（默认）。在“计时”选项卡中，设置“重复”项为“3”，如图4-47所示（注意：同时选中4个“箭头”后设置效果）。

图 4-47　动画效果设置

第4步：选中幻灯片中的向上箭头，单击“动画”选项卡中的“添加动画”→“其他动作路径”，在弹出的对话框中选择“直线和曲线”中的“向上”，单击“确定”按钮，完成设置，如图 4-48 所示，将路径上红色箭头调整到合适位置。使用同样方法设置其他箭头：向左箭头效果为“向左”，向下箭头效果为“向下”向右箭头效果为“向右”。

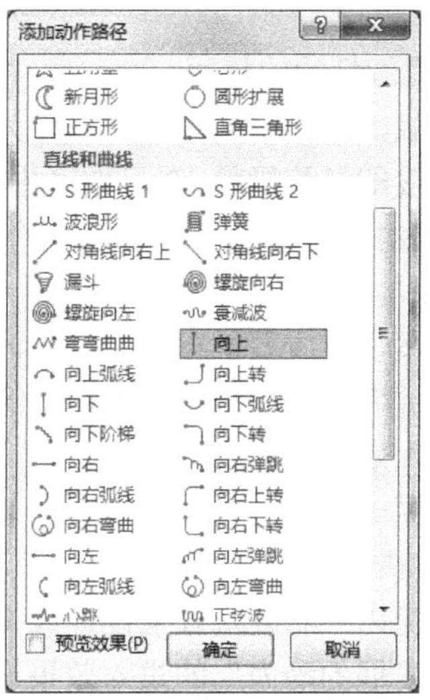

图 4-48　“箭头”动画设置

第 5 步：在“动画窗格”窗口中，右键单击设置好的动画，将第 1 步动画中的第 1 个动画设置为“单击开始”，其余（2，3，4，5）动画设置为“从上一项开始”，同理，设置（2，3，4，5）动画的“重复”项为“3”，如图 4-49 所示。

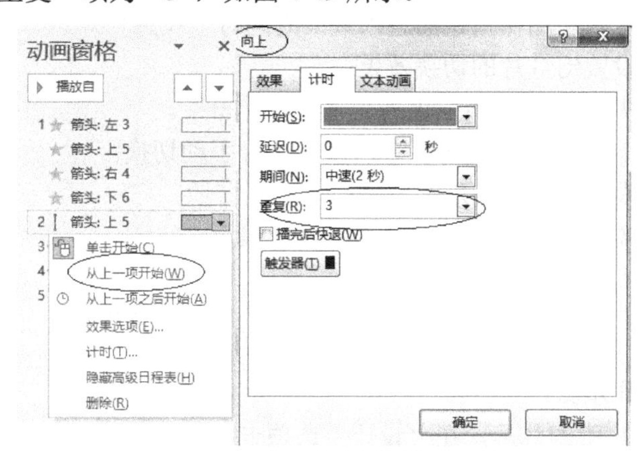

图 4-49　动画“重复”效果设置

4.2　练习题

4.2.1　IT 供应链发展趋势

1. 题目要求

在练习素材文件夹中，打开“第 4 章练习\4.2.1IT 供应链发展趋势.pptx”文件，按以下要求操作，完成后保存到指定文件夹。

（1）使用主题。将第 1 张幻灯片的设计主题设为“平面”，其余幻灯片的设计主题设为“丝状”。

（2）按照以下要求设置并应用幻灯片的母版。

① 对于首页所应用的标题母版，将其中的标题样式设为“黑体，54 号字”。

② 对于其他页面所应用的一般幻灯片母版，在日期区中插入格式为“X 年 X 月 X 日星期 X”的日期并自动更新显示，插入幻灯片编号（即页码）。

（3）设置幻灯片的动画效果。

① 将首页标题文本的动画方案设置成系统自带的“向内溶解”效果。

② 针对第 2 张幻灯片，按以下顺序（即播放时按照 a→h 的顺序播放）设置自定义动画效果：

a. 将标题内容“目录”的进入效果设置成“棋盘”。

b. 将文本内容“两种供应链模式”的进入效果设置成“字幕式”，并且在标题内容出现 1 秒后自动开始，而不需要鼠标单击。

c. 将文本内容“用户需求的变化”的进入效果设置成“弹跳”。

d. 将文本内容“新供应模式发展的动力”的进入效果设置成“菱形”。

e. 将文本内容“新供应模式发展的阻碍”的强调效果设置成“波浪形”。

f. 将文本内容“企业的新兴职能”的动作路径设置成“向右”。

g. 将文本内容“两种供应链模式”的退出效果设置成“层叠”。

h. 在页面中添加“前进”与“后退”动作按钮，当单击按钮时分别跳到当前页面的下一页与上一页，并设置这两个动作按钮的进入效果为同时“飞入”。

（4）按下面要求设置幻灯片的切换效果：

① 设置所有幻灯片之间的切换效果为“垂直百叶窗”。

② 实现每隔 5 秒自动切换，也可以单击鼠标进行手动切换。

（5）按下面要求设置幻灯片的放映效果：

① 隐藏第 5 张幻灯片，使得播放时直接跳过隐藏页。

② 选择前 6 张幻灯片进行循环放映。

2. 操作步骤

（1）使用主题操作步骤

第 1 步：选择第 1 张幻灯片，在“设计”选项卡“主题”功能组中单击主题样式窗口右侧下拉按钮“▼”，在打开的“主题效果选择器”中选择“平面”，单击右键，选择“应用于选定幻灯片”，即可对第 1 张幻灯片设置完成。

第 2 步：选择第 2 张幻灯片，在“设计”选项卡“主题”功能组中单击主题样式窗口右侧下拉按钮“▼”。在打开的“主题效果选择器”中选择“丝状”主题，单击右键，选择“应用于相应幻灯片”，即可对其他页设置完成。

（2）设置并应用幻灯片的母版操作步骤

第 1 步：选择第 1 张幻灯片，单击“视图”选项卡→“母版视图”→“幻灯片母版”，打开“幻灯片母版”视图，在视图左窗格中对“标题幻灯片 版式：由幻灯片 1 使用”进行编辑。

第 2 步：在编辑区选中“单击此处编辑母版-标题样式”文本，单击右键，选择“字体”。在打开的“字体”对话框中设置“字体”为“黑体”，“大小”为“54”，单击“确定”按钮，从而完成首页幻灯片所应用的标题母版设置。关闭“幻灯片母版”视图，在第一张幻灯片中，单击右键，选择“重设幻灯片”，完成设置。

第3步：选择“丝状 幻灯片母版：由幻灯片 2-17 使用”，在其编辑区单击“插入”选项卡→“（日期与时间）”，设置时间格式与幻灯片编号，单击“应用”按钮。关闭母版视图，从而完成幻灯片首页之外的其他页面的设置。

（3）设置幻灯片的动画效果操作步骤

第1步：选择第 1 张幻灯片的标题文本“IT 供应链发展趋势”，在“动画”选项卡的“高级动画”功能组中单击图标“”（添加动画），在弹出的系统动画样式列表中选择“更多进入效果”，在弹出的对话框中选择“基本”→“向内溶解”。

第2步：选择第 2 张幻灯片的标题文本“目录”，单击“高级动画”功能组中的“添加动画”→“更多进入效果”，在弹出的对话框中选择“基本”→“棋盘”，单击“确定”按钮，完成设置。

第3步：选择第 2 张幻灯片的内容区文本“两种供应链模式”，按上述步骤把进入效果设置成“更多进入效果”为“华丽”→“字幕式”，然后在“高级动画”功能组中单击“”（动画窗格）。在页面右侧出现的“动画窗格”界面中选择“两种供应链模式”，单击右键，选择“效果选项”。在弹出的对话框的“计时”选项卡中设置“开始”为“上一动画之后”，“延迟”为“1”秒，单击“确定”按钮，即完成设置。

第4步：选中内容区文本“用户需求的变化”后，用第2步的方法，设置其进入效果为“华丽”→“弹跳”。

第5步：选中内容区文本“新供应模式发展的动力”后，用第2步的方法，设置其进入效果为“基本”→“菱形”。

第6步：选中内容区文本“新供应模式发展的阻碍”后，单击“高级动画”功能组中的“添加动画”→“更多强调效果”，在弹出的对话框中，选择“华丽”→“波浪形”，单击“确定”按钮，完成设置。

第7步：选中内容区文本“企业的新兴职能”后，单击“高级动画”功能组中的“添加动画”→“其他动作路径”，在弹出的对话框中，选择“直线和曲线”→“向右”，单击“确定”按钮，完成设置。

第8步：选中内容区文本“两种供应链模式”后，单击“高级动画”功能组中的“添加动画”→“更多退出效果”，在弹出的对话框中，选择“温和”→“层叠”，单击“确定”按钮，完成设置。

第9步：选择第 2 张幻灯片，选择“插入”选项卡→“插图”→“形状”→“动作按钮”→“（动作按钮：后退或前一项）”，在幻灯片底部拖动鼠标绘制一矩形动作按钮后，弹出“操作设置”对话框。确认“超链接到”为“上一张幻灯片”，单击“确定”按钮。同理，在幻灯片底部添加另一个“”（前进或下一项）动作按钮，并超链接到“下一张幻灯片”。

第10步：同时选中刚添加的两个动作按钮，单击“动画”选项卡“高级动画”功能组中的“添加动画”，在弹出的对话框中选择“进入”→“飞入”，单击“确定”按钮，完成设置。各动画效果左侧的数字序号是播放动画效果的顺序号。

（4）设置幻灯片的切换效果操作步骤

第1步：选择“切换”选项卡，在“切换到此幻灯片”功能组中单击“百叶窗”按钮，再单击“效果选项”按钮下方的“▾”，在弹出的效果选项列表中单击“垂直”。在屏幕右侧的任务窗格中，单击“应用到全部”按钮，完成切换效果设置。

第2步：在“换片方式”栏中，选中“单击鼠标时”和“设置自动换片时间”复选框，并在“设置自动换片时间”右侧的微调文本框中输入“00:05:00”，再单击“应用到全部”按钮，完成换片方式设置。

（5）设置幻灯片的放映效果

第1步：选择第 5 张幻灯片，在“幻灯片放映”选项卡的“设置”功能组中单击“隐藏幻灯片”按钮。

第2步：在“幻灯片放映”选项卡的“设置”功能组中单击“设置幻灯片放映”按钮。在弹出的“设置放映方式”对话框中，“放映选项”栏中选中“循环放映，按 ESC 键终止”复选框。在“放映幻灯片”栏中选中“…到…”的单选按钮，分别输入 1 和 6，单击“确定”按钮。

4.2.2 便利店发展状况

1. 题目要求

在练习素材文件夹中，打开“第 4 章练习\4.2.2 便利店发展状况.pptx”文件，按以下要求操作，完成后保存到指定文件夹。

（1）使用设计主题。将第 1 张幻灯片的设计主题设为“平面”，其余幻灯片的设计主题设为“丝状”。

（2）按照以下要求设置并应用幻灯片的母版。

① 对于首页所应用的标题母版，将其中的标题样式设为“黑体，54 号字”。

② 对于其他页面所应用的一般幻灯片母版，在日期区中插入格式为“X 年 X 月 X 日星期 X”的日期并自动更新显示，插入幻灯片编号（即页码）。

（3）设置幻灯片的动画效果，要求：

① 将首页标题文本的动画方案设置成系统自带的“向内溶解”效果。

② 针对第2张幻灯片，按以下顺序（即播放时按照 a→h 的顺序播放）设置自定义动画效果：

a. 将标题内容“提纲”的进入效果设置成“棋盘”。

b. 将文本内容“背景”的进入效果设置成“字幕式”，并且在标题内容出现 1 秒后自动开始，而不需要鼠标单击。

c. 将文本内容“现有规模”的进入效果设置成“弹跳”。

d. 将文本内容“发展趋势”的进入效果设置成“菱形”。

e. 将文本内容“发展趋势”的强调效果设置成“波浪形”。

f. 将文本内容“现有规模”的动作路径设置成“向右”。

g. 将文本内容“小结”的退出效果设置成“层叠”。

h. 在页面中添加“前进”与“后退”的动作按钮，当单击按钮时分别跳到当前页面的下一页与上一页，并设置这两个动作按钮的进入效果为同时“飞入”。

（4）按下面要求设置幻灯片的切换效果：

① 设置所有幻灯片之间的切换效果为“垂直百叶窗”。

② 实现每隔 5 秒自动切换，也可以单击鼠标进行手动切换。

（5）按下面要求设置幻灯片的放映效果：

① 隐藏第 5 张幻灯片，使得播放时直接跳过隐藏页。

② 选择前六页幻灯片进行循环放映。

2. 操作步骤

（1）使用主题操作步骤

第1步：选择第 1 张幻灯片，在“设计”选项卡的“主题”功能组中单击主题样式窗口右侧下拉按钮“ ”，在打开的“主题效果选择器”中选择“平面”主题，单击右键，选择“应用于选定幻灯片”，即可对第 1 张幻灯片设置完成。

第2步：选择第 2 张幻灯片，在“设计”选项卡的“主题”功能组中单击主题样式窗口右侧下拉按钮“ ”。在打开的“主题效果选择器”中选择“丝状”主题按钮，单击右键，选择“应用于相应幻灯片”，即可对其他页设置完成。

（2）设置并应用幻灯片的母版操作步骤

第1步：选择第1张幻灯片，单击“视图”选项卡→“母版视图”→“幻灯片母版”，打开“幻灯片母版”视图，在视图左窗格中对“标题幻灯片 版式：由幻灯片 1 使用”进行编辑。

第2步：在编辑区选中“单击此处编辑母版-标题样式”文本，单击右键，选择“字体”。在打开的对话框中设置“字体”为“黑体，“大小”为“54”，单击“确定”按钮，从而完成首页幻灯片所应用的标题母版设置。关闭“幻灯片母版”视图，在第一张幻灯片中，单击右键，选择“重设幻灯片”，完成设置。

第3步：选择“丝状 幻灯片母版：由幻灯片 2-17 使用”，在其编辑区单击“插入”选项卡→“ （日期与时间）”，设置时间格式与幻灯片编号，单击“应用”按钮。关闭母版视图，从而完成幻灯片首页之外的其他页面的设置。

（3）设置幻灯片的动画效果操作步骤

第1步：选择第 1 张幻灯片的标题文本“便利店发展状况”，在“动画”选项卡的“高级动画”功能组中单击图标“ ”（添加动画）→“更多进入效果”，在弹出的对话框中选择“基本”→“向内溶解”。

第2步：选择第 2 张幻灯片的标题文本“提纲”，单击“高级动画”功能组中的“添加动画”→“更多进入效果”，在弹出的对话框中选择“基本”→“棋盘”，单击“确定”按钮，完成设置。

第3步：选择第 2 张幻灯片的内容区文本“背景”，按上述步骤把进入效果设置成“更多进入效果”为“华丽”→“字幕式”，然后在“高级动画”功能组中单击“ ”（动画窗格）。在页面右侧出现的“动画窗格”界面中选择“背景”，单击右键，选择“效果选项”。在弹出的对话框中选择“计时”选项卡，设置“开始”为“上一动画之后”，“延迟”为“1”秒，单击“确定”按钮，即完成设置。

第4步：选中内容区中的文本“现有规模”后，用第2步的方法，设置其进入效果为“华丽”→“弹跳”。

第5步：选中内容区中的文本“发展趋势”后，用第2步的方法，设置其进入效果为“基本”→“菱形”。

第6步：选中内容区中的文本“发展趋势”后，单击“高级动画”功能组中的“添加动画”→“更多强调效果”。在弹出的对话框中选择“华丽”→“波浪形”，单击“确定”按钮，完成设置。

第7步：选中内容区中的文本“现有规模”后，单击“高级动画”功能组中的“添加动画”→“其他动作路径”。在弹出的对话框中选择“直线和曲线”→“向右”，单击“确定”按钮，完成设置。

第8步：选中内容区中的文本“小结”后，单击“高级动画”功能组中的“添加动画”→“更多退出效果”。在弹出的对话框中选择“温和”→“层叠”，单击“确定”按钮，完成设置。

第9步：选择第2张幻灯片，选择“插入”选项卡→“插图”→“形状”→“动作按钮”→“◁（动作按钮：后退或前一项）”，在幻灯片底部拖动鼠标绘制一矩形动作按钮后，弹出“操作设置”对话框。确认“超链接到”为“上一张幻灯片”，单击“确定”按钮。同理，在幻灯片底部添加另一个“▷”（前进或下一项）动作按钮，并超链接到“下一张幻灯片”。

第10步：同时选中刚添加的两个动作按钮，单击“动画”选项卡的“高级动画”功能组中的“添加动画”，在弹出的列表中选择“进入”→“飞入”，单击“确定”按钮，完成设置。各动画效果左侧的数字序号是播放动画效果的顺序号。

（4）设置幻灯片的切换效果操作步骤

第1步：选择“切换”选项卡，在“切换到此幻灯片”功能组中单击“百叶窗”按钮，再单击“效果选项”按钮下方的“▼”，在弹出的效果选项列表中单击“垂直”。在屏幕右侧的任务窗格中，单击“应用到全部”按钮，完成切换效果设置。

第2步：在“换片方式”栏中，选中“单击鼠标时”和“设置自动换片时间”复选框，并在“设置自动换片时间”右侧的微调文本框中输入“00:05:00”，再单击“应用到全部”按钮，完成换片方式设置。

(5)设置幻灯片的放映效果

第1步：选择第5张幻灯片，在“幻灯片放映”选项卡的“设置”功能组中单击“隐藏幻灯片”按钮。

第2步：在“幻灯片放映”选项卡的“设置”功能组中单击“设置幻灯片放映”按钮。在弹出的“设置放映方式”对话框中，“放映选项”栏中选中“循环放映，按ESC键终止”复选框，在“放映幻灯片”栏中选中“…到…”的单选按钮，分别输入1和6，单击“确定”按钮。

4.2.3 成功的项目管理

1. 题目要求

在练习素材文件夹中，打开“第4章练习\4.2.3 成功的项目管理.pptx”文件，按以下要求操作，完成后保存到指定文件夹。

（1）使用设计主题方案。将第1张幻灯片的设计主题设为“平面”，其余幻灯片的设计主题设为“丝状”。

（2）按照以下要求设置并应用幻灯片的母版。

① 对于首页所应用的标题母版，将其中的标题样式设为“黑体，54号字”。

② 对于其他页面所应用的一般幻灯片母版，在日期区中插入格式为“×年×月×日星期×”的日期并自动更新显示，插入幻灯片编号（即页码）。

（3）设置幻灯片的动画效果，要求：

① 将首页标题文本的动画方案设置成系统自带的“向内溶解”效果。

② 针对第2张幻灯片，按以下顺序（即播放时按照a→h的顺序播放）设置自定义动画效果：

a. 将标题内容“提纲”的进入效果设置成“棋盘”。

b. 将文本内容“成功的项目管理者”的进入效果设置成“字幕式”，并且在标题内容出现 1 秒后自动开始，而不需要鼠标单击。

c. 将文本内容“明确的目标和目的”的进入效果设置成“弹跳”。

d. 将文本内容“凝聚力”的进入效果设置成“菱形”。

e. 将文本内容“信任的程度”的强调效果设置成“波浪形”。

f. 将文本内容“信任的程度”的动作路径设置成“向右”。

g. 将文本内容“明确的目标和目的”的退出效果设置成“层叠”。

h. 在页面中添加“前进”与“后退”的动作按钮，当单击按钮时分别跳到当前页面的下一页与上一页，并设置这两个动作按钮的进入效果为同时“飞入”。

（4）按下面要求设置幻灯片的切换效果：

① 设置所有幻灯片之间的切换效果为“垂直百叶窗”。

② 实现每隔 5 秒自动切换，也可以单击鼠标进行手动切换。

（5）按下面要求设置幻灯片的放映效果：

① 隐藏第 4 张幻灯片，使得播放时直接跳过隐藏页；

② 选择前 10 张幻灯片进行循环放映。

2. 操作步骤

（1）使用主题操作步骤

第1步：选择第 1 张幻灯片，在“设计”选项卡的“主题”功能组中单击主题样式窗口右侧下拉按钮“▼”，在打开的“主题效果选择器”中选择“平面”主题，单击右键，选择“应用于选定幻灯片”，即可对第 1 张幻灯片设置完成。

第2步：选择第 2 张幻灯片，在“设计”选项卡的“主题”功能组中单击主题样式窗口右侧下拉按钮“▼”。在打开的“主题效果选择器”中选择“丝状”主题，单击右键，选择“应用于相应幻灯片”，即可对其他幻灯片设置完成。

（2）设置并应用幻灯片的母版操作步骤

第1步：选择第 1 张幻灯片，单击“视图”选项卡→“母版视图”→“幻灯片母版”，打开“幻灯片母版”视图，在视图左窗格中对“标题幻灯片 版式：由幻灯片 1 使用”进行编辑。

第2步：在编辑区选中“单击此处编辑母版-标题样式”文本，单击右键，选择“字体”。在弹出的对话框中设置“字体”为“黑体”，“大小”为“54”，单击“确定”按钮，从而完成首页幻灯片所应用的标题母版设置。关闭“幻灯片母版”视图，在第一张幻灯片中，单击右键，选择“重设幻灯片”，完成设置。

第3步：选择“丝状 幻灯片母版：由幻灯片 2-17 使用”，在其编辑区单击“插入”选项卡→“ （日期与时间）”，设置时间格式与幻灯片编号，单击“应用”按钮。关闭母版视图，从而完成幻灯片首页之外的其他页面的设置。

（3）设置幻灯片的动画效果操作步骤

第1步：选择第 1 张幻灯片的标题文本“成功的项目管理”，在“动画”选项卡的“高级动画”功能组中单击图标“★”（添加动画）→“更多进入效果”，在弹出的对话框中选择“基本”→“向内溶解”。

第2步：选择第 2 张幻灯片的标题文本“提纲”，单击“高级动画”功能组中的“添加动画”→“更多进入效果”。在弹出的对话框中选择“基本”→“棋盘”，单击“确定”按钮，完成设置。

第3步：选择第 2 张幻灯片内容区中的文本“成功的项目管理者”，按上述步骤把进入效果设置成“更多进入效果”为“华丽”→“字幕式”，然后在“高级动画”功能组中单击“ ”（动画窗格）。在页面右侧出现的“动画窗格”界面中选择“成功的项目管理者”，单击右键，选择“效果选项”。在弹出的对话框的“计时”选项卡中设置“开始”为“上一动画之后”，“延迟”为“1”秒，单击“确定”按钮，即完成设置。

第4步：选中内容区中的文本“明确的目标和目的”后，用第2步的方法，设置其进入效果为“华丽”→“弹跳”。

第5步：选中内容区中的文本“凝聚力”后，用第2步的方法，设置其进入效果为“基本”→“菱形”。

第6步：选中内容区中的文本“信任的程度”后，单击“高级动画”功能组中的“添加动画”→“更多强调效果”。在弹出的对话框中选择“华丽”→“波浪形”，单击“确定”按钮，完成设置。

第7步：选中内容区中的文本“信任的程度”后，单击“高级动画”功能组中的“添加动画”→“其他动作路径”。在弹出的对话框中选择“直线和曲线”→“向右”，单击“确定”按钮，完成设置。

第8步：选中内容区中的文本“明确的目标和目的”后，单击“高级动画”功能组中的“添加动画”→“更多退出效果”。在弹出的对话框中选择“温和”→“层叠”，单击“确定”按钮，完成设置。

第9步：选择第 2 张幻灯片，选择“插入”选项卡→“插图”→“形状”→“动作按钮”→“ （动作按钮：后退或前一项）”，在幻灯片底部拖动鼠标绘制一矩形动作按钮后，弹出“操作设置”对话框。确认“超链接到”为“上一张幻灯片”，单击“确定”按钮。同理，在幻灯片底部添加另一个“ ”（前进或下一项）动作按钮，并超链接到“下一张幻灯片”。

第10步：同时选中刚添加的两个动作按钮，单击“动画”选项卡的“高级动画”功能组中的“添加动画”，在弹出的列表中选择“进入”→“飞入”，单击“确定”按钮，完成设置。各动画效果左侧的数字序号是播放动画效果的顺序号。

（4）设置幻灯片的切换效果操作步骤

第1步：选择“切换”选项卡，在“切换到此幻灯片”功能组中单击“百叶窗”按钮，再单击“效果选项”按钮下方的“▼”，在弹出的效果选项列表中单击“垂直”，在屏幕右侧的任务窗格中，单击“应用到全部”按钮 ，完成切换效果设置。

第2步：在“换片方式”栏中，选中“单击鼠标时”和“设置自动换片时间”复选框，并在“设置自动换片时间”右侧的微调文本框中输入“00:05:00”，再单击“应用到全部”按钮，完成换片方式设置。

（5）设置幻灯片的放映效果

第1步：选择第 4 张幻灯片，在“幻灯片放映”选项卡的“设置”功能组中单击“隐藏幻灯片”按钮。

第2步：在“幻灯片放映”选项卡的“设置”功能组中单击“设置幻灯片放映”按钮。在弹出的“设置放映方式”对话框中，“放映选项”栏中选中“循环放映，按 ESC 键终止”复选框。在“放映幻灯片”栏中选中“…到…”的单选按钮，分别输入 1 和 10，单击“确定”按钮。

4.2.4　关系营销

1. 题目要求

在练习素材文件夹中，打开“第 4 章练习\4.2.4 关系营销.pptx”文件，按以下要求操作，完成后保存到指定文件夹。

（1）使用设计主题方案。将第 1 张幻灯片的设计主题设为“平面”，其余幻灯片的设计主题设为“丝状”。

（2）按照以下要求设置并应用幻灯片的母版。

① 对于首页所应用的标题母版，将其中的标题样式设为“黑体，54 号字”。

② 对于其他页面所应用的一般幻灯片母版，在日期区中插入格式为“X 年 X 月 X 日星期 X”的日期并自动更新显示，插入幻灯片编号（即页码）。

（3）设置幻灯片的动画效果，要求：

① 将首页标题文本的动画方案设置成系统自带的“向内溶解”效果。

② 针对第二页幻灯片，按以下顺序（即播放时按照 a→h 的顺序播放）设置自定义动画效果。

a. 将标题内容“提纲”的进入效果设置成“棋盘”。

b. 将文本内容“关系市场学”的进入效果设置成“字幕式”，并且在标题内容出现 1 秒后自动开始，而不需要鼠标单击。

c. 将文本内容“关系营销的活动”的进入效果设置成“弹跳”。

d. 将文本内容“客戶发展策略”的进入效果设置成“菱形”。

e. 将文本内容“客戶发展策略”的强调效果设置成“波浪形”。

f. 将文本内容“总思想路线”的动作路径设置成“向右”。

g. 将文本内容“总思想路线”的退出效果设置成“层叠”。

h. 在页面中添加“前进”与“后退”的动作按钮，当单击按钮时分别跳到当前页面的下一页与上一页，并设置这两个动作按钮的进入效果为同时“飞入”。

（4）按下面要求设置幻灯片的切换效果：

① 设置所有幻灯片之间的切换效果为“垂直百叶窗”。

② 实现每隔 5 秒自动切换，也可以单击鼠标进行手动切换。

（5）按下面要求设置幻灯片的放映效果：

① 隐藏第 4 张幻灯片，使得播放时直接跳过隐藏页。

② 选择前 10 张幻灯片进行循环放映。

2. 操作步骤

（1）使用主题操作步骤

第1步：选择第 1 张幻灯片，在“设计”选项卡的“主题”功能组中单击主题样式窗口右侧下拉按钮“▼”。在打开的“主题效果选择器”中选择“平面”主题，单击右键，选择“应用于选定幻灯片”，即可对第 1 张幻灯片设置完成。

第2步：选择第 2 张幻灯片，在“设计”选项卡的“主题”功能组中单击主题样式窗口右侧下拉按钮“▼”。在打开的“主题效果选择器”中选择“丝状”主题，单击右键，选择“应用于相应幻灯片”，即可对其他页设置完成。

（2）设置并应用幻灯片的母版操作步骤

第1步：选择第1张幻灯片，单击“视图”选项卡→“母版视图”→“幻灯片母版”，打开“幻灯片母版”视图，在视图左窗格中对“标题幻灯片 版式：由幻灯片1 使用”进行编辑。

第2步：在编辑区选中“单击此处编辑母版-标题样式”文本，单击右键，选择“字体”。在弹出的对话框中设置“字体”为“黑体”，“大小”为“54”，单击“确定”按钮，从而完成首页幻灯片所应用的标题母版设置。关闭“幻灯片母版”视图，在第一张幻灯片中，单击右键，选择“重设幻灯片”，完成设置。

第3步：选择“丝状 幻灯片母版：由幻灯片2-17使用”，在其编辑区单击“插入”选项卡→“ （日期与时间）”，设置时间格式与幻灯片编号，单击“应用”按钮。关闭母版视图，从而完成幻灯片首页之外的其他页面的设置。

（3）设置幻灯片的动画效果操作步骤

第1步：选择第1张幻灯片的标题文本“关系营销”，在“动画”选项卡的“高级动画”功能组中单击图标“ ”（添加动画），在弹出的系统动画样式列表中选择“更多进入效果”。在弹出的对话框中选择“基本”→“向内溶解”。

第2步：选择第2张幻灯片的标题文本“提纲”，单击“高级动画”功能组中的“添加动画”→“更多进入效果”。在弹出的对话框中选择“基本”→“棋盘”，单击“确定”按钮，完成设置。

第3步：选择第2张幻灯片的内容区文本“关系市场学”，按上述步骤把进入效果设置成“更多进入效果”为“华丽”→“字幕式”，然后在“高级动画”中单击“ ”（动画窗格）。在页面右侧出现的“动画窗格”界面中选择“关系市场学”，单击右键，选择“效果选项”。在弹出的对话框中选择“计时”选项卡，设置“开始”为“上一动画之后”，“延迟”为“1”秒，单击“确定”按钮，即完成设置。

第4步：选中内容区中的文本“关系营销的活动”后，用第2步的方法，设置其进入效果为“华丽”→“弹跳”。

第5步：选中内容区中的文本“客戶发展策略”后，用第2步的方法，设置其进入效果为“基本”→“菱形”。

第6步：选中内容区中的文本“客戶发展策略”后，单击“高级动画”功能组中的“添加动画”→“更多强调效果”。在弹出的对话框中选择“华丽”→“波浪形”，单击“确定”按钮，完成设置。

第7步：选中内容区中的文本“总思想路线”后，单击“高级动画”功能组中的“添加动画”→“其他动作路径”。在弹出的对话框中选择“直线和曲线”→“向右”，单击“确定”按钮，完成设置。

第8步：选中内容区中的文本“总思想路线”后，单击“高级动画”功能组中的“添加动画”→“更多退出效果”。在弹出的对话框中选择“温和”→“层叠”，单击“确定”按钮，完成设置。

第9步：选择第2张幻灯片，选择“插入”选项卡→“插图”→“形状”→“动作按钮”→“ （动作按钮：后退或前一项）”，在幻灯片底部拖动鼠标绘制一矩形动作按钮后，弹出“操作设置”对话框。确认“超链接到”为“上一张幻灯片”，单击“确定”按钮。同理，在幻灯片底部添加另一个“ ”（前进或下一项）动作按钮，并超链接到“下一张幻灯片”。

第10步：同时选中刚添加的两个动作按钮，“动画”选项卡的“高级动画”功能组中的

“添加动画”，在弹出的列表中选择“进入”→“飞入”，单击“确定”按钮，完成设置。各动画效果左侧的数字序号是播放动画效果的顺序号。

（4）设置幻灯片的切换效果操作步骤

第1步：选择“切换”选项卡，在“切换到此幻灯片”功能组中单击“百叶窗”按钮，再单击“效果选项”按钮下方的“▼”，在弹出的效果选项列表中单击“垂直”，在屏幕右侧的任务窗格中，单击“应用到全部”按钮，完成切换效果设置。

第2步：在“换片方式”栏中，选中“单击鼠标时”和“设置自动换片时间”复选框，并在“设置自动换片时间”右侧的微调文本框中输入“00:05:00”，再单击“应用到全部”按钮，完成换片方式设置。

(5)设置幻灯片的放映效果

第1步：选择第 4 张幻灯片，在“幻灯片放映”选项卡的“设置”功能组中单击“隐藏幻灯片”按钮。

第2步：在“幻灯片放映”选项卡的“设置”功能组中单击“设置幻灯片放映”按钮。在弹出的“设置放映方式”对话框中，“放映选项”栏中选中“循环放映，按 ESC 键终止”复选框，“放映幻灯片”栏中选中“…到…”的单选按钮，分别输入 1 和 10，单击“确定”按钮。

4.2.5　人民币汇率制度

1. 题目要求

在练习素材文件夹中，打开“第 4 章练习\4.2.5 人民币汇率制度.pptx”文件，按以下要求操作，完成后保存到指定文件夹。

（1）使用设计主题方案。将第 1 张幻灯片的设计主题设为“平面”，其余幻灯片的设计主题设为“丝状”。

（2）按照以下要求设置并应用幻灯片的母版。

① 对于首页所应用的标题母版，将其中的标题样式设为“黑体，54 号字”。

② 对于其他页面所应用的一般幻灯片母版，在日期区中插入格式为“X 年 X 月 X 日星期 X”的日期并自动更新显示，插入幻灯片编号（即页码）。

（3）设置幻灯片的动画效果，要求：

① 将首页标题文本的动画方案设置成系统自带的“向内溶解”效果。

② 针对第2张幻灯片，按以下顺序（即播放时按照a→h的顺序播放）设置自定义动画效果：

a. 将标题内容“内容提纲”的进入效果设置成“棋盘”。

b. 将文本内容“汇率定义”的进入效果设置成“字幕式”，并且在标题内容出现 1 秒后自动开始，而不需要鼠标单击。

c. 将文本内容“物价对比法”的进入效果设置成“弹跳”。

d. 将文本内容“有管理的浮动汇率”的进入效果设置成“菱形”。

e. 将文本内容“我国现行汇率制度的特点”的强调效果设置成“波浪形”。

f. 将文本内容“我国现行汇率制度的优点”的动作路径设置成“向右”。

g. 将文本内容“我国现行汇率制度的缺点”的退出效果设置成“层叠”。

h. 在页面中添加“前进”与“后退”的动作按钮，当单击按钮时分别跳到当前页面的下一页与上一页，并设置这两个动作按钮的进入效果为同时“飞入”。

（4）按下面要求设置幻灯片的切换效果：

① 设置所有幻灯片之间的切换效果为“垂直百叶窗”。

② 实现每隔 10 秒自动切换，也可以单击鼠标进行手动切换。

（5）按下面要求设置幻灯片的放映效果：

① 隐藏第 5 张幻灯片，使得播放时直接跳过隐藏页。

② 选择前 10 张幻灯片进行循环放映。

2. 操作步骤

（1）使用主题操作步骤

第1步：选择第 1 张幻灯片，在“设计”选项卡的“主题”功能组中单击主题样式窗口右侧下拉按钮“▼”。在打开的“主题效果选择器”中选择“平面”主题，单击右键，选择“应用于选定幻灯片”，即可对第 1 张幻灯片设置完成。

第2步：选择第 2 张幻灯片，在“设计”选项卡的“主题”功能组中单击主题样式窗口右侧下拉按钮“▼”。在打开的“主题效果选择器”中选择“丝状”主题，单击右键，选择“应用于相应幻灯片”，即可对其他页设置完成。

（2）设置并应用幻灯片的母版操作步骤

第1步：选择第 1 张幻灯片，单击“视图”选项卡→“母版视图”→“幻灯片母版”，打开“幻灯片母版”视图，在视图左窗格中对“标题幻灯片 版式：由幻灯片 1 使用”进行编辑。

第2步：在编辑区选中“单击此处编辑母版-标题样式”文本，单击右键，选择“字体”。在弹出的对话框中设置“字体”为“黑体”，“大小”为“54”，单击“确定”按钮，从而完成首页幻灯片所应用的标题母版设置。关闭“幻灯片母版”视图，在第一张幻灯片中，单击右键，选择“重设幻灯片”，完成设置。

第3步：选择“丝状 幻灯片母版：由幻灯片 2-17 使用”，在其编辑区单击“插入”选项卡→“ （日期与时间）”，设置时间格式与幻灯片编号，单击“应用”按钮。关闭母版视图，从而完成幻灯片首页之外的其他页面的设置。

（3）设置幻灯片的动画效果操作步骤

第1步：选择第 1 张幻灯片的标题文本“人民币汇率制度”，在“动画”选项卡的“高级动画”功能组中单击图标“ ”（添加动画）→“更多进入效果”。在弹出的对话框中选择“基本”→“向内溶解”。

第2步：选择第 2 张幻灯片的标题文本“内容提纲”，单击“高级动画”功能组中的“添加动画”→“更多进入效果”。在弹出的对话框中选择“基本”→“棋盘”，单击“确定”按钮，完成设置。

第3步：选择第 2 张幻灯片内容区中的文本“汇率定义”，按上述步骤把进入效果设置成“更多进入效果”为“华丽”→“字幕式”，然后在“高级动画”功能组中单击“ ”（动画窗格）。在页面右侧出现的“动画窗格”界面中选择“汇率定义”，单击右键，选择“效果选项”，在弹出的对话框的“计时”选项卡中，设置“开始”为“上一动画之后”，“延迟”为“1”秒，单击“确定”按钮，即完成设置。

第4步：选中内容区中的文本“物价对比法”后，用第 2 步的方法，设置其进入效果为“华丽”→“弹跳”。

第5步：选中内容区中的文本“有管理的浮动汇率”后，用第 2 步的方法，设置其进入效果为“基本”→“菱形”。

第6步：选中内容区中的文本“我国现行汇率制度的特点”后，单击“高级动画”功能组中的“添加动画”→“更多强调效果”。在弹出的对话框中选择“华丽”→“波浪形”，单击“确定”按钮，完成设置。

第7步：选中内容区中的文本“我国现行汇率制度的优点”后，单击“高级动画”功能组中的“添加动画”→“其他动作路径”。在弹出的对话框中选择“直线和曲线”→“向右”，单击“确定”按钮，完成设置。

第8步：选中内容区中的文本“我国现行汇率制度的缺点”后，单击“高级动画”功能组中的“添加动画”→“更多退出效果”。在弹出的对话框中选择“温和”→“层叠”，单击“确定”按钮，完成设置。

第9步：选择第 2 张幻灯片，选择“插入”选项卡→“插图”→“形状”→“动作按钮”→“◁（动作按钮：后退或前一项）”。在幻灯片底部拖动鼠标绘制一矩形动作按钮后，弹出“操作设置”对话框，确认“超链接到”为“上一张幻灯片”，单击“确定”按钮。同理，在幻灯片底部添加另一个“▷”（前进或下一项）动作按钮，并超链接到“下一张幻灯片”。

第10步：同时选中刚添加的两个动作按钮，单击“动画”选项卡的“高级动画”功能组中的“添加动画”，在弹出的列表中选择“进入”→“飞入”，单击“确定”按钮，完成设置。各动画效果左侧的数字序号是播放动画效果的顺序号。

（4）设置幻灯片的切换效果操作步骤

第1步：选择“切换”选项卡，在“切换到此幻灯片”功能组中单击“百叶窗”按钮，再单击“效果选项”按钮下方的“▾”，在弹出的效果选项列表中单击“垂直”，在屏幕右侧的任务窗格中，单击“应用到全部”按钮，完成切换效果设置。

第2步：在“换片方式”栏中，选中“单击鼠标时”和“设置自动换片时间”复选框，并在“设置自动换片时间”右侧的微调文本框中输入“00:10:00”，再单击“应用到全部”按钮，完成换片方式设置。

（5）设置幻灯片的放映效果

第1步：选择第 5 张幻灯片，在“幻灯片放映”选项卡的“设置”功能组中单击“隐藏幻灯片”按钮。

第2步：在“幻灯片放映”选项卡的“设置”功能组中单击“设置幻灯片放映”按钮。在弹出的“设置放映方式”对话框中，“放映选项”栏选中“循环放映，按 ESC 键终止”复选框，“放映幻灯片”栏选中“…到…”的单选按钮，分别输入 1 和 10，单击“确定”按钮。

4.2.6　细节决定成败

1. 题目要求

在练习素材文件夹中，打开“第 4 章练习\4.2.6 细节决定成败.pptx”文件，按以下要求操作，完成后保存到指定文件夹。

（1）使用设计主题。将第 1 张幻灯片的设计主题设为“平面”，其余幻灯片的设计主题设为“丝状”。

（2）按照以下要求设置并应用幻灯片的母版。

① 对于首页所应用的标题母版，将其中的标题样式设为“黑体，54 号字”。

② 对于其他页面所应用的一般幻灯片母版，在日期区中插入格式为“X 年 X 月 X 日星期 X”的日期并自动更新显示，插入幻灯片编号（即页码）。

（3）设置幻灯片的动画效果，要求：

① 将首页标题文本的动画方案设置成系统自带的“向内溶解”效果。

② 针对第 2 张幻灯片，按下列播放顺序，设置自定义动画效果。

a. 将标题内容“上海地铁的例子”的进入效果设置成“棋盘”。

b. 将文本内容“概要”的进入效果设置成“字幕式”，并且在标题内容出现 1 秒后自动开始，而不需要鼠标单击。

c. 按顺序依次将文本内容“三级台阶”“转弯”“地面装饰线”的进入效果设置成“弹跳”。

d. 将文本内容“站台宽度”的强调效果设置成“波浪形”。

e. 将文本内容“小缺口”的动作路径设置成“向右”。

f. 将文本内容“其他”的退出效果设置成“层叠”。

g. 在页面中添加“前进”与“后退”的动作按钮，当单击按钮时分别跳到当前页面的下一页与上一页，并设置这两个动作按钮的进入效果为同时“飞入”。

（4）按下面要求设置幻灯片的切换效果：

① 设置所有幻灯片之间的切换效果为“垂直百叶窗”。

② 实现每隔 5 秒自动切换，也可以单击鼠标进行手动切换。

（5）按下面要求设置幻灯片的放映效果：

① 隐藏第 4 张幻灯片，使得播放时直接跳过隐藏页。

② 选择前 5 张页幻灯片进行循环放映。

2. 操作步骤

（1）使用主题操作步骤

第1步：选择第 1 张幻灯片，在“设计”选项卡的“主题”功能组中单击主题样式窗口右侧下拉按钮“▼”。在打开的“主题效果选择器”中选择“平面”主题，单击右键，选择“应用于选定幻灯片”，即可对第 1 张幻灯片设置完成。

第2步：选择第 2 张幻灯片，在“设计”选项卡“主题”功能组中单击主题样式窗口右侧下拉按钮“▼”。在打开的“主题效果选择器”中选择“丝状”主题，单击右键，选择“应用于相应幻灯片”，即可对其他页设置完成。

（2）设置并应用幻灯片的母版操作步骤

第1步：选择第 1 张幻灯片，单击“视图”选项卡→“母版视图”→“幻灯片母版”，打开“幻灯片母版”视图，在视图左窗格中对“标题幻灯片 版式：由幻灯片 1 使用”进行编辑。

第2步：在编辑区选中“单击此处编辑母版-标题样式”文本，单击右键，选择“字体”。在弹出的对话框中，设置“字体”为“黑体”，“大小”为“54”，单击“确定”按钮，从而完成首页幻灯片所应用的标题母版设置。关闭“幻灯片母版”视图，在第一张幻灯片中，单击右键，选择“重设幻灯片”，完成设置。

第3步：选择“丝状 幻灯片母版：由幻灯片 2-17 使用”，在其编辑区单击“插入”选项卡→“ （日期与时间）”，设置时间格式与幻灯片编号，单击“应用”按钮。关闭母版视图，从而完成幻灯片首页之外的其他页面的设置。

（3）设置幻灯片的动画效果操作步骤

第1步：选择第 1 张幻灯片的标题文本“细节决定成败”，在“动画”选项卡的“高级动画”功能组中单击图标“”（添加动画）。在弹出的系统动画样式列表中选择“更多进入效果”，在弹出的对话框中选择“基本”→“向内溶解”。

第2步：选择第 2 张幻灯片的标题文本“上海地铁的例子”，单击“高级动画”功能组中的“添加动画”→“更多进入效果”。在弹出的对话框中选择“基本”→“棋盘”，单击“确定”按钮，完成设置。

第3步：选择第 2 张幻灯片的内容区文本“概要”，按上述步骤把进入效果设置成“更多进入效果”为“华丽”→“字幕式”，然后在“高级动画”功能组中单击“”（动画窗格）。在页面右侧出现的“动画窗格”界面中选择“概要”，单击右键，选择“效果选项”。在弹出的对话框中选择“计时”选项卡，设置“开始”为“上一动画之后”，“延迟”为“1”秒，单击“确定”按钮，即完成设置。

第4步：选中内容区中的文本“三级台阶”后，用第2步的方法，设置其进入效果为“华丽”→“弹跳”。依次选中“转弯”“地面装饰线”设置进入效果为“华丽”→“弹跳”。

第5步：选中内容区中的文本“站台宽度”后，单击“高级动画”功能组中的“添加动画”→“更多强调效果”。在弹出的对话框中选择“华丽”→“波浪形”，单击“确定”按钮，完成设置。

第6步：选中内容区中的文本“小缺口”后，单击“高级动画”功能组中的“添加动画”→“其他动作路径”。在弹出的对话框中选择“直线和曲线”→“向右”，单击“确定”按钮，完成设置。

第7步：选中内容区文本“其他”后，单击“高级动画”功能组中的“添加动画”→“更多退出效果”，在弹出的对话框中选择“温和”→“层叠”，单击“确定”按钮，完成设置。

第8步：选择第2张幻灯片，选择“插入”选项卡→“插图”→“形状”→“动作按钮”→“（动作按钮：后退或前一项）”，在幻灯片底部拖动鼠标绘制一矩形动作按钮后，弹出“操作设置”对话框，确认“超链接到”为“上一张幻灯片”，单击“确定”按钮。同理，在幻灯片底部添加另一个“”（前进或下一项）动作按钮，并超链接到“下一张幻灯片”。

第9步：同时选中刚添加的两个动作按钮，单击“动画”选项卡“高级动画”功能组中的“添加动画”，在弹出的列表中选择“进入”→“飞入”，单击“确定”按钮，完成设置。各动画效果左侧的数字序号是播放动画效果的顺序号。

（4）设置幻灯片的切换效果操作步骤

第1步：选择“切换”选项卡，在“切换到此幻灯片”功能组中单击“百叶窗”按钮，再单击“效果选项”按钮下方的“▼”，在弹出的效果选项列表中单击“垂直”，在屏幕右侧的任务窗格中，单击“应用到全部”按钮，完成切换效果设置。

第2步：在“换片方式”栏中，选中“单击鼠标时”和“设置自动换片时间”复选框，并在“设置自动换片时间”右侧的微调文本框中输入“00:5:00”，再单击“应用到全部”按钮，完成换片方式设置。

（5）设置幻灯片的放映效果

第1步：选择第 4 张幻灯片，在“幻灯片放映”选项卡的“设置”功能组中单击“隐藏幻灯片”按钮。

第2步：在“幻灯片放映”选项卡的“设置”功能组中单击“设置幻灯片放映”按钮，

在弹出的“设置放映方式”对话框中，“放映选项”栏选中“循环放映，按ESC键终止”复选框，“放映幻灯片”栏选中“…到…”单选按钮，分别输入1和5，单击“确定”按钮。

4.2.7 新世纪证券实施方案

1. 题目要求

在练习素材文件夹中，打开“第4章练习\4.2.6 新世纪证券实施方案.pptx”文件，按以下要求操作，完成后保存到指定文件夹。

（1）使用设计主题方案。将第1张幻灯片的设计主题设为“平面”，其余幻灯片的设计主题设为“丝状”。

（2）按照以下要求设置并应用幻灯片的母版。

① 对于首页所应用的标题母版，将其中的标题样式设为“黑体，54号字”。

② 对于其他页面所应用的一般幻灯片母板，在日期区中插入格式为“X年X月X日星期X”的日期并自动更新显示，插入幻灯片编号（即页码）。

（3）设置幻灯片的动画效果，要求：

① 将首页标题文本的动画方案设置成系统自带的“向内溶解”效果。

② 针对第2张幻灯片，按下列播放顺序，设置自定义动画效果。

a. 将标题内容“目录”的进入效果设置成“棋盘”。

b. 将文本内容“网络基础建设总体规划”的进入效果设置成“字幕式”，并且在标题内容出现1秒后自动开始，而不需要鼠标单击。

c. 将文本内容“网络基础建设之技术特点”的进入效果设置成“弹跳”。

d. 将文本内容“应用解决方案”的进入效果设置成“菱形”。

e. 将文本内容“为什么要采用AS/400系统”的强调效果设置成“波浪形”。

f. 将文本内容“应用解决方案”的动作路径设置成“向右”。

g. 将文本内容“为什么要采用AS/400系统”的退出效果设置成“层叠”。

h. 在页面中添加“前进”与“后退”的动作按钮，当单击按钮时分别跳到当前页面的下一页与上一页，并设置这两个动作按钮的进入效果为同时“飞入”。

（4）按下面要求设置幻灯片的切换效果：

① 设置所有幻灯片之间的切换效果为“垂直百叶窗”。

② 实现每隔5秒自动切换，也可以单击鼠标进行手动切换。

（5）按下面要求设置幻灯片的放映效果：

① 隐藏第4张幻灯片，使得播放时直接跳过隐藏页。

② 选择前8张幻灯片进行循环放映。

2. 操作步骤

（1）使用主题操作步骤

第1步：选择第1张幻灯片，在“设计”选项卡的“主题”功能组中单击主题样式窗口右侧下拉按钮“▼”。在打开的“主题效果选择器”中选择“平面”主题，单击右键，选择“应用于选定幻灯片”，即可对第1张幻灯片设置完成。

第2步：选择第2张幻灯片，在“设计”选项卡的“主题”功能组中单击主题样式窗口右侧下拉按钮“▼”。在打开的“主题效果选择器”中选择“丝状”主题，单击右键，选择“应用于相应幻灯片”，即可对其他页设置完成。

（2）设置并应用幻灯片的母版操作步骤

第1步：选择第 1 张幻灯片，单击“视图”选项卡→“母版视图”→“幻灯片母版”，打开“幻灯片母版”视图，在视图左窗格中对“标题幻灯片 版式：由幻灯片 1 使用”进行编辑。

第2步：在编辑区选中“单击此处编辑母版-标题样式”文本，单击右键，选择“字体”。在弹出的对话框中设置“字体”为“黑体”，“大小”为“54”，单击“确定”按钮，从而完成首页幻灯片所应用的标题母版设置。关闭“幻灯片母版”视图，在第一张幻灯片中，单击右键，选择“重设幻灯片”，完成设置。

第3步：选择“丝状 幻灯片母版：由幻灯片 2-17 使用”，在其编辑区单击“插入”选项卡→“（日期与时间）”，设置时间格式与幻灯片编号，单击“应用”按钮。关闭母版视图，从而完成幻灯片首页之外的其他页面的设置。

（3）设置幻灯片的动画效果操作步骤

第1步：选择第 1 张幻灯片的标题文本“新世纪证券实施方案”，在“动画”选项卡的“高级动画”功能组中单击图标“”（添加动画）。在弹出的系统动画样式列表中选择“更多进入效果”。在弹出的对话框中选择“基本”→“向内溶解”。

第2步：选择第 2 张幻灯片的标题文本“目录”，单击“高级动画”功能组中的“添加动画”→“更多进入效果”。在弹出的对话框中选择“基本”→“棋盘”，单击“确定”按钮，完成设置。

第3步：选择第 2 张幻灯片的内容区文本“网络基础建设总体规划”，按上述步骤把进入效果设置成“更多进入效果”为“华丽”→“字幕式”，然后在“高级动画”功能组中单击“”（动画窗格）。在页面右侧出现的动画窗格中选择“网络基础建设总体规划”，单击右键，选择“效果选项”。在弹出的对话框的“计时”选项卡中设置“开始”为“上一动画之后”，“延迟”为“1”秒，单击“确定”按钮，即完成设置。

第4步：选中内容区中的文本“网络基础建设之技术特点”后，用第2步的方法，设置其进入效果为“华丽”→“弹跳”。

第5步：选中内容区中的文本“应用解决方案”后，用第2步的方法，设置其进入效果为“基本”→“菱形”。

第6步：选中内容区中的文本“为什么要采用 AS/400 系统”后，单击“高级动画”功能组中的“添加动画”→“更多强调效果”。在弹出的对话框中选择“华丽”→“波浪形”，单击“确定”按钮，完成设置。

第7步：选中内容区中的文本“应用解决方案”后，单击“高级动画”功能组中的“添加动画”→“其他动作路径”，在弹出的对话框中选择“直线和曲线”→“向右”，单击“确定”按钮，完成设置。

第8步：选中内容区中的文本“为什么要采用 AS/400 系统”后，单击“高级动画”功能组中的“添加动画”→“更多退出效果”。在弹出的对话框中选择“温和”→“层叠”，单击“确定”按钮，完成设置。

第9步：选择第 2 张幻灯片，选择“插入”选项卡→“插图”→“形状”→“动作按钮”→“（动作按钮：后退或前一项）”，在幻灯片底部拖动鼠标绘制一矩形动作按钮后，弹出“操作设置”对话框，确认“超链接到”为“上一张幻灯片”，单击“确定”按钮。同理，在幻灯片底部添加另一个“”（前进或下一项）动作按钮，并超链接到“下一张幻灯片”。

第10步：同时选中刚添加的两个动作按钮，单击“动画”选项卡的“高级动画”功能组中的“添加动画”。在弹出的列表中选择“进入”→“飞入”，单击“确定”按钮，完成设置。各动画效果左侧的数字序号是播放动画效果的顺序号。

（4）设置幻灯片的切换效果操作步骤

第1步：选择“切换”选项卡，在“切换到此幻灯片”功能组中单击“百叶窗”按钮，再单击“效果选项”按钮下方的“▼”，在弹出的效果选项列表中单击“垂直”，在屏幕右侧的任务窗格中，单击“应用到全部”按钮，完成切换效果设置。

第2步：在“换片方式”栏中，选中“单击鼠标时”和“设置自动换片时间”复选框，并在“设置自动换片时间”右侧的微调文本框中输入“00:05:00”，再单击“应用到全部”按钮，完成换片方式设置。

（5）设置幻灯片的放映效果

第1步：选择第 4 张幻灯片，在“幻灯片放映”选项卡的“设置”功能组中单击“隐藏幻灯片”按钮。

第2步：在“幻灯片放映”选项卡的“设置”功能组中单击“设置幻灯片放映”按钮。在弹出的“设置放映方式”对话框中，“放映选项”栏选中“循环放映，按 ESC 键终止”复选框，“放映幻灯片”栏选中“…到…”的单选按钮，分别输入 1 和 8，单击“确定”按钮。

4.2.8 信息化战略制定方法论

1. 题目要求

在练习素材文件夹中，打开“第 4 章练习\4.2.8 信息化战略制定方法论.pptx”文件，按以下要求操作，完成后保存到指定文件夹。

（1）使用设计主题方案。将第 1 张幻灯片的设计主题设为“平面”，其余幻灯片的设计主题设为“丝状”。

（2）按照以下要求设置并应用幻灯片的母版。

① 对于首页所应用的标题母版，将其中的标题样式设为“黑体，54 号字”。

② 对于其他页面所应用的一般幻灯片母版，在日期区中插入格式为“X 年 X 月 X 日星期 X”的日期并自动更新显示，插入幻灯片编号（即页码）。

（3）设置幻灯片的动画效果，要求：

① 将首页标题文本的动画方案设置成系统自带的“向内溶解”效果。

② 针对第 2 张幻灯片，按下列播放顺序，设置自定义动画效果：

a. 将标题内容“内容列表”的进入效果设置成“棋盘”。

b. 将文本内容“决策质量要素”的进入效果设置成“字幕式”，并且在标题内容出现 1 秒后自动开始，而不需要鼠标单击。

c. 将文本内容“决策的难点”的进入效果设置成“弹跳”。

d. 将文本内容“决策质量”的进入效果设置成“菱形”。

e. 将文本内容“战略制定方法论”的强调效果设置成“波浪形”。

f. 将文本内容“战略制定方法论”的动作路径设置成“向右”。

g. 将文本内容“信息化战略制定过程的特殊性”的退出效果设置成“层叠”。

h. 在页面中添加“前进”与“后退”的动作按钮，当单击按钮时分别跳到当前页面的下一页与上一页，并设置这两个动作按钮的进入效果为同时“飞入”。

（4）按下面要求设置幻灯片的切换效果：

① 设置所有幻灯片之间的切换效果为“垂直百叶窗”。

② 实现每隔 5 秒自动切换，也可以单击鼠标进行手动切换。

（5）按下面要求设置幻灯片的放映效果：

① 隐藏第 4 张幻灯片，使得播放时直接跳过隐藏页。

② 选择前 8 张幻灯片进行循环放映。

2. 操作步骤

（1）使用主题操作步骤

第1步：选择第 1 张幻灯片，在“设计”选项卡的“主题”功能组中单击主题样式窗口右侧下拉按钮“▼”。在打开的“主题效果选择器”中选择“平面”主题，单击右键，选择“应用于选定幻灯片”，即可对第 1 张幻灯片设置完成。

第2步：选择第 2 张幻灯片，在“设计”选项卡的“主题”功能组中单击主题样式窗口右侧下拉按钮“▼”。在打开的“主题效果选择器”中选择“丝状”主题按钮，单击右键，选择“应用于相应幻灯片”，即可对其他页设置完成。

（2）设置并应用幻灯片的母版操作步骤

第1步：选择第 1 张幻灯片，单击“视图”选项卡→“母版视图”→“幻灯片母版”，打开“幻灯片母版”视图。在视图左窗格中对“标题幻灯片 版式：由幻灯片 1 使用”进行编辑。

第2步：在编辑区选中“单击此处编辑母版-标题样式”文本，单击右键，选择“字体”。在弹出的对话框中设置“字体”为“黑体”，“大小”为“54”，单击“确定”按钮，从而完成首页幻灯片所应用的标题母版设置。关闭“幻灯片母版”视图，在第一张幻灯片中，单击右键，选择“重设幻灯片”，完成设置。

第3步：选择“丝状 幻灯片母版：由幻灯片 2-17 使用”，在其编辑区单击“插入”选项卡→“ （日期与时间）”，设置时间格式与幻灯片编号，单击“应用”按钮。关闭母版视图，从而完成幻灯片首页之外的其他页面的设置。

（3）设置幻灯片的动画效果操作步骤

第1步：选择第 1 张幻灯片的标题文本“信息化战略制定方法论”，在“动画”选项卡的“高级动画”功能组中单击图标“★”（添加动画）。在弹出的系统动画样式列表中选择“更多进入效果”。在弹出的对话框中选择“基本”→“向内溶解”。

第2步：选择第 2 张幻灯片的标题文本“内容列表”，单击“高级动画”功能组中的“添加动画”→“更多进入效果”。在弹出的对话框中选择“基本”→“棋盘”，单击“确定”按钮，完成设置。

第3步：选择第 2 张幻灯片内容区中的文本“决策质量要素”，按上述步骤把进入效果设置成“更多进入效果”为“华丽”→“字幕式”，然后在“高级动画”功能组中单击“ ”（动画窗格）。在页面右侧出现的动画窗格中选择“决策质量要素”，单击右键，选择“效果选项”。在弹出的对话框中选择“计时”选项卡设置“开始”为“上一动画之后”，“延迟”为“1”秒，单击“确定”按钮，即完成设置。

第4步：选中内容区中的文本“决策的难点”后，用第2步的方法，设置其进入效果为“华丽”→“弹跳”。

第5步：选中内容区中的文本“决策质量”后，用第2步的方法，设置其进入效果为“基本”→“菱形”。

第6步：选中内容区中的文本“战略制定方法论”后，单击“高级动画”功能组中的“添加动画”→“更多强调效果”。在弹出的对话框中选择“华丽”→“波浪形”，单击“确定”按钮，完成设置。

第7步：选中内容区中的文本“战略制定方法论”后，单击“高级动画”功能组中的“添加动画”→“其他动作路径”。在弹出的对话框中选择“直线和曲线”→“向右”，单击“确定”按钮，完成设置。

第8步：选中内容区中的文本“信息化战略制定过程的特殊性”后，单击“高级动画”功能组中的“添加动画”→“更多退出效果”。在弹出的对话框中选择“温和”→“层叠”，单击“确定”按钮，完成设置。

第9步：选择第2张幻灯片，选择“插入”选项卡→“插图”→“形状”→“动作按钮”→“ （动作按钮：后退或前一项）”，在幻灯片底部拖动鼠标绘制一矩形动作按钮后，弹出“操作设置”对话框。确认“超链接到”为“上一张幻灯片”，单击“确定”按钮。同理，在幻灯片底部添加另一个“ ”（前进或下一项）动作按钮，并超链接到“下一张幻灯片”。

第10步：同时选中刚添加的两个动作按钮，单击“动画”选项卡的“高级动画”功能组中的“添加动画”。在弹出的对话框中选择“进入”→“飞入”，单击“确定”按钮，完成设置。各动画效果左侧的数字序号是播放动画效果的顺序号。

（4）设置幻灯片的切换效果操作步骤

第1步：选择“切换”选项卡，在“切换到此幻灯片”功能组中单击“百叶窗”按钮，再单击“效果选项”按钮下方的“▼”，在弹出的效果选项列表中单击“垂直”，在屏幕右侧的任务窗格中，单击“应用到全部”按钮 ，完成切换效果设置。

第2步：在“换片方式”栏中，选中“单击鼠标时”和“设置自动换片时间”复选框，并在“设置自动换片时间”右侧的微调文本框中输入“00:05:00”，再单击“应用到全部”按钮，完成换片方式设置。

（5）设置幻灯片的放映效果

第1步：选择第 4 张幻灯片，在“幻灯片放映”选项卡的“设置”功能组中单击“隐藏幻灯片”按钮。

第2步：在“幻灯片放映”选项卡的“设置”功能组中单击“设置幻灯片放映”按钮。在弹出的“设置放映方式”对话框中，“放映选项”栏选中“循环放映，按ESC键终止”复选框，“放映幻灯片”栏选中“…到…”单选按钮，分别输入1和8，单击“确定”按钮。

4.2.9 行动学习法

1. 题目要求

在练习素材文件夹中，打开“第 4 章练习\4.2.9 行动学习法.pptx”文件，按以下要求操作，完成后保存到指定文件夹。

（1）使用设计主题方案。将第 1 张幻灯片的设计主题设为“平面”，其余幻灯片的设计主题设为“丝状”。

（2）按照以下要求设置并应用幻灯片的母版。

① 对于首页所应用的标题母版，将其中的标题样式设为“黑体，54 号字”。

② 对于其他页面所应用的一般幻灯片母版，在日期区中插入格式为“X 年 X 月 X 日星期 X”的日期并自动更新显示，插入幻灯片编号（即页码）。

（3）设置幻灯片的动画效果，要求：

① 将首页标题文本的动画方案设置成系统自带的“向内溶解”效果。

② 针对第 2 张幻灯片，按下列播放顺序，设置自定义动画效果：

a. 将标题内容“内容”的进入效果设置成“棋盘”。

b. 将文本内容“行动学习的概念”的进入效果设置成“字幕式”，并且在标题内容出现 1 秒后自动开始，而不需要鼠标单击。

c. 将文本内容“行动学习对组织发展的意义”的进入效果设置成“弹跳”。

d. 将文本内容“如何选择行动学习的题目”的进入效果设置成“菱形”。

e. 将文本内容“行动学习的方法”的强调效果设置成“波浪形”。

f. 将文本内容“行动学习的要求”的动作路径设置成“向右”。

g. 将文本内容“行动学习依据的学习原理”的退出效果设置成“层叠”。

h. 在页面中添加“前进”与“后退”的动作按钮，当单击按钮时分别跳到当前页面的下一页与上一页，并设置这两个动作按钮的进入效果为同时“飞入”。

（4）按下面要求设置幻灯片的切换效果：

① 设置所有幻灯片之间的切换效果为“垂直百叶窗”。

② 实现每隔 5 秒自动切换，也可以单击鼠标进行手动切换。

（5）按下面要求设置幻灯片的放映效果：

① 隐藏第 5 张幻灯片，使得播放时直接跳过隐藏页。

② 选择前 8 张幻灯片进行循环放映。

2. 操作步骤

（1）使用主题操作步骤

第1步：选择第 1 张幻灯片，在“设计”选项卡的“主题”功能组中单击主题样式窗口右侧下拉按钮“▼”。在打开的“主题效果选择器”中选择“平面”主题，单击右键，选择“应用于选定幻灯片”，即可对第 1 张幻灯片设置完成。

第2步：选择第 2 张幻灯片，在“设计”选项卡的“主题”功能组中单击主题样式窗口右侧下拉按钮“▼”。在打开的“主题效果选择器”中选择“丝状”主题，单击右键，选择“应用于相应幻灯片”，即可对其他页设置完成。

（2）设置并应用幻灯片的母版操作步骤

第1步：选择第 1 张幻灯片，单击“视图”选项卡→“母版视图”→“幻灯片母版”，打开“幻灯片母版”视图。在视图左窗格中对“标题幻灯片 版式：由幻灯片 1 使用”进行编辑。

第2步：在编辑区选中“单击此处编辑母版-标题样式”文本，单击右键，选择“字体”。在弹出的对话框中设置“字体”为“黑体”，“大小”为“54”，单击“确定”按钮，从而完成首页幻灯片所应用的标题母版设置。关闭“幻灯片母版”视图，在第一张幻灯片中，单击右键，选择“重设幻灯片”，完成设置。

第3步：选择“丝状 幻灯片母版：由幻灯片 2-17 使用”，在其编辑区单击“插入”“（日期与时间）”，设置时间格式与幻灯片编号，单击“应用”按钮。关闭母版视图，从而完成幻灯片首页之外的其他页面的设置。

（3）设置幻灯片的动画效果操作步骤

第1步：选择第 1 张幻灯片的标题文本“行动学习法”，在“动画”选项卡的“高级动画”功能组中单击图标“★”（添加动画）。在弹出的系统动画样式列表中选择“更多进入效果”。在弹出的对话框中选择“基本”→“向内溶解”。

第2步：选择第 2 张幻灯片的标题文本“内容”，单击“高级动画”功能组中的“添加动画”→“更多进入效果”。在弹出的对话框中选择“基本”→“棋盘”，单击“确定”按钮，完成设置。

第3步：选择第 2 张幻灯片内容区中的文本“行动学习的概念”，按上述步骤把进入效果设置成“更多进入效果”为“华丽”→“字幕式”，然后在“高级动画”功能组中单击“ ”（动画窗格）。在页面右侧出现的动画窗格中选择“行动学习的概念”，单击右键，选择“效果选项”。在弹出的对话框的“计时”选项卡中设置“开始”为“上一动画之后”，“延迟”为“1”秒，单击“确定”按钮，即完成设置。

第4步：选中内容区中的文本“行动学习对组织发展的意义”后，用第2步的方法，设置其进入效果为“华丽”→“弹跳”。

第5步：选中内容区中的文本“如何选择行动学习的题目”后，用第2步的方法，设置其进入效果为“基本”→“菱形”。

第6步：选中内容区中的文本“行动学习的方法”后，单击“高级动画”功能组中的“添加动画”→“更多强调效果”。在弹出的对话框中选择“华丽”→“波浪形”，单击“确定”按钮，完成设置。

第7步：选中内容区中的文本“行动学习的要求”后，单击“高级动画”功能组中的“添加动画”→“其他动作路径”。在弹出的对话框中选择“直线和曲线”→“向右”，单击“确定”按钮，完成设置。

第8步：选中内容区中的文本“行动学习依据的学习原理”后，单击“高级动画”功能组中的“添加动画”→“更多退出效果”。在弹出的对话框中选择“温和”→“层叠”，单击“确定”按钮，完成设置。

第9步：选择第2张幻灯片，选择“插入”选项卡→“插图”→“形状”→“动作按钮”→“ （动作按钮：后退或前一项）”。在幻灯片底部拖动鼠标绘制一矩形动作按钮后，弹出“操作设置”对话框。确认“超链接到”为“上一张幻灯片”，单击“确定”按钮。同理，在幻灯片底部添加另一个“ ”（前进或下一项）动作按钮，并超链接到“下一张幻灯片”。

第10步：同时选中刚添加的两个动作按钮，单击“动画”选项卡的“高级动画”功能组中的“添加动画”，在弹出的列表中选择“进入”→“飞入”，单击“确定”按钮，完成设置。各动画效果左侧的数字序号是播放动画效果的顺序号。

（4）设置幻灯片的切换效果操作步骤

第1步：选择“切换”选项卡，在“切换到此幻灯片”功能组中单击“百叶窗”按钮，再单击“效果选项”按钮下方的“▼”，在弹出的效果选项列表中单击“垂直”，在屏幕右侧的任务窗格中，单击“应用到全部”按钮 ，完成切换效果设置。

第2步：在“换片方式”栏中，选中“单击鼠标时”和“设置自动换片时间”复选框，并在“设置自动换片时间”右侧的微调文本框中输入“00:05:00”，再单击“应用到全部”按钮，完成换片方式设置。

（5）设置幻灯片的放映效果

第1步：选择第 5 张幻灯片，在“幻灯片放映”选项卡的“设置”功能组中单击“隐藏幻灯片”按钮。

第2步：在“幻灯片放映”选项卡的“设置”功能组中单击“设置幻灯片放映”按钮。在弹出的“设置放映方式”对话框中，“放映选项”栏选中“循环放映，按 ESC 键终止”复选框，“放映幻灯片”栏选中“…到…”单选按钮，分别输入 1 和 8，单击“确定”按钮。

4.2.10　中考开放问题研究

1. 题目要求

在练习素材文件夹中，打开“第 4 章练习\中考开放问题研究.pptx”文件，按以下要求操作，完成后保存到指定文件夹。

（1）将幻灯片的设计主题设置为“丝状”。

（2）给幻灯片插入日期（自动更新，格式为 X 年 X 月 X 日）。

（3）设置幻灯片的动画效果，要求：

针对第 2 张幻灯片，按以下顺序设置自定义动画效果：

① 将文本内容“条件开放”的进入效果设置成“自顶部 飞入”。

② 将文本内容“结论开放”的强调效果设置成“彩色脉冲”。

③ 将文本内容“策略开放”的退出效果设置成“淡入”。

④ 在页面中添加“前进”（后退或前一项）与“后退”（前进或下一项）的动作按钮。

（4）按下面要求设置幻灯片的切换效果：

① 设置所有幻灯片的切换效果为“自左侧 推入”。

② 实现每隔 3 秒自动切换，也可以单击鼠标进行手动切换。

（5）在幻灯片最后一张幻灯片后，新增加一张幻灯片，设计出如下效果，单击鼠标，依次显示文字：A、B、C、D，效果分别为图（1）～（4）。注意：字体、大小等，由考生自定。

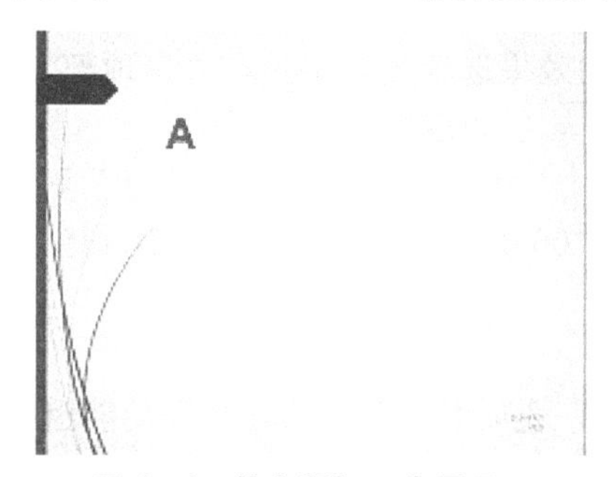

图（1） 单击鼠标，先显示 A

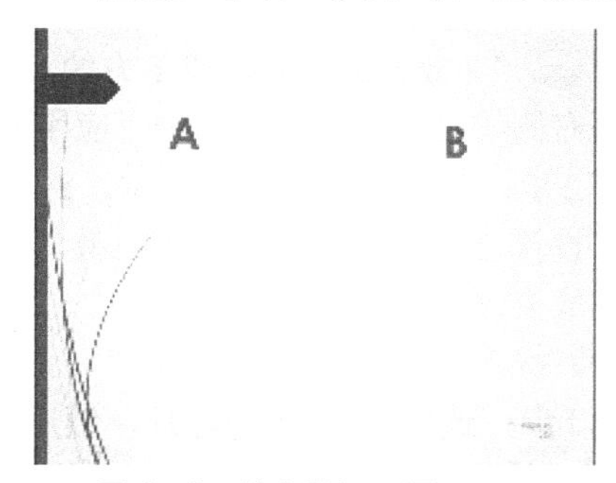

图（2） 单击鼠标，再显示 B

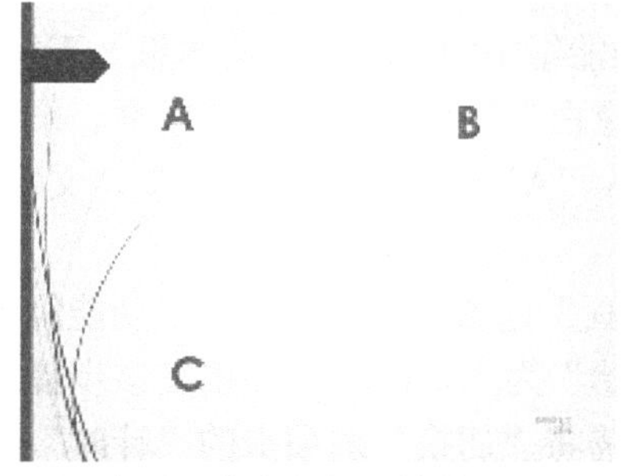

图（3） 单击鼠标，接着显示 C

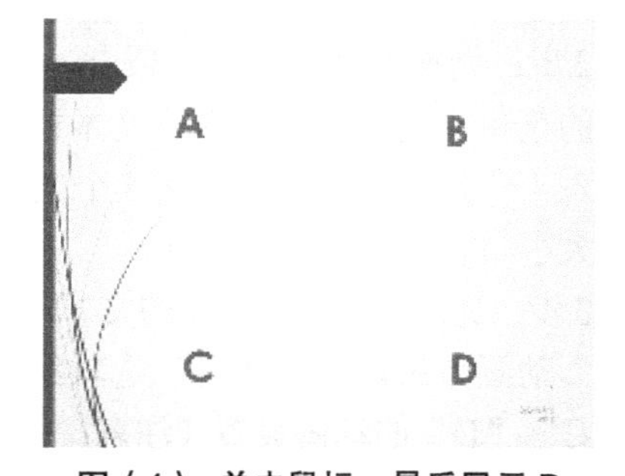

图（4） 单击鼠标，最后显示 D

2. 操作步骤

（1）设计主题操作步骤

选择“设计”选项卡，单击“主题”功能组中主题样式窗口右侧的下拉按钮“”，在打开的“主题效果选择器”中选择“丝状”主题，完成设置。

（2）插入日期操作步骤

选择“插入”选项卡，单击“文本”功能组中的“ ”（日期与时间）按钮，设置题目要求的日期和时间格式，单击“全部应用”按钮，完成设置。

（3）动画效果设置操作步骤

第1步：选择第 2 张幻灯片的内容区中的文本“条件开放”。在“动画”选项卡中，单击“高级动画”功能组中的图标“”（添加动画）。在弹出的系统动画样式列表中选择“进入”效果为“飞入”，然后单击“ ”（效果选项），选择“自顶部”效果，完成设置。

第2步：选中内容区中的文本“结论开放”后，在“动画”选项卡中，单击“高级动画”功能组中的图标“”（添加动画）。在弹出的系统动画样式列表中选择“强调”效果为“彩色脉冲”，完成设置。

第3步：选中内容区中的文本“策略开放”后，在“动画”选项卡中，单击“高级动画”功能组中的图标“”（添加动画）。在弹出的系统动画样式列表中选择“退出”效果为“淡入”，完成设置。

第4步：选择“插入”选项卡→“插图”→“形状”→“动作按钮”→“（动作按钮：后退或前一项）”，在幻灯片底部拖动鼠标绘制一矩形动作按钮后，弹出“操作设置”对话框。确认“超链接到”为“上一张幻灯片”，单击“确定”按钮。同理，在幻灯片底部添加另一个“（前进或下一项）”动作按钮，并超链接到“下一张幻灯片”。

（4）设置幻灯片的切换效果操作步骤

第1步：选择“切换”选项卡，在“切换到此幻灯片”功能组中单击“推入”按钮，再单击“”（效果选项）按钮下方的“”，在弹出的效果选项列表中单击“自顶部”按钮，在屏幕右侧的任务窗格中，单击“应用到全部”按钮，完成切换效果设置。

第2步：在“换片方式”栏中，选中“单击鼠标时”和“设置自动换片时间”复选框，并在“设置自动换片时间”右侧的微调文本框中输入“00:03:00”，再单击“应用到全部”按钮，完成换片方式设置。

（5）综合动画效果设置步骤

第1步：选中第 5 张幻灯片，然后切换到“开始”选项卡，在“幻灯片”功能组中单击“”（新建幻灯片）下拉按钮，在弹出的菜单中选择“空白”版式，即可插入一张新的空白幻灯片。

第2步：切换到“插入”选项卡，单击“文本”功能组中的“”（文本框）下拉箭头，在弹出的菜单中选择“绘制横排文本框”命令，在“空白”幻灯片中插入文本框。重复该步骤，插入 4 个文本框。然后在这 4 个文本框中分别输入“A”“B”“C”“D”，文字颜色、字体、大小自行设定。

第3步：先选中“A”所在的文本框，切换到“动画”选项卡，在“动画”功能组中选择“出现”动画效果，在“计时”选项组中，设置“开始”为“单击时”。重复该步骤，完成“B”“C”“D”的动画设置（注意：在新幻灯片中，需将“切换”选项卡的“计时”功能组下的“设置自动换片时间”选项取消）。

4.2.11　乒乓球

1. 题目要求

在练习素材文件夹中，打开“第 4 章练习\4.2.11 乒乓球.pptx”文件，按以下要求操作，完成后保存到指定文件夹。

（1）将幻灯片的设计主题设置为“丝状”。

（2）给幻灯片插入日期（自动更新，格式为 X 年 X 月 X 日）

（3）设置幻灯片的动画效果。针对第 2 张幻灯片，按以下顺序设置自定义动画效果：

① 将文本内容“起源”的进入效果设置成“自顶部 飞入”。

② 将文本内容“沿革”的强调效果设置成“彩色脉冲”。

③ 将文本内容“发展”的退出效果设置成“淡入”。

④ 在页面中添加“前进”（后退或前一项）与“后退”（前进或下一项）的动作按钮。

（4）按下面要求设置幻灯片的切换效果：

① 设置所有幻灯片的切换效果为“自左侧 推入”。

② 实现每隔 3 秒自动切换，也可以单击鼠标进行手动切换。

（5）在幻灯片最后 1 张幻灯片后，新增加 1 张幻灯片，设计出如下效果，单击鼠标，文字从底部垂直向上显示，默认设置。效果分别为图（1）～（4）。注意：字体、大小等，由考生自定。

图（1） 字幕在底端，尚未显示出

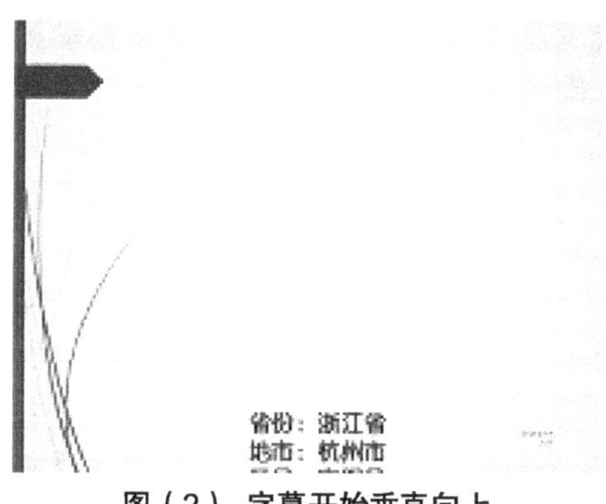

图（2） 字幕开始垂直向上

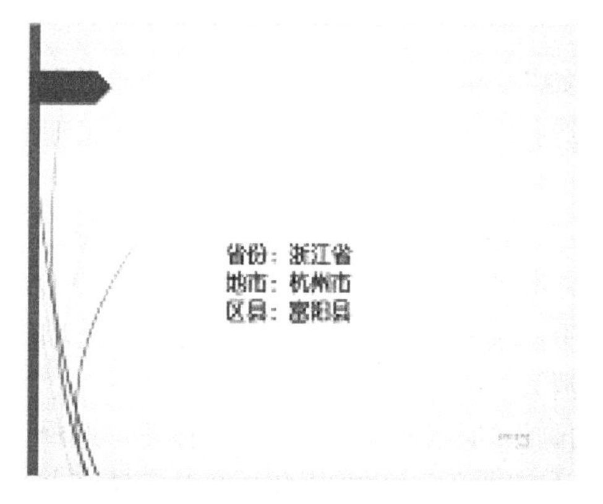

图（3） 字幕继续垂直向上

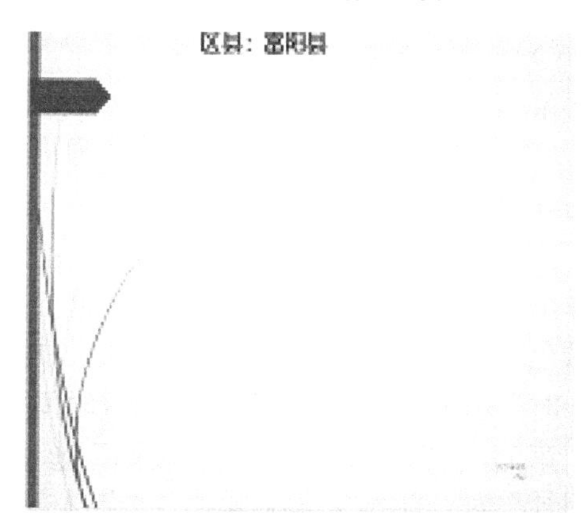

图（4） 字幕垂直向上，最后消失

2. 操作步骤

（1）设计主题操作步骤

选择“设计”选项卡，单击“主题”功能组中主题样式窗口右侧的下拉按钮“▼”，在打开的“主题效果选择器”中选择“丝状”主题，完成设置。

（2）插入日期操作步骤

选择“插入”选项卡，单击“文本”功能组中的“ ”（日期与时间）按钮，设置题目要求的日期和时间格式，单击“全部应用”按钮，完成设置。

（3）动画效果设置操作步骤

第1步：选择第2张幻灯片的内容区中的文本“起源”。在“动画”选项卡中，单击“高级动画”功能组中的图标“ ”（添加动画）。在弹出的系统动画样式列表中选择“进入”效果为“飞入”，然后单击“ ”（效果选项），选择“自顶部”效果，完成设置。

第2步：选中内容区中的文本“沿革”后，在“动画”选项卡中，单击“高级动画”功能组中的图标“ ”（添加动画）。在弹出的系统动画样式列表中选择“强调”效果为“彩色脉冲”，完成设置。

第3步：选中内容区中的文本“发展”后，在“动画”选项卡中，单击“高级动画”功能组中的图标“ ”（添加动画）。在弹出的系统动画样式列表中选择“退出”效果为“淡入”，完成设置。

第4步：选择“插入”选项卡→“插图”→“形状”→“动作按钮”→“ （动作按钮：后退或前一项）”，在幻灯片底部拖动鼠标绘制一矩形动作按钮后，弹出“操作设置”对话框。确认“超链接到”为“上一张幻灯片”，单击“确定”按钮。同理，在幻灯片底部添加另一个“ （前进或下一项）”动作按钮，并超链接到“下一张幻灯片”。

（4）设置幻灯片的切换效果操作步骤

第1步：选择“切换”选项卡，在“切换到此幻灯片”功能组中单击“推入”按钮，再单击“ ”（效果选项）按钮下方的“▼”，在弹出的效果选项列表中单击“自顶部”按钮，在屏幕右侧的任务窗格中，单击“应用到全部”按钮 ，完成切换效果设置。

第2步：在“换片方式”栏中，选中“单击鼠标时”和“设置自动换片时间”复选框，并在“设置自动换片时间”右侧的微调文本框中输入“00:03:00”，再单击“应用到全部”按钮，完成换片方式设置。

（5）综合动画效果设置步骤

第1步：选中第5张幻灯片，然后切换到“开始”选项卡，在“幻灯片”功能组中单击“ ”（新建幻灯片）下拉按钮，在弹出的菜单中选择“空白”版式，即可插入一张新的空白幻灯片。

第2步：切换到“插入”选项卡，单击“文本”功能组中的“ ”（文本框）下拉箭头，在弹出的菜单中选择“绘制横排文本框”命令。在文本框内输入文字（见题中的图（3）），文字颜色、字体、大小自行设定（注意：在新幻灯片中，需将6中所设置的“切换”选项卡中“计时”选项组下的“设置自动换片时间”选项取消）。

第3步：选中文本框，在“动画”选项卡的“动画”功能组中单击“▼”按钮，选择“动作路径”为“直线”，然后单击“ ”（效果选项）下拉箭头，在弹出的菜单中选择“上”命令。将“文本框”移出到幻灯片的下方，再将红色的向上箭头拖动移出幻灯片的上方（注意：

为方便操作，可使用窗口底部状态栏中的缩放控件减小文档的显示比例）。

4.2.12 汽车购买行为特征研究

1. 题目要求

在练习素材文件夹中，打开“第 4 章练习\4.2.12 汽车购买行为特征研究.pptx”文件，按以下要求操作，完成后保存到指定文件夹。

（1）将幻灯片的设计主题设置为“丝状”。

（2）给幻灯片插入日期（自动更新，格式为 X 年 X 月 X 日）。

（3）设置幻灯片的动画效果。针对第 2 张幻灯片，按以下顺序设置自定义动画效果。

① 将文本内容“背景及目的”的进入效果设置成“自顶部 飞入”。

② 将文本内容“研究体系”的强调效果设置成“彩色脉冲”。

③ 将文本内容“基本结论”的退出效果设置成“淡入”。

④ 在页面中添加“前进”（后退或前一项）与“后退”（前进或下一项）的动作按钮。

（4）按下面要求设置幻灯片的切换效果：

① 设置所有幻灯片的切换效果为“自左侧 推入”。

② 实现每隔 3 秒自动切换，也可以单击鼠标进行手动切换。

（5）在幻灯片最后 1 张幻灯片后，新增加 1 张幻灯片，设计出如下效果，单击鼠标，矩形不断放大，放大到原来尺寸的 3 倍，重复显示 3 次，其他设置默认。效果分别为图（1）～（3）。注意：矩形初始大小，由考生自定。

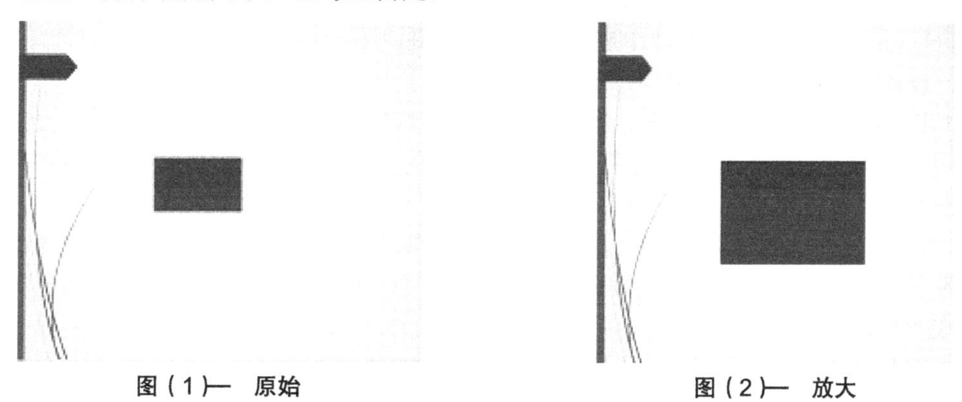

图（1）— 原始　　图（2）— 放大

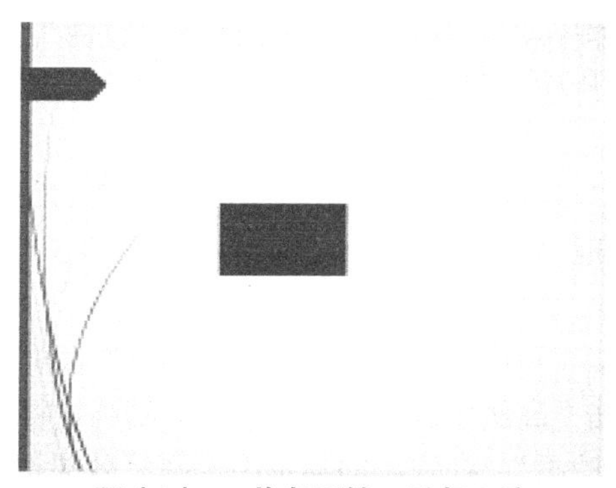

图（3）— 恢复原始，重复 3 遍

2. 操作步骤

（1）设计主题操作步骤

选择“设计”选项卡，单击“主题”功能组中主题样式窗口右侧的下拉按钮“ ”，在打开的“主题效果选择器”中选择“丝状”主题，完成设置。

（2）插入日期操作步骤

选择“插入”选项卡，单击“文本”功能组中的“ ”（日期与时间）按钮，设置题目要求的日期和时间格式，单击“全部应用”按钮，完成设置。

（3）动画效果设置操作步骤

第1步：选择第 2 张幻灯片的内容区中的文本“背景及目的”。在“动画”选项卡中，单击“高级动画”功能组中的图标“ ”（添加动画）。在弹出的系统动画样式列表中选择“进入”效果为“飞入”，然后单击“ ”（效果选项），选择“自顶部”效果，完成设置。

第2步：选中内容区中的文本“研究体系”后，在“动画”选项卡中，单击“高级动画”功能组中的图标“ ”（添加动画）。在弹出的系统动画样式列表中选择“强调”效果为“彩色脉冲”，完成设置。

第3步：选中内容区中的文本“基本结论”后，在“动画”选项卡中，单击“高级动画”功能组中的图标“ ”（添加动画）。在弹出的系统动画样式列表中选择“退出”效果为“淡入”，完成设置。

第4步：选择“插入”选项卡→“插图”→“形状”→“动作按钮”→“ （动作按钮：后退或前一项）”，在幻灯片底部拖动鼠标绘制一矩形动作按钮后，弹出“动作设置”对话框。确认“超链接到”为“上一张幻灯片”，单击“确定”按钮。同理，在幻灯片底部添加另一个“ （前进或下一项）”动作按钮，并超链接到“下一张幻灯片”。

（4）设置幻灯片的切换效果操作步骤

第1步：选择“切换”选项卡，在“切换到此幻灯片”功能组中单击“推入”按钮，再单击“ ”（效果选项）按钮下方的“ ”。在弹出的效果选项列表中单击“自顶部”按钮，在屏幕右侧的任务窗格中，单击“应用到全部”按钮 ，完成切换效果设置。

第2步：在“换片方式”栏中，选中“单击鼠标时”和“设置自动换片时间”复选框，并在“设置自动换片时间”右侧的微调文本框中输入“00:03:00”，再单击“应用到全部”按钮，完成换片方式设置。

（5）综合动画效果设置步骤

第1步：选中第 5 张幻灯片，然后切换到“开始”选项卡，在“幻灯片”功能组中单击“ ”（新建幻灯片）下拉按钮，在弹出的菜单中选择“空白”版式，即可插入一张新的空白幻灯片（注意：在新幻灯片中，需将“切换”选项卡中“计时”选项组下的“设置自动换片时间”选项取消）。

第2步：切换到“插入”选项卡，单击“ ”（形状）功能组下拉箭头，在弹出的菜单中选择“矩形”命令，出现“+”符号，在幻灯片中绘制题 5 中图（1）所示的矩形，初始大小自定。

第3步：选中矩形图形，切换到“动画”选项卡，在“动画”功能组中单击“强调”→“放大/缩小”动画效果。单击“高级动画”功能组中的“动画窗格”按钮，打开“动画窗格”窗口。右键单击设置好的“动画”，在弹出的菜单中选择“效果选项”，打开“放大/缩小”对

话框。在“效果”选项卡中设置“尺寸”为“300%”（注意：要按回车键确认该尺寸，再单击“确定”按钮）。在“计时”选项卡中，设置“重复”项为“3”。

4.2.13 如何建立卓越的价值观

1. 题目要求

在练习素材文件夹中，打开“第 4 章练习\4.2.13 如何建立卓越的价值观.pptx”文件，按以下要求操作，完成后保存到指定文件夹。

（1）将幻灯片的设计主题设置为“丝状”。

（2）给幻灯片插入日期（自动更新，格式为 X 年 X 月 X 日）。

（3）设置幻灯片的动画效果。针对第 2 张幻灯片，按以下顺序设置自定义动画效果：

① 将文本内容“价值观的作用”的进入效果设置成“自顶部 飞入”。

② 将文本内容“价值观的形成”的强调效果设置成“彩色脉冲”。

③ 将文本内容“价值观的体系”的退出效果设置成“淡入”。

④ 在页面中添加“前进”（后退或前一项）与“后退”（前进或下一项）的动作按钮。

（4）按下面要求设置幻灯片的切换效果：

① 设置所有幻灯片的切换效果为“自左侧 推入”。

② 实现每隔 3 秒自动切换，也可以单击鼠标进行手动切换。

（5）在幻灯片最后 1 张幻灯片后，新增加 1 张幻灯片，设计出如下效果，选择“我国的首都”，若选择正确，则在选项边显示文字“正确”，否则显示文字“错误”。效果分别为图（1）～（5）。注意：字体、大小等，由考生自定。

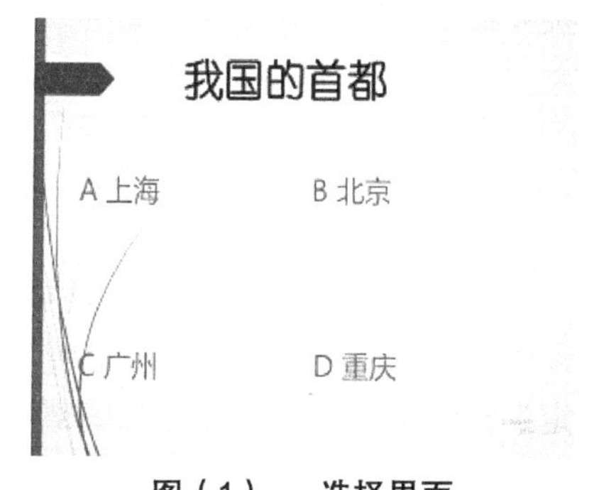

图（1）— 选择界面

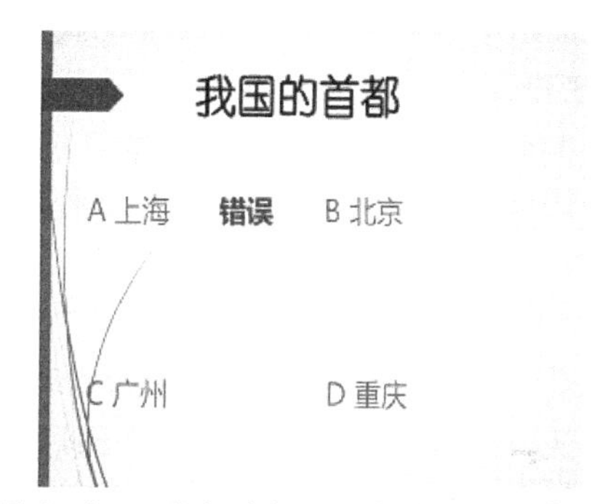

图（2）— 鼠标选择 A，旁边显示“错误”

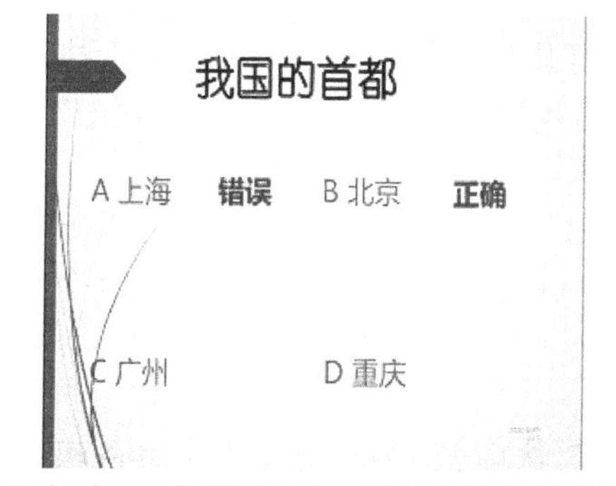

图（3）— 鼠标选择 B，旁边显示“正确”

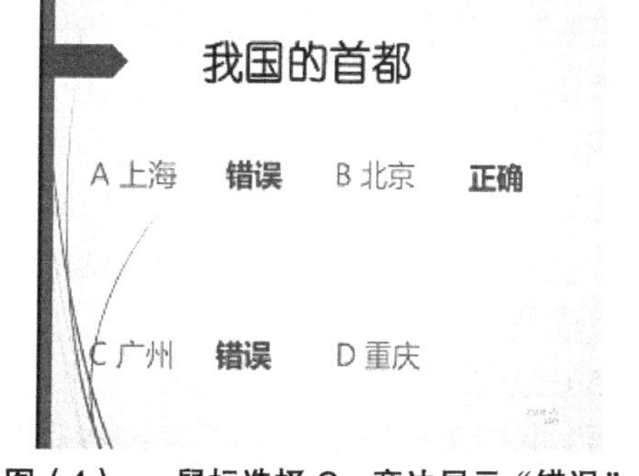

图（4）— 鼠标选择 C，旁边显示“错误”

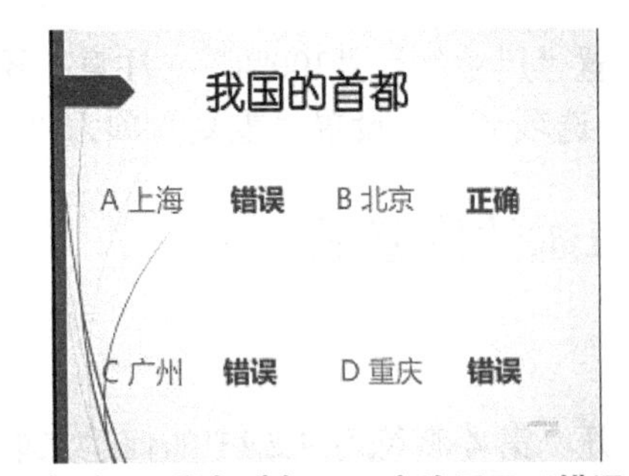

图（5)— 鼠标选择D，旁边显示“错误”

2. 操作步骤

（1）设计主题操作步骤

选择“设计”选项卡，单击“主题”功能组中主题样式窗口右侧的下拉按钮“ ”，在打开的“主题效果选择器”中选择“丝状”主题，完成设置。

（2）插入日期操作步骤

选择“插入”选项卡，单击“文本”功能组中的“日期与时间”按钮 ，设置题目要求的日期和时间格式，单击“全部应用”按钮，完成设置。

（3）动画效果设置操作步骤

第1步：选择第2张幻灯片的内容区中的文本“价值观的作用”。在“动画”选项卡中，单击“高级动画”功能组中的图标“ ”（添加动画）。在弹出的系统动画样式列表中选择“进入”效果为“飞入”，然后单击“ ”（效果选项），选择“自顶部”效果，完成设置。

第2步：选中内容区中的文本“价值观的形成”后，在“动画”选项卡中单击“高级动画”功能组中的图标“ ”（添加动画）。在弹出的系统动画样式列表中选择“强调”效果为“彩色脉冲”，完成设置。

第3步：选中内容区中的文本“价值观的体系”后，在“动画”选项卡中单击“高级动画”功能组中的图标“ ”（添加动画）。在弹出的系统动画样式列表中选择“退出”效果为“淡入”，完成设置。

第4步：选择“插入”选项卡→“插图”→“形状”→“动作按钮”→“ （动作按钮：后退或前一项）”，在幻灯片底部拖动鼠标绘制一矩形动作按钮后，弹出“操作设置”对话框。确认“超链接到”为“上一张幻灯片”，单击“确定”按钮。同理，在幻灯片底部添加另一个“ （前进或下一项）”动作按钮，并超链接到“下一张幻灯片”。

（4）设置幻灯片的切换效果操作步骤

第1步：选择“切换”选项卡，在“切换到此幻灯片”功能组中单击“推入”按钮，再单击“ ”（效果选项）按钮下方的“ ”。在弹出的效果选项列表中单击“自顶部”按钮，在屏幕右侧的任务窗格中，单击“应用到全部”按钮 ，完成切换效果设置。

第2步：在“换片方式”栏中，选中“单击鼠标时”和“设置自动换片时间”复选框，并在“设置自动换片时间”右侧的微调文本框中输入“00:03:00”，再单击“应用到全部”按钮，完成换片方式设置。

（5）综合动画效果设置步骤

第1步：选中第5张幻灯片，然后切换到“开始”选项卡，在“幻灯片”功能组中单击“ ”（新建幻灯片）下拉按钮，在弹出的菜单中选择“仅标题”版式，即可插入一张新的

仅标题幻灯片（注意：在新幻灯片中，需将“切换”选项卡中“计时”功能组下的“设置自动换片时间”选项取消）。

第2步：在“标题”区中输入“我国的首都”。在“插入”选项卡中单击“文本”功能组中的“文本框”下拉菜单，在弹出的菜单中选择“横排文本框”命令，需要插入 8 个文本框，然后在“文本框”中分别输入“A. 上海”“B. 北京”“C. 广州”“D. 重庆”“错误”“正确”“错误”“错误”，文字颜色、字体、大小自行设定，效果见题中的图（5）。

第3步：选择“A. 上海”文本旁边的“错误”文本框，切换到“动画”选项卡，单击“动画”功能组中的“出现”动画效果。在“计时”功能组中，设置“开始”为“单击时”；然后单击“高级动画”功能组中的“动画窗格”按钮，幻灯片右侧显示出动画窗格窗口，再次单击“高级动画”功能组中的“触发”按钮，在弹出的下拉菜单中选择“文本框 2”（此为“A. 上海”所在文本框），重复上述步骤完成其余动画设置（注意：选择触发文本框，按要求一一对应，才能出现题目要求效果）。

4.2.14　如何进行有效的时间管理

1. 题目要求

在练习素材文件夹中，打开“第 4 章练习\4.2.14 如何进行有效的时间管理.pptx”文件，按以下要求操作，完成后保存到指定文件夹。

（1）将幻灯片的设计主题设置为“丝状”。

（2）给幻灯片插入日期（自动更新，格式为 X 年 X 月 X 日）。

（3）设置幻灯片的动画效果。针对第 2 张幻灯片，按顺序设置以下的自定义动画效果：

① 将文本内容“关于时间的名言”的进入效果设置成“自顶部 飞入”。

② 将文本内容“生理节奏法”的强调效果设置成“彩色脉冲”。

③ 将文本内容“有效个人管理”的退出效果设置成“淡入”。

④ 在页面中添加“前进”（后退或前一项）与“后退”（前进或下一项）的动作按钮。

（4）按下面要求设置幻灯片的切换效果：

① 设置所有幻灯片的切换效果为“自左侧 推入”。

② 实现每隔 3 秒自动切换，也可以单击鼠标进行手动切换。

（5）在幻灯片最后 1 张幻灯片后，新增加 1 张幻灯片，设计出如下效果，圆形四周的箭头向各自方向同步扩散，放大尺寸为原来的 1.5 倍，重复 3 次。效果分别图（1）～（2）。注意：圆形无变化。注意：圆形、箭头的初始大小，由考生自定。

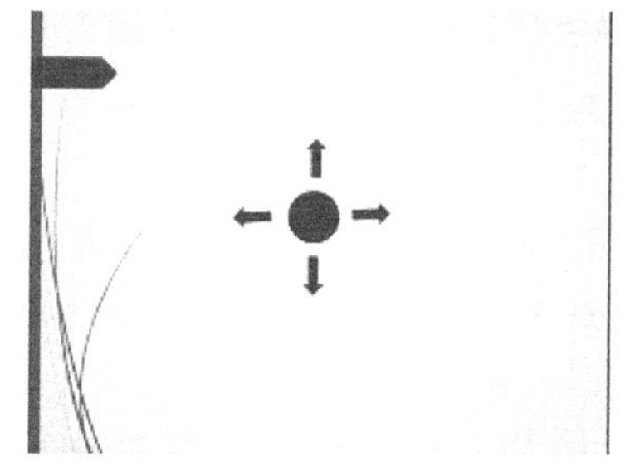

图（1）—　初始界面

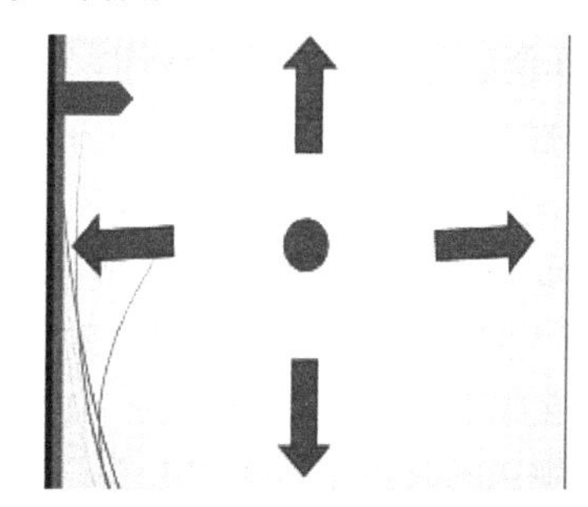

图（2）—　单击鼠标后，四周箭头同步扩散，放大，重复 3 次

2. 操作步骤

（1）设计主题操作步骤

选择“设计”选项卡，单击“主题”功能组中主题样式窗口右侧的下拉按钮“ ”，在打开的“主题效果选择器”中选择“丝状”主题，完成设置。

（2）插入日期操作步骤

选择“插入”选项卡，单击“文本”功能组中的“日期与时间”按钮 ，设置题目要求的日期和时间格式，单击“全部应用”按钮，完成设置。

（3）动画效果设置操作步骤

第1步：选择第 2 张幻灯片的内容区中的文本“关于时间的名言”。在“动画”选项卡中，单击“高级动画”功能组中的图标“ ”（添加动画）。在弹出的系统动画样式列表中选择“进入”效果为“飞入”，然后单击“ ”（效果选项），选择“自顶部”效果，完成设置。

第2步：选中内容区中的文本“生理节奏法”后，在“动画”选项卡中，单击“高级动画”功能组中的图标“ ”（添加动画）。在弹出的系统动画样式列表中选择“强调”效果为“彩色脉冲”，完成设置。

第3步：选中内容区中的文本“有效个人管理”后，在“动画”选项卡中，单击“高级动画”功能组中的图标“ ”（添加动画）。在弹出的系统动画样式列表中选择“退出”效果为“淡入”，完成设置。

第4步：选择“插入”选项卡→“插图”→“形状”→“动作按钮”→“ （动作按钮：后退或前一项）”，在幻灯片底部拖动鼠标绘制一矩形动作按钮后，弹出“操作设置”对话框。确认“超链接到”为“上一张幻灯片”，单击“确定”按钮。同理，在幻灯片底部添加另一个“ （前进或下一项）”动作按钮，并超链接到“下一张幻灯片”。

（4）设置幻灯片的切换效果操作步骤

第1步：选择“切换”选项卡，在“切换到此幻灯片”功能组中单击“推入”按钮，再单击“ ”（效果选项）按钮下方的“ ”，在弹出的效果选项列表中单击“自顶部”按钮，在屏幕右侧的任务窗格中，单击“应用到全部”按钮 ，完成切换效果设置。

第2步：在“换片方式”栏中，选中“单击鼠标时”和“设置自动换片时间”复选框，并在“设置自动换片时间”右侧的微调文本框中输入“00:03:00”，再单击“应用到全部”按钮，完成换片方式设置。

（5）综合动画效果设置步骤

第1步：选中第 5 张幻灯片，然后切换到“开始”选项卡，在“幻灯片”功能组中单击“ ”（新建幻灯片）下拉按钮，在弹出的菜单中选择“仅标题”版式，即可插入一张新的仅标题幻灯片（注意：在新幻灯片中，需将“切换”选项卡中“计时”功能组下的“设置自动换片时间”选项取消）。

第2步：切换到“插入”选项卡，单击“ ”（形状）功能组下拉箭头，在弹出的菜单中选择“椭圆”和“箭头”，出现“+”符号，在幻灯片中绘制题 5 中图（1）所示的圆形，同理，在幻灯片中绘制题 5 中图（1）所示的 4 个“箭头”。初始大小自行设定。

第3步：同时选中 4 个“箭头”，切换到“动画”选项卡，在“动画”功能组中单击强调“ ”（放大/缩小）动画效果。再单击“高级动画”功能组中的“ ”（动画窗格）按钮。打开“动画窗格”窗口，右键单击设置好的“动画”，在弹出的菜单中选择“效果选项”，打开“放大/缩小”对话框。在“效果”选项卡中设置“尺寸”为“150%”(默认)，在“计时”选项卡中，设置“重复”项为“3”（注意：选中 4 个“箭头”同时设置效果)。

第4步，选中幻灯片中的向上箭头，单击“动画”选项卡中的“添加动画”→“其他动作路径”，在弹出的对话框中选择“直线和曲线”→“向上”，单击“确定”按钮，完成设置。将路径上红色箭头调整到合适位置（使用同样方法设置其他箭头：向左箭头效果“向左”，向下箭头效果“向下”向右箭头效果“向右”）。

第5步：在“动画窗格”窗口中，右键单击设置好的动画，将第 1 步动画中的第一个动画设置为“单击开始”，其余（2，3，4，5）动画设置为“从上一项开始”，同理设置（2，3，4，5）动画的“重复”项为“3”。

参考文献

1. 马文静. Office 2019 办公软件高级应用[M]. 北京：电子工业出版社，2020.

2. 凤凰高新教育. Word 2019 完全自学教程[M]. 北京：北京大学出版社，2019.

3. 龙马高新教育. Word 2019 办公应用从入门到精通[M]. 北京：北京大学出版社，2019.

4. 职场无忧工作室. Word 2019 办公应用入门与提高[M]. 北京：清华大学出版社，2020.

5. 侯丽梅，赵永会，刘万辉. Office 2016 办公软件高级应用实例教程[M]. 北京：机械工业出版社，2019.

6. 教育部考试中心. 全国计算机等级考试二级教程—MS Office 高级应用与设计上机指导（2021 年版）[M]. 北京：高等教育出版社，2020.

7. 教育部考试中心. 全国计算机等级考试二级教程—MS Office 高级应用与设计（2021 年版）[M]. 北京：高等教育出版社，2020.

8. 黄林国. 用微课学计算机基础（Windows10+Office 2019）[M]. 北京：电子工业出版社，2020.

9. 羊依军，李江江，陈红友. Excel 图表应用大全（高级卷）[M]. 北京：北京大学出版社，2020.

10. 周庆麟，胡子平. Excel 数据分析思维、技术与实践[M]. 北京：北京大学出版社，2019.

11. Excel Home. Excel2016 应用大全[M]. 北京：北京大学出版社，2018.

12. Excel Home. Excel 实战技巧精粹[M]. 2 版. 北京：北京大学出版社，2020.

13. 迈克尔 • 亚历山大（Michael Alexander），赵利通，梁原. 中文版 Excel 2019 宝典[M]. 10 版. 北京：清华大学出版社，2019.

14. Excel 精英部落. Excel 应用技巧速查宝典教程[M]. 北京：中国水利水电出版社，2019.

15. 诺立教育，钟元全. Excel 2019 公式与函数应用大全[M]. 北京：机械工业出版社，2020.

16. 靳广斌. 现代办公自动化项目教程（Windows10+Office 2019）[M]. 北京：中国人民大学出版社，2020.

17. 恒盛杰资讯. Excel 公式、函数与图表案例实战从入门到精通[M]. 北京：机械工业出版社，2019.

18. 岳福丽. Word/Excel/PPT 2019 从入门到精通[M]. 北京：人民邮电出版社，2019.

19. 龙马高新教育. PPT 2019 办公应用从入门到精通[M]. 北京：北京大学出版社，2019.

20. 张婷婷. Word/Excel/PPT2019 应用大全[M]. 北京：机械工业出版社，2019.